Springer-Lehrbuch

T0199093

László Lovász · József Pelikán
Katalin Vesztergombi

Diskrete Mathematik

Übersetzt aus dem Englischen
von Sabine Giese

Mit 95 Abbildungen

 Springer

Prof. László Lovász
Microsoft Research
One Microsoft Way
98052 Redmond, WA, USA

Dr. József Pelikán
Loránd Eötvös University
Department of Algebra and Number Theory
Pázmány Péter sétány 1/C
H-1117 Budapest, Ungarn

Dr. Katalin Vesztergombi
Loránd Eötvös University
Department of Computer Science
Pázmány Péter sétány 1/C
H-1117 Budapest, Ungarn

Sabine Giese (Übersetzerin)
giese@math.fu-berlin.de

Übersetzung der englischen Originalausgabe "Discrete Mathematics – Elementary and Beyond"
von László Lovász, József Pelikán, Katalin Vesztergombi (ISBN 0-387-95584-4)
© Springer New York 2003

Mathematics Subject Classification (2000): 28-01, 30-01

Bibliografische Information Der Deutschen Bibliothek

Die Deutsche Bibliothek verzeichnet diese Publikation in der Deutschen Nationalbibliografie; detaillierte bibliografische
Daten sind im Internet über http://dnb.ddb.de abrufbar.

ISBN 3-540-20653-1 Springer Berlin Heidelberg New York

Springer ist ein Unternehmen von Springer Science+Business Media

springer.de

© Springer-Verlag Berlin Heidelberg 2005
Printed in The Netherlands

Herstellung: LE-TeX Jelonek, Schmidt & Vöckler GbR, Leipzig
Umschlaggestaltung: *design & production* GmbH, Heidelberg

Gedruckt auf säurefreiem Papier   46/3142YL - 5 4 3 2 1 0

Vorwort

Für die meisten Stundenten ist die Analysis der erste und häufig auch einzige Bereich der Mathematik, mit dem sie an der Universität konfrontiert werden. Es ist wahr, dass Analysis der wichtigste Bereich der Mathematik ist, dessen Entstehung im siebzehnten Jahrhundert die Geburtsstunde der modernen Mathematik signalisierte und welcher den Schlüssel zu erfolgreicher Anwendung der Mathematik in Wissenschaft und Technik bildete.

Die Analysis selbst ist allerdings ebenfalls sehr technisch. Selbst die Einführung der grundlegenden Bezeichnungen wie Stetigkeit und Differenzierbarkeit erfordert eine Menge Arbeit (schließlich dauerte allein die Entwicklung einer sauberen Definition dieser beiden Begriffe schon zwei Jahrhunderte). Es braucht Jahre des Studiums um beispielsweise durch die detaillierte Beschreibung seiner wichtigen Anwendungen ein Gefühl für die Leistungsstärke der Methoden zu entwickeln.

Möchte man ein Mathematiker, Informatiker oder Ingenieur werden, so ist dieser Aufwand notwendig. Besteht die Zielsetzung jedoch darin, ein Gefühl dafür zu entwickeln, womit sich Mathematik beschäftigt, wobei mathematische Methoden hilfreich sein können und mit welcher Art Fragen sich Mathematiker auseinandersetzen, könnte man die Antwort auch in anderen Bereichen der Mathematik suchen.

Es gibt eine Menge Erfolgsgeschichten angewandter Mathematik außerhalb der Analysis. Ein sehr wichtiges aktuelles Thema ist die mathematische Kryptographie. Sie basiert auf der Zahlentheorie (dem Studium der natürlichen Zahlen $1, 2, 3, \dots$) und wird in vielfältiger Weise eingesetzt, zum Beispiel bei der Computersicherheit und dem elektronischen Geldverkehr. Andere wichtige Einsatzgebiete angewandter Mathematik sind lineare Programmierung, Codierungstheorie und theoretische Informatik. Der mathematische Inhalt dieser Anwendungen wird zusammengenommen als *diskrete Mathematik* bezeichnet. (Das Wort „diskret" wird im Sinne[1] von „eigenständig – separat voneinander", dem Gegenteil von „fortlaufend – aufeinander aufbauend" verwendet. Oft wird es auch etwas eingeschränkter im Sinne von „endlich" benutzt.)

Die Zielsetzung dieses Buchs besteht nicht darin, die „diskrete Mathematik" in aller Tiefe zu behandeln (es sollte schon anhand der obigen Beschreibung klar sein, dass eine solche Aufgabenstellung schlecht formuliert und ohnehin unmöglich sein würde). Wir behandeln stattdessen eine Anzahl ausgewählter Ergebnisse und Methoden hauptsächlich aus den Bereichen Kombinatorik und Graphentheorie mit ein wenig elementarer Zahlentheorie, Wahrscheinlichkeitstheorie und kombinatorischer Geometrie.

Es ist wichtig zu erkennen, dass es keine Mathematik ohne *Beweise* gibt. Einfach Fakten anzugeben, ohne etwas darüber auszusagen, warum diese gelten, wäre sehr weit vom Geist der Mathematik entfernt und würde es unmöglich machen, einen Eindruck ihrer Arbeitsweise zu vermitteln. Wir werden daher zu den angeführten Sätzen, wann

---

[1] Auf das englisch Wort „discrete" bezogen.

immer es möglich ist, auch Beweise angeben. Manchmal ist dies nicht möglich. Es kann extrem schwierig sein, recht einfache und grundlegende Tatsachen zu beweisen. In diesen Fällen werden wir zumindest erklären, dass der Beweis sehr technisch ist und über den Rahmen dieses Buches hinausgeht.

Ein weiterer wichtiger Bestandteil der Mathematik ist das *Problemlösen*. Es ist nicht möglich Mathematik zu lernen, ohne sich die Hände schmutzig zu machen und die Ideen, die man bei der Lösung von Problemen kennengelernt hat, selber auszupobieren. Für mancheinen hört sich das vielleicht etwas beängstigend an, dabei wenden die meisten Menschen diese Dinge fast jeden Tag an: Jeder, der eine Schachpartie spielt oder ein Puzzle zusammensetzt, löst diskrete mathematische Probleme. Dem Leser wird dringend empfohlen, die im Text gestellten Fragen zu beantworten und die am Ende eines jeden Kapitels gestellten Übungsaufgaben durchzugehen. Man stelle sich vor, man bearbeite ein Puzzle und falls die eine oder andere Idee, die man bei einer Lösung entwickelt, später wieder eine Rolle spielt, kann man zufrieden sein, denn man beginnt das Wesen der Mathematik zu verstehen.

Wir hoffen, es gelingt uns, die Mathematik als ein Gebäude darzustellen, bei dem Ergebnisse auf frühere Ergebnisse aufbauen, welche häufig sogar bis zu den großen griechischen Mathematikern zurückgehen, dass die Mathematik lebendig ist, mit mehr neuen Ideen und mehr dringenden ungelösten Problemen als je zuvor und dass Mathematik eine Kunst ist, bei der die Schönheit der Ideen und Methoden ebenso wichtig wie ihr Schwierigkeitsgrad oder ihre Anwendbarkeit ist.

László Lovász
József Pelikán
Katalin Vesztergombi

Inhaltsverzeichnis

Kapitel 1
Nun wird gezählt !

1

1 Nun wird gezählt !

1 Nun wird gezählt !

1.1 Eine Party

Alice läd sechs Gäste zu ihrer Geburtstagsfeier ein: Bob, Karl, Diane, Eva, Frank und Georg. Als sie eintreffen, begrüßen sie sich alle gegenseitig mit einem Handschlag (eine europäische Gewohnheit). Diese Gruppe ist etwas merkwürdig, denn einer von ihnen fragt: „Wieviele Handschläge waren das eigentlich?"

„Ich habe 6 Hände geschüttelt", sagt Bob „und ich glaube, dies hat jeder von uns getan."

„Da wir insgesamt 7 Personen sind, wären das also $7 \cdot 6 = 42$ Handschläge", bemerkt Karl.

„Das scheinen mir aber zu viele zu sein", sagt Diane. „Mit dieser Logik hätten wir 2 Handschläge, wenn sich zwei Personen treffen, was zweifellos falsch ist."

Eva hat die Lösung des Problems: „Genau das ist der Punkt: Jeder Handschlag wurde zweimal gezählt. Wir müssen also 42 durch 2 teilen, um die richtige Anzahl zu erhalten: Nämlich 21."

Als sie zum Tisch gehen, haben sie unterschiedliche Vorstellungen über die Sitzordnung. Um dieses Problem zu lösen, macht Alice folgenden Vorschlag: „Wir ändern die Sitzordnung jede halbe Stunde, bis jeder einmal an jeder Stelle gesessen hat."

„Du bleibst aber am Kopfende des Tisches sitzen", sagt Georg, „es ist schließlich Dein Geburtstag."

Wie lange wird diese Party dauern? Wie viele verschiedene Sitzordnungen gibt es (wobei der Platz von Alice nicht verändert wird)?

Besetzen wir die Plätze einen nach dem anderen, angefangen mit dem Stuhl rechts neben Alice. Hier können wir jeden der 6 Gäste hinsetzen. Betrachten wir nun den zweiten Stuhl. Sitzt Bob auf dem ersten Platz neben Alice, können wir jeden der übrigen 5 Gäste auf dem zweiten Stuhl platz nehmen lassen. Wenn Karl auf dem ersten Stuhl sitzt, haben wir ebenfalls 5 Möglichkeiten für die Besetzung des zweiten Stuhls, etc. Jede der sechs Möglichkeiten für den ersten Stuhl gibt uns 5 Möglichkeiten für den zweiten Stuhl. Wir haben also $5 + 5 + 5 + 5 + 5 + 5 = 6 \cdot 5 = 30$ Möglichkeiten, die ersten zwei Stühle zu besetzen. Ebenso haben wir, unabhängig von der Besetzung der ersten zwei Stühle, 4 Möglichkeiten für den dritten, weshalb wir $6 \cdot 5 \cdot 4$ Möglichkeiten haben, die ersten drei Stühle zu besetzen. Wenn wir weiter so fortfahren, erkennen wir, dass die Anzahl der möglichen Sitzordnungen $6 \cdot 5 \cdot 4 \cdot 3 \cdot 2 \cdot 1 = 720$ beträgt.

Wenn sie ihre Plätze jede halbe Stunde wechseln, dauert es 360 Stunden, das sind 15 Tage, um alle möglichen Sitzordnungen einmal einzunehmen. Was für eine Party, zumindest was die Dauer angeht !

Übung 1.1.1 Auf wie viele Arten können diese Leute plaziert werden, wenn Alice ebenfalls überall sitzen kann?

Nach dem Kuchen möchte die Gruppe tanzen (Jungen mit Mädchen, denn, wir erinnern uns, dies ist eine konservative europäische Party). Wie viele mögliche Paare kann es geben?
OK, das ist einfach: Es gibt 3 Mädchen und jede kann sich einen der 4 Jungen aussuchen. Das ergibt $3 \cdot 4 = 12$ mögliche Paare.

Nachdem 10 Tage vergangen sind, brauchen unsere Freunde wirklich ein paar neue Ideen, um die Party weiterzufeiern. Frank hat eine: „Tun wir uns zusammen und gewinnen in der Lotterie! Wir müssen lediglich genügend Tippscheine kaufen, dann haben wir immer einen Schein mit den Gewinnzahlen dabei, egal welche Zahlen sie ziehen. Wie viele Tippscheine brauchen wir dafür?"
(In der Lotterie, von der sie sprechen, werden 5 Zahlen aus 90 gezogen.)
„Das ist genau wie bei der Sitzverteilung", sagt Georg. „Angenommen, wir füllen den Schein aus, indem zuerst Alice eine Zahl ankreuzt und dann den Schein an Bob weitergibt, der ebenfalls eine Zahl anstreicht und ihn danach an Karl weiterreicht und so weiter. Alice hat 90 Wahlmöglichkeiten und unabhängig von ihrer Wahl hat Bob nur noch 89 Möglichkeiten. Somit gibt es also $90 \cdot 89$ Möglichkeiten für die ersten zwei Zahlen und analog fortfahrend, erhalten wir $90 \cdot 89 \cdot 88 \cdot 87 \cdot 86$ mögliche Auswahlen von fünf Zahlen."
„Ich denke, das Problem ähnelt eigentlich mehr der Frage mit den Handschlägen", sagt Alice. „Wenn wir die Tippscheine so ausfüllen, wie Du es vorgeschlagen hast, dann bekommen wir denselben Schein mehr als einmal. Beispielsweise gäbe es einen Schein, bei dem ich 7 und Bob 23 angekreuzt hat und einen anderen bei dem ich 23 und Bob 7 gewählt hat."
Karl springt auf: „Also stellen wir uns einen Tippschein vor, sagen wir mit den Zahlen $7, 23, 31, 34$ und 55. Wie viele Möglichkeiten haben wir, ihn so auszufüllen? Alice könnte jede der Zahlen ausgewählt haben. Unabhängig von ihrer Wahl könnte Bob jede der übrigen vier Zahlen angestrichen haben. Nun ist es wirklich wie das Sitzplatzproblem. Wir bekommen jeden Schein $5 \cdot 4 \cdot 3 \cdot 2 \cdot 1$ mal."
„Also", schlussfolgert Diane, „wenn wir die Tippscheine so ausfüllen, wie Georg vorschlug, dann kommt jedes 5-Tupel auf diesen $90 \cdot 89 \cdot 88 \cdot 87 \cdot 86$ Scheinen nicht nur einmal, sondern $5 \cdot 4 \cdot 3 \cdot 2 \cdot 1$ mal vor. Die Anzahl der *verschiedenen* Tippscheine beträgt demnach nur

$$\frac{90 \cdot 89 \cdot 88 \cdot 87 \cdot 86}{5 \cdot 4 \cdot 3 \cdot 2 \cdot 1}.$$

Wir brauchen also lediglich so viele Tippscheine kaufen."
Im Handumdrehen hat jemand mit einem guten Taschenrechner diesen Wert berechnet: Er beträgt 43.949.268. Sie müssen somit feststellen (wir erinnern uns, dass das Ganze

in einem armen europäischen Land stattfindet), dass sie nicht genug Geld haben, um
so viele Tippscheine zu kaufen. (Außerdem würden sie erheblich weniger gewinnen.
Und so viele Scheine auszufüllen, würde die Party wirklich verderben !)

Sie entscheiden sich daher, stattdessen Karten zu spielen. Alice, Bob, Karl und Diane
spielen Bridge. Als Karl seine Karten sieht, bemerkt er: „Ich glaube, letztes mal hatte
ich dieselben Karten."

„Das ist ziemlich unwahrscheinlich", sagt Diane.

Wie unwahrscheinlich ist es? Mit anderen Worten, wie viele verschiedene Blätter kann
man beim Bridge haben? (Ein Kartenstapel besteht aus 52 Karten, jeder Spieler erhält
13.) Wir hoffen, der Leser hat bemerkt, dass es sich hierbei im Wesentlichen um dieselbe Frage wie beim Lotterie-Problem handelt. Stellen wir uns vor, Karl nimmt seine
Karten eine nach der anderen auf. Die erste Karte kann jede der 52 sein und unabhängig davon, welche Karte er zuerst genommen hat, gibt es 51 Möglichkeiten für die
zweite Karte. Es gibt also $52 \cdot 51$ Möglichkeiten für die ersten zwei Karten. Analog
argumentierend, erhalten wir also $52 \cdot 51 \cdot 50 \cdots 40$ Möglichkeiten für die 13 Karten.
Allerdings wurde jetzt jedes Blatt mehrmals gezählt. Falls Eva auf die Idee kommen
sollte in Karls Karten zu schauen, nachdem er sie sortiert hat und nun überlegt (warum
sie das tut, wissen wir natürlich nicht), in welcher Reihenfolge er sie aufgenommen
hat, könnte sie denken: „Er könnte jede der 13 Karten als erste genommen haben, jede
der verbleibenden 12 Karten als zweite und jede der übrigen 11 Karten als dritte . . . .
Aha, das entspricht wieder dem Problem, Sitzplätze zu verteilen: Es gibt $13 \cdot 12 \cdots 2 \cdot 1$
Möglichkeiten, wie er seine Karten aufgenommen haben könnte."

Das bedeutet, die Anzahl der *verschiedenen* Blätter beim Bridge beträgt

$$\frac{52 \cdot 51 \cdot 50 \cdots 40}{13 \cdot 12 \cdots 2 \cdot 1} = 635.013.559.600.$$

Somit ist die Wahrscheinlichkeit, dass Karl zweimal hintereinander dasselbe Blatt hat,
eins zu 635.013.559.600. Diese Chance ist in der Tat sehr gering.

Letztlich entscheiden sich die sechs Gäste dafür, Schach zu spielen. Alice, die nur
zusehen möchte, bereitet drei Spielbretter vor.

„Wieviele Möglichkeiten gibt es, Euch einen Spielpartner zuzuordnen?"fragt sie sich.
„Das ist zweifellos dasselbe Problem, wie Euch auf sechs Sitzplätze zu verteilen. Dabei
spielt es keine Rolle, ob die Stühle um einen Tisch herum oder bei den drei Spielbret-
tern stehen. Die Antwort ist daher wiederum 720."

„Ich denke, wenn lediglich zwei Leute am selben Schachbrett die Plätze tauschen,
sollte dies nicht als zwei verschiedene Zuordnungen gezählt werden", sagt Bob, „außerdem sollte es keinen Unterschied machen, welches Paar an welchem Schachbrett
sitzt."

Karl fügt hinzu: „Ich denke, wir sollten uns einigen, was die Frage genau bedeutet. Berücksichtigen wir zusätzlich, wer an welchem Schachbrett die weißen Figuren spielt,

so erhalten wir nämlich unterschiedliche Zuordnungen, wenn die zwei Spieler eines Schachbretts die Plätze tauschen. Bob hat aber Recht, dass es nichts ausmacht, welches Paar welches Schachbrett benutzt."

„Was meinst du damit: 'Es macht nichts aus?' Du sitzt am ersten Schachbrett, direkt neben den Erdnüssen, während ich am letzten sitze, das am weitesten davon entfernt steht", sagt Diane.

„Lasst uns noch einmal zu Bobs Version der Frage zurückkehren", schlägt Eva vor. „Eigentlich ist das gar nicht schwer. Es ist genauso wie bei den Handschlägen: In der Berechnung von Alice wird bei den 720 Möglichkeiten jedes Paar mehrfach gezählt. Wir könnten nämlich die Personen an den 3 Schachbrettern auf 6 verschiedene Arten neu anordnen, ohne die Paare zu ändern."

„Und jedes Paar könnte die Plätze tauschen oder auch nicht", fügt Frank hinzu. „Das bedeutet, es gibt $2 \cdot 2 \cdot 2 = 8$ Möglichkeiten die Personen umzuordnen, ohne die Paare zu verändern. Wir haben also $6 \cdot 8 = 48$ Möglichkeiten uns so hinzusetzen, dass wir immer jeweils denselben Spielpartner behalten. Die 720 Möglichkeiten uns hinzusetzen, bestehen also aus 48-er Gruppen und somit ist die Anzahl der Zuordnungen der Spielpartner $720/48 = 15$."

„Ich denke, es gibt auch noch eine andere Möglichkeit, dies zu berechnen", meint Alice nach einer Weile. „Bob ist der jüngste, also lassen wir ihn zuerst einen Partner wählen. Er hat 5 Möglichkeiten, dies zu tun. Wer auch immer der jüngste der übrigen Leute ist, hat 3 Möglichkeiten, seinen oder ihren Partner zu wählen und damit ist dann auch schon alles festgelegt. Die Anzahl der möglichen Zuordnungen der Spielpartner ist somit $5 \cdot 3 = 15$."

„Sehr schön. Es ist gut, dass wir durch völlig unterschiedliche Überlegungen dieselbe Zahl erhalten haben. Das ist auf jeden Fall beruhigend", sagt Bob und mit dieser fröhlichen Bemerkung verlassen wir die Party.

Übung 1.1.2 Wie groß ist die Anzahl der möglichen Zuordnungen der Spielpartner im Sinne von Karl (wenn es von Bedeutung ist, wer auf welcher Seite des Schachbrettes sitzt, die Schachbretter selbst jedoch nicht unterschieden werden) und im Sinne von Diane (wenn es genau umgekehrt ist)?

Übung 1.1.3 Wie groß ist die Anzahl der möglichen Zuordnungen der Spielpartner (in all den verschiedenen oben angegebenen Bedeutungen) bei einer Party mit 10 Teilnehmern?

1.2 Mengen und Ähnliches

Wir möchten Behauptungen wie „das Problem, die Anzahl der Blätter beim Bridge zu bestimmen, ist in Wirklichkeit das gleiche, wie die Anzahl der Tippscheine beim Lotto zu berechnen" formalisieren. Das grundlegenste Werkzeug in der Mathematik, was uns hier weiterhilft, ist der Begriff einer *Menge*. Jede Ansammlung verschiedener Objekte, *Elemente* genannt, ist eine Menge. Ein Kartenstapel ist eine Menge, deren Elemente die Karten sind. Die Teilnehmer der Party bilden eine Menge, deren Elemente Alice, Bob, Karl, Diane, Eva, Frank und Georg sind (wir bezeichnen diese Menge hier mit P). Jeder Lotterieschein, von der Art wie sie oben erwähnt wurden, enthält eine Menge von 5 Zahlen.

In der Mathematik gibt es verschiedene, besonders wichtige Mengen von Zahlen: Die Menge der reellen Zahlen, bezeichnet mit $\mathbb{R}$, die Menge der rationalen Zahlen, bezeichnet mit $\mathbb{Q}$, die Menge der ganzen Zahlen, bezeichnet mit $\mathbb{Z}$, die Menge der nicht-negativen ganzen Zahlen, bezeichnet mit $\mathbb{Z}_+$ und die Menge der positiven ganzen Zahlen, bezeichnet mit $\mathbb{N}$. Die *leere Menge*, das ist die Menge ohne Elemente, ist eine weitere wichtige Menge (obwohl sie nicht sehr interessant ist). Sie wird mit $\emptyset$ bezeichnet.

Wenn A eine Menge und b ein Element von A ist, schreiben wir $b \in A$. Die Anzahl der Elemente einer Menge A (auch bezeichnet als die *Kardinalität* oder *Mächtigkeit*) wird mit $|A|$ bezeichnet. Demnach gilt $|P| = 7$, $|\emptyset| = 0$ und $|\mathbb{Z}| = \infty$ (unendlich). [1] Wir können eine Menge genau angeben, indem wir ihre Elemente zwischen zwei Mengenklammern auflisten. Also ist

$$P = \{\text{Alice, Bob, Karl, Diane, Eva, Frank, Georg}\}$$

die Menge der Teilnehmer von Alices Geburtstagsfeier und

$$\{12, 23, 27, 33, 67\}$$

ist die Menge der Zahlen auf dem Lotterietippschein meines Onkels. Manchmal ersetzen wir die Liste durch eine verbale Beschreibung, wie

$$\{\text{Alice und ihre Gäste}\}.$$

Oft geben wir eine Menge auch anhand einer Eigenschaft an, durch welche die Elemente aus einem großen „Universum", wie dem aller reeller Zahlen, ausgewählt werden. Wir schreiben diese Eigenschaft dann innerhalb der Mengenklammern nach einem Doppelpunkt. Somit ist

$$\{x \in \mathbb{Z} : x \geq 0\}$$

---

[1] In der Mathematik kann zwischen verschiedenen Niveaus der „Unendlichkeit" unterschieden werden. Beispielsweise kann man die Kardinalitäten von $\mathbb{Z}$ und $\mathbb{R}$ unterscheiden. Dies ist jedoch Stoff der *Mengentheorie* und betrifft uns hier nicht.

die Menge der nicht-negativen ganzen Zahlen (die wir vorher $\mathbb{Z}_+$ genannt haben) und

$$\{x \in P : x \text{ ist ein Mädchen}\} = \{\text{Alice, Diane, Eva}\}$$

die Menge der Partyteilnehmerinnen (wir werden diese Menge mit G bezeichnen). Außerdem verraten wir Ihnen, dass

$$\{x \in P : x \text{ ist älter als 21 Jahre}\} = \{\text{Alice, Karl, Frank}\}$$

Alice, Karl und Frank älter als 21 Jahre sind (diese Menge bezeichnen wir mit D). Eine Menge A wird *Teilmenge* einer Menge B genannt, falls jedes Element aus A auch ein Element von B ist. Mit anderen Worten, A besteht aus bestimmten Elementen von B. Wir können erlauben, dass A aus allen Elementen von B besteht (in diesem Fall ist $A = B$) oder aus keinem (in diesem Fall gilt $A = \emptyset$) und trotzdem A als Teilmenge von B ansehen. Somit ist die leere Menge eine Teilmenge jeder Menge. Die Relation, dass A eine Teilmenge von B ist, wird mit $A \subseteq B$ bezeichnet. Beispielsweise bestehen zwischen den verschiedenen oben erwähnten Mengen von Personen die Beziehungen $G \subseteq P$ und $D \subseteq P$. Bei den Mengen von Zahlen haben wir eine lange Kette:

$$\emptyset \subseteq \mathbb{N} \subseteq \mathbb{Z}_+ \subseteq \mathbb{Z} \subseteq \mathbb{Q} \subseteq \mathbb{R}.$$

Die Bezeichnung $A \subset B$ bedeutet, dass A eine Teilmenge von B ist, jedoch nicht ganz B umfasst. In der obigen Kette könnten wir die $\subseteq$ – Zeichen durch $\subset$ ersetzen.

Haben wir zwei Mengen, so können wir mit ihrer Hilfe verschiedene andere Mengen definieren. Der *Durchschnitt* zweier Mengen ist die Menge, die aus allen in beiden Mengen enthaltenen Elementen besteht. Der Durchschnitt zweier Mengen A und B wird mit $A \cap B$ bezeichnet. Wir haben zum Beispiel $G \cap D = \{\text{Alice}\}$. Zwei Mengen, deren Durchschnitt die leere Menge ist (mit anderen Worten, sie besitzen kein gemeinsames Element), werden *disjunkt* genannt.

Die *Vereinigung* zweier Mengen ist die Menge, die aus allen mindestens in einer der beiden Mengen enthaltenen Elementen besteht. Die Vereinigung zweier Mengen A und B wird mit $A \cup B$ bezeichnet. Wir haben zum Beispiel

$$G \cup D = \{\text{Alice, Karl, Diane, Eva, Frank}\}.$$

Die *Differenz* zweier Mengen A und B ist die Menge aller Elemente, die zwar zu A, aber nicht zu B gehören. Die Differenz zweier Mengen A und B wird mit $A \setminus B$ bezeichnet. Zum Beispiel haben wir $G \setminus D = \{\text{Diane, Eva}\}$.

Die *symmetrische Differenz* zweier Mengen A und B ist die Menge aller Elemente, die genau zu einer der Mengen A und B gehört. Die symmetrische Differenz zweier Mengen A und B wird mit $A \triangle B$ bezeichnet. Zum Beispiel haben wir $G \triangle D = \{\text{Karl, Diane, Eva, Frank}\}$.

Durchschnitt, Vereinigung und die zwei Arten der Differenzen zweier Mengen entsprechen der Addition, Multiplikation und Subtraktion. Dennoch sind sie Operationen auf *Mengen*, nicht auf *Zahlen*. Genau wie die Operationen auf Zahlen, befolgen die Operationen auf Mengen viele nützliche Regeln (Gleichungen). Beispielsweise gilt für drei beliebige Mengen A, B und C

$$A \cap (B \cup C) = (A \cap B) \cup (A \cap C). \tag{1}$$

Um einzusehen, dass dies auch stimmt, stellen wir uns ein Element x vor, welches zu der Menge auf der linken Seite gehört. Dann gilt $x \in A$, sowie auch $x \in B \cup C$. Diese letzte Behauptung bedeutet dasselbe wie $x \in B$ oder $x \in C$. Wenn $x \in B$ gilt, dann haben wir (da auch $x \in A$ gilt) $x \in A \cap B$. Gilt $x \in C$, so erhalten wir analog $x \in A \cap C$. Somit wissen wir, dass $x \in A \cap B$ oder $x \in A \cap C$ gilt. Nach Definition der Vereinigung zweier Mengen ist dies dasselbe, wie wenn wir $x \in (A \cap B) \cup (A \cap C)$ sagen.

Stellen wir uns nun umgekehrt ein Element vor, das zur rechten Seite gehört. Nach Definition der Vereinigung zweier Mengen bedeutet dies, dass $x \in A \cap B$ oder $x \in A \cap C$ gilt. Im ersten Fall bedeutet das, wir haben sowohl $x \in A$ als auch $x \in B$. Im zweiten Fall ist $x \in A$ und $x \in C$. Somit gilt in jedem Fall $x \in A$ und wir haben entweder $x \in B$ oder $x \in C$, woraus $x \in B \cup C$ folgt. Das bedeutet jedoch $A \cap (B \cup C)$.

Diese Art der Argumentation wird ein wenig langweilig, da sie wirklich nichts anderes enthält als einfache Logik. Eine Schwierigkeit besteht darin, dass einem bei diesen langwierigen Beweisen leicht Fehler unterlaufen können. Es gibt eine nette Möglichkeit, solche Argumente graphisch zu unterstützen. Wir stellen die drei Mengen A, B und C durch drei sich überlappende Kreise dar (Bild 1.1).

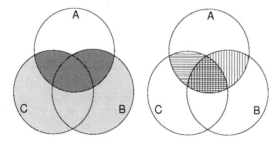

Abbildung 1.1. Das Venn Diagramm dreier Mengen und die Mengen auf beiden Seiten von (1).

Wir stellen uns vor, dass sich die gemeinsamen Elemente von A, B und C im überlappenden Teil der drei Kreise befinden. Elemente von A, die sich zwar auch in B jedoch nicht in C befinden, sind im gemeinsamen Teil der Kreise A und B, der sich nicht mit

C überschneidet, etc. Diese Darstellung wird das *Venn Diagramm* der drei Mengen genannt.

Nun, wo sind die zur linken Seite von (1) gehörigen Elemente im Venn Diagramm? Wir müssen die Vereinigung von B und C bilden, was durch die graue Menge in Bild 1.1(a) dargestellt wird. Dann bilden wir deren Durchschnitt mit der Menge A, um den dunkelgrauen Teil zu erhalten. Um die Menge der rechten Seite zu bekommen, müssen wir die Mengen $A \cap B$ und $A \cap C$ bilden (sie sind in Figur 1.1(b) jeweils durch vertikale, bzw. horizontale Linien gekennzeichnet) und danach deren Vereinigung. Durch das Bild ist klar, dass wir die selbe Menge erhalten. Dies macht deutlich, dass Gleichungen mit solchen Mengenoperationen durch Venn Diagramme sicher und einfach bewiesen werden können.

Gleichung (1) ist hübsch und recht einfach zu merken: Wenn wir die „Vereinigung" als eine Art Addition betrachten (dies ist ziemlich naheliegend) und den „Durchschnitt" als eine Art der Multiplikation (hmm. . . ist nicht so ganz klar wieso, aber nachdem wir etwas Wahrscheinlichkeitsrechnung in Kapitel 5 gelernt haben, wird es vielleicht nachvollziehbar werden), dann sehen wir, dass (1) völlig analog zum Distributivgesetz für Zahlen ist:

$$a(b+c) = ab + ac.$$

Geht diese Analogie auch noch weiter? Betrachten wir einige andere Eigenschaften der Addition und der Multiplikation. Zwei wichtige Eigenschaften sind die *Kommutativität*,

$$a + b = b + a, \qquad ab = ba,$$

und die *Assoziativität*,

$$(a + b) + c = a + (b + c), \qquad (ab)c = a(bc).$$

Es stellt sich heraus, dass dies ebenfalls Eigenschaften des Vereinigens und Schneidens von Mengen sind:

$$A \cup B = B \cup A, \qquad A \cap B = B \cap A, \tag{2}$$

and

$$(A \cup B) \cup C = A \cup (B \cup C), \qquad (A \cap B) \cap C = A \cap (B \cap C). \tag{3}$$

Die Beweise dieser Gleichungen überlassen wir dem Leser als Übungsaufgabe.

Warnung! Bevor wir mit dieser Analogie zu weit gehen, sollten wir anmerken, dass es auch noch ein anderes Distributivgesetz für Mengen gibt:

$$A \cup (B \cap C) = (A \cup B) \cap (A \cup C). \tag{4}$$

Dies erhalten wir ganz einfach durch Vertauschung von „Vereinigung" und „Durchschnitt" in (1). (Diese Gleichung kann genau wie (1) bewiesen werden; siehe Übungsaufgabe 1.2.16.) Dieses zweite Distributivgesetz besitzt keine Analogie für Zahlen: Im Allgemeinen gilt für drei Zahlen a, b, c

$$a + bc \neq (a + b)(a + c).$$

Es gibt noch weitere erwähnenswerte Gleichungen, welche die Vereinigung, den Durchschnitt und auch die zwei Arten von Differenzen betreffen. Sie sind zwar nützlich, jedoch nicht sehr tiefgehend: Sie lassen sich durch einfache Logik beweisen. Daher führen wir sie hier nicht alle auf, sondern betrachten einige davon in den unten angegebenen Übungsaufgaben.

Übung 1.2.1   Nennen Sie Mengen, deren Elemente (a) Gebäude, (b) Personen, (c) Studenten, (d) Bäume, (e) Zahlen und (f) Punkte sind.

Übung 1.2.2   Wie lauten die Elemente folgender Mengen: (a) Armee, (b) Menschheit, (c) Bibliothek, (d) Tierreich?

Übung 1.2.3   Nennen Sie Mengen mit der Mächtigkeit (a) 52, (b) 13, (c) 32, (d) 100, (e) 90, (f) 2.000.000.

Übung 1.2.4   Wie lauten die Elemente der folgenden (zugegebenermaßen eigenartigen) Menge: $\{\text{Alice}, \{1\}\}$?

Übung 1.2.5   Ist ein „Element einer Menge" ein Spezialfall einer „Teilmenge einer Menge"?

Übung 1.2.6   Zählen Sie alle Teilmengen von $\{0, 1, 3\}$ auf. Wie viele erhält man?

Übung 1.2.7   Definieren Sie mindestens drei Mengen, von denen $\{\text{Alice, Diane, Eva}\}$ eine Teilmenge ist.

Übung 1.2.8   Zählen Sie alle Teilmengen von $\{a, b, c, d, e\}$ auf, die zwar a, nicht jedoch b enthalten.

Übung 1.2.9   Definieren Sie eine Menge, bei der sowohl $\{1, 3, 4\}$ als auch $\{0, 3, 5\}$ Teilmengen sind. Finden Sie eine solche Menge mit der geringst möglichen Anzahl von Elementen.

Übung 1.2.10

(a) Welche Menge würden sie als Vereinigung von $\{a, b, c\}$, $\{a, b, d\}$ und $\{b, c, d, e\}$ bezeichnen?

(b) Bestimmen Sie die Vereinigung der ersten beiden Mengen und danach deren Vereinigung mit der dritten. Anschließend bestimmen Sie die Vereinigung der letzten beiden Mengen und deren Vereinigung mit der ersten Menge. Versuchen Sie, Ihre Beobachtungen zu formulieren.

(c) Geben Sie eine Definition für die Vereinigung von mehr als zwei Mengen an.

Übung 1.2.11 Erklären Sie den Zusammenhang zwischen dem Begriff der Vereinigung von Mengen und Übungsaufgabe 1.2.9.

Übung 1.2.12 Wir bilden die Vereinigung einer Menge mit 5 Elementen und einer Menge mit 9 Elementen. Welche der folgenden Zahlen können als Mächtigkeit der Vereinigung auftreten: 4, 6, 9, 10, 14, 20?

Übung 1.2.13 Wir bilden die Vereinigung zweier Mengen. Wir wissen, dass eine von ihnen aus n Elementen und die andere aus m Elementen besteht. Was können wir über die Mächtigkeit ihrer Vereinigung aussagen?

Übung 1.2.14 Was ist der Durchschnitt von

(a) den Mengen $\{0, 1, 3\}$ und $\{1, 2, 3\}$,

(b) der Menge aller Mädchen einer Klasse und der Menge aller Jungen dieser Klasse,

(c) der Menge der Primzahlen und der Menge der geraden Zahlen?

Übung 1.2.15 Wir bilden die Vereinigung zweier Mengen. Wir wissen, dass eine von ihnen aus n Elementen und die andere aus m Elementen besteht. Was können wir über die Mächtigkeit ihres Durchschnitts aussagen?

Übung 1.2.16 Beweisen Sie (2), (3) und (4).

Übung 1.2.17 Beweisen Sie $|A \cup B| + |A \cap B| = |A| + |B|$.

Übung 1.2.18

(a) Wie lautet die symmetrische Differenz der Menge der nicht-negativen ganzen Zahlen $\mathbb{Z}_+$ und der Menge der geraden ganzen Zahlen E ($E = \{\dots, -4, -2, 0, 2, 4, \dots\}$ enthält sowohl negative als auch positive gerade ganze Zahlen)?

(b)Bilden Sie die symmetrische Differenz von A und B, um eine Menge C zu erhalten. Bilden Sie die symmetrische Differenz von A und C. Was erhalten Sie? Beweisen Sie Ihre Antwort.

1.3 Die Anzahl der Teilmengen

Nachdem wir den Begriff der Teilmenge eingeführt haben, können wir nun unsere erste allgemeine kombinatorische Fragestellung formulieren: Wie groß ist die Anzahl aller Teilmengen einer n-elementigen Menge?

Wir beginnen mit der Betrachtung kleiner Mengen. Da es unerheblich ist, aus welchen Elementen die betrachtete Menge besteht, nennen wir sie a, b, c etc. Die leere Menge besitzt lediglich eine Teilmenge (nämlich sich selbst). Eine Menge mit einem einzigen Element, sagen wir $\{a\}$, besitzt zwei Teilmengen: Die Menge $\{a\}$ selbst und die leere Menge $\emptyset$. Eine Menge mit zwei Elementen, sagen wir $\{a, b\}$, besitzt vier Teilmengen: $\emptyset, \{a\}, \{b\}$, und $\{a, b\}$. Ein bisschen mehr Aufwand macht es, alle Teilmengen einer 3-elementigen Menge $\{a, b, c\}$ aufzulisten:

$$\emptyset, \{a\}, \{b\}, \{c\}, \{a, b\}, \{b, c\}, \{a, c\}, \{a, b, c\}. \tag{5}$$

Aus diesen Daten machen wir nun eine kleine Tabelle:

Anzahl der Elemente	0	1	2	3
Anzahl der Teilmengen	1	2	4	8

Betrachten wir diese Daten, so stellen wir fest, dass die Anzahl der Teilmengen jeweils eine Potenz von 2 ist: Wenn die Menge n Elemente besitzt, dann ist das Ergebnis 2^n – zumindest bei diesen kleinen Beispielen.

Es ist nicht schwer einzusehen, dass dies immer die Lösung ist. Angenommen, wir müssen aus einer n-elementigen Menge A eine Teilmenge auswählen. Die Elemente der Menge bezeichnen wir mit $a_1, a_2, \ldots, a_n$. Wir können a_1 in diese Teilmenge aufnehmen oder auch nicht, mit anderen Worten, wir können an dieser Stelle zwei mögliche Entscheidungen treffen. Unabhängig vom Ausgang dieser Entscheidung über a_1, können wir a_2 in die Teilmenge aufnehmen oder auch nicht. Das bedeutet es gibt wieder zwei mögliche Entscheidungen und somit beträgt die Anzahl der Möglichkeiten, wie wir über a_1 und a_2 entscheiden können, genau $2 \cdot 2 = 4$. Unabhängig davon, wie wir uns bei a_1 und a_2 entschieden haben, können wir in bezug auf a_3 wieder zwischen zwei Möglichkeiten wählen. Jede dieser Möglichkeiten kann wiederum mit jeder der Entscheidungen, die wir über a_1 und a_2 gefällt haben, kombiniert werden. Dies macht zusammen $4 \cdot 2 = 8$ Möglichkeiten über a_1, a_2 und a_3 zu entscheiden.

Wir können analog fortfahren: Unabhängig davon, wie wir uns bei den ersten k Elementen entscheiden, haben wir beim nächsten Element wiederum zwei Entscheidungsmöglichkeiten. Somit verdoppelt sich die Anzahl der Möglichkeiten jedesmal, wenn wir ein neues Element hinzunehmen. Insgesamt haben wir also 2^n Möglichkeiten für die Entscheidungen zu allen n Elementen der Menge.

Wir haben somit folgenden Satz hergeleitet:

1.3.1   **Satz 1.3.1** Eine n-elementige Menge besitzt 2^n Teilmengen.

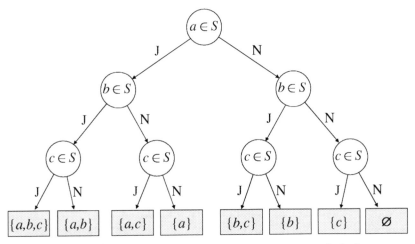

Abbildung 1.2. Ein Entscheidungsbaum für die Auswahl einer Teilmenge aus $\{a, b, c\}$.

Wir können die Argumentation des Beweises durch die Zeichnung in Figur 1.2 anschaulich darstellen. Diese Zeichnung lesen wir wie folgt. Es soll eine Teilmenge, wir nennen sie S, ausgewählt werden. Wir beginnen mit dem Kreis ganz oben (eine *Ecke* genannt). Die Ecke enthält eine Frage: Ist a ein Element von S? Die zwei von dieser Ecke ausgehenden Pfeile sind mit den zwei möglichen Antworten (Ja oder Nein) zu dieser Frage bezeichnet. Wir treffen eine Entscheidung und folgen dem entsprechenden Pfeil (der auch eine *Kante* genannt wird) zu der Ecke am anderen Ende. Diese Ecke beinhaltet die nächste Frage: Ist b ein Element aus S? Man folge nun dem zur Antwort gehörenden Pfeil zur nächsten Ecke. Diese beinhaltet die dritte (und in diesem Falle letzte) Frage, die wir beantworten müssen, um die Teilmenge zu bestimmen: Ist c ein Element von S? Geben wir nun die letzte Antwort und folgen dem entsprechenden Pfeil, dann kommen wir schließlich zu einer Ecke, die diesmal keine Frage, sondern die Liste der Elemente von S beinhaltet.

Somit entspricht die Auswahl einer Teilmenge dem Ablaufen dieses Diagramms oben von der Spitze bis ganz nach unten. Es gibt ebenso viele Teilmengen unserer Menge wie Ecken im untersten Niveau. Da sich die Anzahl der Ecken beim Hinuntergehen von Niveau zu Niveau verdoppelt, enthält das unterste Niveau $2^3 = 8$ Ecken (und wenn wir eine n-elementige Menge gehabt hätten, würde es 2^n Ecken enthalten).

Bemerkung: Eine solche Zeichnung wird als *Baum* bezeichnet. (Das ist keine formale Definition. Diese wird später erfolgen.) Falls es Sie interessiert, warum der Baum nach unten wächst, müssen Sie die Informatiker fragen, die diese Konvention eingeführt haben. (Die allgemeine Meinung ist, dass sie niemals aus ihrem Zimmer herausgekommen sind und somit noch nie einen echten Baum gesehen haben.)

Wir können auch einen anderen Beweis des Satzes 1.3.1 angeben. Wiederum machen wir uns die Argumentation anhand einer Frage über Teilmengen klar. Aber diesmal möchten wir keine Teilmenge auswählen, sondern wir möchten die Teilmengen *durchzählen*. Das heisst, wir möchten sie mit Zahlen $0, 1, 2, \dots$ bezeichnen, damit wir später beispielsweise über die Teilmenge mit der Nummer 23 sprechen können. Mit anderen Worten wollen wir die Teilmengen der Menge auflisten und dann über die 23-ste Teilmenge auf der Liste sprechen.

(Die erste Teilmenge auf der Liste wollen wir mit der Nummer 0 bezeichnen, die zweite Teilmenge auf der Liste mit Nummer 1 etc. Das ist etwas merkwürdig und diesmal sind die Logiker daran Schuld. Nach einiger Zeit wird man diese Bezeichnungsweise aber tatsächlich ziemlich naheliegend und praktisch finden.)

Es gibt viele Möglichkeiten, die Teilmengen einer Menge in einer Liste anzuordnen. Ziemlich naheliegend ist es, mit $\emptyset$ zu beginnen, dann alle Teilmengen mit einem Element aufzulisten, danach alle 2-elementigen Teilmengen, etc. Auf diese Weise wurde die Liste (5) erstellt.

Eine andere Möglichkeit besteht darin, die Teilmengen wie in einem Telefonbuch anzuordnen. Diese Methode wird übersichtlicher, wenn wir die Teilmengen ohne Klammern und Kommata aufschreiben. Für die Teilmengen von $\{a, b, c\}$ erhalten wir die Liste

$$\emptyset, a, ab, abc, ac, b, bc, c.$$

Dies sind in der Tat nützliche und naheliegende Arten, alle Teilmengen aufzulisten. Sie haben aber dennoch einen Nachteil. Man stelle sich die Liste der Teilmengen einer 10-elementigen Menge vor und frage sich, wie die 233-ste Teilmenge auf dieser Liste aussieht. Das ist schwierig! Gibt es nicht auch eine Möglichkeit, dies einfacher zu machen?

Beginnen wir damit, Teilmengen anders zu bezeichnen (anders zu *codieren*, würde man im mathematischen Jargon dazu sagen). Dies zeigen wir anhand der Teilmengen von $\{a, b, c\}$. Wir sehen uns jedes einzelne Element an und schreiben eine 1, falls das Element in der Teilmenge vorhanden ist und eine 0, falls es nicht vorhanden ist. Für die Teilmenge $\{a, c\}$ schreiben wir somit 101 auf, da a in der Teilmenge vorkommt, b nicht, aber c wiederum enthalten ist. Auf diese Weise wird jede Teilmenge durch einen aus 0'en und 1'en bestehenden String (Zeichenkette) der Länge 3 „codiert“. Geben wir irgendeinen solchen String an, können wir leicht ablesen, zu welcher Teilmenge er gehört. Beispielsweise gehört der String 010 zur Teilmenge $\{b\}$, da die erste 0 bedeutet, dass a nicht in der Teilmenge vorkommt, während uns die darauf folgende 1 sagt, dass b darin enthalten ist. Die letzte 0 teilt uns schließlich mit, dass c in der Teilmenge nicht vorkommt.

Nun, solche aus 0'en und 1'en bestehenden Strings erinnern uns an die *binäre Darstellung* ganzer Zahlen (mit anderen Worten, Darstellungen zur Basis 2). Wiederholen wir die binäre Form nicht-negativer Zahlen bis 10:

$$0 = 0_2$$
$$1 = 1_2$$
$$2 = 10_2$$
$$3 = 2 + 1 = 11_2$$
$$4 = 100_2$$
$$5 = 4 + 1 = 101_2$$
$$6 = 4 + 2 = 110_2$$
$$7 = 4 + 2 + 1 = 111_2$$
$$8 = 1000_2$$
$$9 = 8 + 1 = 1001_2$$
$$10 = 8 + 2 = 1010_2$$

(Wir schreiben den Index 2 dazu, um uns daran zu erinnern, dass wir zur Basis 2 und nicht zur Basis 10 rechnen.)

Nun sehen die binären Darstellungen der ganzen Zahlen $0, 1, \ldots, 7$ fast wie die „Codes“ unserer Teilmengen aus. Der Unterschied liegt darin, dass die binäre Darstellung einer ganzen Zahl (außer für 0) immer mit einer 1 beginnt. Außerdem besitzen die ersten 4 Zahlen binären Formen, die kürzer als 3-stellig sind, während alle Codes der Teilmengen einer 3-elementigen Menge aus genau 3 Ziffern bestehen. Wir können diesen Unterschied aufheben, indem wir an den Anfang der binären Formen 0'en anfügen, bis sie alle dieselbe Länge besitzen. Auf diese Weise bekommen wir folgende

Zuordnung:

$$
\begin{aligned}
0 &\Leftrightarrow 0_2 \Leftrightarrow 000 \Leftrightarrow \quad \emptyset \\
1 &\Leftrightarrow 1_2 \Leftrightarrow 001 \Leftrightarrow \{c\} \\
2 &\Leftrightarrow 10_2 \Leftrightarrow 010 \Leftrightarrow \{b\} \\
3 &\Leftrightarrow 11_2 \Leftrightarrow 011 \Leftrightarrow \{b,c\} \\
4 &\Leftrightarrow 100_2 \Leftrightarrow 100 \Leftrightarrow \{a\} \\
5 &\Leftrightarrow 101_2 \Leftrightarrow 101 \Leftrightarrow \{a,c\} \\
6 &\Leftrightarrow 110_2 \Leftrightarrow 110 \Leftrightarrow \{a,b\} \\
7 &\Leftrightarrow 111_2 \Leftrightarrow 111 \Leftrightarrow \{a,b,c\}
\end{aligned}
$$

Wir sehen somit, dass die Teilmengen von $\{a,b,c\}$ den Zahlen $0, 1, \ldots, 7$ entsprechen.

Was passiert, wenn wir etwas allgemeiner Teilmengen einer n-elementigen Menge betrachten? Wir können genau wie oben argumentieren und uns klarmachen, dass die Teilmengen einer n-elementigen Menge ganzen Zahlen entsprechen und zwar angefangen mit der Null bis hin zur größten ganzen Zahl, deren binäre Darstellung aus n Ziffern besteht (Ziffern in der binären Darstellung einer Zahl werden üblicherweise als *Bits* bezeichnet). Nun ist 2^n die kleinste Zahl mit $n + 1$ Bits, also entsprechen die Teilmengen den Zahlen $0, 1, 2, \ldots, 2^n - 1$. Es ist klar, dass die Anzahl dieser Zahlen 2^n beträgt und folglich die Anzahl der Teilmengen 2^n beträgt.

Nun können wir unsere Frage zur 233-sten Teilmenge einer 10-elementigen Menge beantworten. Wir müssen 233 in ihre binäre Darstellung überführen. Da 233 ungerade ist, wird die letzte binäre Ziffer (Bit) eine 1 sein. Nun entfernen wir dieses letzte Bit, was der Subtraktion der 1 von 233 und anschließender Division durch 2 entspricht: Wir erhalten $(233 - 1)/2 = 116$. Diese Zahl ist gerade, also ist ihr letztes Bit eine 0. Wir entfernen auch dieses Bit und erhalten $(116 - 0)/2 = 58$. Wiederum ist das letzte Bit eine 0. Nach dessen Entfernung erhalten wir $(58 - 0)/2 = 29$. Dies ist ungerade, also ist das letzte Bit eine 1 und nach Entfernung auch dieses Bits bekommen wir $(29 - 1)/2 = 14$. Entfernen einer 0 ergibt $(14 - 0)/2 = 7$, Entfernen einer 1 ergibt $(7 - 1)/2 = 3$, Entfernen einer 1 ergibt $(3 - 1)/2 = 1$ und nach der Entfernung der 1 erhalten wir 0. Somit ist 11101001 die binäre Darstellung von 233. Diese entspricht dem Code 0011101001.

Sind nun $a_1, \ldots, a_{10}$ die Elemente unserer Menge, dann besteht folglich die 233-ste Teilmenge einer 10-elementigen Menge aus den Elementen $\{a_3, a_4, a_5, a_7, a_{10}\}$.

Anmerkung: Wir habe für Satz 1.3.1 zwei Beweise angegeben. Es mag den einen oder anderen wundern, warum wir gleich zwei Beweise brauchten. Sicherlich nicht, weil wir der Beweiskraft eines einzigen Beweises nicht vertraut hätten! Anders als bei einer Gerichtsverhandlung gibt ein mathematischer Beweis entweder absolute Sicherheit über die Korrektheit der Aussage oder er ist nutzlos. Egal, wieviele unvollständige Beweise wir angeben, sie addieren sich nicht zu einem einzigen vollständigen Beweis.

In so einem Fall könnten wir auch versprechen, dass es wahr ist und auf einen Beweis verzichten. Später wird dies in manchen Fällen notwendig werden, wenn wir Sätze angeben, deren Beweise zu lang oder zu kompliziert sind, um sie in diesem einführenden Buch anzugeben.

Warum geben wir dann überhaupt irgendwelche Beweise an und sogar gleich zwei Beweise für dieselbe Aussage? Die Antwort ist, dass jeder Beweis sehr viel mehr aufzeigt, als nur die Behauptungen des Satzes und dass die dadurch gewonnenen Erkenntnisse wertvoller sein können, als der Satz selbst. Zum Beispiel führt der erste oben angegebene Beweis die Idee ein, die Auswahl einer Teilmenge in voneinander unabhängige Entscheidungen zu zerlegen und dies graphisch durch einen „Entscheidungsbaum" darzustellen. Diese Idee werden wir noch öfter verwenden.

Der zweite Beweis führt die Idee des Auflistens dieser Teilmengen ein (Bezeichnung mit den Zahlen $0, 1, 2, \ldots$). Außerdem haben wir eine wichtige Methode zum Zählen kennengelernt: Wir stellten eine direkte Verbindung zwischen den Objekten, die wir zählen wollten (den Teilmengen) und einer anderen Art von Objekten, die wir leicht zählen können (den Zahlen $0, 1, \ldots, 2^n - 1$), her. Bei dieser Zuordnung haben wir:

– zu jeder Teilmenge genau eine zugehörige Zahl und

– zu jeder Zahl genau eine zugehörige Teilmenge.

Eine solche Zuordnung wird *eineindeutig* (oder *Bijektion*) genannt. Können wir eine eineindeutige Zuordnung zwischen den Elementen zweier Mengen angeben, dann besitzen sie dieselbe Anzahl von Elementen.

Übung 1.3.1 Welche Zahlen entsprechen bei der oben beschriebenen Zuordnung von Zahlen und Teilmengen (a) Teilmengen mit einem Element, (b) der ganzen Menge? (c) Welche Mengen entsprechen den geraden Zahlen?

Übung 1.3.2 Wie lautet die Anzahl der Teilmengen einer n-elementigen Menge, die ein vorgegebenes Element enthalten?

Übung 1.3.3 Zeigen Sie, dass eine nicht-leere Menge dieselbe Anzahl von ungeraden Teilmengen (d.h., Teilmengen mit einer ungeraden Anzahl von Elementen) und geraden Teilmengen enthält.

Übung 1.3.4 Wie lautet die Anzahl ganzer Zahlen mit (a) höchstens n (dezimalen) Ziffern; (b) genau n Ziffern (nicht vergessen, dass es positive und negative Zahlen gibt!)?

1.4 Die ungefähre Anzahl von Teilmengen

Wir wissen also, dass die Anzahl der Teilmengen einer 100-elementigen Menge 2^{100} beträgt. Dies ist eine große Zahl, aber wie groß ist sie? Es wäre schon gut, wenn man wenigstens die Anzahl der Stellen wüßte, die sie in ihrer dezimalen Darstellung hat. Wenn wir einen Computer verwenden, ist es nicht sonderlich schwer, die dezimale Form dieser Zahl zu ermitteln ($2^{100} = 1267650600228229401496703205376$). Aber angenommen, wir haben gerade keinen Computer zur Hand. Können wir wenigstens die Größenordnung abschätzen?

Wir wissen $2^3 = 8 < 10$ und folglich (wenn man beide Seiten dieser Ungleichung zur 33-sten Potenz nimmt) gilt $2^{99} < 10^{33}$. Somit haben wir $2^{100} < 2 \cdot 10^{33}$. Nun ist $2 \cdot 10^{33}$ eine 2, gefolgt von 33 Nullen. Diese Zahl hat 34 Stellen. Daher besitzt 2^{100} höchstens 34 Stellen.

Wir wissen außerdem, dass $2^{10} = 1024 > 1000 = 10^3$ ist. Diese beiden Zahlen liegen relativ dicht beieinander[2]. Daher gilt $2^{100} > 10^{30}$, was bedeutet, dass 2^{100} mindestens 31 Stellen besitzt.

Dies vermittelt uns eine einigermaßen gute Vorstellung von der Größe von 2^{100}. Mit ein bisschen Schulmathematik können wir die Anzahl der Stellen aber auch genau bestimmen. Was bedeutet es, dass eine Zahl genau k Stellen besitzt? Es bedeutet, dass sie zwischen 10^{k-1} und 10^k liegt (wobei die untere Schranke angenommen werden darf, die obere jedoch nicht). Wir möchten den Wert von k ermitteln, für den

$$10^{k-1} \leq 2^{100} < 10^k$$

gilt.

Wir können 2^{100} in Form von 10^x beschreiben, wobei x allerdings keine ganze Zahl ist: Der geeignete Wert von x lautet $x = \lg 2^{100} = 100 \lg 2$ (mit $\lg$ bezeichnen wir den Logarithmus zur Basis 10). Wir haben nun

$$k - 1 \leq x < k.$$

Das bedeutet, $k - 1$ ist die größte ganze Zahl, die nicht größer als x ist. Mathematiker haben dafür einen Namen: Es ist der *ganzzahlige Anteil* von x und wir bezeichnen ihn mit $\lfloor x \rfloor$ (untere Gaussklammer). Anders ausgedrückt, um $k - 1$ zu bestimmen, runden wir x zur nächst kleineren ganzen Zahl ab. Es gibt auch für die Zahl, die wir durch das Aufrunden von x zur nächst größeren Zahl erhalten, eine Bezeichnung: $\lceil x \rceil$ (obere Gaussklammer).

---

[2]Die Tatsache, dass 2^{10} so dicht bei 10^3 liegt, wird bei dem Namen „Kilobyte" genutzt – oder eher missbraucht. Ein Kilobyte bedeutet 1024 Bytes, obwohl es 1000 Bytes bedeuten sollte. Genau wie ein „Kilogramm" 1000 Gramm meint. Analog bedeutet ein „Megabyte" 2^{20} Bytes, was 1 Million Bytes sehr nahe kommt, aber eben nicht dasselbe ist.

Wenn wir einen Taschenrechner (oder eine Logarithmentafel) verwenden, sehen wir, dass $\lg 2 \approx 0,30103$ und somit $100 \lg 2 \approx 30,103$ gilt. Durch Abrunden erhalten wir $k - 1 = 30$. Folglich hat 2^{100} genau 31 Stellen.

Übung 1.4.1 Wie viele Bits (binäre Stellen) hat 2^{100}, wenn wir es zur Basis 2 schreiben?

Übung 1.4.2 Finden Sie eine Formel für die Anzahl der Stellen von 2^n.

1.5 Sequenzen

Motiviert durch die „Codierung" von Teilmengen in Form von Strings aus 0'en und 1'en, möchten wir nun die Anzahl der Strings der Länge n bestimmen, die aus einer Menge von anderen Symbolen zusammengesetzt sind; zum Beispiel aus a, b und c. Die Argumentation, die wir im Falle der 0'en und 1'en ausführten, kann ohne wesentliche Änderungen übernommen werden. Wir können feststellen, dass wir jedes der drei Elemente a, b und c als erstes Element unseres Strings wählen können und haben daher 3 Wahlmöglichkeiten. Unabhängig davon, wie wir uns entscheiden, gibt es für das zweite Element wiederum 3 Möglichkeiten. Also gibt es insgesamt $3^2 = 9$ Wahlmöglichkeiten für die ersten beiden Elemente des Strings. Fahren wir in analoger Weise fort, so erhalten wir 3^n als Anzahl der Wahlmöglichkeiten für den ganzen String. Genaugenommen, spielt die Zahl 3 hier keine spezielle Rolle. Mit denselben Argumenten beweist man folgenden Satz:

Satz 1.5.1 Die Anzahl n-stelliger Strings, die aus k gegebenen Elementen zusammengestellt werden können, beträgt k^n.

Das folgende Problem führt zu einer Verallgemeinerung dieser Frage. Angenommen, eine Datenbank hat vier Felder: Das erste enthält eine 8 Zeichen lange Abkürzung des Namens des Angestellten, das zweite M oder W für das Geschlecht, das dritte das Geburtsdatum des Angestellten in Form von TT-MM-JJ (dabei wird das Problem vernachlässigt, dass zwischen Angestellten, die 1880 geboren sind, und Angestellten, die 1980 geboren sind, nicht unterschieden werden kann) und das vierte enthält einen aus 13 Möglichkeiten auszuwählenden Job-Code. Wie viele verschiedene Aufzeichnungen sind möglich?

Die Anzahl wird sicherlich groß sein. Wir wissen bereits durch Satz 1.5.1, dass das erste Feld $26^8 > 200.000.000.000$ Namen enthalten kann (die meisten dieser Namen werden schwierig auszusprechen sein und ihr Auftreten ist sehr unwahrscheinlich, aber wir zählen sie trotzdem alle als Möglichkeiten mit). Das zweite Feld hat zwei mögliche Einträge. Das dritte Feld können wir als drei getrennte Felder mit 31, 12 und 100 möglichen Einträgen auffassen (einige dieser Kombinationen werden niemals auftreten, zum Beispiel 31-04-76 oder 29-02-13; wir ignorieren das hier einfach). Das letzte Feld besitzt 13 mögliche Einträge.

Wie können wir nun die Anzahl aller Kombinationsmöglichkeiten bestimmen? Die oben beschriebene Argumentation kann wiederholt werden. Dabei muss man lediglich „3 Möglichkeiten" jeweils durch „26^8 Möglichkeiten", „2 Möglichkeiten", „31 Möglichkeiten", „12 Möglichkeiten", „100 Möglichkeiten" und „13 Möglichkeiten" ersetzen. Als Antwort erhalten wir somit $26^8 \cdot 2 \cdot 31 \cdot 12 \cdot 100 \cdot 13 = 201.977.536.857.907.200$. Wir können folgende Verallgemeinerung von Satz 1.5.1 formulieren (der Beweis besteht aus dem Wiederholen des obigen Arguments):

Satz 1.5.2 Angenommen, wir möchten einen String der Länge n bilden, indem wir aus einer gegebenen Menge von k_1 Symbolen eines als das erste Element des Strings bestimmen; dann aus einer gegebenen Menge von k_2 Symbolen eines als das zweite Element des Strings wählen, etc. und schließlich aus einer gegebenen Menge von k_n Symbolen eines als das letzte Element des Strings auswählen. Die Gesamtzahl der möglichen Strings beträgt dann $k_1 \cdot k_2 \cdots k_n$.

1.5.2

Als weiterer Spezialfall betrachten wir folgendes Problem: Wie viele nicht-negative ganze Zahlen besitzen genau n Ziffern (dezimal)? Es ist klar, dass jede der 9 Zahlen $(1, 2, \ldots, 9)$ die erste Ziffer sein kann, während die zweite, dritte, etc. Ziffer aus jeder der 10 Ziffern bestehen kann. Somit bekommen wir einen Spezialfall der vorigen Frage mit $k_1 = 9$ und $k_2 = k_3 = \cdots = k_n = 10$. Folglich ist die Antwort $9 \cdot 10^{n-1}$ (vgl. Übungsaufgabe 1.3.4).

Übung 1.5.1 Zeichnen Sie einen Baum, der die Art und Weise illustriert, wie wir die Anzahl der Strings der Länge 2 bestimmt haben, die aus den Buchstaben a, b und c gebildet wurden. Erklären Sie, wie man diese Anzahl mit Hilfe des Baumes bestimmen kann. Anschließend wiederhole man dasselbe für den allgemeineren Fall mit $n = 3$, $k_1 = 2$, $k_2 = 3$, $k_3 = 2$.

Übung 1.5.2 In einem Sportgeschäft gibt es T-Shirts in 5 verschiedenen Farben, Shorts in 4 unterschiedlichen Farben und Socken in 3 verschiedenen Farben. Wie viele verschiedene Kombinationen dieser Kleidungsstücke kann man bilden?

Übung 1.5.3 Auf einem Fussball-Toto Tippschein muss man 1, 2 oder 3 für jedes der 13 Spiele ausfüllen. Auf wie viele unterschiedliche Arten kann man den Tippschein ausfüllen?

Übung 1.5.4 Wir würfeln zweimal. Wie viele verschiedene Ergebnisse können wir bekommen? (Eine 1 gefolgt von einer 4 ist verschieden von einer 4 gefolgt von einer 1.)

Übung 1.5.5 Wir haben 20 verschiedene Geschenke, die wir unter 12 Kindern verteilen wollen. Es ist nicht gefordert, dass jedes Kind etwas bekommt. Es kann sogar passieren, dass wir alle Geschenke einem einzigen Kind geben. Wie viele Möglichkeiten gibt es, die Geschenke zu verteilen?

Übung 1.5.6 Wir haben 20 Arten von Geschenken. Diesmal haben wir eine große Auswahl von jeder Sorte. Wir möchten 12 Kindern Geschenke geben. Wiederum ist nicht gefordert, dass jedes Kind etwas bekommt, aber kein Kind soll zwei Geschenke derselben Sorte erhalten. Wie viele Möglichkeiten gibt es, die Geschenke zu vergeben?

1.6 Permutationen

Während Alices Geburtstagsparty haben wir uns mit dem Problem beschäftigt, die Anzahl der Möglichkeiten zu bestimmen, n Personen auf n Stühle zu verteilen (nun, genaugenommen haben wir es für $n = 6$ und $n = 7$ behandelt; es ist aber naheliegend, diese Frage allgemeiner zu betrachten). Stellen wir uns vor, die Stühle seien nummeriert. Dann ist das Problem eine Sitzordnung für diese Personen zu finden, dasselbe wie sie den Zahlen $1, 2, \ldots, n$ (oder $0, 1, \ldots, n - 1$, wenn wir den Logikern gefallen möchten) zuzuordnen. Eine andere Möglichkeit dies auszudrücken besteht darin, die Personen in einer Linie anzuordnen oder eine (geordnete) Liste ihrer Namen aufzuschreiben.

Haben wir eine Liste von n Objekten (eine geordnete Menge, d.h. eine Menge, bei der festgelegt ist, welches das erste, zweite, etc. Element ist) und ordnen sie so um, dass die Elemente in einer anderen Reihenfolge sind, nennen wir dies *permutieren*. Die neue Ordnung wird eine *Permutation* der Objekte genannt. Wir bezeichnen die Umordnung, die nichts verändert, ebenfalls als eine Permutation (dies erinnert an die leere Menge, die wir auch als eine Menge bezeichnet haben).

Zum Beispiel besitzt die Menge $\{a, b, c\}$ die folgenden 6 Permutationen:

$$abc, acb, bac, bca, cab, cba.$$

Wir sollten also die Anzahl der unterschiedlichen Möglichkeiten bestimmen, wie man n Objekte anordnen kann, d.h. wir untersuchen die Anzahl der Permutationen von n Objekten. Die von den Personen auf der Party gefundene Lösung funktioniert auch

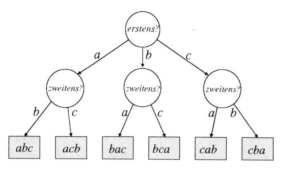

Abbildung 1.3. Ein Entscheidungsbaum zur Auswahl einer Permutation von $\{a, b, c\}$.

allgemein: Wir können jeden der n Personen auf den ersten Platz setzen. Unabhängig von der Wahl der ersten Person haben wir $n - 1$ Möglichkeiten, den zweiten Platz zu besetzen. Somit beträgt die Anzahl der Möglichkeiten für die ersten zwei Plätze $n(n - 1)$. Unabhängig von der Besetzung der ersten zwei Plätze gibt es $n - 2$ Möglichkeiten für den dritten Platz. Die Anzahl der Möglichkeiten, die ersten drei Plätze zu besetzen, beträgt also $n(n - 1)(n - 2)$.

Es ist klar, dass diese Argumentation so fortgeführt werden kann, bis alle Plätze besetzt sind. Der vorletzte Platz kann auf zwei Arten besetzt werden. Die Person, die auf den letzten Platz gesetzt wird, ist bestimmt, sobald die anderen Plätze besetzt sind. Die Anzahl der Möglichkeiten, alle Plätze zu besetzen, beträgt somit $n \cdot (n - 1) \cdot (n - 2) \cdots 2 \cdot 1$. Dieses Produkt ist so wichtig, dass wir eine eigene Bezeichnung dafür haben: $n!$ (ausgesprochen: n Fakultät). Mit anderen Worten ist $n!$ die Anzahl der Möglichkeiten, n Objekte anzuordnen. Diese Notation nutzen wir für unseren zweiten Satz.

Satz 1.6.1 Die Anzahl der Permutationen von n Objekten beträgt $n!$.   **1.6.1**

Die obige Argumentation können wir wiederum graphisch illustrieren (Bild 1.3). Wir beginnen mit der Ecke an der Spitze, die unsere erste Entscheidung darstellt: Wen setzen wir auf den ersten Stuhl? Die drei abgehenden Pfeile gehören zu den drei möglichen Antworten auf diese Frage. Treffen wir eine Entscheidung, dann können wir einem der Pfeile hinunter zur nächsten Ecke folgen. Dies bringt uns zum nächsten Entscheidungsproblem: Wen setzen wir auf den zweiten Stuhl? Die zwei Pfeile dieser Ecke repräsentieren die zwei Möglichkeiten der Auswahl. (Man beachte, dass die Auswahlmöglichkeiten für verschiedene Ecken dieses Niveaus unterschiedlich sind. Wichtig ist dabei, dass von jeder Ecke zwei Pfeile ausgehen.) Treffen wir nun eine Entscheidung und folgen dem zugehörigen Pfeil zur nächsten Ecke, dann wissen wir, wer auf dem dritten Stuhl sitzt. Die Ecke enthält die ganze Sitzordnung.

Klar ist, dass bei einer Menge mit n Elementen genau n Pfeile die Ecke an der Spitze verlassen und sich folglich n Ecken auf dem nächsten Niveau befinden. Dann verlassen jeweils $n - 1$ Pfeile jede dieser Ecken, weshalb es $n(n - 1)$ Ecken auf dem dritten Niveau gibt. Diese werden jeweils von $n - 2$ Pfeilen verlassen, etc. Auf dem untersten Niveau gibt es $n!$ Ecken. Dies zeigt, dass es genau $n!$ Permutationen gibt.

Übung 1.6.1 Es gehen n Jungen und n Mädchen Tanzen. Auf wie viele Arten können alle gleichzeitig tanzen? (Wir nehmen an, dass nur Paare unterschiedlichen Geschlechts miteinander tanzen.)

Übung 1.6.2
(a) Auf wie viele Arten können 8 Personen miteinander Schach spielen, wenn wir die Interpretation von Alice hierzu betrachten?
(b) Können Sie eine allgemeine Formel für $2n$ Personen angeben?

1.7 Die Anzahl geordneter Teilmengen

Bei einem Wettkampf mit 100 Sportlern wird lediglich die Reihenfolge der ersten 10 festgehalten. Wie viele verschiedene Ergebnisse kann der Wettkampf haben?
Diese Frage kann analog zur bereits beschriebenen Argumentation beantwortet werden. Der erste Platz kann von jedem der Sportler gewonnen werden. Unabhängig davon wer gewinnt, gibt es 99 mögliche Zweitplatzierte. Somit gibt es $100 \cdot 99$ Möglichkeiten für die Vergabe der ersten zwei Preise. Stehen die ersten beiden Plätze fest, gibt es noch 98 Sportler, die dritter werden können, etc. Die Antwort lautet daher $100 \cdot 99 \cdots 91$.

Übung 1.7.1 Stellen Sie diese Argumentation durch einen Baum dar.

Übung 1.7.2 Angenommen, wir halten die Reihenfolge aller 100 Sportler fest.
(a) Wie viele unterschiedliche Ergebnisse können wir dann erhalten?
(b) Wie viele davon enthalten dasselbe Ergebnis für die ersten 10 Plätze?
(c) Zeigen Sie, dass das obige Ergebnis zur Anzahl der möglichen Ergebnisse der ersten 10 Plätze auch durch die Verwendung von (a) und (b) erhalten werden kann.

Beim obigen Problem spielen die Zahlen 100 und 10 keine besondere Rolle. Wir würden ebenso vorgehen, wenn wir n Sportler und die Reihenfolge der ersten k Plätze gegeben hätten.
Um dem Ergebnis eine etwas mathematischere Form zu verleihen, können wir die Sportler durch eine beliebige Menge der Größe n ersetzen. Die Liste der ersten k

Plätze entspricht einer Sequenz von k jeweils unterschiedlichen Elementen, die aus den n Elementen ausgewählt wurden. Wir können dies auch als eine Auswahl einer k-elementigen Teilmenge der Sportler betrachten, die wir anschließend sortieren. Wir haben somit folgenden Satz:

Satz 1.7.1 Die Anzahl der geordneten k-elementigen Teilmengen einer Menge mit n Elementen beträgt $n(n-1)\cdots(n-k+1)$.

1.7.1

(Man beachte: Beginnen wir bei n und zählen um k Zahlen hinunter, so erhalten wir als letzte Zahl $n-k+1$.)

Es ist ziemlich lang, immer über „Mengen mit n Elementen" und „Teilmengen mit k Elementen" zu reden. Bequemer ist es, diese Ausdrücke mit „n-Menge" und „k-Teilmenge" abzukürzen. Die Anzahl der geordneten k-Teilmengen einer n-Menge beträgt somit $n(n-1)\cdots(n-k+1)$.

Übung 1.7.3 Verallgemeinert man das Ergebnis von Übungsaufgabe 1.7.2, dann erhält man die Antwort in folgender Form:

$$\frac{n!}{(n-k)!}.$$

Überprüfen Sie, ob diese und die in Satz 1.7.1 angegebene Zahl übereinstimmen.

Übung 1.7.4 Erklären Sie die Ähnlichkeiten und Unterschiede zwischen den Abzählproblemen, deren Antworten in Satz 1.7.1 und Satz 1.5.1 angegeben werden.

1.8 Die Anzahl der Teilmengen einer vorgegebenen Größe

1.8

Nun können wir leicht eines der wichtigsten Abzählergebnisse ableiten.

Satz 1.8.1 Die Anzahl der k-Teilmengen einer n-Menge beträgt

1.8.1

$$\frac{n(n-1)\cdots(n-k+1)}{k!} = \frac{n!}{k!(n-k)!}.$$

Beweis 1 Wir erinnern uns, dass wir nach Satz 1.7.1 für die Anzahl *geordneter* Teilmengen $n(n-1)\cdots(n-k+1) = n!/(n-k)!$ erhalten. Möchten wir die Anzahl *ungeordneter* Teilmengen bestimmen, so wissen wir, dass dies natürlich zu viele sind. Jede Teilmenge wurde nämlich genau $k!$ mal gezählt (mit jeder möglichen Anordnung der Elemente). Also müssen wir durch $k!$ teilen, um die Anzahl der Teilmengen mit k Elementen (ohne Ordnung der Elemente) zu erhalten. □

Die Anzahl der k-Teilmengen einer n-Menge ist eine solch wichtige Größe, dass es eine spezielle Bezeichnung dafür gibt: $\binom{n}{k}$ (man liest: „n über k"). Somit haben wir

$$\binom{n}{k} = \frac{n!}{k!(n-k)!}. \tag{6}$$

Die Anzahl der verschiedenen Lotteriescheine beträgt $\binom{90}{5}$ und die Anzahl der Handschläge, die zu Beginn von Alices Geburtstagsparty ausgeführt wurden, beträgt $\binom{7}{2}$, etc. Der Ausdruck $\binom{n}{k}$ wird auch als *Binomialkoeffizient* bezeichnet (wir werden in Kapitel 3.1 sehen, warum dies so ist).

Der Wert von $\binom{n}{n}$ beträgt 1, da eine n-elementige Menge genau eine n-elementige Teilmenge besitzt, nämlich sich selbst. Zu zeigen, dass $\binom{n}{0} = 1$ gilt, scheint ein bisschen schwieriger zu sein. Es ist jedoch genauso einfach zu erklären: Jede Menge besitzt eine einzige 0-elementige Teilmenge, nämlich die leere Menge. Dies gilt sogar für die leere Menge selbst, so dass $\binom{0}{0} = 1$ gilt.

Übung 1.8.1 Welche, während der Party diskutierten Probleme, sind Spezialfälle des Satzes 1.8.1?

Übung 1.8.2 Ordnen Sie die Werte von $\binom{n}{k}$ für $0 \leq k \leq n \leq 5$ tabellarisch an.

Übung 1.8.3 Bestimmen Sie mit (6) die Werte von $\binom{n}{k}$ für $k = 0, 1, n-1, n$ und erläutern Sie die Ergebnisse im Hinblick auf die kombinatorische Bedeutung von $\binom{n}{k}$.

Binomialkoeffizienten genügen einer Menge wichtiger Gleichungen. Im folgenden Satz sind einige von ihnen zusammengefasst. Weitere wichtige Gleichungen werden in den Übungsaufgaben und im nächsten Kapitel vorkommen.

1.8.2   **Satz 1.8.2** Binomialkoeffizienten erfüllen folgende Gleichungen:

$$\binom{n}{k} = \binom{n}{n-k}; \tag{7}$$

Falls $n, k > 0$, dann

$$\binom{n-1}{k-1} + \binom{n-1}{k} = \binom{n}{k}; \tag{8}$$

$$\binom{n}{0} + \binom{n}{1} + \binom{n}{2} + \cdots + \binom{n}{n-1} + \binom{n}{n} = 2^n. \tag{9}$$

Beweis 2 Wir beweisen (7), indem wir uns die kombinatorische Bedeutung beider Seiten vor Augen führen. Wir haben eine n-elementige Menge, sagen wir, S. Auf der linken Seite zählen wir die k-elementigen Teilmengen von S, während wir auf der rechten Seite deren $(n-k)$-elementigen Teilmengen zählen. Um einzusehen, dass diese beiden Anzahlen übereinstimmen, brauchen wir uns nur klarzumachen, dass es zu jeder k-elementigen Teilmenge auch eine zugehörige $(n-k)$-elementige Teilmenge gibt: Ihr *Komplement in S*. Dieses beinhaltet genau diejenigen Elemente von S, die nicht in der k-elementigen Teilmenge enthalten sind. Somit treten die k- und $(n-k)$-elementigen Teilmengen jeweils paarweise auf, weshalb ihren Anzahlen identisch sein müssen.

Beweisen wir nun (8), indem wir die algebraische Formel (6) nutzen. Nach Substitution erhalten wir als Gleichung

$$\frac{n!}{k!(n-k)!} = \frac{(n-1)!}{(k-1)!(n-k)!} + \frac{(n-1)!}{k!(n-k-1)!}.$$

Nun können wir beide Seiten durch $(n-1)!$ dividieren und mit $(k-1)!(n-k-1)!$ multiplizieren. Dadurch erhalten wir

$$\frac{n}{k(n-k)} = \frac{1}{n-k} + \frac{1}{k}.$$

Dies kann durch eine einfache algbraische Berechnung bestätigt werden.

Zum Abschluss beweisen wir (9) wieder durch eine kombinatorische Interpretation. Sei S wiederum eine n-elementige Menge. Der erste Term auf der linken Seite beschreibt die Anzahl der 0-elementigen Teilmengen von S (es gibt nur eine, die leere Menge). Der zweite Term gibt die Anzahl der 1-elementigen Teilmengen, der nächste Term die Anzahl der 2-elementigen Teilmengen, etc. an. In der gesamten Summe wird jede Teilmenge von S genau einmal gezählt. Wir wissen, dass 2^n (die rechte Seite) die Anzahl aller Teilmengen von S ist. Dies zeigt (9) und vervollständigt den Beweis von Satz 1.8.2.   □

Übung 1.8.4 Beweisen Sie (7), indem die algebraische Formel für $\binom{n}{k}$ verwendet wird und geben Sie einen Beweis für (8) an, bei dem die kombinatorische Bedeutung der beiden Seiten ausgenutzt wird.

Übung 1.8.5 Beweisen Sie, dass $\binom{n}{2} + \binom{n+1}{2} = n^2$ gilt. Geben Sie zwei Beweise an. Einen, bei dem die kombinatorische Interpretation genutzt wird, und einen weiteren, bei dem die algebraische Formel des Binomialkoeffizienten verwendet wird.

Übung 1.8.6 Man beweise (wiederum auf zwei unterschiedliche Arten), dass $\binom{n}{k} = \frac{n}{k}\binom{n-1}{k-1}$ gilt.

Übung 1.8.7 Man beweise (auf zwei unterschiedliche Arten), dass für $0 \leq c \leq b \leq a$

$$\binom{a}{b}\binom{b}{c} = \binom{a}{a-c}\binom{a-c}{b-c}$$

gilt.

Gemischte Übungsaufgaben

Übung 1.8.8 Wie viele Möglichkeiten gibt es, 12 Personen an zwei runde Tische mit jeweils 6 Plätzen zu setzen? Man denke darüber nach, wie man definieren könnte, wann zwei Sitzordnungen verschieden sind und formuliere jeweils die Antwort.

Übung 1.8.9 Geben Sie Mengen mit folgender Mächtigkeit an: (a) 365, (b) 12, (c) 7, (d) 11.5, (e) 0, (f) 1024.

Übung 1.8.10 Listen Sie alle Teilmengen von $\{a, b, c, d, e\}$ auf, die zwar $\{a, e\}$, nicht jedoch c enthalten.

Übung 1.8.11 Wir haben bisher noch nicht alle Teilmengenbeziehungen zwischen verschiedenen Mengen von Zahlen aufgeschrieben. Beispielsweise ist $\mathbb{Z} \subseteq \mathbb{R}$ ebenfalls wahr. Wie viele solcher Beziehungen können Sie zwischen den Mengen $\emptyset, \mathbb{N}, \mathbb{Z}_+$, $\mathbb{Z}, \mathbb{Q}, \mathbb{R}$ finden?

Übung 1.8.12 Was ist der Durchschnitt von
(a) der Menge der positiven ganzen Zahlen, deren letzte Ziffer eine 3 ist und der Menge der geraden Zahlen;
(b) der Menge der ganzen, durch 5 teilbaren Zahlen und der Menge der geraden Zahlen?

Übung 1.8.13 Seien $A = \{a, b, c, d, e\}$ und $B = \{c, d, e\}$. Man liste alle Teilmengen von A auf, deren Druchschnitt mit B das Element 1 enthält.

Übung 1.8.14 Wir haben drei Mengen mit 5, 10, bzw. 15 Elementen. Wie viele Elemente können ihre Vereinigung und ihr Durchschnitt enthalten?

Übung 1.8.15 Was ist die symmetrische Differenz von A und A?

Übung 1.8.16 Man bestimme die symmetrische Differenz von A und B, um eine Menge C zu erhalten. Nun bestimme man die symmetrische Differenz von A und C. Welche Menge erhält man?

Übung 1.8.17 Seien A, B, C drei Mengen und nehmen wir an, dass A ist eine Teilmenge von C ist. Beweisen Sie, dass

$$A \cup (B \cap C) = (A \cup B) \cap C$$

gilt. Zeigen Sie anhand eines Beispiels, dass die Bedingung 'A ist eine Teilmenge von C' nicht weggelassen werden kann.

Übung 1.8.18 Was ist die Differenz $A \setminus B$, wenn
(a) A die Menge der Primzahlen und B die Menge der ungeraden ganzen Zahlen ist?
(b) A die Menge der nicht-negativen reellen Zahlen und B die Menge der nicht-positiven reellen Zahlen ist?

Übung 1.8.19 Beweisen Sie, dass für drei beliebige Mengen A, B, C

$$((A \setminus B) \cup (B \setminus A)) \cap C = ((A \cap C) \cup (B \cap C)) \setminus (A \cap B \cap C)$$

gilt.

Übung 1.8.20 Sei A eine Menge und $\binom{A}{2}$ bezeichne die Menge aller 2-elementigen Teilmengen von A. Welche der folgenden Aussagen ist wahr?

$$\binom{A \cup B}{2} = \binom{A}{2} \cup \binom{B}{2}; \qquad \binom{A \cup B}{2} \supseteq \binom{A}{2} \cup \binom{B}{2};$$

$$\binom{A \cap B}{2} = \binom{A}{2} \cap \binom{B}{2}; \qquad \binom{A \cap B}{2} \subseteq \binom{A}{2} \cap \binom{B}{2}.$$

Übung 1.8.21 Sei B eine Teilmenge von A, $|A| = n$, $|B| = k$. Wie gross ist die Anzahl aller Teilmengen von A, deren Durchschnitt mit B genau ein Element enthält?

Übung 1.8.22 Stellen Sie 25 und 35 in binärer Form dar und berechnen Sie ihre Summe in binärer Darstellung. Überprüfen Sie das Ergebnis, indem Sie 25 und 35 in der üblichen decimalen Notation addieren und die Summe anschließend in ihre binäre Form überführen.

Übung 1.8.23 Beweisen Sie, dass sich jede positive ganze Zahl als Summe verschiedener Potenzen von 2 darstellen lässt. Beweisen Sie außerdem, dass es für eine vorgegebene Zahl nur eine Möglichkeit dieser Darstellung gibt.

Übung 1.8.24 Wie viele Bits hat 10^{100}, wenn wir es zur Basis 2 schreiben?

Übung 1.8.25 Wie viele Möglichkeiten gibt es, 5 der 50 Hauptstädte der Bundesstaaten der USA zu besuchen, wenn wir in Washington, DC, starten und auch wieder dorthin zurückkehren?

Übung 1.8.26 Bestimmen Sie die Anzahl aller 20-stelligen ganzen Zahlen, in denen keine zwei aufeinander folgenden Ziffern identisch sind.

Übung 1.8.27 Alice hat 10 Bälle (alle verschieden). Zuerst teilt sie diese in zwei Mengen, dann wählt sie eine der Mengen mit mindestens zwei Elementen und teilt auch diese wieder in zwei Teile. Sie wiederholt diesen Vorgang bis jede der Mengen nur noch ein einziges Element enthält.
(a) Wie oft muss sie diesen Vorgang ausführen?
(b) Zeigen Sie, dass die Anzahl der verschiedenen Möglichkeiten, mit denen sie dieses Verfahren ausführen kann

$$\binom{10}{2} \cdot \binom{9}{2} \cdots \binom{3}{2} \cdot \binom{2}{2}$$

beträgt. [Hinweis: Man stelle sich das Verfahren rückwärts vor.]

Übung 1.8.28 Sie möchten an 12 Freunde Postkarten senden. Im Laden gibt es nur 3 Sorten von Postkarten. Wie viele Möglichkeiten gibt es, die Postkarten zu versenden, wenn
(a) eine grosse Anzahl Postkarten von jeder der 3 Sorten vorhanden ist und Sie jedem der Freunde eine Karten schicken möchten;
(b) eine grosse Anzahl Postkarten von jeder der 3 Sorten vorhanden ist und Sie jedem der Freunde eine oder mehrere Karten schicken möchten (aber keiner zwei gleiche Postkarten erhalten soll);
(c) der Laden lediglich 4 Postkarten von jeder Sorte hat und Sie jedem der Freunde eine Karte schicken möchten?

Übung 1.8.29 Wie gross ist die Anzahl der Möglichkeiten, n Objekte mit 3 Farben zu färben, wenn jede Farbe mindestens einmal verwendet werden muss?

Übung 1.8.30 Man entsinne sich an den Lösungsvorschlag von Alice zur Bestimmung der Anzahl der Möglichkeiten, wie man 6 Personen miteinander Schach spielen lassen kann. Dann zeichne man hierzu einen Baum und erkläre Alices Argumentation anhand dieses Baumes.

Übung 1.8.31 Wie viele verschiedene „Wörter" erhält man durch Umordnen der Buchstaben des Wortes MATHEMATIK?

Übung 1.8.32 Bestimmen Sie alle positiven ganzen Zahlen a, b und c für die

$$\binom{a}{b}\binom{b}{c} = 2\binom{a}{c}$$

gilt.

Übung 1.8.33 Beweisen Sie

$$\binom{n}{k} = \binom{n-2}{k} + 2\binom{n-2}{k-1} + \binom{n-2}{k-2}.$$

Übung 1.8.34 20 Personen sitzen an einem Tisch. Wie viele Möglichkeiten gibt es, 3 Personen auszuwählen, ohne dass zwei benachbarte dabei sind.

Kapitel 2

Kombinatorische Werkzeuge

2

2   Kombinatorische Werkzeuge

2

2 Kombinatorische Werkzeuge

2.1 Induktion

Nun ist es an der Zeit, eines der wichtigsten Werkzeuge der diskreten Mathematik kennenzulernen. Wir beginnen mit einer Frage:

Wir addieren die ersten n ungeraden Zahlen. Was erhalten wir?

Vielleicht ist Experimentieren der beste Weg zur Antwort. Wenn wir kleine Werte für n ausprobieren, erhalten wir:

$$1 = 1$$
$$1 + 3 = 4$$
$$1 + 3 + 5 = 9$$
$$1 + 3 + 5 + 7 = 16$$
$$1 + 3 + 5 + 7 + 9 = 25$$
$$1 + 3 + 5 + 7 + 9 + 11 = 36$$
$$1 + 3 + 5 + 7 + 9 + 11 + 13 = 49$$
$$1 + 3 + 5 + 7 + 9 + 11 + 13 + 15 = 64$$
$$1 + 3 + 5 + 7 + 9 + 11 + 13 + 15 + 17 = 81$$
$$1 + 3 + 5 + 7 + 9 + 11 + 13 + 15 + 17 + 19 = 100$$

Es ist leicht festzustellen, dass wir Quadratzahlen bekommen. In der Tat scheint nach diesen Beispielen *die Summe der ersten n ungeraden Zahlen gleich n^2 zu sein.* Wir konnten dies für die ersten 10 Werte von n beobachten. Aber können wir sicher sein, dass es auch für alle weiteren gilt? Nun, ich würde sagen, halbwegs sicher können wir sein, aber nicht mit mathematischer Gewissheit. Wie können wir die Behauptung *beweisen*?

Betrachten wir die Summe für ein allgemeines n. Die n-te ungerade Zahl ist $2n - 1$ (nachprüfen!), also möchten wir zeigen, dass

$$1 + 3 + \cdots + (2n - 3) + (2n - 1) = n^2 \qquad (10)$$

gilt. Wenn wir den letzten Term der Summe abspalten, so verbleibt die Summe der ersten $n - 1$ ungeraden Zahlen.

$$1 + 3 + \cdots + (2n - 3) + (2n - 1) = \Big(1 + 3 + \cdots + (2n - 3)\Big) + (2n - 1)$$

Die Summe in den grossen Klammern beträgt $(n-1)^2$, da es die Summe der ersten $n-1$ ungeraden Zahlen ist. Somit beträgt die Gesamtsumme

$$(n-1)^2 + (2n-1) = (n^2 - 2n + 1) + (2n - 1) = n^2, \qquad (11)$$

genau wie wir es beweisen wollten.

Moment mal! Benutzen wir in diesem Beweis nicht die Aussage, die wir gerade beweisen wollen? Bestimmt ist das unfair! Wenn das erlaubt wäre, könnte man ja alles beweisen!

In Wirklichkeit haben wir nicht genau die Behauptung verwendet, die wir zu beweisen versuchten. Was wir benutzten, war die Aussage für die Summe der ersten $n-1$ ungeraden Zahlen und wir behaupteten, dass wir damit die Aussage für die Summe der ersten n ungeraden Zahlen beweisen. Mit anderen Worten haben wir gezeigt: Wenn die Aussage für einen bestimmten Wert $(n-1)$ wahr ist, so stimmt sie auch für den nächsten Wert (n).

Dies reicht für die Folgerung aus, dass die Behauptung für jedes n wahr ist. Wir haben gesehen, dass sie für $n = 1$ wahr ist. Somit gilt sie nach dem oben gesagten für $n = 2$ ebenfalls. (Dies wissen wir zwar bereits durch direkte Berechnung, aber wir sehen, dass diese gar nicht notwendig gewesen wäre: Es folgt aus dem Fall $n = 1$.) Analog impliziert die Wahrheit der Behauptung für $n = 2$, deren Gültigkeit auch für $n = 3$, was wiederum die Richtigkeit für $n = 4$ impliziert, etc.. Durch genügend häufige Wiederholung erhalten wir die Gültigkeit für jeden Wert von n. Somit ist die Behauptung für *alle* Werte von n wahr.

Diese Beweistechnik wird *Induktion* (oder manchmal auch *mathematische Induktion* zur Unterscheidung von einer Bezeichnung in der Philosophie) genannt. Sie kann wie folgt zusammengefasst werden:

Angenommen, wir möchten eine Eigenschaft der natürlichen Zahlen beweisen. Nehmen wir außerdem an, wir können zwei Tatsachen beweisen:

(a) 1 besitzt diese Eigenschaft und

(b) immer, wenn $n-1$ die Eigenschaft besitzt, dann gilt dies auch für n $(n > 1)$.

Das *Prinzip der Induktion* besagt, wenn (a) und (b) gelten, besitzt jede natürliche Zahl diese Eigenschaft.

Dies ist genau das, was wir oben getan haben. Wir haben gezeigt, dass die „Summe" der ersten 1 ungeraden Zahlen 1^2 beträgt und wir haben bewiesen, *wenn* die Summe der ersten $n-1$ ungeraden Zahlen $(n-1)^2$ beträgt, *dann* ist, unabhägig von der betrachteten Zahl $n > 1$, die Summe der ersten n ungeraden Zahlen gleich n^2. Somit können wir mit dem Induktionsprinzip daraus schließen, dass für jede positive ganze Zahl n die Summe der ersten n ungeraden Zahlen n^2 beträgt.

Häufig ist es am günstigsten, einen Induktionsbeweis wie folgt durchzuführen : Zuerst überprüfen wir die Aussage für $n = 1$. (Dies wird auch der *Induktionsanfang* genannt.)

Dann versuchen wir, die Aussage für einen allgemeinen Wert n zu beweisen. Dabei dürfen wir annehmen, dass die Aussage wahr ist, wenn wir n durch $n-1$ ersetzen. (Dies wird als *Induktionsvoraussetzung* bezeichnet.) Wenn es hilfreich ist, dann kann man auch die Gültigkeit der Aussage für $n-2$, $n-3$, etc. nutzen, im Allgemeinen für jedes k mit $k < n$.

Manchmal sagen wir auch, wenn 1 eine Eigenschaft besitzt und jede natürliche Zahl n diese Eigenschaft von $n-1$ *erbt*, dann besitzt jede natürliche Zahl diese Eigenschaft. (Vergleichbar dem Gründer einer Familie, der eine gewisse Eigenschaft besitzt und deshalb jede neue Generation diese Eigenschaft von der vorigen Generation erbt. Unter diesen Umständen wird diese Familie die Eigenschaft immer besitzen.)

Manchmal beginnen wir nicht mit $n = 1$, sondern mit $n = 0$ (falls dies einen Sinn ergibt) oder mit einem größeren Wert von n (falls beispielsweise $n = 1$ aus irgendeinem Grund keinen Sinn ergibt oder die Aussage für $n = 1$ nicht gilt). Wir möchten zum Beispiel beweisen, dass $n!$ *eine gerade Zahl ist, falls* $n \geq 1$. Wir überprüfen, dass dies für $n = 2$ wahr ist (in der Tat ist $2! = 2$ gerade) und dass es von $n-1$ an n weitervererbt wird (wenn $(n-1)!$ gerade ist, dann ist $n! = n \cdot (n-1)!$ tatsächlich ebenfalls gerade, da jedes Vielfache einer geraden Zahl wieder gerade ist). Damit ist bewiesen, dass $n!$ für jeden Wert von n, begonnen beim *Induktionsanfang* $n = 2$ gerade ist. Die Aussage gilt natürlich nicht für $n = 1$.

Übung 2.1.1 Beweisen Sie, dass $n(n+1)$ für jede nicht-negative ganze Zahl n gerade ist. Führen Sie den Beweis einmal mit und einmal ohne Induktion durch.

Übung 2.1.2 Beweisen Sie durch Induktion, dass die Summe der ersten n natürlichen Zahlen $n(n+1)/2$ ist.

Übung 2.1.3 Man beachte, die Zahl $n(n+1)/2$ entspricht genau der Anzahl der Handschläge zwischen $n+1$ Personen. Nehmen wir an, jeder zählt lediglich Handschläge mit Personen, die älter als man selbst sind (ziemlich versnobt, nicht wahr?). Wer wird die meisten Handschläge zählen? Wie viele Personen werden 6 Handschläge zählen? (Wir nehmen an, dass es keine zwei Personen gibt, die exakt dasselbe Alter haben.)

Geben Sie einen Beweis für das Ergebnis von Übungsaufgabe 2.1.2 an, der auf Ihrer Antwort zu dieser Frage basiert.

Übung 2.1.4 Geben Sie einen Beweis zu Übungsaufgabe 2.1.2 an, der auf Bild 2.1 basiert.

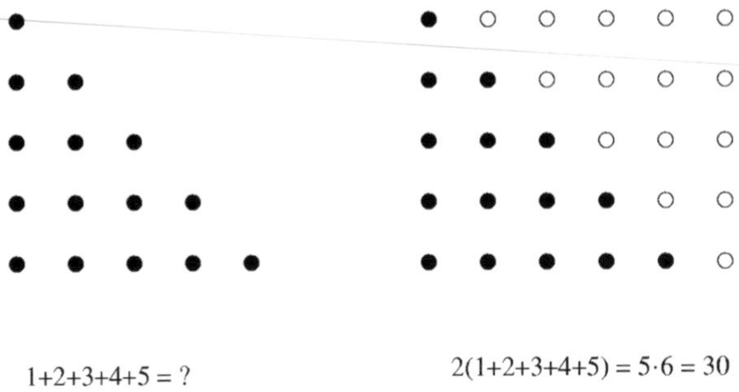

$$1+2+3+4+5 = ?$$

$$2(1+2+3+4+5) = 5\cdot 6 = 30$$

Abbildung 2.1. Die Summe der ersten n positiven ganzen Zahlen.

Übung 2.1.5 Beweisen Sie die folgende Gleichung:

$$1 \cdot 2 + 2 \cdot 3 + 3 \cdot 4 + \cdots + (n-1) \cdot n = \frac{(n-1) \cdot n \cdot (n+1)}{3}.$$

Übungsaufgabe 2.1.2 bezieht sich auf eine wohlbekannte Anekdote aus der Geschichte der Mathematik. Carl Friedrich Gauss (1777–1855), einer der größten Mathematiker aller Zeiten, war in der Grundschule, als sein Lehrer der Klasse die Aufgabe stellte, alle ganzen Zahlen von 1 bis 1000 zu addieren. Der Lehrer hoffte auf ein Stündchen zum Ausruhen, während seine Schüler arbeiteten. (Die Geschichte ist nicht echt und man hört sie in unterschiedlichen Varianten. Mal sollen die Zahlen von 1 bis 100 addiert werden, ein anderes Mal die Zahlen von 1900 bis 2000.) Zur großen Überraschung des Lehrers hatte Gauss nahzu sofort die korrekte Antwort. Seine Lösung war ausgesprochen einfach: Kombiniert man den ersten und letzten Term miteinander, so erhält man $1 + 1000 = 1001$. Die Kombination des zweiten mit dem vorletzten Term ergibt $2 + 999 = 1001$. Fährt man in dieser Weise fort, den ersten verbleibenden Term mit dem letzten zu kombinieren (und sie dann zu entfernen), erhält man jeweils 1001. Das letzte Paar, das auf diese Weise addiert wird, ist $500 + 501 = 1001$. Somit erhalten wir 500 mal 1001, was zusammen 500500 ergibt. Wir können dieses Ergebnis mit der Formel aus Übungsaufgabe 2.1.2 überprüfen: $1000 \cdot 1001/2 = 500500$.

Übung 2.1.6 Benutzen Sie die Methode des jungen Gauss, um einen dritten Beweis für die Formel aus Übungsaufgabe 2.1.2 auszugeben.

Übung 2.1.7 Auf welche Weise würde der junge Gauss die Formel (10) für die Summe der ersten n ungeraden Zahlen beweisen?

Übung 2.1.8 Beweisen Sie, dass $n(n + 1)(2n + 1)/6$ die Summe der ersten n Quadrate $\left(1 + 4 + 9 + \cdots + n^2\right)$ ist.

Übung 2.1.9 Beweisen Sie, dass $2^n - 1$ die Summe der ersten n Potenzen von 2 (beginnend bei $1 = 2^0$) ist.

In Kapitel 1 haben wir uns oft darauf verlassen, „etc." zu sagen: Wir haben Argumentationen beschrieben, die n mal wiederholt werden mußten, um das gewünschte Resultat zu ergeben. Nachdem wir jedoch das Argument ein oder zweimal angewandt haben, sagten wir „etc.", anstatt weitere Wiederholungen anzugeben. Dagegen ist nichts einzuwenden, wenn die Argumentation so leicht ist, dass wir intuitiv sehen, wohin die Wiederholung führt. Es wäre allerdings gut, ein Instrument zu haben, das wir anstelle von „etc." nutzen könnten, wenn das Ergebnis der Wiederholung nicht ganz so leicht erkennbar ist.

Der korrekte Weg liegt in der Verwendung der Induktion. Wir werden dies vorführen, indem wir einige unserer Ergebnisse noch einmal betrachten. Zuerst werden wir einen Beweis für die Formel über die Anzahl der Teilmengen einer n-elementigen Menge aus Satz 1.3.1 angeben (zur Erinnerung: Das Ergebnis ist 2^n.).

Nach dem Induktionsprinzip müssen wir beweisen, dass die Behauptung für $n = 0$ wahr ist. Dies ist trivial und wir haben es bereits getan. Nun nehmen wir an, es gilt $n > 0$ und die Aussage ist für Mengen mit $n - 1$ Elementen wahr. Betrachten wir eine n-elementige Menge S und fixieren ein beliebiges Element $a \in S$. Wir möchten die Teilmengen von S zählen. Zunächst teilen wir sie in zwei Klassen ein: In solche Teilmengen, die a enthalten und solche, die a nicht enthalten. Dann zählen wir sie getrennt.

Wir beginnen mit den Teilmengen, die a nicht enthalten. Wenn wir a aus S entfernen, erhalten wir eine Menge S' mit $n - 1$ Elementen. Die Teilmengen, die uns im Moment interessieren, sind genau die Teilmengen von S'. Nach Induktionsvoraussetzung beträgt die Anzahl dieser Teilmengen 2^{n-1}.

Als nächstes betrachten wir die a enthaltenden Teilmengen. Die entscheidende Beobachtung ist, dass jede dieser Teilmengen aus a und einer Teilmenge von S' besteht. Wenn wir irgendeine Teilmenge von S' nehmen, dann bekommen wir durch Hinzufügen von a eine Teilmenge von S, die a enthält. Die Anzahl der a enthaltenden Teilmengen von S stimmt folglich mit der Anzahl der Teilmengen von S' überein. Dies ist nach Induktionsvoraussetzung gleich 2^{n-1}. (Wir können hier ein wenig die vorher eingeführte mathematische Fachsprache üben: Der letzte Teil der Argumentation begründet eine Bijektion zwischen den a enthaltenden und den a nicht enthaltenden Teilmengen.)

Abschließend erhalten wir: Die Gesamtzahl der Teilmengen von S beträgt $2^{n-1} + 2^{n-1} = 2 \cdot 2^{n-1} = 2^n$. Dies zeigt (noch einmal) Satz 1.3.1.

Übung 2.1.10 Verwenden Sie Induktion, um Satz 1.5.1 (die Anzahl von Strings der Länge n, die aus k gegebenen Elementen zusammengestellt wurden, beträgt k^n) und Satz 1.6.1 (die Anzahl von Permutationen einer Menge mit n Elementen beträgt $n!$) zu zeigen.

Übung 2.1.11 Benutzen Sie Induktion nach n, um den „Handschlag-Satz" (die Anzahl der Handschläge zwischen n Personen beträgt $n(n-1)/2$ zu beweisen.

Übung 2.1.12 Lesen Sie den folgenden Induktionsbeweis sorgfältig durch:

BEHAUPTUNG: $n(n+1)$ *ist für jedes n eine ungerade Zahl.*

BEWEIS: Angenommen, dies gilt für $n-1$ anstatt für n. Wir beweisen es für n, indem wir die Induktionsvoraussetzung nutzen. Wir erhalten

$$n(n+1) = (n-1)n + 2n.$$

Nach der Induktionsvoraussetzung ist hier $(n-1)n$ ungerade und wir wissen, dass $2n$ gerade ist. Somit ist $n(n+1)$ die Summe einer ungeraden und einer geraden Zahl und damit also ungerade.

Die Aussage, die wir bewiesen haben ist jedoch für $n = 10$ offensichtlich falsch: $10 \cdot 11 = 110$ ist gerade. Was stimmt an dem Beweis nicht?

Übung 2.1.13 Lesen Sie den folgenden Induktionsbeweis sorgfältig durch:

BEHAUPTUNG: *Wenn wir n Geraden in einer Ebene haben, von denen keine zwei parallel sind, dann gehen sie alle durch einen Punkt.*

BEWEIS: Die Behauptung ist für eine Gerade wahr (und ebenso für zwei, denn wir haben vorausgesetzt, dass keine zwei Geraden parallel sind). Angenommen, sie ist für eine beliebige Menge von $n-1$ Geraden wahr. Wir werden mit der Induktionsvoraussetzung beweisen, dass sie für n Geraden ebenfalls wahr ist. Betrachten wir eine Menge $S = \{a, b, c, d, \dots\}$ von n Geraden in der Ebene, von denen keine zwei parallel sind. Entfernen wir die Gerade c, dann erhalten wir eine Menge S' von $n-1$ Geraden, von denen offensichtlich keine zwei parallel sind. Somit können wir die Induktionsvoraussetzung anwenden und schließen, dass es einen Punkt P gibt, durch den alle Geraden von S' gehen. Insbesondere gehen a und b durch P und somit muss P der Schnittpunkt von a und b sein.
Nun geben wir c wieder zu der Menge hinzu, entfernen d und erhalten eine Menge S'' mit $n-1$ Geraden. Genau wie oben können wir die Induktionsvoraussetzung anwenden und schließen, dass diese Geraden durch einen gemeinsamen Punkt P' gehen. Dieser Punkt P' muss allerdings wiederum der Schnittpunkt von a und b sein. Daher gilt $P' = P$. Aber dann muss c durch P gehen. Die

anderen Geraden gehen ebenso durch P (nach der Wahl von P). Somit gehen alle Geraden durch P.

Die Aussage, die wir bewiesen haben, ist jedoch eindeutig falsch. Wo liegt der Fehler?

2.2 Vergleichen und Abschätzen von Zahlen

Es ist gut, für bestimmte Zahlen Formeln zu besitzen (zum Beispiel für $n!$, die Anzahl der Permutationen von n Elementen). Oft ist es aber noch wichtiger, eine ungefähre Vorstellung über die Größe dieser Zahlen zu haben. Wie viele Ziffern hat beispielsweise 100! ?

Beginnen wir zunächst mit einer einfacheren Frage. Welche Zahl ist größer: n oder $\binom{n}{2}$? Für $n = 2, 3, 4$ beträgt der Wert von $\binom{n}{2}$ jeweils $1, 3, 6$. Somit ist er für $n = 2$ kleiner, für $n = 3$ gleich und für $n = 4$ größer als n. Tatsächlich gilt $n = \binom{n}{1} < \binom{n}{2}$, falls $n \geq 4$ ist.

Es kann noch mehr ausgesagt werden: Der Quotient

$$\frac{\binom{n}{2}}{n} = \frac{n-1}{2}$$

wird beliebig groß, wenn n groß wird. Möchten wir zum Beispiel, dass dieser Quotient größer als 1000 wird, dann reicht es, $n > 2001$ zu wählen. In der Sprache der Analysis haben wir

$$\frac{\binom{n}{2}}{n} \to \infty \qquad (n \to \infty).$$

Hier ist noch eine andere einfache Frage: Was ist größer, n^2 oder 2^n? Bei kleinen Werten von n kann beides vorkommen: $1^2 < 2^1, 2^2 = 2^2, 3^2 > 2^3, 4^2 = 2^4, 5^2 < 2^5$. Allerdings startet 2^n von hier an durch und wächst viel schneller als n^2. Zum Beispiel ist $2^{10} = 1024$ sehr viel größer als $10^2 = 100$. Viel mehr noch, der Quotient $2^n/n^2$ wird beliebig groß, wenn n groß wird.

Übung 2.2.1

(a) Beweisen Sie, dass $2^n > \binom{n}{3}$ gilt, falls $n \geq 3$.

(b) Nutzen Sie (a), um zu zeigen, dass $2^n/n^2$ beliebig groß wird, wenn n groß wird.

Nun nehmen wir das Problem in Angriff, die Zahl 100! oder allgemeiner die Zahl $n! = 1 \cdot 2 \cdots n$ abzuschätzen. Der erste Faktor 1 spielt keine Rolle, aber alle anderen haben mindestens den Wert 2. Somit haben wir $n! \geq 2^{n-1}$. Analog gilt $n! \leq n^{n-1}$, da $n!$ das Produkt von $n - 1$ Faktoren (der Faktor 1 wird wieder außer Acht gelassen) ist, die jeweils höchstens den Wert n besitzen. (Da alle Faktoren außer einem kleiner als n sind, ist das Produkt in Wirklichkeit viel kleiner.) Folglich wissen wir, es gilt

$$2^{n-1} \le n! \le n^{n-1}. \tag{12}$$

Diese Schranken sind sehr weit voneinander entfernt. Für $n = 10$ beträgt die untere Schranke $2^9 = 512$, während die obere bei 10^9 (einer Billion) liegt.

Hier kommt eine Frage, die mit den einfachen Schranken von (12) noch nicht beantwortet werden kann. Was ist größer, $n!$ oder 2^n? Mit anderen Worten, besitzt eine Menge mit n Elementen mehr Permutationen oder Teilmengen? Bei kleinen Werten von n gewinnen die Teilmengen: $2^1 = 2 > 1! = 1, 2^2 = 4 > 2! = 2, 2^3 = 8 > 3! = 6$. Aber dann wandelt sich das Bild: $2^4 = 16 < 4! = 24, 2^5 = 32 < 5! = 120$. Leicht sieht man, dass $n!$ bei einer Zunahme von n sehr viel schneller wächst als 2^n: Gehen wir von n zu $n + 1$ über, dann wächst 2^n mit dem Faktor 2, während $n!$ mit einem Faktor von $n + 1$ wächst.

Übung 2.2.2 Man verwende Induktion, um das vorige Argument zu präzisieren und zu beweisen, dass $n! > 2^n$ gilt, falls $n \ge 4$.

Es gibt eine Formel, die eine sehr gute Approximation von $n!$ liefert. Dieser erfordert einige Berechnungen und daher geben wir sie ohne Beweis an (obwohl diese Berechnungen nicht allzu schwierig sind).

2.2.1   **Satz 2.2.1** [Stirlingsche Formel]

$$n! \sim \left(\frac{n}{e}\right)^n \sqrt{2\pi n}.$$

Hier bedeutet $\pi = 3, 14 \ldots$ die Fläche eines Kreises mit Einheitsradius, $e = 2, 718 \ldots$ ist die Basis des natürlichen Logarithmus und $\sim$ bezeichnet die annähernde Gleichheit, mit der genauen Bedeutung

$$\frac{n!}{\left(\frac{n}{e}\right)^n \sqrt{2\pi n}} \to 1 \qquad (n \to \infty).$$

Die beiden bemerkenswerten irrationalen Zahlen e und π kommen hier in derselben Formel vor!

Kommen wir nun zu der Frage zurück, wieviele Ziffern die Zahl $100!$ hat. Durch die Stirlingsche Formel wissen wir

$$100! \approx (100/e)^{100} \cdot \sqrt{200\pi}.$$

Die Anzahl der Ziffern dieser Zahl ist gleich ihrem aufgerundeten Logarithmus zur Basis 10. Also erhalten wir

$$\lg(100!) \approx 100 \lg(100/e) + 1 + \lg\sqrt{2\pi} = 157,969\dots.$$

Somit beträgt die Anzahl der Ziffern von 100! ungefähr 158 (dies ist tatsächlich der korrekte Wert).

2.3 Das Inklusion-Exklusionsprinzip

In einer Klasse mit 40 Schülern gibt es viele, die Bilder ihrer Lieblingsrockstars sammeln. Achtzehn Schüler haben Bilder der Beatles, 16 Schüler besitzen Bilder von den Rolling Stones und 12 Schüler haben ein Bild von Elvis Presley (dies fand vor langer Zeit statt, als wir noch jung waren). Es gibt 7 Schüler, die sowohl von den Beatles als auch von den Rolling Stones Bilder haben, 5 Schüler, die Bilder von den Beatles und Elvis Presley besitzen und 3 Schüler, die von den Rolling Stones and Elvis Presley Bilder haben. Außerdem gibt es noch 2 Schüler, die Bilder von allen drei Gruppen besitzen. Frage: Wie viele Schüler gibt es in der Klasse, die von keiner dieser Rock Gruppen ein Bild besitzen?

Zuerst könnten wir es mit folgender Argumentation versuchen: Insgesamt gibt es in dieser Klasse 40 Schüler. Nun ziehen wir von dieser Gesamtzahl die Anzahl der Schüler ab, die Bilder der Beatles besitzen (18), die Bilder der Rolling Stones haben (16) und die Bilder von Elvis besitzen (12). Somit ziehen wir $18 + 16 + 12$ ab und erhalten -6. Diese negative Anzahl warnt uns, dass in unserer Berechnung irgendein Fehler sein muss. Aber wo liegt dieser Fehler? Was ist nicht korrekt? Wir haben einen Fehler gemacht, als wir die Anzahl der Schüler, die Bilder zweier Gruppen sammeln, doppelt abgezogen haben! Beispielsweise wurde ein Schüler, der die Beatles und Elvis Presley besitzt, sowohl mit den Beatles Sammlern als auch mit den Elvis Presley Sammlern abgezogen. Um unsere Rechnung zu korrigieren, müssen wir also die Anzahl der Schüler, die Bilder zweier Gruppen haben, wieder hinzuaddieren. Auf diese Weise erhalten wir $40 - (18 + 16 + 12) + (7 + 5 + 3)$. Wir sollten allerdings vorsichtig sein und denselben Fehler nicht gleich zweimal begehen! Was passiert mit den beiden Schülern, die Bilder von allen drei Gruppen haben? Wir subtrahierten sie zu Beginn 3 mal und addierten sie anschließend wiederum 3 mal. Also müssen wir sie noch einmal abziehen! Mit dieser Korrektur lautet unser Ergebnis:

$$40 - (18 + 16 + 12) + (7 + 5 + 3) - 2 = 7. \tag{13}$$

Wir können in dieser Formel keinen Fehler finden, auch wenn wir sie aus jedem Blickwinkel betrachten. Trotzdem haben wir aus unserer vorigen Erfahrung gelernt, dass wir sehr viel vorsichtiger sein müssen: Wir müssen einen genauen Beweis angeben!

Nehmen wir also an, dass jemand die Daten über das Bilder Sammeln dieser Klasse in einer Tabelle wie in der unten angegebenen Tabelle 2.1 festhält. Jede Zeile entspricht einem Schüler. Wir haben allerdings nicht alle 40, sondern nur einige typische Zeilen aufgeschrieben.

Name	Bonus	Beatles	Stones	Elvis	BS	BE	SE	BSE
Alfred	1	0	0	0	0	0	0	0
Bine	1	-1	0	0	0	0	0	0
Chris	1	-1	-1	0	1	0	0	0
Jörg	1	-1	0	-1	0	1	0	0
Elke	1	-1	-1	-1	1	1	1	-1
⋮								

Tabelle 2.1. Eine etwas sonderbare Aufstellung, wer welche Bilder sammelt.

Die Tabelle sieht ein bisschen komisch aus (aber dafür gibt es einen Grund). Zuerst geben wir jedem Schüler einen Bonus von 1. Danach notieren wir in einer eigenen Spalte, ob ein Schüler (zum Beispiel) sowohl die Beatles als auch Elvis Presley (die Spalte, die mit BE bezeichnet ist) sammelt, obwohl man dies auch schon anhand der vorigen Spalten ablesen könnte. Nun beachten wir, dass wir eine -1 in jede Spalte schreiben, in der die Anzahl der gesammelten Bilder ungerade ist und eine 1, wenn sie gerade ist.

Wir berechnen die Gesamtzahl der Einträge dieser Tabelle auf zwei verschiedene Arten. Zuerst fragen wir uns: Wie groß ist die Summe der Zeilen? Wir erhalten für Alfred eine 1 und bei jedem anderen eine 0. Das ist kein Zufall. Betrachten wir einen Schüler wie Alfred, der kein einziges Bild besitzt. Dieser steuert nur zur Bonusspalte eine 1 bei, aber nirgendwo sonst, d.h. die Summe in der zu diesem Schüler gehörenden Zeile ist 1. Als nächstes betrachten wir Elke, die alle 3 Bilder besitzt. Sie hat in der Bonusspalte eine 1, in den nächsten 3 Spalten stehen 3 Terme mit -1. In jeder der nächsten 3 Spalten hat sie eine 1, eine für jedes Paar von Bildern. Es ist günstiger, sich diese 3 als $\binom{3}{2}$ vorzustellen. Ihre Zeile endet mit $\binom{3}{3}$ (-1)-en ($\binom{3}{3}$ ist gleich 1, aber wenn wir es in dieser Weise aufschreiben, wird die allgemeine Idee deutlicher erkennbar). Die Summe der Zeilen beträgt somit

$$1 - \binom{3}{1} + \binom{3}{2} - \binom{3}{3} = 0.$$

Die Betrachtung der Zeilen von Bine, Chris und Jörg ergibt die Summen:

$$1 - \binom{1}{1} = 0 \qquad \text{für Bine (1 Bild),}$$

$$1 - \binom{2}{1} + \binom{2}{2} = 0 \qquad \text{für Chris und Jörg (2 Bilder).}$$

Wenn wir die negativen Terme jeweils auf die andere Seite dieser Gleichungen bringen, erhalten wir eine Gleichung mit einer kombinatorischen Bedeutung: *Die Anzahl
der Teilmengen einer n-Menge mit einer geraden Anzahl von Elementen ist gleich der
Anzahl der Teilmengen mit einer ungeraden Anzahl von Elementen.* Zum Beispiel:

$$\binom{3}{0} + \binom{3}{2} = \binom{3}{1} + \binom{3}{3}.$$

Man erinnere sich, dass dies in Übungsaufgabe 1.3.3 für jedes $n \geq 1$ tatsächlich bestätigt wird.

Für jeden Schüler, der ein Bild irgendeiner Musikgruppe besitzt, ist die Summe seiner
Zeile 0. Bei Schülern, die gar kein Bild besitzen, beträgt diese Summe jeweils 1. Daher
entspricht die Summe aller 40 Zeilen genau der Anzahl der Schüler, die überhaupt kein
Bild haben.

Was sind nun die Summen der Spalten? In der „Bonus"-Spalte haben wir 40 mal +1,
in der „Beatles"-Spalte haben wir 18 mal −1 und dann haben wir noch 16 und 12 mal
−1. Außerdem erhalten wir noch 7 mal +1 in der BS-Spalte und jeweils entsprechend
5 und 3 mal +1 in der BE-, bzw. SE-Spalte. Schließlich erhalten wir noch 2 mal −1
in der letzten Spalte. Somit ist dies tatsächlich der Ausdruck in (13).

Diese Formel wird die *Inklusions-Exklusions-Formel* oder auch *Siebformel* genannt.
Die Herkunft des ersten Namens ist offensichtlich, der zweite bezieht sich auf ein Bild,
bei dem wir von einer großen Menge ausgehend, alle Objekte, die wir nicht benötigen,
„heraussieben".

Ausweiten könnten wir diese Methode, wenn die Schüler Bilder von 4 oder 5 oder
jeder anderen Anzahl (anstatt 3) von Rock Gruppen sammeln würden. Anstelle eines allgemeinen Satzes (der übermäßig lang werden würde) geben wir lieber etliche
Übungsaufgaben und Beispiele an.

Übung 2.3.1 In einer reinen Jungen-Klasse, spielen 18 Jungen gerne Schach, 23 bevorzugen Fussball, 21 Rad fahren und 17 Wandern. Sowohl Schach als auch Fussball
spielen 9 der Jungen. Wir wissen außerdem, dass 7 Jungen Schach und Rad fahren mögen, 6 begeistern sich für Schach und Wandern, 12 mögen Fussball und Rad fahren,
während 9 Jungen für Fussball und Wandern und 12 für Rad fahren und Wandern sind.
Es gibt 4 Jungen, die Schach, Fussball und Rad fahren mögen, 3 Jungen, die Schach,
Fussball und Wandern bevorzugen, 5 Jungen, die Schach, Rad fahren und Wandern
mögen, während 7 gerne Fussball spielen, Rad fahren und wandern. Schließlich gibt
es noch 3 Jungen, die sich allen vier Aktivitäten gerne widmen. Wir wissen außerdem,
dass jeder in der Klasse mindestens eine dieser Aktivitäten mag. Wie viele Jungen gibt
es in der Klasse?

2.4 Das Taubenschlagprinzip

Ist es möglich, in New York zwei Personen zu finden, die dieselbe Anzahl von Haaren auf dem Kopf haben? Man sollte meinen, es sei unmöglich, diese Frage zu beantworten, da man ja nicht einmal weiss, wieviele Haare man selbst auf dem Kopf trägt, ganz abgesehen von der Frage, wieviele Haare jeder Einwohner von New York besitzt (deren Anzahl übrigens auch schwer zu ermitteln ist). Es gibt allerdings einige Fakten, die wir sicher wissen: Kein Mensch hat mehr als 500.000 Haare auf dem Kopf (eine wissenschaftliche Beobachtung) und es gibt in New York mehr als 10 Millionen Einwohner. Können wir nun unsere Anfangsfrage beantworten? Ja. Wenn es keine zwei Personen mit derselben Anzahl von Haaren geben würde, dann gäbe es höchstens eine Person mit 0 Haaren, höchstens eine Person mit genau 1 Haar und so weiter. Schließlich hätten wir höchstens eine Person mit genau 500.000 Haaren. Das würde allerdings bedeuten, dass es nicht mehr als 500.001 Einwohner in New York gibt. Da dies dem Widerspricht, was wir über New York wissen, folgt daraus, dass es zwei Personen mit derselben Anzahl von Haaren auf dem Kopf geben muss.[1]

Unsere Lösung können wir wie folgt formulieren: Stellen wir uns 500.001 große Kästen (oder Taubenschläge) vor. Auf dem ersten steht „New Yorker mit 0 Haaren", der nächste ist mit „New Yorker mit 1 Haar" bezeichnet und so weiter. Auf dem letzten steht dann „New Yorker mit 500.000 Haaren". Wenn nun jeder Einwohner zum richtigen Kasten geht, dann ist jeder der etwa 10 Millionen New Yorker genau einem Kasten (oder Taubenschlag) zugeordnet. Da wir nur 500.001 Kästen haben, gibt es auf jeden Fall einen Kasten, der mehr als einen New Yorker enthält. Diese Feststellung ist offensichtlich. Da diese Aussage häufig als nützliches Hilfmittel Verwendung findet, werden wir sie in aller Allgemeinheit formulieren:

Haben wir n Kästen und geben mehr als n Objekte in diese hinein, dann gibt es mindestens einen Kasten, der mehr als ein Objekt enthält.

Sehr häufig werden für die obige Aussage Tauben und ihre Taubenschläge verwendet und man bezeichnet es als das *Taubenschlagprinzip*. Das Taubenschlagprinzip ist in der Tat sehr einfach: Jeder versteht es sofort. Trotzdem verdient es einen Namen, da es sehr häufig als wesentliches Hilfsmittel in vielen Beweisen verwendet wird. Wir werden noch diverse Beispiele sehen, in denen das Taubenschlagprinzip angewandt wird. Um seine Stärke zu zeigen, werden wir eines davon sofort behandeln. Dieser Satz ist von keinerlei Bedeutung, eher im Gegenteil, eine Übung, deren Lösung ausführlich angegeben ist.

---

[1]Diese Argumentation besitzt eine interessante Besonderheit: Wir wissen zum Schluss, dass zwei solche Personen existieren, ohne die geringste Vorstellung davon zu haben, wie wir sie finden könnten. (Selbst wenn wir vermuten, dass zwei Personen dieselbe Anzahl von Haaren besitzen, ist es im Wesentlichen unmöglich, dies zu verifizieren!) Solche Beweise werden in der Mathematik als *reine Existenzbeweise* bezeichnet.

Übung: *Wir geben 50 Schüsse auf eine quadratische Zielscheibe mit einer Seitenläge von 70 cm ab. Offensichtlich sind wir ein recht guter Schütze, denn alle Schüsse treffen die Zielscheibe. Zu zeigen ist, dass es zwei Einschusslöcher gibt, die dichter als 15 cm beieinander liegen.*

Lösung: Angenommen, unsere Zielscheibe ist ein altes Schachbrett. Eine Zeile und eine Spalte sind bereits abgefallen, so dass es nur noch aus 49 Quadraten besteht. Das Schachbrett wurde von 50 Schüssen getroffen, also muss es ein Quadrat geben, welches von mindestens zwei Schüssen getroffen wurde (die Einschusslöcher sind auf die Taubenschläge verteilt). Wir behaupten, dass diese beiden Schüsse dichter als 15 cm beisammen liegen.

Die Seite eines Quadrates ist offensichtlich 10 cm lang. Die Diagonalen sind gleich lang und ihre Länge beträgt (nach dem Satz des Pythagoras) jeweils $\sqrt{200} \approx 14,1$ cm. Wir zeigen, dass

$(*)$ *der Abstand zwischen den beiden Einschüssen nicht größer sein kann, als die Länge einer Diagonale.*

Intuitiv ist klar, dass in einem Quadrat die beiden voneinander am weitesten entfernten Punkte die Endpunkte einer Diagonalen sind. Da die Intuition manchmal auch irreführend sein kann, werden wir dies beweisen. Wir setzen voraus, dass zwei Punkte P und Q weiter voneinander entfernt sind, als die Länge einer Diagonalen. Es seien A, B, C und D die Ecken des Quadrates. Man verbinde P und Q durch eine Gerade und bezeichne die beiden Punkte, in denen die Gerade die Seiten des Quadrates schneidet (Figure 2.2) mit P' und Q'. Der Abstand von P' und Q' ist sogar noch größer und übertrifft somit ebenfalls die Länge der Diagonalen.

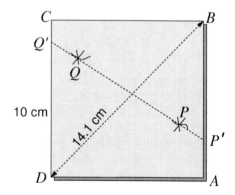

Abbildung 2.2. Zwei Einschüsse in demselben Quadrat.

Wir können ohne Beschränkung der Allgemeinheit annehmen, dass P' auf der Seite AB liegt (falls dies nicht der Fall ist, ändern wir einfach die Namen der Ecken). Einer der beiden Winkel $Q'P'A$ und $Q'P'B$ beträgt mindestens $90°$. Wir können annehmen (wiederum ohne Beschränkung der Allgemeinheit), dass $Q'P'A$ dieser Winkel ist. Dann ist die Strecke AQ', die dem größten Winkel des Dreiecks $Q'P'A$ gegenüber liegende Seite. Sie ist somit länger als $P'Q'$ und damit ebenfalls länger als die Diagonale.

Wir ersetzen Q' durch einen Endpunkt der Seite, auf der dieser Punkt liegt und wiederholen diese Argumentation, um zu zeigen, dass wir wieder eine Strecke erhalten, die länger als die Diagonale ist. Nun haben wir jedoch eine Strecke, deren beide Endpunkte Ecken des Quadrates sind. Somit ist diese Strecke entweder eine Seite oder eine Diagonale des Quadrates. In keinem dieser Fälle ist sie länger als die Diagonale! Dieser Widerspruch zeigt, dass Behauptung $(*)$ wahr sein muss.

Damit wissen wir nicht nur, dass es zwei Schüsse geben muss, die dichter als 15 cm beisammen liegen, sondern wir wissen, dass sie sogar näher zusammen liegen müssen als 14,2 cm. Daraus ergibt sich die Lösung der Aufgabe.

Wenn es das erste Mal ist, dass Sie diese Art des Beweises gesehen haben, so werden Sie vielleicht etwas überrascht sein: Wir haben das, was wir beweisen wollten, nicht direkt gezeigt, sondern haben angenommen, die Behauptung sei nicht wahr. Dann haben wir diese zusätzliche Annahme genutzt und argumentiert, bis wir einen Widerspruch erreicht haben. Diese Art des Beweises wird *indirekt* genannt. Sie wird bei mathematischer Beweisführung ziemlich oft eingesetzt, was wir im Verlauf dieses Buches noch sehen werden. (Man kann schon feststellen, dass Mathematiker etwas seltsame Wesen sind: Sie führen lange Argumentationen durch, die auf falschen Annahmen beruhen. Und sie wissen, dass diese falsch sind! Ihre glücklichsten Momente bestehen dann im Aufspühren von Widersprüchen.)

Übung 2.4.1 Zeigen sie, dass wir 20 New Yorker selektieren können, die alle dieselbe Anzahl von Haaren besitzen.

2.5 Das Zwillingsparadoxon und der gute alte Logarithmus

Nachdem der Lehrer seinen Schülern das Taubenschlagprinzip erklärt hat, entscheidet er sich, ein kleines Spiel zu spielen: „Ich wette, zwei von euch haben am selben Tag Geburtstag! Was denkt Ihr?" Mehrere Schüler antworten sofort: „Es gibt 366 mögliche Geburtstage. Also können sie dies nur dann behaupten, wenn es mindestens 367 Personen in unserer Klasse gibt! Wir sind aber nur 50 und somit würden Sie die Wette verlieren." Der Lehrer besteht trotzdem darauf zu Wetten – und gewinnt.

Wie können wir das erklären? Zuerst machen wir uns klar: Das Taubenschlagprinzip sagt uns, dass der Lehrer bei 367 Schülern in der Klasse die Wette *immer* gewinnt.

Dies ist bei Wetten jedoch uninteressant. Es reicht ihm zu wissen, dass er eine gute Gewinnchance besitzt. Bei 366 Schülern könnte er schon verlieren. Ist es möglich, dass er bei 50 Schülern immer noch eine gute Gewinnchance hat?

Die überraschende Antwort ist, dass er sogar bei lediglich 23 Schülern eine Gewinnchance von etwas mehr als 50% besitzt. Wir können dies als „wahrscheinlichkeitstheoretisches Taubenschlagprinzip" betrachten, die übliche Bezeichnung lautet aber *Zwillingsparadoxon*.

Untersuchen wir die Gewinnchancen des Lehrers. Nehmen wir an, er notiert die Geburtstage aller seiner Schüler in einer Liste. Damit hat er eine Liste mit 50 Geburtstagen. Nach Kapitel 1.5 wissen wir, dass es insgesamt 366^{50} verschiedene solcher Listen geben kann.

Bei wie vielen von ihnen verliert er? Wiederum wissen wir die Antwort bereits (nach Kapitel 1.7): $366 \cdot 365 \cdots 317$. Die Wahrscheinlichkeit, die Wette zu verlieren, beträgt also[2]

$$\frac{366 \cdot 365 \cdots 317}{366^{50}}.$$

Mit einigem Aufwand könnten wir diesen Wert mit Hilfe eines Computers (oder auch nur mit einem programmierbaren Taschenrechner) sozusagen „mit roher Gewalt" berechnen. Es ist allerdings sehr viel günstiger, obere und untere Schranken zu erhalten, indem man eine Methode verwendet, die den allgemeineren Fall mit n möglichen Geburtstagen und k Schülern behandelt. Mit anderen Worten, wie groß ist der Quotient

$$\frac{n(n-1) \cdots (n-k+1)}{n^k} \, ?$$

Es ist zweckmäßiger den reziproken Wert zu betrachten (der dann größer als 1 ist):

$$\frac{n^k}{n(n-1) \cdots (n-k+1)}. \tag{14}$$

Der Bruch läßt sich durch Kürzen von n vereinfachen, aber danach ist nicht offensichtlich, wie wir fortfahren können. Einen Anhaltspunkt liefert uns die Tatsache, dass es in Zähler und Nenner die gleiche Anzahl von Faktoren gibt. Also versuchen wir, diesen Bruch als Produkt zu schreiben:

$$\frac{n^k}{n(n-1) \ldots (n-k+1)} = \frac{n}{n-1} \cdot \frac{n}{n-2} \cdots \frac{n}{n-k+1}.$$

---

[2]Wir setzen hier stillschweigend voraus, dass alle 366^{50} Geburtstagslisten dieselbe Wahrscheinlichkeit besitzten. Dies ist natürlich nicht wahr. Zum Beispiel sind Listen, die den 29. Februar beinhalten, viel weniger wahrscheinlich als andere. Auch zwischen den anderen Tagen des Jahres gibt es (allerdings sehr viel geringere) Unterschiede. Wie auch immer, es kann gezeigt werden, dass diese Variationen nur dem Lehrer helfen und die Übereinstimmung von Geburtstagen nur wahrscheinlicher macht.

Diese Faktoren sind zwar ziemlich einfach, aber ihr Produkt zu bestimmen, ist immer noch schwierig. Die einzelnen Faktoren sind größer als 1, aber sie liegen (zumindest am Anfang) ziemlich nahe bei 1. Da es jedoch viele von ihnen gibt, kann ihr Produkt trotzdem groß werden.

Die folgende Idee hilft uns: *Nimm den Logarithmus!*[3] Wir erhalten

$$\ln\left(\frac{n^k}{n(n-1)\cdots(n-k+1)}\right) = \ln\left(\frac{n}{n-1}\right) + \ln\left(\frac{n}{n-2}\right) + \cdots$$
$$+ \ln\left(\frac{n}{n-k+1}\right). \tag{15}$$

(Normalerweise nehmen wir den natürlichen Logarithmus, dessen Basis $e = 2,71828\ldots$ beträgt.) Auf diese Weise können wir uns mit der Addition, anstelle der Multiplikation beschäftigen, was wirklich nett ist. Die zu addierenden Terme sind allerdings viel hässlicher geworden! Was wissen wir über diese Logarithmen?

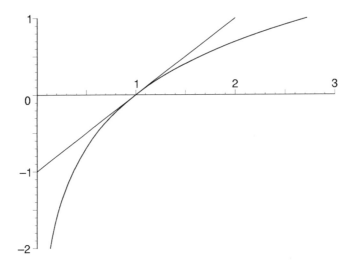

Abbildung 2.3. Der Graph, der natürlichen Logarithmusfunktion. Man beachte, dass der Graph in der Nähe der 1 sehr dicht bei der Geraden $x - 1$ liegt.

Betrachten wir den Graph der Logarithmusfunktion (Bild 2.3). Wir haben die Gerade $y = x - 1$ ebenfalls eingezeichnet. Wir sehen, dass die Funktion unter dieser Geraden liegt und sie im Punkt $x = 1$ berührt (diese Tatsachen können durch wirklich

---

[3]Immerhin wurde der Logarithmus im siebzehnten Jahrhundert von Buergi und Napier eingeführt, um die Multiplikation zu vereinfachen, indem sie in eine Addition umgewandelt wird.

elementare Rechnungen gezeigt werden). Somit haben wir

$$\ln x \leq x - 1. \tag{16}$$

Können wir etwas darüber aussagen, wie gut diese obere Schranke ist? In dem Bild sehen wir, dass die beiden Graphen, zumindest für Werte von x, die nahe bei 1 liegen, ziemlich gut übereinstimmen. Wir können folgende kleine Berechnung durchführen:

$$\ln x = -\ln \frac{1}{x} \geq -\left(\frac{1}{x} - 1\right) = \frac{x-1}{x}. \tag{17}$$

Wenn x ein wenig größer als 1 ist (wie die Werte in (15)), dann ist $\frac{x-1}{x}$ nur ein bisschen kleiner als $x - 1$ und daher liegen die obere Schranke aus (16) und die untere Schranke aus (17) ziemlich dicht beisammen.

Diese Schranken der Logarithmusfunktion sind in vielen Anwendungen, in denen wir Logarithmen näherungsweise berechnen müssen, sehr nützlich und es lohnt sich, sie in einem eigenen Lemma anzugeben. (Ein Lemma ist eine präzise mathematische Aussage, genau wie ein Satz; nur, dass es nicht selbst das Ziel darstellt, sondern ein hilfreiches Zusatzergebnis ist, was für den Beweis eines Satzes verwendet wird. Natürlich sind einige Lemmata interessanter als so mancher Satz!)

Lemma 2.5.1 Für jedes $x > 0$ gilt

2.5.1

$$\frac{x-1}{x} \leq \ln x \leq x - 1.$$

Zuerst nutzen wir die untere Schranke in diesem Lemma, um (15) nach unten abzuschätzen. Für einen typischen Term der Summe in (15) erhalten wir

$$\ln\left(\frac{n}{n-j}\right) \geq \frac{\frac{n}{n-j} - 1}{\frac{n}{n-j}} = \frac{j}{n},$$

und daraus

$$\ln\left(\frac{n^k}{n(n-1)\cdots(n-k+1)}\right) \geq \frac{1}{n} + \frac{2}{n} + \cdots + \frac{k-1}{n}$$

$$= \frac{1}{n}(1 + 2 + \cdots + (k-1)) = \frac{k(k-1)}{2n}$$

(man erinnere sich an das Problem des jungen Gauss!). Somit haben wir eine einfache untere Schranke für (15). Um eine obere Schranke zu erhalten, können wir die andere Ungleichung in Lemma 2.5.1 nutzen. Für einen typischen Term erhalten wir

$$\ln\left(\frac{n}{n-j}\right) \leq \frac{n}{n-j} - 1 = \frac{j}{n-j}.$$

Wir müssen diese Terme für $j = 1, \ldots, k - 1$ aufsummieren, um eine obere Schranke von (15) zu bekommen. Dies ist nicht so einfach wie in dem Fall von Gauss, da sich der Nenner ändert. Wir möchten allerdings nur eine obere Schranke und daher können wir den Nenner durch den kleinsten Wert ersetzen, den er mit den verschiedenen Werten von j annehmen kann, nämlich durch $n - k + 1$. Es gilt $j/(n - j) \leq j/(n - k + 1)$ und somit haben wir

$$
\ln \left(\frac{n^k}{n(n-1)\cdots(n-k+1)} \right) \leq \frac{1}{n-k+1} + \frac{2}{n-k+1} + \cdots + \frac{k-1}{n-k+1}
$$

$$
= \frac{1}{n-k+1}(1 + 2 + \cdots + (k-1))
$$

$$
= \frac{k(k-1)}{2(n-k+1)}.
$$

Für den Logarithmus des Quotienten (14) haben wir folglich die gleiche obere und untere Schranke. Wenden wir die Exponentialfunktion auf beiden Seiten an, erhalten wir folgendes:

$$
e^{\frac{k(k-1)}{2n}} \leq \frac{n^k}{n(n-1)\cdots(n-k+1)} \leq e^{\frac{k(k-1)}{2(n-k+1)}}. \tag{18}
$$

Hilft uns dieses Wissen, den Trick des Lehrers mit der Klasse zu verstehen? Wenden wir (18) mit $n = 366$ und $k = 50$ an, dann erhalten wir mit Hilfe unseres Taschenrechners

$$
28,4 \leq \frac{366^{50}}{366 \cdot 364 \cdots 317} \leq 47,7.
$$

(Mit etwas mehr Rechenaufwand können wir auch den genauen Wert von $33,414\ldots$ ermitteln.) Die Wahrscheinlichkeit, dass alle Schüler dieser Klasse unterschiedliche Geburtstage haben (was der Kehrwert dieses Wertes ist), ist geringer als $1/28$. Das bedeutet, der Lehrer verliert wahrscheinlich nur ein oder zweimal in seinem Berufsleben, wenn er diesen Trick jedes Jahr vorführt!

Gemischte Übungsaufgaben

Übung 2.5.1 Wie lautet der Wert der folgenden Summe?

$$
\frac{1}{1 \cdot 2} + \frac{1}{2 \cdot 3} + \frac{1}{3 \cdot 4} + \cdots + \frac{1}{(n-1) \cdot n}.
$$

Man experimentiere, stelle Vermutungen über den Wert der Summe an und beweise ihn durch Induktion.

Übung 2.5.2 Wie lautet der Wert der folgenden Summe?

$$0 \cdot \binom{n}{0} + 1 \cdot \binom{n}{1} + 2 \cdot \binom{n}{2} + \cdots + (n-1) \cdot \binom{n}{n-1} + n \cdot \binom{n}{n}.$$

Man experimentiere, stelle Vermutungen über den Wert der Summe an und beweise ihn anschließend. (Versuchen Sie, das Ergebnis einerseits durch Induktion und andererseits durch kombinatorische Argumentation zu beweisen.)

Übung 2.5.3 Beweisen Sie folgende Gleichungen:

$$1 \cdot 2^0 + 2 \cdot 2^1 + 3 \cdot 2^2 + \cdots + n \cdot 2^{n-1} = (n-1)2^n + 1.$$

$$1^3 + 2^3 + 3^3 + \cdots + n^3 = \frac{n^2(n+1)^2}{4}.$$

$$1 + 3 + 9 + 27 + \cdots + 3^{n-1} = \frac{3^n - 1}{2}.$$

Übung 2.5.4 Beweisen Sie durch Induktion nach n, dass
(a)$n^2 - 1$ ein Vielfaches von 4 ist, falls n ungerade ist,
(b)$n^3 - n$ für jedes n ein Vielfaches von 6 ist.

Übung 2.5.5 Wir betrachten eine Klasse von 40 Mädchen. Es gibt 18 Mädchen, die gerne Schach spielen und 23 spielen gerne Fussball. Mehrere mögen Fahrrad fahren. Die Anzahl der Mädchen, die sowohl gerne Schach als auch Fussball spielt, beträgt 9. Es gibt 7 Mädchen, die Schach spielen und Rad fahren und 12, die Fussball und Rad fahren bevorzugen. 4 Mädchen mögen alle drei Aktivitäten. Zusätzlich wissen wir, dass jede mindestens eine dieser Aktivitäten gerne ausübt. Wie viele Mädchen mögen Rad fahren?

Übung 2.5.6 Wir betrachten eine Jungenklasse. Wir wissen, dass a Jungen gerne Schach spielen, b gerne Fussball spielen, c gerne Rad fahren und d gerne wandern. Die Anzahl der Jungen, die sowohl gerne Schach als auch gerne Fussball spielt, beträgt x. Es gibt y Jungen, die Schach und Rad fahren mögen, z Jungen, die gerne Schach spielen und wandern, u Jungen, die Fussball und Rad fahren gerne machen, v Jungen, die Fussball und Wandern mögen und zum Schluss noch w Jungen, die Fahrrad fahren und Wandern gern haben. Wir wissen nicht, wie viele Jungen, zum Beispiel Schach, Fussball und Wandern bevorzugen, aber wir wissen, dass jeder mindestens eine dieser Aktivitäten mag. Wir würden gerne die Anzahl der Jungen in dieser Klasse wissen.
(a)Zeigen Sie anhand eines Beispiels, dass dies durch die Informationen, die wir haben, nicht eindeutig bestimmt ist.

(b) Beweisen Sie, dass wir wenigstens folgern können, dass die Anzahl der Jungen in der Klasse höchstens $a+b+c+d$ und mindestens $a+b+c+d-x-y-z-u-v-w$ beträgt.

Übung 2.5.7 Wir wählen 38 gerade positive natürliche Zahlen aus, die kleiner als 1000 sind. Beweisen Sie, dass es unter diesen 38 Zahlen zwei gibt, deren Differenz höchstens 26 beträgt.

Übung 2.5.8 Eine Schublade enthält 6 Paare schwarze, 5 Paare weiße, 5 Paare rote und 4 Paare grüne Socken.
(a) Wie viele einzelne Socken müssen wir herausnehmen, um sicherzugehen, dass wir zwei Socken mit derselben Farbe herausgenommen haben?
(b) Wie viele einzelne Socken müssen wir herausnehmen, um sicherzugehen, dass wir zwei Socken mit unterschiedlichen Farben herausgenommen haben?

Kapitel 3

Binomialkoeffizienten und das Pascalsche Dreieck

3

3   **Binomialkoeffizienten und das Pascalsche Dreieck**

3

3 Binomialkoeffizienten und das Pascalsche Dreieck

3.1 Der Binomialsatz

In Kapitel 1 haben wir die Zahlen $\binom{n}{k}$ eingeführt und sie *Binomialkoeffizienten* genannt. Es ist nun an der Zeit, diesen seltsamen Namen zu erklären: Er leitet sich von einer wichtigen Formel der Algebra ab, in der diese Zahlen vorkommen und die wir nun als nächstes behandeln werden.

Es geht darum, Potenzen des einfachen algebraischen Ausdrucks $(x+y)$ zu berechnen. Wir beginnen mit kleinen Beispielen:

$$(x + y)^2 = x^2 + 2xy + y^2,$$
$$(x + y)^3 = (x + y) \cdot (x + y)^2 = (x + y) \cdot (x^2 + 2xy + y^2)$$
$$= x^3 + 3x^2 y + 3xy^2 + y^3,$$

und fahren folgendermaßen fort

$$(x + y)^4 = (x + y) \cdot (x + y)^3 = x^4 + 4x^3 y + 6x^2 y^2 + 4xy^3 + y^4.$$

Diese Koeffizienten sind uns bekannt! Wir haben sie zum Beispiel in Übungsaufgabe 1.8.2 als Zahlen $\binom{n}{k}$ gesehen. Päzisieren wir diese Beobachtung. Wir erläutern die Argumentation zwar für den nächsten Wert von n, nämlich für $n = 5$, aber sie funktioniert auch im Allgemeinen.

Stellen wir uns vor, wir weiten den Term

$$(x + y)^5 = (x + y)(x + y)(x + y)(x + y)(x + y)$$

so aus, dass alle Klammern wegfallen. Wir erhalten jeden Term in dieser erweiterten Schreibweise, indem wir in jedem Faktor einen der zwei Terme auswählen und diese multiplizieren. Wählen wir x, sagen wir 2 mal, dann müssen wir 3 mal y wählen und so erhalten wir $x^2 y^3$. Wie oft bekommen wir diesen Term? Offensichtlich so oft, wie die Anzahl der Möglichkeiten, die drei Faktoren auszuwählen, die y liefern (die übrigen Faktoren liefern x). Somit haben wir drei aus 5 Faktoren auszuwählen, was auf $\binom{5}{3}$ verschiedene Arten erfolgen kann.

Damit sieht $(x + y)^5$ in der erweiterten Fassung wie folgt aus:

$$(x + y)^5 = \binom{5}{0}x^5 + \binom{5}{1}x^4 y + \binom{5}{2}x^3 y^2 + \binom{5}{3}x^2 y^3 + \binom{5}{4}xy^4 + \binom{5}{5}y^5.$$

Diese Argumentation können wir verallgemeinert anwenden, um den *Binomialsatz* zu erhalten:

3.1.1   **Satz 3.1.1 (Der Binomialsatz)** Der Koeffizient von $x^{n-k}y^k$ in der erweiterten Fassung von $(x+y)^n$ ist $\binom{n}{k}$. Mit anderen Worten, es gilt die Gleichung

$$(x+y)^n = \binom{n}{0}x^n + \binom{n}{1}x^{n-1}y + \binom{n}{2}x^{n-2}y^2 + \cdots + \binom{n}{n-1}xy^{n-1} + \binom{n}{n}y^n.$$

Diese wichtige Gleichung wurde von dem berühmten persischen Dichter und Mathematiker Omar Khayyam (1044?–1123?) entdeckt. Ihr Name leitet sich aus dem griechischen Wort *binome* ab. Dieses steht für einen aus zwei Termen bestehenden Ausdruck. Der Ausdruck ist in diesem Fall $x+y$. Das Erscheinen der Zahlen $\binom{n}{k}$ in diesem Satz begründet ihren Namen: *Binomialkoeffizienten*.

Der Binomialsatz kann auf vielfältige Arten eingesetzt werden, um Gleichungen bezüglich Binomialkoeffizienten zu erhalten. Setzen wir beispielsweise $x = y = 1$, dann bekommen wir die Gleichung (9):

$$2^n = \binom{n}{0} + \binom{n}{1} + \binom{n}{2} + \cdots + \binom{n}{n-1} + \binom{n}{n}. \tag{19}$$

Später werden wir noch weitaus trickreichere Anwendungen dieser Idee kennenlernen. Fürs erste enthält Übungsaufgabe (3.1.2) einen weiteren unerwarteten Aspekt.

Übung 3.1.1 Geben Sie einen auf (8) basierenden Induktionsbeweis des Binomialsatzes an.

Übung 3.1.2
(a) Beweisen Sie die Gleichung

$$\binom{n}{0} - \binom{n}{1} + \binom{n}{2} - \binom{n}{3} + \cdots = 0.$$

(Die Summe endet mit $\binom{n}{n} = 1$, wobei das Vorzeichen des letzten Terms von der Parität von n abhängt.)
(b) Diese Gleichheit ist offensichtlich, falls n ungerade ist. Warum?

Übung 3.1.3 Beweisen Sie die Gleichung in Übungsaufgabe 3.1.2, indem Sie die positiven und negativen Terme kombinatorisch interpretieren.

3.2

3.2 Geschenke verteilen

Nehmen wir an, wir haben n verschiedene Geschenke, die wir an k Kinder verteilen möchten. Aus irgendeinem Grund wird uns gesagt, wie viele Geschenke jedes Kind erhalten soll. Adam soll n_{Adam} Geschenke bekommen, Barbara n_{Barbara} Geschenke, etc.. In mathematisch zweckmäßiger Weise (obwohl dies nicht sehr nett ist) bezeichnen wir die Kinder mit $1, 2, \ldots, k$. Auf diese Weise bekommen wir die Zahlen (nichtnegative ganze Zahlen) $n_1, n_2, \ldots, n_k$. Wir gehen davon aus, dass $n_1 + n_2 + \cdots + n_k = n$ gilt, denn sonst gäbe es keine Möglichkeit alle Geschenke zu verteilen und dabei jedem Kind die richtige Anzahl zu geben.

Es stellt sich natürlich die Frage, wie viele Möglichkeiten es gibt, die Geschenke zu verteilen.

Wir können bei der Verteilung der Geschenke wie folgt vorgehen: Wir legen alle Geschenke in einer Reihe der Länge n auf den Boden. Das erste Kind kommt und nimmt sich, beginnend von der linken Seite, die ersten n_1 Geschenke. Danach kommt das zweite Kind und nimmt sich die nächsten n_2, das dritte Kind nimmt sich die anschließenden n_3 Geschenke etc.. Das Kind mit der Nummer k erhält die letzten n_k Geschenke.

Es ist klar, dass wir durch die Reihenfolge, in der die Geschenke ausgelegt werden, bestimmen, wer welches Geschenk bekommt. Es gibt $n!$ Möglichkeiten, die Geschenke anzuordnen. Sicherlich übersteigt $n!$ die Anzahl der Möglichkeiten, die Geschenke zu verteilen, da viele der Anordnungen zum selben Ergebnis führen (nämlich, dass die Menge der Geschenke, die ein Kind bekommt, jeweils gleich bleibt). Die Frage lautet nun, wie viele Anordnungen führen zum selben Ergebnis?

Beginnen wir mit einer vorgegebenen Verteilung der Geschenke und bitten die Kinder, die Geschenke für uns in einer Reihe hinzulegen und zwar zuerst das erste Kind, dann das zweite, das dritte, etc.. Auf diese Weise bekommen wir *eine* mögliche Anordnung, die zu der gegebenen Verteilung führt. Das erste Kind kann seine Geschenke in $n_1!$ möglichen Anordnungen hinlegen. Unabhängig davon, welche dieser Anordnungen das erste Kind gewählt hat, kann das zweite seine Geschenke auf $n_2!$ Arten auslegen, etc.. Somit ist die Anzahl der Möglichkeiten, die Geschenke hinzulegen (bei vorgegebener Verteilung der Geschenke an die Kinder) ein Produkt der Fakultäten:

$$n_1! \cdot n_2! \cdots n_k!.$$

Daher beträgt die Anzahl der Möglichkeiten, die Geschenke zu verteilen

$$\frac{n!}{n_1! n_2! \cdots n_k!}.$$

Übung 3.2.1 Wir können den Vorgang des Geschenkeverteilens wie folgt beschreiben: Zuerst wählen wir n_1 Geschenke und geben sie dem ersten Kind. Das kann auf $\binom{n}{n_1}$ Arten passieren. Danach wählen wir aus den verbliebenen $n - n_1$ Geschenken n_2 aus und geben sie dem zweiten Kind etc..

Vervollständigen Sie diese Argumentation und zeigen Sie, dass sie zu demselben Ergebnis führt wie die vorhergehende.

Übung 3.2.2 Die folgenden Spezialfälle sollten aus vorangegangenen Problemen und Sätzen bekannt sein. Erklären Sie warum.

(a)$n = k, n_1 = n_2 = \cdots = n_k = 1$;

(b)$n_1 = n_2 = \cdots = n_{k-1} = 1, n_k = n - k + 1$;

(c)$k = 2$;

(d)$k = 3, n = 6, n_1 = n_2 = n_3 = 2$.

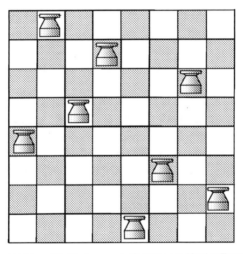

Abbildung 3.1. Plazierung von 8 nicht angreifenden Türmen auf einem Schachbrett.

Übung 3.2.3

(a)Wie viele Möglichkeiten gibt es, n Türme so auf einem Schachbrett zu verteilen, dass sich keine zwei gegeseitig bedrohen (Bild 3.1)? Wir setzen voraus, dass alle Türme gleich sind und daher zählen wir die Vertauschung zweier Türme nicht als zwei verschiedene Aufstellungen.

(b)Wie viele Möglichkeiten gibt es dafür, wenn wir 4 hölzerne Türme und 4 Türme aus Marmor haben?

(c)Wie viele Möglichkeiten gibt es, wenn alle 8 Türme verschieden sind?

3.3 Anagramme

Haben Sie sich schon mit Anagrammen beschäftigt? Man wählt sich ein Wort aus (sagen wir COMBINATORICS) und versucht, aus den Buchstaben sinnvolle oder noch besser lustige Wörter oder Ausdrücke zusammenzusetzen.

Wie viele Anagramme kann man aus einem gegebenen Wort bilden? Versucht man diese Frage zu beantworten, indem man einfach ein bisschen mit den Buchstaben herumspielt, kann man feststellen, dass die Frage schlecht formuliert ist. Es ist schwierig, die Grenze zwischen sinnvollen und nicht sinnvollen Anagrammen zu ziehen. Beispielsweise kann es leicht passieren, dass „A CROC BIT SIMON" (ein Krokodil Simon beißt) und es könnte auch wahr sein, dass Napoleon ein „TOMB IN CORSICA" (Grab auf Korsika) wollte. Fraglich, aber zweifellos grammatikalisch korrekt ist die Feststellung „COB IS ROMANTIC" (Cob ist romantisch). Einige Universitäten können auch einen Kurs „MAC IN ROBOTICS" (MAC in der Robotertechnik) anbieten.

Man müsste allerdings ein Buch schreiben, um eine spannende Figur „ROBIN COSMICAT" einzuführen, die ein „COSMIC RIOT BAN " (kosmisches Aufruhrverbot) durchsetzt, während sie „TO COSMIC BRAIN" (an den kosmischen Verstand) appelliert.

Und es wäre schrecklich schwierig ein Anagramm wie „MTBIRASCIONOC" zu erklären.

Um solche Kontroversen zu vermeiden, akzeptieren wir einfach alles, d.h. wir fordern nicht, dass ein Anagramm sinnvoll sein muss (man muss es nicht einmal aussprechen können). Sicherlich wird dann das Bilden von Anagrammen uninteressant, aber wenigstens können wir nun bestimmen, wie viele es von ihnen gibt!

Übung 3.3.1 Wie viele Anagramme kann man aus dem Wort COMBINATORICS bilden?

Übung 3.3.2 Aus welchem Wort kann man mehr Anagramme formen: COMBINATORICS oder COMBINATORICA? (Letzteres ist der lateinische Name.)

Übung 3.3.3 Welches Wort mit 13 Buchstaben führt zu den meisten Anagrammen? Welches Wort führt zu den wenigsten?

Betrachten wir nun die allgemeine Antwort auf die Frage nach der Anzahl der Anagramme. Hat man die obigen Aufgaben gelöst, so sollte klar sein, dass die Anzahl von Anagrammen eines Wortes mit n Buchstaben davon abhängt, wie oft die Buchstaben in dem Wort wiederholt vorkommen. Nehmen wir also an, dass es k Buchstaben im Alphabet $A, B, C, \ldots Z$ gibt und das Wort n_1 mal (dies kann auch 0 sein) den

Buchstaben A enthält, n_2 mal den Buchstaben B, etc. und n_k mal den Buchstaben Z. Natürlich gilt dann $n_1 + n_2 + \cdots + n_k = n$.

Um ein Anagramm zu formen, müssen wir nun n_1 Positionen für den Buchstaben A auswählen, n_2 Positionen für den Buchstaben B, etc. und n_k Positionen für den Buchstaben Z. Wenn wir es in dieser Weise formuliert haben, sehen wir, dass dies nichts anderes darstellt, als n Geschenke an k Kinder zu verteilen, wobei die Anzahl der Geschenke pro Kind vorgegeben ist. Somit wissen wir aus dem vorigen Kapitel, die Antwort lautet

$$\frac{n!}{n_1! n_2! \cdots n_k!}.$$

Übung 3.3.4 Klar ist, dass STATUS und LETTER (Brief) dieselbe Anzahl von Anagrammen besitzen (und zwar $6!/(2!2!) = 180$). Wir sagen, diese Wörter sind „im Wesentlichen gleich" (zumindest was das Zählen der Anagramme angeht): Sie besitzten zwei Buchstaben, die doppelt vorkommen und zwei, die jeweils nur einmal vorhanden sind. Zwei Wörter, die nicht „im Wesentlichen gleich" sind, bezeichnen wir als „im Wesentlichen verschieden".

(a) Wie viele Wörter mit 6 Buchstaben gibt es, wenn wir zwei Wörter als unterschiedlich betrachten, falls sie nicht vollständig identisch sind? (Wie bisher brauchen die Worte keinen Sinn zu ergeben. Das Alphabet besteht aus 26 Buchstaben.)

(b) Wie viele Wörter mit 6 Buchstaben gibt es, die „im Wesentlichen gleich" wie das Wort LETTER sind?

(c) Wie viele „im Wesentlichen verschiedenen" Wörter mit 6 Buchstaben gibt es?

(d) Versuchen Sie zu (c) eine allgemeine Antwort zu finden (D.h. wie viele „im Wesentlichen verschiedene" Wörter mit n Buchstaben gibt es?). Ist Ihnen dies nicht möglich, dann lesen Sie das nächste Kapitel und kommen Sie anschließend zu dieser Aufgabe zurück.

3.4 Geld verteilen

Anstatt Geschenke zu verteilen, laßt uns nun Geld austeilen. Formulieren wir die Frage allgemein: Wir haben n Pennies, die wir unter k Kindern verteilen möchten. Jedes Kind muss mindestens einen Penny bekommen (und natürlich muss die Anzahl der Pennies, die es bekommen soll, eine ganze Zahl sein). Wie viele Möglichkeiten gibt es, das Geld zu verteilen?

Bevor wir diese Frage beantworten, müssen wir den Unterschied zwischen dem Verteilen von Geld und dem Verteilen von Geschenken klarstellen. Verteilt man Geschenke, dann muss man nicht nur entscheiden, wie viele Geschenke jedes Kind erhalten soll, sondern auch *welche* der verschiedenen Geschenke es bekommt. Verteilt man Geld, so

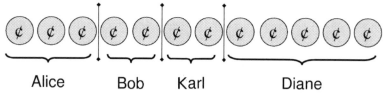

Abbildung 3.2. Wie verteilt man n Pennies an k Kinder?

kommt es nur auf die Menge an. Mit anderen Worten, Geschenke sind *unterscheidbar*, während Pennies dies nicht sind. (In Kapitel 3.2 wurde vorab festgelegt, wie viele Geschenke jedes Kind bekommen soll. Würden wir anstelle der Geschenke Geld verteilen, so wäre die Frage trivial: Es gibt nämlich nur eine Möglichkeit, n Pennies so zu verteilen, dass das erste Kind n_1 Pennies bekommt, das zweite n_2, etc..)

Obwohl sich das Problem ziemlich stark von dem Verteilen der Geschenke unterscheidet, können wir es lösen, indem wir uns eine ähnliche Verteilungsmethode überlegen. Wir legen die Pennies in eine Reihe (die Reihenfolge spielt dabei keine Rolle, da sie alle gleich sind), dann lassen wir das erste Kind damit beginnen, die Pennies von links her aufzusammeln. Nach einer Weile stoppen wir es und lassen das zweite Kind Pennies einsammeln, etc. (Bild 3.2). *Die Verteilung des Geldes wird dadurch festgelegt, dass wir bestimmen, wann ein neues Kind mit dem Aufsammeln beginnen soll.*

Nun gibt es $n-1$ Punkte (zwischen aufeinander folgenden Pennies), an denen wir ein neues Kind starten lassen können und wir müssen $k-1$ davon auswählen (da das erste Kind immer am Anfang beginnt, haben wir hier keine Wahl). Somit müssen wir eine $(k-1)$-elementige Teilmenge aus einer $(n-1)$-elementigen Menge wählen. Die Anzahl der Möglichkeiten, dies zu tun, beträgt $\binom{n-1}{k-1}$.

Zusammenfassend haben wir folgenden Satz:

Satz 3.4.1 Die Anzahl der Möglichkeiten, n identische Pennies an k Kinder so zu verteilen, dass jedes Kind mindestens einen bekommt, beträgt $\binom{n-1}{k-1}$.   **3.4.1**

Es ist recht überraschend, dass Binomialkoeffizienten hier auf durchaus nicht-triviale und unerwartete Art und Weise die Lösung liefern!

Behandeln wir nun die natürliche (obgleich unfaire) Modifikation dieser Fragestellung, in der auch Verteilungen zugelassen sind, bei denen einige Kinder überhaupt kein Geld erhalten. Dabei betrachten wir sogar den Fall, dass ein Kind das ganze Geld bekommt. Wir können das Problem, solche Verteilungen zu zählen, auf den eben behandelten Fall reduzieren, indem wir folgenden Trick anwenden: Wir borgen uns von jedem Kind einen Penny und verteilen danach den ganzen Betrag (d.h. $n+k$ Pennies) so an die Kinder, dass jedes mindestens einen Penny erhält. Auf diese Weise bekommt jedes Kind, das von ihm geborgte Geld zurück und diejenigen, die Glück haben, bekommen etwas mehr. Das „mehr" sind genau die auf k Kinder verteilten n Pennies. Wir wissen bereits, die Anzahl der Möglichkeiten, $n + k$ Pennies so auf k Kinder zu verteilen, dass jedes einen bekommt, beträgt $\binom{n+k-1}{k-1}$. Somit haben wir das nächste Ergebnis:

Satz 3.4.2 Die Anzahl der Möglichkeiten, n identische Pennies auf k Kinder zu verteilen, beträgt $\binom{n+k-1}{k-1}$.

Übung 3.4.1 Wie viele Möglichkeiten gibt es, n Pennies auf k Kinder zu verteilen, wenn vorausgesetzt wird, dass jedes Kind mindestens 2 Pennies erhalten soll?

Übung 3.4.2 Wir verteilen n Pennies an k Jungen und ℓ Mädchen. Wir fordern (um richtig unfair zu sein), dass jedes Mädchen mindestens einen Penny erhalten soll (aber für die Jungen fordern wir dies nicht). Wie viele Möglichkeiten gibt es, dies zu tun?

Übung 3.4.3 Eine Gruppe von k Grafen spielen Karten. Anfangs hat jeder p Pennies. Am Ende des Spiels zählen sie, wieviel Geld jeder noch hat. Da keiner vom anderen Geld borgt, kann niemand mehr als p Pennies verlieren. Wie viele Ergebnisse sind möglich?

3.5 Das Pascalsche Dreieck

Das folgende Bild ist sehr nützlich, um verschiedenste Eigenschaften der Binomialkoeffizienten zu untersuchen. Wir ordnen alle Binomialkoeffizienten in einem dreieckigen Schema an: In die „nullte" Zeile schreiben wir $\binom{0}{0}$, in die erste Zeile kommen $\binom{1}{0}$ und $\binom{1}{1}$, in die zweite Zeile $\binom{2}{0}$, $\binom{2}{1}$, und $\binom{2}{2}$, etc.. Im Allgemeinen enthält die n-te Zeile die Zahlen $\binom{n}{0}$, $\binom{n}{1}$, ..., $\binom{n}{n}$. Wir schieben diese Zeilen so, dass ihre Mittelpunkte übereinstimmen. Auf diese Weise erhalten wir ein pyramidenartiges Schema, das *Pascalsches Dreieck* (nach dem französischen Mathematiker und Philosophen Blaise Pascal, 1623–1662) genannt wird. Das Bild unten zeigt lediglich einen endlichen Ausschnitt des Pascalschen Dreiecks.

$$\binom{0}{0}$$
$$\binom{1}{0} \qquad \binom{1}{1}$$
$$\binom{2}{0} \qquad \binom{2}{1} \qquad \binom{2}{2}$$
$$\binom{3}{0} \qquad \binom{3}{1} \qquad \binom{3}{2} \qquad \binom{3}{3}$$
$$\binom{4}{0} \qquad \binom{4}{1} \qquad \binom{4}{2} \qquad \binom{4}{3} \qquad \binom{4}{4}$$
$$\binom{5}{0} \qquad \binom{5}{1} \qquad \binom{5}{2} \qquad \binom{5}{3} \qquad \binom{5}{4} \qquad \binom{5}{5}$$
$$\binom{6}{0} \qquad \binom{6}{1} \qquad \binom{6}{2} \qquad \binom{6}{3} \qquad \binom{6}{4} \qquad \binom{6}{5} \qquad \binom{6}{6}$$

Ersetzen wir jeden Binomialkoeffizienten durch seinen numerischen Wert, so erhalten wir eine andere Version des Pascalschen Dreiecks (sie reicht ein wenig tiefer, nämlich bis zur achten Zeile):

$$
\begin{array}{ccccccccccccccc}
&&&&&&&& 1 \\
&&&&&&& 1 && 1 \\
&&&&&& 1 && 2 && 1 \\
&&&&& 1 && 3 && 3 && 1 \\
&&&& 1 && 4 && 6 && 4 && 1 \\
&&& 1 && 5 && 10 && 10 && 5 && 1 \\
&& 1 && 6 && 15 && 20 && 15 && 6 && 1 \\
& 1 && 7 && 21 && 35 && 35 && 21 && 7 && 1 \\
1 && 8 && 28 && 56 && 70 && 56 && 28 && 8 && 1
\end{array}
$$

Übung 3.5.1 Beweisen Sie, dass das Pascalsche Dreieck symmetrisch bezüglich einer vertikalen Geraden ist, die durch die Spitze geht.

Übung 3.5.2 Beweisen Sie, dass jede Zeile des Pascalschen Dreiecks mit einer 1 beginnt und auch endet.

3.6 Identitäten im Pascalschen Dreieck

Betrachtet man das Pascalsche Dreieck, so ist es nicht schwer, seine wichtigste Eigenschaft zu erkennen: Jede der Zahlen (außer den 1'en am Rand) ist die Summe der beiden direkt darüber liegenden Zahlen. Dies ist eine Eigenschaft der Binomialkoeffizienten, die wir eigentlich schon kennengelernt haben, nämlich Gleichung (8) in Abschnitt 1.8:

$$\binom{n}{k} = \binom{n-1}{k-1} + \binom{n-1}{k}. \tag{20}$$

Wegen dieser Eigenschaft können wir das Pascalsche Dreieck sehr schnell erstellen, indem wir mit Hilfe von (20) nach und nach jede Zeile erzeugen. Und wie wir sehen werden, liefert es außerdem ein Hilfsmittel, mit dem viele Eigenschaften der Binomialkoeffizienten bewiesen werden können.

Als erste Anwendung werden wir eine neue Lösung zu Übungsaufgabe 3.1.2 entwickeln. Dort sollte unter Verwendung des Binomialsatzes folgende Gleichheit bewiesen werden

$$\binom{n}{0} - \binom{n}{1} + \binom{n}{2} - \binom{n}{3} + \cdots + (-1)^n \binom{n}{n} = 0, \tag{21}$$

Nun geben wir einen Beweis an, bei dem wir von (20) ausgehen: Wir können $\binom{n}{0}$ durch $\binom{n-1}{0}$ ersetzen (beide sind nur gleich 1), $\binom{n}{1}$ durch $\binom{n-1}{0} + \binom{n-1}{1}$, $\binom{n}{2}$ durch $\binom{n-1}{1} + \binom{n-1}{2}$, etc.. Damit erhalten wir die Summe

$$\binom{n-1}{0} - \left[\binom{n-1}{0} + \binom{n-1}{1}\right] + \left[\binom{n-1}{1} + \binom{n-1}{2}\right]$$

$$+ \cdots + (-1)^{n-1}\left[\binom{n-1}{n-2} + \binom{n-1}{n-1}\right] + (-1)^n \binom{n-1}{n-1},$$

die auf jeden Fall gleich 0 ist, da sich jeweils der zweite Term in einer Klammer und der erste Term in der darauf folgenden Klammer gegenseitig aufheben.

Diese Methode liefert uns mehr als nur einen neuen Beweis einer Gleichheit, die wir sowieso schon kannten. Was erhalten wir, wenn wir ebenso beginnen, immer abwechselnd einen Binomialkoeffizienten zu addieren und zu subtrahieren, aber nun früher stoppen? Schreiben wir dies als Formel:

$$\binom{n}{0} - \binom{n}{1} + \binom{n}{2} - \binom{n}{3} + \cdots + (-1)^k \binom{n}{k}.$$

Wenn wir denselben Trick wie oben anwenden, erhalten wir

$$\binom{n-1}{0} - \left[\binom{n-1}{0} + \binom{n-1}{1}\right] + \left[\binom{n-1}{1} + \binom{n-1}{2}\right] - \cdots$$

$$+ (-1)^k \left[\binom{n-1}{k-1} + \binom{n-1}{k}\right].$$

Hier wird wieder, abgesehen vom letzten, jeder Term aufgehoben. Das Ergebnis ist daher $(-1)^k \binom{n-1}{k}$.

Die Zahlen im Pascalschen Dreieck erfüllen auch noch eine ganze Menge anderer überraschender Relationen. Fragen wir zum Beispiel: Wie lautet die Summe der *Quadrate* der Elemente in jeder Zeile?

Rechnen wir die Summe der Quadrate der Elemente der ersten paar Zeilen versuchsweise einmal aus:

$$1^2 = 1,$$
$$1^2 + 1^2 = 2,$$
$$1^2 + 2^2 + 1^2 = 6,$$
$$1^2 + 3^2 + 3^2 + 1^2 = 20,$$
$$1^2 + 4^2 + 6^2 + 4^2 + 1^2 = 70.$$

Wir können feststellen, dass diese Zahlen genau den Zahlen der mittleren Spalte des Pascalschen Dreiecks entsprechen. Natürlich enthält nur jede zweite Zeile eine mittlere

Spalte. Daher entspricht der letzte obige Wert, also die Summe der Quadrate der vierten Zeile, dem mittleren Element der achten Zeile. Diese Beispiele legen die folgende Gleichheit nahe:

$$\binom{n}{0}^2 + \binom{n}{1}^2 + \binom{n}{2}^2 + \cdots + \binom{n}{n-1}^2 + \binom{n}{n}^2 = \binom{2n}{n}. \tag{22}$$

Selbstverständlich ist durch diese wenigen Beispiele nicht bewiesen, dass diese Gleichheit immer gilt. Wir brauchen also einen Beweis.

Wir geben für beide Seiten der Gleichung eine Interpretation als Ergebnis eines Abzählproblems an. Es wird sich herausstellen, dass in beiden Fällen dasselbe gezählt wird und daher die Ergebnisse übereinstimmen müssen. Was auf der rechten Seite gezählt wird, ist offensichtlich: Die Anzahl der Teilmengen der Größe n einer Menge der Größe $2n$. Es bietet sich an, die Menge $S = \{1, 2, \ldots, 2n\}$ als unsere $2n$-elementige Menge zu wählen.

Die kombinatorische Interpretation der linken Seite ist nicht ganz so einfach. Betrachten wir einen typischen Term, sagen wir $\binom{n}{k}^2$. Wir behaupten, dies ist die Anzahl der n-elementigen Teilmengen von $\{1, 2, \ldots, 2n\}$, die genau k Elemente aus $\{1, 2, \ldots, n\}$ (der ersten Hälfte unserer Menge S) enthalten. Wie aber wählen wir eine solche n-elementige Teilmenge von S aus? Wir wählen k Elemente aus $\{1, 2, \ldots, n\}$ und dann $n - k$ Elemente aus $\{n + 1, n + 2, \ldots, 2n\}$. Für den ersten Schritt gibt es $\binom{n}{k}$ Möglichkeiten. Ganz gleich, welche k-Teilmenge wir gewählt haben, gibt es $\binom{n}{n-k}$ Möglichkeiten für den zweiten Schritt. Somit beträgt die Anzahl der Möglichkeiten, eine n-elementige Teilmenge von S auszuwählen, die k Elemente aus $\{1, 2, \ldots, n\}$ enthält, genau

$$\binom{n}{k} \cdot \binom{n}{n-k} = \binom{n}{k}^2$$

(durch die Symmetrie des Pascalschen Dreiecks).

Nun müssen wir diese Zahlen für alle Werte von $k = 0, 1, \ldots, n$ aufsummieren, um die Gesamtzahl der n-elementigen Teilmengen von S zu erhalten. Dies beweist Gleichung (22).

Übung 3.6.1 Geben Sie einen Beweis der Formel (9),

$$1 + \binom{n}{1} + \binom{n}{2} + \cdots + \binom{n}{n-1} + \binom{n}{n} = 2^n,$$

an, der analog zum Beweis von (21) geführt ist. (Man könnte erwarten, wie bei der „alternierenden" Summe eine nette Formel zu erhalten, indem man früher stoppt; zum Beispiel $\binom{n}{0} + \binom{n}{1} + \cdots + \binom{n}{k}$. Dies ist jedoch nicht der Fall: Für diese Summe ist im Allgemeinen kein einfacherer Ausdruck bekannt.)

Übung 3.6.2 Die rechte Seite der Gleichung (22) ist nach dem Binomialsatz der Koeffizient von $x^n y^n$ in der Erweiterung von $(x+y)^{2n}$. Man schreibe $(x+y)^{2n}$ in Form von $(x+y)^n (x+y)^n$ und erweitere beide Faktoren $(x+y)^n$ mit Hilfe des Binomialsatzes. Anschließend versuche man, in dem Produkt den Koeffizienten von $x^n y^n$ zu bestimmen. Zeigen Sie, dass dies einen weiteren Beweis der Gleichung (22) liefert.

Übung 3.6.3 Zeigen Sie folgende Gleichheit:

$$\binom{n}{0}\binom{m}{k} + \binom{n}{1}\binom{m}{k-1} + \cdots + \binom{n}{k-1}\binom{m}{1} + \binom{n}{k}\binom{m}{0} = \binom{n+m}{k}.$$

Dazu kann eine kombinatorische Interpretation beider Seiten wie im obigen Beweis von (22) oder der Binomialsatz wie in der vorangegangenen Übungsaufgabe verwendet werden.

Hier ist eine weitere Beziehung zwischen den Zahlen des Pascalschen Dreiecks. Wir beginnen mit dem ersten Element der n-ten Zeile und addieren die diagonal nach rechts unten gehenden Elemente auf (Bild 3.3). Starten wir beispielsweise mit dem ersten Element der zweiten Zeile, erhalten wir

$$1 = 1,$$
$$1 + 3 = 4,$$
$$1 + 3 + 6 = 10,$$
$$1 + 3 + 6 + 10 = 20,$$
$$1 + 3 + 6 + 10 + 15 = 35.$$

Diese Zahlen sind genau die Zahlen der nächsten schrägen Reihe der Tabelle!

$$
\begin{array}{ccccccccccccccccc}
 & & & & & & & & 1 & & & & & & & & \\
 & & & & & & & 1 & & 1 & & & & & & & \\
 & & & & & & \mathbf{\mathit{1}} & & 2 & & 1 & & & & & & \\
 & & & & & 1 & & \mathbf{\mathit{3}} & & 3 & & 1 & & & & & \\
 & & & & 1 & & 4 & & \mathbf{\mathit{6}} & & 4 & & 1 & & & & \\
 & & & 1 & & 5 & & 10 & & \mathbf{\mathit{10}} & & 5 & & 1 & & & \\
 & & 1 & & 6 & & 15 & & 20 & & \mathbf{\mathit{15}} & & 6 & & 1 & & \\
 & 1 & & 7 & & 21 & & 35 & & 35 & & \mathbf{\mathit{21}} & & 7 & & 1 & \\
1 & & 8 & & 28 & & 56 & & 70 & & \boxed{\mathbf{56}} & & 28 & & 8 & & 1 \\
\end{array}
$$

Abbildung 3.3. Diagonales Addieren der Einträge des Pascalschen Dreiecks.

Möchten wir dies in einer Formel festhalten, bekommen wir

$$\binom{n}{0} + \binom{n+1}{1} + \binom{n+2}{2} + \cdots + \binom{n+k}{k} = \binom{n+k+1}{k}. \quad (23)$$

Um diese Gleichung zu *beweisen*, verwenden wir Induktion nach k. Falls $k = 0$ gilt, besagt die Gleichung lediglich $1 = 1$ und ist somit trivialerweise wahr. (Obwohl es nicht notwendig ist, können wir dies auch noch für $k = 1$ überprüfen. Die Formel besagt $1 + (n + 1) = n + 2$.)

Nehmen wir also an, die Gleichung ist für einen gegebenen Wert von k wahr und wir möchten zeigen, dass dies für $k + 1$ anstelle von k ebenfalls gilt. Mit anderen Worten, wir möchten beweisen, dass

$$\binom{n}{0} + \binom{n+1}{1} + \binom{n+2}{2} + \cdots + \binom{n+k}{k} + \binom{n+k+1}{k+1} = \binom{n+k+2}{k+1}$$

gilt. Die Summe der ersten k Terme auf der linken Seite beträgt nach Induktionsvoraussetzung $\binom{n+k+1}{k}$ und daher entspricht die linke Seite

$$\binom{n+k+1}{k} + \binom{n+k+1}{k+1}.$$

Dies entspricht aber wegen der grundlegenden Eigenschaft (20) des Pascalschen Dreiecks tatsächlich $\binom{n+k+2}{k+1}$. Damit ist der Induktionsbeweis vollständig.

Übung 3.6.4 Angenommen, wir möchten eine $(k + 1)$-elementige Teilmenge einer $(n + k + 1)$-elementigen Menge $\{1, 2, \ldots, n + k + 1\}$ bestimmen. Wir entschließen uns, zuerst das größte Element zu wählen, dann den Rest. Bestimmt man die Anzahl der Möglichkeiten, auf diese Art die Teilmenge zu wählen, erhält man einen kombinatorischen Beweis der Gleichung (23). Zeigen Sie dies.

3.7 Ein Blick aus der Vogelperspektive auf das Pascalsche Dreieck

Stellen wir uns vor, wir betrachten das Pascalsche Dreieck aus einer gewissen Distanz. Oder anders ausgedrückt, wir sind nicht an genauen Werten der Einträge interessiert, sondern vielmehr an ihrer Größenordnung, dem Ansteigen und Fallen und anderen globalen Eigenschaften. Die erste solcher Eigenschaften eines Pascalschen Dreiecks ist seine Symmetrie (an der vertikalen Geraden durch die Spitze). Diese ist uns bereits bekannt.

Eine weitere Eigenschaft (die wir feststellen können) besteht darin, dass *die Einträge jeder Zeile bis zur Mitte ansteigen und dann wieder abnehmen*. Ist n gerade, dann gibt es in der n-ten Zeile ein eindeutiges mittleres Element, welches auch das größte ist. Ist n ungerade, dann gibt es zwei mittlere Elemente, die beide am größten sind.

Beweisen wir nun, dass die Einträge bis zur Mitte ansteigen (danach beginnen sie wegen der Symmetrie der Tabelle wieder zu fallen). Wir möchten zwei aufeinander folgende Einträge vergleichen:

$$\binom{n}{k} \; ? \; \binom{n}{k+1}.$$

Verwenden wir die Formel in Satz 1.8.1, können wir dies auch so schreiben

$$\frac{n(n-1)\cdots(n-k+1)}{k(k-1)\cdots 1} \; ? \; \frac{n(n-1)\cdots(n-k)}{(k+1)k\cdots 1}.$$

Es gibt auf beiden Seiten eine Menge gleicher positiver Faktoren und daher können wir vereinfachen. Wir erhalten die wirklich einfache Gegenüberstellung

$$1 \; ? \; \frac{n-k}{k+1}.$$

Durch Umformen erhalten wir

$$k \; ? \; \frac{n-1}{2}.$$

Falls $k < (n-1)/2$, dann gilt also $\binom{n}{k} < \binom{n}{k+1}$, falls $k = (n-1)/2$, dann gilt $\binom{n}{k} = \binom{n}{k+1}$ (dies ist der Fall der beiden mittleren Einträge, wenn n ungerade ist) und falls $k > (n-1)/2$, dann haben wir $\binom{n}{k} > \binom{n}{k+1}$.

Später wird es noch nützlich sein, dass diese Berechnung außerdem beschreibt, *wie viele* Elemente ansteigen oder abfallen. Starten wir auf der linken Seite, dann ist der zweite Eintrag (nämlich n) um einen Faktor von n größer als der erste, der dritte (nämlich $n(n-1)/2$) ist um einen Faktor von $(n-1)/2$ größer als der zweite. Im Allgemeinen:

$$\frac{\binom{n}{k+1}}{\binom{n}{k}} = \frac{n-k}{k+1}. \tag{24}$$

Übung 3.7.1 Für welche Werte von n und k ist $\binom{n}{k+1}$ zweimal der vorhergehende Eintrag im Pascalschen Dreieck?

Übung 3.7.2 Anstelle des Quotienten betrachte man nun die Differenz zweier aufeinander folgender Einträge im Pascalschen Dreieck:

$$\binom{n}{k+1} - \binom{n}{k}.$$

Bei welchem Wert von k ist diese Differenz am größten?

Wir wissen, dass jede Zeile des Pascalschen Dreiecks symmetrisch ist. Wie wissen außerdem, dass die Einträge mit einer 1 beginnen, bis zur Mitte ansteigen und dann wieder bis zu 1 abfallen. Können wir noch mehr über ihre Form aussagen?

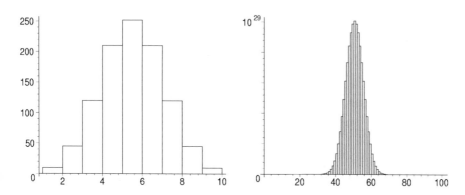

Abbildung 3.4. Balkendiagramm der n-ten Zeile des Pascalschen Dreiecks, für $n = 10$ und $n = 100$.

Bild 3.4 zeigt den Graphen der Zahlen $\binom{n}{k}$ $(k = 0, 1, \ldots, n)$ für die Werte $n = 10$ und $n = 100$. Wir können einige weitere Beobachtungen machen.

- Erstens wird die größte Zahl sehr groß.
- Zweitens steigen diese Zahlen nicht einfach nur zur Mitte hin ein bisschen an und fallen danach wieder ab, sondern die mittleren Zahlen sind wesentlich größer als die Zahlen am Anfang und am Ende. Bei $n = 100$ sehen wir nur im Bereich $\binom{100}{25}, \binom{100}{26}, \ldots, \binom{100}{75}$ Balken. Außerhalb dieses Bereiches sind die Zahlen im Vergleich zu den größten so klein, dass sie auf diesem Bild nicht dargestellt sind.
- Drittens können wir beobachten, dass die Form des Graphen für verschiedene Werte von n ziemlich ähnlich ist.

Betrachten wir diese Beobachtungen nun ein wenig genauer. Für die folgenden Erörterungen sollten wir annehmen, dass n eine gerade Zahl ist (für ungerade Werte von n würden wir analoge Ergebnisse erhalten, wir müssten sie nur anders formulieren). Wenn n gerade ist, wissen wir bereits, dass der größte Eintrag der n-ten Zeile die mittlere Zahl $\binom{n}{n/2}$ ist und alle anderen Einträge kleiner sind.
Wie groß ist die größte Zahl der n-ten Zeile im Pascalschen Dreieck? Eine obere Schranke für diese Zahl können wir sofort angeben. Es gilt

$$\binom{n}{n/2} < 2^n,$$

da 2^n die Summe aller Einträge dieser Zeile ist. Ein wenig mehr Raffinesse ist für die Bestimmung einer unteren Schranke nötig. Wir haben

$$\binom{n}{n/2} > \frac{2^n}{n+1},$$

da $2^n/(n+1)$ den Mittelwert der Zahlen dieser Zeile bildet und die größte Zahl sicherlich mindestens so groß wie dieser Wert ist.

Diese Schranken vermitteln uns bereits einen recht guten Eindruck über die Größe von $\binom{n}{n/2}$. Insbesondere zeigen sie, dass die Zahlen sehr groß werden. Nehmen wir bespielsweise $n = 500$, dann erhalten wir

$$\frac{2^{500}}{501} < \binom{500}{250} < 2^{500}.$$

Wenn wir die Anzahl der Ziffern von $\binom{500}{250}$ wissen möchten, dann müssen wir lediglich den Logarithmus (zur Basis 10) darauf anwenden. Mit den oben genannten Schranken erhalten wir

$$500 \lg 2 - \lg 501 = 147,8151601 \cdots < \lg \binom{500}{250} < 500 \lg 2 = 150,5149978\ldots.$$

Diese Ungleichung liefert uns mit einer kleinen Ungenauigkeit die gesuchte Anzahl. Nehmen wir an, die Anzahl sei 150, dann haben wir höchstens eine Abweichung von 2 (in der Tat ist 150 der gesuchte Wert).

Eine noch genauere Approximation dieser größten Zahl können wir mit Hilfe der Stirlingschen Formel (Satz 2.2.1) erreichen. Wir wissen, es gilt

$$\binom{n}{n/2} = \frac{n!}{(n/2)!(n/2)!}.$$

Nach Stirlings Formel haben wir

$$n! \sim \sqrt{2\pi n}\left(\frac{n}{e}\right)^n, \qquad (n/2)! \sim \sqrt{\pi n}\left(\frac{n}{2e}\right)^{n/2},$$

und somit

$$\binom{n}{n/2} \sim \frac{\sqrt{2\pi n}\left(\frac{n}{e}\right)^n}{\pi n\left(\frac{n}{2e}\right)^n} = \sqrt{\frac{2}{\pi n}} 2^n. \tag{25}$$

Nun wissen wir, der größte Eintrag der n-ten Zeile des Pascalschen Dreiecks liegt in der Mitte. Seine ungefähre Größe ist uns ebenfalls bekannt. Weiterhin wissen wir, dass die Elemente anfangen zu sinken, wenn wir nach links oder nach rechts gehen. Wie schnell sinken sie? Bild 3.4 läßt vermuten, dass die Binomialkoeffizienten von der Mitte ausgehend zunächst langsam, jedoch schon sehr bald beschleunigt sinken.

Etwas anders betrachtet, wird dies sogar noch deutlicher. Sehen wir uns zum Beispiel Zeile 57 an (nur um zur Abwechslung mal eine ungerade Zahl zu nehmen). Die ersten

Elemente sind

1, 57, 1596, 29260, 395010, 4187106, 36288252, 264385836, 1652411475,

8996462475, 43183019880, 184509266760, 707285522580, . . .

und die Quotienten zwischen aufeinander folgenden Einträgen lauten:

57; 28; 18, 33; 13, 5; 10, 6; 8, 67; 7, 29; 6, 25; 5, 44; 4, 8; 4, 27; 3, 83; . . .

Während die Einträge immer schneller wachsen, werden diese Quotienten kleiner und kleiner und wir wissen, dass sie kleiner als 1 werden, wenn die Mitte überschritten ist (da die Einträge selbst anfangen, zu sinken). Was sind jedoch diese Quotienten? Wir haben sie oben berechnet und herausgefunden, dass gilt

$$\frac{\binom{n}{k+1}}{\binom{n}{k}} = \frac{n-k}{k+1}.$$

Wenn wir dies wie folgt schreiben

$$\frac{n-k}{k+1} = \frac{n+1}{k+1} - 1,$$

erkennen wir sofort, dass der Quotient zweier aufeinander folgender Binomialkoeffizienten sinkt, wenn k steigt.

3.8 Ein Adlerblick: Genaue Details

Behandeln wir nun mehr quantitative Fragen bezüglich der Elemente einer Zeile im Pascalschen Dreieck: Welcher Binomialkoeffizient ist in dieser Zeile (zum Beispiel) halb so groß wie der größte?
Wir betrachten den Fall, dass n gerade ist und können daher $n = 2m$ schreiben, wobei m eine natürliche Zahl ist. Der größte, also mittlere Eintrag der n-ten Zeile ist $\binom{2m}{m}$. Nun betrachten wir einen t Schritte entfernten Binomialkoeffizienten, wobei es unerheblich ist, ob wir nach links oder nach rechts gehen. Nehmen wir beispielsweise an, wir nehmen $\binom{2m}{m-t}$. Wir möchten ihn mit dem größten Koeffizienten vergleichen. Die folgende Formel beschreibt die Rate, mit der die Binomialkoeffizienten fallen:

$$\binom{2m}{m-t} \Big/ \binom{2m}{m} \approx e^{-t^2/m}. \tag{26}$$

Der Graph der rechten Seite von (26) (als Funktion von t) wird in Bild 3.5 für $m = 50$ dargestellt. Dies ist die berühmte *Gauss Kurve* (manchmal wird sie auch als „Glockenkurve" bezeichnet). Die graphischen Darstellungen vieler Arten von Statistiken liefern ähnliche Bilder. In Bild 3.5 zeigen wir die Kurve sowohl alleine, als auch mit den Bi-

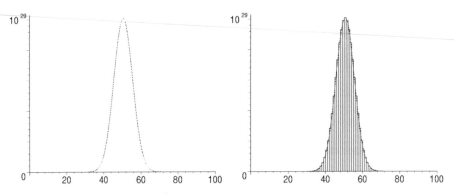

Abbildung 3.5. Die Gauss Kurve $e^{-t^2/m}$ für $m = 50$ und die graphische Darstellung der 100. Zeile des Pascalschen Dreiecks.

nomialkoeffizienten überlagert, um die ausgezeichnete Übereinstimmung zu verdeutlichen.

Gleichung (26) ist keine wirkliche Gleichung. Um sie zu einer präzisen mathematischen Aussage zu machen, müssen wir angeben, wie groß der Fehler sein kann. Wir werden folgende Ungleichungen verwenden:

$$e^{-t^2/(m-t+1)} \leq \binom{2m}{m-t} \Big/ \binom{2m}{m} \leq e^{-t^2/(m+t)}. \tag{27}$$

Die obere und untere Schranke in dieser Formel liegt jeweils ziemlich dicht bei der in (26) angegebenen (ungenauen) Approximation $e^{-t^2/m}$ und man erkennt leicht, dass der letztere Wert zwischen ihnen liegen muss. Die rechte Seite von (26) liefert in der Tat eine bessere Approximation als die obere oder untere Schranke. Nehmen wir zum Beispiel an, wir möchten den Quotienten $\binom{100}{40} \big/ \binom{100}{50}$ (der $0,1362\ldots$ beträgt) abschätzen. Wir erhalten mit (27)

$$0,08724 \leq \binom{100}{40} \Big/ \binom{100}{50} \leq 0,1889,$$

während die durch (26) gegebene Approximation $0,1353\ldots$ beträgt, was der Wahrheit viel näher kommt. Wir würden noch bessere Schranken erhalten, wenn wir schwerere Berechnungsmethoden (Analysis) anwenden. Hier geben wir nur so viel an, wie wir können, ohne die Analysis hinzu ziehen zu müssen.

Um (27) abzuleiten, beginnen wir mit der Umformung des mittleren Quotienten. Um genau zu sein, wir nehmen seinen Kehrwert, mit dem man etwas leichter arbeiten kann, da er größer als 1 ist:

$$
\binom{2m}{m} \bigg/ \binom{2m}{m-t} = \frac{(2m)!}{m!m!} \bigg/ \frac{(2m)!}{(m-t)!(m+t)!} = \frac{(m-t)!(m+t)!}{m!m!}
$$
$$
= \frac{(m+t)(m+t-1)\cdots(m+1)}{m(m-1)\cdots(m-t+1)}.
$$

Somit haben wir eine Art Formel für diesen Quotienten. Aber wie nützlich ist diese? Wie drücken wir zum Beispiel aus, für welchen Wert von t dieser Quotient größer als 2 wird? Natürlich können wir dies als eine Formel schreiben:

$$
\frac{(m+t)(m+t-1)\cdots(m+1)}{m(m-1)\cdots(m-t+1)} > 2. \tag{28}
$$

Wir könnten diese Ungleichung nach t auflösen (ähnlich wie bei dem Beweis, dass die Einträge zur Mitte hin ansteigen), aber die Auflösung wäre zu kompliziert. Selbst eine so leichte Frage über Binomialkoeffizienten zu beantworten, wie diejenige, wie weit von der Mitte entfernt, die Werte auf die Hälfte des Maximums gesunken sind, bedarf also einer Menge Arbeit und wir müssen einige arithmetische Tricks anwenden. Wir teilen den ersten Faktor des Zählers durch den ersten Faktor des Nenners, den zweiten Faktor durch den zweiten Faktor, ect., um

$$
\frac{m+t}{m} \cdot \frac{m+t-1}{m-1} \cdots \frac{m+1}{m-t+1}
$$

zu erhalten.

Mit diesem Produkt umzugehen, ist immer noch nicht leicht, aber wir haben bereits in Abschnitt 2.5 ähnliche Produkte kennengelernt! Dort bestand der Trick in der Anwendung des Logarithmus und dies funktioniert hier ebenso gut. Wir erhalten

$$
\ln\left(\frac{m+t}{m}\right) + \ln\left(\frac{m+t-1}{m-1}\right) + \cdots + \ln\left(\frac{m+1}{m-t+1}\right).
$$

Genau wie in Abschnitt 2.5 können wir die Logarithmen auf der linken Seite mit Hilfe der Ungleichungen aus Lemma 2.5.1 abschätzen. Beginnen wir damit, eine obere Schranke abzuleiten. Als typischen Term in der Summe haben wir

$$
\ln\left(\frac{m+t-k}{m-k}\right) \le \frac{m+t-k}{m-k} - 1 = \frac{t}{m-k},
$$

und somit

$$
\ln\left(\frac{m+t}{m}\right) + \ln\left(\frac{m+t-1}{m-1}\right) + \cdots + \ln\left(\frac{m+1}{m-t+1}\right)
$$
$$
\le \frac{t}{m} + \frac{t}{m-1} + \cdots + \frac{t}{m-t+1}.
$$

Können wir diese Summe in geschlossener Form darstellen? Nein, aber wir können einen weiteren Trick aus Abschnitt 2.5 anwenden. Wir ersetzen jeden Nenner durch $m - t + 1$, da dies der kleinste Wert ist. Damit erhöhen wir den Wert aller Brüche (mit Ausnahme des letzten, den wir unverändert lassen) und erhalten eine obere Schranke:

$$\frac{t}{m} + \frac{t}{m-1} + \cdots + \frac{t}{m-t+1} \leq \frac{t}{m-t+1} + \frac{t}{m-t+1} + \cdots + \frac{t}{m-t+1}$$
$$= \frac{t^2}{m-t+1}.$$

Man entsinne sich, dass dies eine obere Schranke des *Logarithmus* des Quotienten $\binom{2m}{m} \big/ \binom{2m}{m-t}$ ist. Um eine obere Schranke des Quotienten selbst zu erhalten, müssen wir die Exponentialfunktion anwenden. Danach müssen wir noch einen weiteren Schritt rückgängig machen: Wir müssen den Kehrwert nehmen, um eine untere Schranke in (27) zu erhalten.

Die obere Schranke in (27) kann auf ähnliche Art und Weise hergeleitet werden. Die Details werden dem Leser als Übungsaufgabe 3.8.2 überlassen.

Kommen wir zu unserer früheren Fragestellung zurück: Wir möchten wissen, wann (für welchen Wert von t) der Quotient in (27) größer als 2 wird. Wir könnten die gleichen Informationen auch für andere Zahlen als 2 brauchen, daher versuchen wir die Frage für eine allgmeine Zahl $C > 1$ zu beantworten. Wir möchten somit wissen, für welchen Wert von t erhalten wir

$$\binom{2m}{m} \big/ \binom{2m}{m-t} > C. \tag{29}$$

Wir wissen nach (26), dass die linke Seite ungefähr $e^{t^2/m}$ beträgt. Daher beginnen wir damit, die Gleichung

$$e^{t^2/m} = C$$

zu lösen. Die Exponentialfunktion auf der linken Seite sieht unangenehm aus, aber auch hier hilft uns wieder der gute alte Logarithmus: Wir erhalten

$$\frac{t^2}{m} = \ln C,$$

was sich nun leicht lösen lässt:

$$t = \sqrt{m \ln C}.$$

Wir erwarten somit, dass (29) gilt, wenn t größer als dieser Wert ist. Wir müssen uns natürlich bewusst sein, dass dies nur eine Approximation ist und nicht ein präzises Ergebnis! Anstelle von (26) können wir die exakten Ungleichungen (27) verwenden, um folgendes Lemma zu erhalten:

Lemma 3.8.1 Falls $t \geq \sqrt{m \ln C} + \ln C$, dann gilt (29) und falls $t \leq \sqrt{m \ln C} - \ln C$, dann gilt (29) nicht.

3.8.1

Die Herleitung dieser Bedingungen aus (27) ist der Herleitung des Approximations-ergebnisses in (26) ähnlich und wird dem Leser als Übungsaufgabe 3.8.3 überlassen (schwierig!).

In wichtigen Anwendungen der Binomialkoeffizienten (eine von ihnen, das Gesetz der großen Zahlen, wird in Kapitel 5 behandelt werden) benötigen wir auch eine gute Schranke für die Summe der kleinsten Binomialkoeffizienten, verglichen mit der Summe aller Binomialkoeffizienten. Glücklicherweise versetzen uns unsere vorigen Beobachtungen und Lemmata in die Lage, mit Hilfe einiger Berechnungen eine Antwort zu finden, ohne wirklich neue Ideen entwickeln zu müssen.

Lemma 3.8.2 Sei $0 \leq k \leq m$ und $c = \binom{2m}{k} \big/ \binom{2m}{m}$. Dann gilt

3.8.2

$$\binom{2m}{0} + \binom{2m}{1} + \cdots + \binom{2m}{k-1} < \frac{c}{2} \cdot 2^{2m}. \tag{30}$$

Um kurz darzustellen, was dies für einen Sinn hat, wählen wir $m = 500$ und versuchen die Anzahl der Binomialkoeffizienten der 1000. Zeile zu bestimmen, die wir aufaddieren müssen (beginnend mit $\binom{1000}{0}$), um 0,5% der Gesamtsumme zu erhalten. Wenn wir $0 \leq k \leq 500$ so wählen, dass $\binom{1000}{k} \big/ \binom{1000}{500} < 1/100$ gilt, dann wissen wir nach Lemma 3.8.2: Die Summe der ersten k Binomialkoeffizienten ergibt eine Summe, die kleiner als 0,5% der Gesamtsumme ist. Lemma 3.8.1 liefert uns ein k, welches zweifellos gut ist: Jedes $k \leq 500 - \sqrt{500 \ln 100} - \ln 100 = 447,4$. Somit machen die ersten 447 Einträge der 1000. Zeile des Pascalschen Dreiecks weniger als 0,5% der Gesamtsumme aus. Wegen der Symmetrie des Pascalschen Dreiecks ergibt auch die Summe der letzten 447 Einträge weniger als 0,5% der Gesamtsumme. Die mittleren 107 Terme machen also etwa 99% der Gesamtsumme aus.

Beweis 3 Um dieses Lemma zu beweisen schreiben wir $k = m - t$ und vergleichen die Summe auf der linken Seite von (30) mit der Summe

$$\binom{2m}{m-t} + \binom{2m}{m-t+1} + \cdots + \binom{2m}{m-1}. \tag{31}$$

Bezeichnen wir die Summe $\binom{2m}{m-t} + \binom{2m}{m-t+1} + \cdots + \binom{2m}{m-1}$ mit A und die Summe $\binom{2m}{0} + \binom{2m}{1} + \cdots + \binom{2m}{m-t-1}$ mit B.

Mit der Definition von c haben wir

$$\binom{2m}{m-t} = c\binom{2m}{m}.$$

Dies impliziert

$$\binom{2m}{m-t-1} < c\binom{2m}{m-1},$$

da wir wissen, dass die Binomialkoeffizienten mit einem größeren Faktor von $\binom{2m}{m-t}$ nach $\binom{2m}{m-t-1}$ als von $\binom{2m}{m}$ nach $\binom{2m}{m-1}$ fallen. Indem wir dasselbe Argument wiederholen,[1] erhalten wir für alle $i \geq 0$

$$\binom{2m}{m-t-i} < c\binom{2m}{m-i}.$$

Es folgt daher, dass die Summe von allen t aufeinander folgenden Binomialkoeffizienten weniger als c mal die Summe der nächsten t aufeinander folgenden Binomialkoeffizienten beträgt (solange sie sich alle auf der linken Seite das Pascalschen Dreiecks befinden). Gehen wir von $\binom{2m}{m-1}$ aus zurück, dann addiert sich der Block der ersten t Binomialkoeffizienten zu A (nach Definition von A). Der nächste Block mit t Elementen addiert sich zu weniger als cA, der nächste Block zu weniger als c^2A, etc.. Aufaddieren ergibt

$$B < cA + c^2A + c^3A \ldots .$$

Auf der rechten Seite müssen wir lediglich $\lceil (m-t)/t \rceil$ Terme summieren, aber wir sind großzügig und lassen die Summe unendlich groß werden! Die geometrische Reihe auf der rechten Seite addiert sich zu $\frac{c}{1-c}A$ und somit erhalten wir

$$B < \frac{c}{1-c}A.$$

Wir brauchen noch eine weitere Ungleichung, die A und B beinhaltet, aber dies ist leicht:

$$B + A < \frac{1}{2}2^{2m}$$

(da die Summe der linken Seite nur die rechte Seite des Pascalschen Dreiecks beinhaltet und das mittlere Element dabei nicht einmal berücksichtigt wird). Durch diese beiden Ungleichungen erhalten wir

$$B < \frac{c}{1-c}A < \frac{c}{1-c}\left(\frac{1}{2}2^{2m} - B\right)$$

und damit

$$\left(1 + \frac{c}{1-c}\right)B < \frac{c}{1-c}\frac{1}{2}2^{2m}.$$

Multiplikation mit $1-c$ ergibt $B < c\frac{1}{2}2^{2m}$, was das Lemma zeigt. □

---

[1] Mit anderen Worten, indem wir Induktion anwenden.

Übung 3.8.1

(a) Überprüfen Sie, ob sich die Approximation in (26) immer zwischen der in (27) angegebenen oberen und unteren Schranke befindet.

(b) Seien $2m = 100$ und $t = 10$. Um wieviel Prozent ist die obere Schranke in (27) größer als die untere?

Übung 3.8.2 Geben Sie einen Beweis für die obere Schranke in (27) an.

Übung 3.8.3 Vervollständigen Sie den Beweis von Lemma 3.8.1.

Gemischte Übungsaufgaben

Übung 3.8.4 Bestimmen Sie alle Werte von n und k, für die $\binom{n}{k+1} = 3\binom{n}{k}$ gilt.

Übung 3.8.5 Bestimmen Sie den Wert von k, für den $k\binom{99}{k}$ am größten ist.

Übung 3.8.6 In einer Stadt mit „schachbrettartiger" Anordnung der Straßen werden die Nord-Süd Straßen 1.Straße, 2.Straße, ..., 20.Straße genannt, während die Ost-West Straßen mit 1.Avenue, 2.Avenue, ..., 10.Avenue bezeichnet werden. Wie groß ist die minimale Anzahl von Blocks, die man zu gehen hat, um von der Ecke 1. Straße / 1. Avenue zur Ecke 20. Straße / 10. Avenue zu gelangen?

Übung 3.8.7 Wie viele Möglichkeiten gibt es, in den folgenden Tabellen das Wort MATHEMATICS zu lesen?

$$
\begin{array}{llllll}
M & A & T & H & E & M \\
A & T & H & E & M & A \\
T & H & E & M & A & T \\
H & E & M & A & T & I \\
E & M & A & T & I & C \\
M & A & T & I & C & S
\end{array}
\qquad
\begin{array}{llll}
M & A & T & H \\
A & T & H & E \\
T & H & & M & A \\
H & E & & A & T & I \\
& M & A & T & I & C \\
& & I & C & S
\end{array}
$$

Übung 3.8.8 Beweisen Sie folgende Gleichungen:

$$\sum_{k=0}^{m}(-1)^k\binom{n}{k} = (-1)^m\binom{n-1}{m};$$

$$\sum_{k=0}^{n} \binom{n}{k}\binom{k}{m} = \binom{n}{m}2^{n-m}.$$

Übung 3.8.9 Beweisen Sie folgende Ungleichungen:

$$\frac{n^k}{k^k} \le \binom{n}{k} \le \frac{n^k}{k!}.$$

Übung 3.8.10 Wie viele Möglichkeiten gibt es, n Pennies an k Kinder zu verteilen, wenn jedes Kind mindestens 5 Pennies erhalten soll?

Übung 3.8.11 Beweisen Sie, dass die Zahlen ansteigen, wenn wir im Pascalschen Dreieck (jede zweite Zeile betrachtend) gerade hinunter gehen.

Übung 3.8.12 Beweisen Sie, dass gilt:

$$1 + \binom{n}{1}2 + \binom{n}{2}4 + \cdots + \binom{n}{n-1}2^{n-1} + \binom{n}{n}2^n = 3^n.$$

Versuchen Sie, einen kombinatorischen Beweis zu finden.

Übung 3.8.13 Angenommen, wir möchten eine $(2k+1)$-elementige Teilmenge aus der n-elementigen Menge $\{1, 2, \ldots, n\}$ auswählen. Wir entscheiden uns, zuerst das mittlere Element zu nehmen, dann die k Elemente links und danach die k Elemente rechts davon. Formulieren Sie die kombinatorische Gleichung, die man dadurch erhält.

Übung 3.8.14 Sei n eine positive ganze durch 3 teilbare Zahl. Bestimmen Sie unter Verwendung der Stirlingschen Formel eine Approximation des Wertes von $\binom{n}{n/3}$.

Übung 3.8.15 Beweisen Sie, dass $\binom{n}{10} \sim \frac{n^{10}}{10!}$ gilt.

Kapitel 4

Fibonacci Zahlen

4

4

4 Fibonacci Zahlen

4.1 Fibonaccis Aufgabe

Im dreizehnten Jahundert beschäftigte sich der italienische Mathematiker Leonardo
Fibonacci mit folgender (nicht allzu realistischer) Frage:

Abbildung 4.1. Leonardo Fibonacci

*Ein Bauer züchtet Kaninchen. Jedes
Kaninchen gebärt ein Junges, wenn
es 2 Monate alt ist und anschließend
jeden Monat ein weiteres. Kaninchen
sterben nicht und wir ignorieren
männliche Kaninchen. Wie viele
Kaninchen wird der Bauer im n-ten
Monat besitzen, wenn er mit einem
neugeborenen Kaninchen beginnt?*

Für kleine Werte von n läßt sich die Antwort leicht ausrechnen. Da das Kaninchen
zwei Monate alt sein muss, bevor es ein Junges bekommen kann, hat der Bauer sowohl
im ersten als auch im zweiten Monat 1 Kaninchen. Während des dritten Monats hat er
2 Kaninchen und 3 während des vierten Monats, da sein erstes Kaninchen nach dem
zweiten und dritten Monat jeweils ein Junges geboren hat. Nach 4 Monaten gebärt auch
das zweite Kaninchen ein Junges und somit kommen zwei neue Kaninchen hinzu. Das
bedeutet, während des fünften Monats wird der Bauer 5 Kaninchen haben.

Stellen wir fest, dass die Anzahl der jeden Monat neu hinzukommenden Kaninchen genau der Anzahl der mindestens 2 Monate alten Kaninchen entspricht, d.h. denjenigen,
die schon im vorangegangenen Monat da waren, ist es nicht schwer, die Vermehrung
der Kaninchen für jede Anzahl von Monaten zu berechnen. Mit anderen Worten, um
die Anzahl der Kaninchen im *nächsten* Monat zu bestimmen, müssen wir die Anzahl
der Kaninchen des *vorigen* Monats und des *aktuellen* Monats zusammenzählen. Es ist
daher leicht, die Zahlen nacheinander zu berechnen:

$$1, \ 1, \ 1 + 1 = 2, \ 2 + 1 = 3, \ 3 + 2 = 5, \ 5 + 3 = 8, \ 8 + 5 = 13, \ \ldots$$

(Es ist recht wahrscheinlich, dass Fibonacci seine Frage nicht aufgrund einer tatsächlichen Anwendung als mathematisches Problem stellte. Er spielte mit Zahlen und bemerkte, dass ihm dieser Vorgang Zahlen lieferte, die neu für ihn waren, aber zweifellos

interessante Eigenschaften hatten – wie wir selbst sehen werden – und fing an, eine „Anwendung" zu suchen.)

Um eine Formel dafür aufschreiben zu können, bezeichnen wir die Anzahl der Kaninchen während des n-ten Monats mit F_n. Dann gilt für $n = 2, 3, 4, \ldots$

$$F_{n+1} = F_n + F_{n-1}. \tag{32}$$

Wir wissen außerdem, dass $F_1 = 1$, $F_2 = 1$, $F_3 = 2$, $F_4 = 3$, $F_5 = 5$ gilt. Es ist günstig $F_0 = 0$ zu definieren, denn dann bleibt Gleichung (32) auch für $n = 1$ wahr. Mit Hilfe der Gleichung (32) können wir leicht jede Anzahl von Termen dieser Zahlenfolge bestimmen:

$$0, 1, 1, 2, 3, 5, 8, 13, 21, 34, 55, 89, 144, 233, 377, 610, 987, 1597, \ldots .$$

Die Zahlen dieser Folge werden *Fibonacci Zahlen* genannt.

Wir sehen, dass die Fibonacci Zahlen eindeutig durch Gleichung (32) und die speziellen Werte $F_0 = 0$ und $F_1 = 1$ bestimmt werden. Daher können wir (32) zusammen mit $F_0 = 0$ und $F_1 = 1$ als Definition dieser Zahlen ansehen. Dies scheint eine etwas unübliche Definition zu sein: Anstatt zu beschreiben, was F_n ist (sagen wir, durch eine Formel), geben wir lediglich eine Regel an, wie man jede Fibonacci Zahl aus den zwei vorherigen Zahlen bestimmen kann und legen die zwei ersten Werte fest. Eine solche Definition wird *rekursiv* genannt. Von der Idee her ähnelt es ziemlich der Induktion (abgesehen davon, dass es sich nicht um eine Beweistechnik, sondern um eine Definitionsmethode handelt) und wird manchmal auch als *Definition durch Induktion* bezeichnet.

Übung 4.1.1 Warum müssen wir genau zwei Elemente angeben, mit denen begonnen wird? Warum nicht eines oder drei?

Bevor wir versuchen, mehr über diese Zahlen auszusagen, betrachten wir ein weiteres Abzählproblem:

Eine Treppe hat n Stufen. Man nimmt beim Hinaufgehen immer eine oder zwei Stufen auf einmal. Wie viele Möglichkeiten gibt es, nach oben zu gehen?

Für $n = 1$ gibt es nur 1 Möglichkeit. Für $n = 2$ hat man 2 Wahlmöglichkeiten: Man nimmt jede Stufe einzeln oder beide Stufen mit einem Schritt. Für $n = 3$ hat man 3 Wahlmöglichkeiten: Drei einzelne Schritte oder einen Schritt über eine Stufe, gefolgt von einem Schritt über zwei Stufen oder aber einen Schritt über zwei Stufen, gefolgt von einem Schritt über eine Stufe.

Nun stoppen wir und versuchen herauszubekommen, wie die allgemeine Antwort lautet! Wenn man angenommen hat, die Anzahl der Möglichkeiten eine Treppe mit n

Stufen hinaufzugehen sei gleich n, so liegt man falsch. Der nächste Fall, $n = 4$, liefert schon 5 Möglichkeiten ($1 + 1 + 1 + 1, 2 + 1 + 1, 1 + 2 + 1, 1 + 1 + 2, 2 + 2$). Anstatt nur zu raten, probieren wir daher folgende Strategie. Die richtige Antwort bezeichnen wir mit J_n. Wir versuchen den Wert von J_{n+1} unter der Annahme zu berechnen, dass wir für $1 \leq k \leq n$ jeweils den Wert von J_k kennen. Beginnen wir mit einem einzelnen Schritt über eine Stufe, so haben wir J_n Möglichkeiten die verbleibenden n Schritte zu gehen. Beginnen wir mit einem Schritt über zwei Stufen, gibt es J_{n-1} Möglichkeiten die verbleibenden n Schritte zu gehen. Dies sind alle möglichen Varianten und daher gilt

$$J_{n+1} = J_n + J_{n-1}.$$

Diese Gleichung entspricht derjenigen, die wir für die Berechnung der Fibonacci Zahlen F_n verwendet haben. Bedeutet das, es gilt $F_n = J_n$? Natürlich nicht. Das können wir schon anhand der ersten Werte feststellen: Zum Beispiel gilt $F_3 = 2$, aber $J_3 = 3$. Trotzdem bemerkt man leicht, dass J_n lediglich um eins verschoben ist:

$$J_n = F_{n+1}.$$

Dies gilt für $n = 1, 2$ und daher selbstverständlich auch für alle anderen Werte von n, da die Folgen $F_2, F_3, F_4, \ldots$ und $J_1, J_2, J_3, \ldots$ ausgehend von ihren ersten beiden Elementen jeweils nach denselben Regeln gebildet werden.

Übung 4.1.2 Wir haben n Euro zum Ausgeben. Jeden Tag kaufen wir entweder eine Süßigkeit für einen Euro oder ein Eis für 2 Euro. Auf wie viele verschiedene Arten können wir das Geld ausgeben?

Übung 4.1.3 Wie lautet die Anzahl der Teilmengen von $\{1, 2, \ldots, n\}$, die keine zwei aufeinander folgenden ganzen Zahlen beinhalten?

4.2 Eine Menge Identitäten

Es gibt eine Menge interessanter Relationen zwischen den Fibonacci Zahlen. Wie lautet beispielsweise die Summe der ersten n Fibonacci Zahlen? Wir haben

$$0 = 0,$$
$$0 + 1 = 1,$$
$$0 + 1 + 1 = 2,$$
$$0 + 1 + 1 + 2 = 4,$$
$$0 + 1 + 1 + 2 + 3 = 7,$$
$$0 + 1 + 1 + 2 + 3 + 5 = 12,$$
$$0 + 1 + 1 + 2 + 3 + 5 + 8 = 20,$$
$$0 + 1 + 1 + 2 + 3 + 5 + 8 + 13 = 33.$$

Betrachten wir diese Zahlen eine Weile, so ist es nicht schwer festzustellen, dass die Addition einer 1 auf der rechten Seite wieder zu Fibonacci Zahlen führt und zwar jeweils zu der Fibonacci Zahl, die als übernächste auf den letzten Summanden folgt. Als Formel erhalten wir

$$F_0 + F_1 + F_2 + \cdots + F_n = F_{n+2} - 1.$$

Selbstverständlich handelt es sich hierbei bis jetzt lediglich um eine *Vermutung*, eine unbewiesene mathematische Aussage, von der wir annehmen, sie sei wahr. Wir verwenden Induktion nach n, um sie zu beweisen (da Fibonacci Zahlen rekursiv definiert werden, ist die Induktion die zweckmäßigste und oft auch die einzig mögliche Beweismethode).

Wir haben die Gültigkeit der Aussage für $n = 0$ und 1 bereits geprüft. Angenommen, wir wissen, die Aussage gilt für die ersten $n - 1$ Fibonacci Zahlen, dann betrachten wir nun die Summe der ersten n Fibonacci Zahlen:

$$F_0 + F_1 + \cdots + F_n = (F_0 + F_1 + \cdots + F_{n-1}) + F_n = (F_{n+1} - 1) + F_n$$

gilt nach Induktionsvoraussetzung. Nun können wir die Rekursionsgleichung verwenden, um

$$(F_{n+1} - 1) + F_n = F_{n+2} - 1$$

zu erhalten. Damit ist der Induktionsbeweis vollständig.

Übung 4.2.1 Beweisen Sie, dass F_{3n} gerade ist.

Übung 4.2.2 Beweisen Sie, dass F_{5n} durch 5 teilbar ist.

Übung 4.2.3 Beweisen Sie folgende Gleichungen:

(a) $F_1 + F_3 + F_5 + \cdots + F_{2n-1} = F_{2n}$.

(b) $F_0 - F_1 + F_2 - F_3 + \cdots - F_{2n-1} + F_{2n} = F_{2n-1} - 1$.

(c) $F_0^2 + F_1^2 + F_2^2 + \cdots + F_n^2 = F_n \cdot F_{n+1}$.

(d) $F_{n-1}F_{n+1} - F_n^2 = (-1)^n$.

Übung 4.2.4 Wir möchten die Fibonacci Zahlen nun in die andere Richtung erweitern, d.h. wir möchten F_n für negative Werte definieren. Dies soll in einer Weise geschehen, dass die ursprüngliche Rekursion (32) gültig bleibt. Somit erhalten wir $F_{-1} = 1$ aus $F_{-1} + F_0 = F_1$ und $F_{-2} = -1$ aus $F_{-2} + F_{-1} = F_0$, etc.. In welcher Beziehung stehen diese „Fibonacci Zahlen mit negativen Indizes" zu solchen mit positiven Indizes? Man bestimme mehrere Werte, stelle eine Vermutung auf und beweise anschließend die Antwort.

Nun geben wir eine etwas schwierigere Gleichung an:

$$F_n^2 + F_{n-1}^2 = F_{2n-1}. \tag{33}$$

Es ist leicht, diese Gleichung für viele Werte von n zu überprüfen und wir können davon überzeugt sein, dass sie wahr ist. Aber sie zu beweisen, ist schon ein wenig schwieriger. Warum ist dies schwieriger als bei den vorigen Gleichungen? Möchten wir Induktion anwenden (und eine andere Möglichkeit haben wir zu diesem Zeitpunkt eigentlich nicht), dann wissen wir nicht, wie wir auf der rechten Seite die Rekursion anwenden können, da wir hier nur jede zweite Fibonacci Zahl haben.

Eine Möglichkeit, dieses Problem zu lösen, besteht darin, eine ähnliche Formel für F_{2n} zu finden und beide durch Induktion zu beweisen. Mit einigem Glück (oder scharfsinniger Eingebung) kann man folgendes vermuten:

$$F_{n+1}F_n + F_nF_{n-1} = F_{2n}. \tag{34}$$

Wiederum ist es einfach zu beweisen, dass dies für kleine Werte von n gilt. Um (34) zu zeigen, verwenden wir die Rekursion (32) zwei mal:

$$
\begin{aligned}
F_{n+1}F_n + F_nF_{n-1} &= (F_n + F_{n-1})F_n + (F_{n-1} + F_{n-2})F_{n-1} \\
&= \left(F_n^2 + F_{n-1}^2\right) + (F_nF_{n-1} + F_{n-1}F_{n-2})
\end{aligned}
$$

(man wende (33) auf den ersten Term an und Induktion für den zweiten Term)

$$= F_{2n-1} + F_{2n-2} = F_{2n}.$$

Der Beweis von (33) ist ähnlich:

$$\begin{aligned}
F_n^2 + F_{n-1}^2 &= (F_{n-1} + F_{n-2})^2 + F_{n-1}^2 \\
&= (F_{n-1}^2 + F_{n-2}^2) + 2F_{n-1}F_{n-2} + F_{n-1}^2 \\
&= (F_{n-1}^2 + F_{n-2}^2) + F_{n-1}(F_{n-2} + F_{n-1}) + F_{n-1}F_{n-2} \\
&= (F_{n-1}^2 + F_{n-2}^2) + F_n F_{n-1} + F_{n-1}F_{n-2}
\end{aligned}$$

(man wende Induktion für den ersten Term an und (34) auf den zweiten Term)

$$= F_{2n-3} + F_{2n-2} = F_{2n-1}.$$

Moment mal! Was für eine Schwindelei ist das denn? Wir verwenden (34) im Beweis von (33) und dann (33) im Beweis von (34)? Ganz ruhig, die Argumentation stimmt: Es müssen nur beide Induktionsbeweise gleichzeitig ablaufen. Wenn wir wissen, dass (34) und (33) beide für einen bestimmten Wert von n wahr sind, dann beweisen wir (33) für den nächsten Wert (betrachten wir den Beweis, können wir feststellen, dass nur kleinere Werte von n verwendet werden) und benutzen dies anschließend zusammen noch einmal mit der Induktionsvoraussetzung, um (34) zu zeigen.

Dieser Trick wird *gleichzeitige Induktion* genannt und ist eine gute Methode, die Induktion noch leistungsfähiger zu machen.

Übung 4.2.5 Beweisen Sie, dass die folgende Rekursion dazu verwendet werden kann, Fibonacci Zahlen mit ungeradem Index zu berechnen, ohne diejenigen mit geradem Index zu bestimmen.

$$F_{2n+1} = 3F_{2n-1} - F_{2n-3}.$$

Verwenden Sie diese Gleichung, um (33) ohne den Trick mit der gleichzeitigen Induktion zu beweisen. Geben Sie einen ähnlichen Beweis für (34) an.

Übung 4.2.6 Markieren Sie die ersten Einträge jeder Zeile des Pascalschen Dreiecks (dies ist jeweils eine 1). Gehen Sie einen Schritt nach Osten und einen nach Nordosten und markieren Sie dann den dortigen Eintrag. Wiederholen Sie diesen Vorgang, bis Sie aus dem Dreieck herausgehen. Berechnen Sie die Summe aller markierten Einträge.
(a) Welche Zahlen erhält man, wenn man in verschiedenen Zeilen beginnt? Vermuten Sie und beweisen Sie anschließend Ihre Antwort.
(b) Formulieren Sie diese Tatsache als Gleichung, die Binomialkoeffizienten enthält.

Nehmen wir an, Fibonaccis Bauer beginnt mit A neugeborenen Kaninchen. Am Ende des ersten Monats (wenn noch keine natürliche Vermehrung vorhanden ist) kauft er $B - A$ neugeborene Kaninchen, so dass er insgesamt B Kaninchen besitzt. Von nun an

beginnen sich die Kaninchen zu vermehren und somit hat er nach dem zweiten Monat
$A + B$ Kaninchen, $A + 2B$ Kaninchen nach dem dritten Monat, etc.. Wie viele Kaninchen wird er nach dem n-ten Monat besitzen? Mathematisch definieren wir eine Folge
$E_0, E_1, E_2, \ldots$ durch $E_0 = A$, $E_1 = B$ und von da an durch $E_{n+1} = E_n + E_{n-1}$
(die Kaninchen vermehren sich nach denselben Regeln, lediglich die Anfangszahlen
unterscheiden sich.)

Wir haben diese „modifizierte Fibonaccifolge" für je zwei Zahlen A und B. Um wieviel unterscheidet sie sich von der eigentlichen Fibonaccifolge? Müssen wir diese mo-
difizierten Fibonaccifolgen für jede Wahl von A und B einzeln betrachten?

Es stellt sich heraus, dass die Zahlen E_n ziemlich leicht durch Fibonacci Zahlen F_n
dargestellt werden können. Wir berechnen einige der ersten Werte der Folge E_n, um
dies deutlich zu machen (selbstverständlich wird das Ergebnis die Startwerte A und B
als Parameter beinhalten).

$$E_0 = A, \ E_1 = B, \ E_2 = A + B, \ E_3 = B + (A + B) = A + 2B,$$
$$E_4 = (A + B) + (A + 2B) = 2A + 3B,$$
$$E_5 = (A + 2B) + (2A + 3B) = 3A + 5B,$$
$$E_6 = (2A + 3B) + (3A + 5B) = 5A + 8B,$$
$$E_7 = (3A + 5B) + (5A + 8B) = 8A + 13B, \ldots .$$

Es ist leicht zu erkennen, wie es weiter geht: Jedes E_n ist die Summe eines Vielfachen
von A und eines Vielfachen von B und die Koeffizienten sind gewöhnliche Fibonacci
Zahlen! Wir können als Formel

$$E_n = F_{n-1}A + F_n B \tag{35}$$

annehmen. Bewiesen haben wir diese Formel natürlich noch nicht, aber ist sie einmal
aufgeschrieben, dann ist der Beweis so einfach (durch Induktion nach n), dass er dem
Leser als Übungsaufgabe 4.3.10 überlassen wird.

Es gibt einen wichtigen Spezialfall dieser Gleichung: Wir können mit zwei aufeinan-
derfolgenden Fibonacci Zahlen $A = F_a$ und $B = F_{a+1}$ beginnen. Dann ist die Folge
E_n gerade die Fibonaccifolge. Allerdings ist sie nach links verschoben. Wir erhalten
daher folgende Gleichung:

$$F_{a+b+1} = F_{a+1}F_{b+1} + F_a F_b. \tag{36}$$

Dies ist eine wichtige Gleichung, aus der wir viele andere ableiten können. Einige
Anwendungen folgen als Übungsaufgaben.

Übung 4.2.7 Geben Sie einen auf (36) gründenden Beweis von (33) und (34) an.

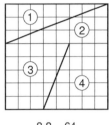

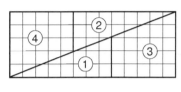

$8 \cdot 8 = 64$ $5 \cdot 13 = 65$

Abbildung 4.2. Beweis von $64 = 65$.

Übung 4.2.8 Verwenden sie (36), um die folgende Verallgemeinerung der Übungen 4.2.1 und 4.2.2 zu beweisen: Ist n ein Vielfaches von k, dann ist F_n ein Vielfaches von F_k.

Übung 4.2.9 Schneiden Sie ein Schachbrett so wie in Bild 4.2 dargestellt in 4 Teile und fügen Sie diese als 5×13 Rechteck wieder zusammen. Beweist dies, dass $5 \cdot 13 = 8^2$ gilt? Wobei mogeln wir? Was hat das Ganze mit den Fibonacci Zahlen zu tun?

4.3
4.3 Eine Formel für die Fibonacci Zahlen

Wie groß sind die Fibonacci Zahlen? Gibt es eine einfache Formel, in der F_n als eine Funktion von n ausgedrückt ist?

Der Autor eines Buches hat den Vorteil, eine Formel einfach angeben und die Herleitung nachträglich vorführen zu können:

4.3.1   **Satz 4.3.1** Die Fibonacci Zahlen sind durch folgende Formel bestimmt:

$$F_n = \frac{1}{\sqrt{5}} \left(\left(\frac{1 + \sqrt{5}}{2} \right)^n - \left(\frac{1 - \sqrt{5}}{2} \right)^n \right).$$

Beweis 4 Man kann leicht nachrechnen, dass diese Formel für $n = 0, 1$ die richtigen Werte liefert. Die Gültigkeit für alle n kann anschließend durch Induktion nachgewiesen werden. $\square$

Übung 4.3.1 Beweisen Sie Satz 4.3.1 durch Induktion nach n.

Fühlen Sie sich durch diesen Beweis ein wenig betrogen? Nun, Sie sollten es. Während unser Vorgehen vom logischen Standpunkt aus gesehen natürlich vollkommen korrekt ist, möchte man doch trotzdem etwas mehr wissen: Wie gelangt man zu so einer Formel? Was sollten wir tun, um eine ähnliche Formel zu erhalten, falls uns eine ähnliche, aber doch unterschiedliche Rekursion begegnet?

Vergessen wir Satz 4.3.1 erst einmal für eine Weile und versuchen, eine Formel für F_n „von Grund auf" zu entwickeln.

Wir können versuchen zu experimentieren. Die Fibonacci Zahlen wachsen ziemlich schnell. Wie schnell? Nehmen wir unseren Taschenrechner und bestimmen die Quotienten aufeinanderfolgender Fibonacci Zahlen:

$$\frac{1}{1} = 1, \quad \frac{2}{1} = 2, \quad \frac{3}{2} = 1,5, \quad \frac{5}{3} = 1,666666667,$$

$$\frac{8}{5} = 1,600000000, \quad \frac{13}{8} = 1,625000000, \quad \frac{21}{13} = 1,615384615,$$

$$\frac{34}{21} = 1,619047619, \quad \frac{55}{34} = 1,617647059, \quad \frac{89}{55} = 1,618181818,$$

$$\frac{144}{89} = 1,617977528, \quad \frac{233}{144} = 1,618055556, \quad \frac{377}{233} = 1,618025751.$$

Die Quotienten aufeinanderfolgender Fibonacci Zahlen scheinen, zumindest wenn wir die ersten paar Werte ignorieren, sehr dicht bei $1,618$ zu liegen. Dies legt nahe, dass sich die Fibonacci Zahlen wie eine geometrische Progression verhalten (bei einer geometrischen Progression würden die Quotienten je zwei aufeinanderfolgender Elemente genau gleich sein). Schauen wir uns um, ob es eine geometrische Progression gibt, die dieselbe Rekursion wie die Fibonacci Zahlen erfüllt. Sei $G_n = c \cdot q^n$ eine geometrische Progression ($c, q \neq 0$). Dann wird

$$G_{n+1} = G_n + G_{n-1}$$

in

$$c \cdot q^{n+1} = c \cdot q^n + c \cdot q^{n-1}$$

umgewandelt, was nach einer Vereinfachung zu

$$q^2 = q + 1$$

wird.

Die beiden Zahlen c und n verschwinden also.[1]

Somit haben wir eine quadratische Gleichung für q, welche wir lösen können. Wir erhalten

$$q_1 = \frac{1 + \sqrt{5}}{2} \approx 1,618034, \qquad q_2 = \frac{1 - \sqrt{5}}{2} \approx -0,618034.$$

Dies liefert uns zwei Arten von geometrischer Progression, welche dieselbe Rekursion wie die Fibonacci Zahlen erfüllen:

$$G_n = c\left(\frac{1 + \sqrt{5}}{2}\right)^n, \qquad G'_n = c\left(\frac{1 - \sqrt{5}}{2}\right)^n$$

(c ist eine beliebige Konstante). Unglücklicherweise ergibt weder G_n noch G'_n die Fibonaccifolge: Zum Beispiel gilt $G_0 = G'_0 = c$, während $F_0 = 0$ ist. Man kann jedoch feststellen, dass die Folge $G_n - G'_n$ die Rekursion ebenfalls erfüllt:

$$G_{n+1} - G'_{n+1} = (G_n + G_{n-1}) - (G'_n + G'_{n-1}) = (G_n - G'_n) + (G_{n-1} - G'_{n-1})$$

(Wir nutzen die Tatsache, dass G_n und G'_n die Rekursion erfüllen.). Da $G_0 - G'_0 = 0$ gilt, stimmt der erste Wert mit F_0 überein. Wie sieht es mit dem nächsten aus? Es gilt $G_1 - G'_1 = c\sqrt{5}$. Dieser stimmt mit $F_1 = 1$ überein, falls wir $c = 1/\sqrt{5}$ wählen.

Wir haben damit zwei Folgen, F_n und $G_n - G'_n$, die beide mit denselben zwei Zahlen beginnen und dieselbe Rekursion erfüllen. Wir können daher für die Berechnung der Zahlen F_n dieselben Regeln verwenden wie für die Berechnung der Zahlen $G_n - G'_n$ und folglich müssen sie identisch sein: $F_n = G_n - G'_n$.

Nun können wir die Werte von G_n und G'_n einsetzen und sehen, dass wir die Formel des Satzes erhalten!

Durch die gerade hergeleitete Formel bekommen wir eine neue Art von Information über die Fibonacci Zahlen. Die erste Basis im Exponential-Ausdruck ist $q_1 = (1 + \sqrt{5})/2 \approx 1,618034 > 1$, während die zweite Basis q_2 zwischen -1 und 0 liegt. Wenn n größer wird, dann wird folglich G_n sehr anwachsen, während $|G'_n| < \frac{1}{2}$ ist, sobald $n \geq 2$ gilt; und G'_n wird in der Tat sehr klein. Das bedeutet

$$F_n \approx G_n = \frac{1}{\sqrt{5}}\left(\frac{1 + \sqrt{5}}{2}\right)^n,$$

---

[1]Das Verschwinden von c und n kommt nicht unerwartet. Der Grund liegt darin, dass wir die Elemente einer Folge, welche die Fibonaccirekursion erfüllt mit einer beliebigen reellen Zahl multiplizieren können und eine andere Folge erhalten, die wiederum die Rekursion erfüllt. Das bedeutet, wir sollten keine Bedingung für c bekommen. Ferner gilt, falls eine Folge die Fibonaccirekursion erfüllt und wir diese Folge irgendwo an späterer Stelle beginnen, dann wird sie diese Rekursion ebenfalls erfüllen. Wir sollten daher auch keine Bedingung für n erhalten.

wobei der Term, den wir ignorieren, kleiner als $\frac{1}{2}$ ist, falls $n \geq 2$ gilt (und gegen 0 geht, falls n gegen unendlich läuft). Das impliziert, dass F_n die der Zahl G_n am nächsten gelegene positive ganze Zahl ist.

Die Basis $\tau = (1 + \sqrt{5})/2$ ist eine berühmte Zahl: Sie wird der *goldene Schnitt* genannt und kommt überall in der Mathematik vor. Es ist zum Beispiel das Verhältnis zwischen einer Diagonalen und einer Seite eines regelmäßigen Fünfecks. Man kann sie auch wie folgt charakterisieren: Falls $b/a = \tau$, dann gilt $(a + b)/b = \tau$. Haben wir also ein Rechteck, dessen Verhältnis zwischen längerer und kürzerer Seite gleich τ ist, dann können wir ein Quadrat wegschneiden und erhalten ein Rechteck, welches ähnlich zum Ausgangsrechteck ist.

Übung 4.3.2 Definieren Sie eine Folge L_n von ganzen Zahlen durch $L_1 = 1$, $L_2 = 3$ und $L_{n+1} = L_n + L_{n-1}$. (Diese Zahlen werden *Lucas Zahlen* genannt.) Zeigen Sie, dass L_n in Form von $a \cdot q_1^n + b \cdot q_2^n$ dargestellt werden kann (wobei q_1 und q_2 dieselben Zahlen wie im obigen Beweis sind), und bestimmen Sie die Werte von a und b.

Übung 4.3.3 Definieren Sie eine Folge I_n von ganzen Zahlen durch $I_0 = 0$, $I_1 = 1$ und $I_{n+1} = 4I_n + I_{n-1}$. (a) Finden Sie ein kombinatorisches Abzählproblem, bei dem die Antwort gleich I_n ist. (b) Finden sie eine Formel für I_n.

Übung 4.3.4 Alice behauptet, sie wüßte eine weitere Formel für die Fibonacci Zahlen: $F_n = \lceil e^{n/2-1} \rceil$ für $n = 1, 2, \ldots$ (wobei $e = 2,718281828\ldots$ die Basis des natürlichen Logarithmus ist). Hat sie Recht?

Gemischte Übungsaufgaben

Übung 4.3.5 Wie viele Möglichkeiten gibt es, ein $2 \times n$ Schachbrett mit Dominosteinen zu bedecken?

Übung 4.3.6 Wie viele Teilmengen, die keine zwei aufeinander folgende Zahlen beinhalten, hat die Menge $\{1, 2, \ldots, n\}$, falls 1 und n ebenfalls als aufeinander folgend betrachtet werden?

Übung 4.3.7 Wie viele Teilmengen, die keine drei aufeinander folgende Zahlen beinhalten, hat die Menge $\{1, 2, \ldots, n\}$? Finden Sie eine Rekursion.

Übung 4.3.8 Welche Zahl ist größer, 2^{100} oder F_{100}?

Übung 4.3.9 Beweisen Sie folgende Gleichungen:

(a)$F_2 + F_4 + F_6 + \cdots + F_{2n} = F_{2n+1} - 1$;

(b)$F_{n+1}^2 - F_n^2 = F_{n-1}F_{n+2}$;

(c)$\binom{n}{0}F_0 + \binom{n}{1}F_1 + \binom{n}{2}F_2 + \cdots + \binom{n}{n}F_n = F_{2n}$;

(d)$\binom{n}{0}F_1 + \binom{n}{1}F_2 + \binom{n}{2}F_3 + \cdots + \binom{n}{n}F_{n+1} = F_{2n+1}$.

Übung 4.3.10 Beweisen Sie (35).

Übung 4.3.11 Wenn F_n eine Primzahl ist, dann gilt dies auch für n. Ist das wahr?

Übung 4.3.12 Betrachten Sie eine Folge von Zahlen $b_0, b_1, b_2, \ldots$, wobei $b_0 = 0$, $b_1 = 1$ gilt und $b_2, b_3, \ldots$ durch die Rekursion

$$b_{k+1} = 3b_k - 2b_{k-1}$$

definiert sind. Bestimmen Sie den Wert von b_k.

Übung 4.3.13 Angenommen, die Folge $(a_0, a_1, a_2, \ldots)$ erfüllt die Rekursion

$$a_{n+1} = a_n + 2a_{n-1}.$$

Wir wissen, dass $a_0 = 4$ und $a_2 = 13$ gilt. Wie lautet a_5?

Übung 4.3.14 Man entsinne sich an die in Übungsaufgabe 4.3.2 eingeführten Lucas Zahlen L_n und beweise folgende Gleichungen:

(a)$F_{2n} = F_n L_n$;

(b)$2F_{k+n} = F_k L_n + F_n L_k$;

(c)$2L_{k+n} = 5F_k F_n + L_k L_n$;

(d)$L_{4k} = L_{2k}^2 - 2$;

(e)$L_{4k+2} = L_{2k+1}^2 + 2$.

Übung 4.3.15 Beweisen Sie: Wenn n ein Vielfaches von 4 ist, dann ist F_n ein Vielfaches von 3.

Übung 4.3.16

(a)Beweisen Sie, dass jede positive ganze Zahl als Summe verschiedener Fibonacci Zahlen geschrieben werden kann.

(b)Beweisen Sie, dass jede positive ganze Zahl sogar so als Summe verschiedener Fibonacci Zahlen geschrieben werden kann, dass keine zwei aufeinander folgende Fibonacci Zahlen verwendet werden.

(c) Zeigen Sie anhand eines Beispiels, dass die Darstellung in (a) nicht eindeutig ist. Beweisen Sie, dass die eingeschränktere Darstellung von (b) dagegen eindeutig ist.

Kapitel 5

Kombinatorische Wahrscheinlichkeit

5

5   **Kombinatorische Wahrscheinlichkeit**

5

5 Kombinatorische Wahrscheinlichkeit

5.1 Ereignisse und Wahrscheinlichkeiten

Aus praktischer Sicht ist die Wahrscheinlichkeitstheorie eines der wichtigsten Gebiete der Mathematik. Wir werden in diesem Buch allerdings nicht einmal versuchen, auch nur die grundlegendsten Begriffe der Wahrscheinlichkeitstheorie wirklich detailliert einzuführen. Unser einziges Ziel ist die Darstellung der Tragweite kombinatorischer Resultate bezüglich des Pascalschen Dreiecks. Dies tun wir, indem ein Schlüsselergebnis der Wahrscheinlichkeitstheorie, das Gesetz der großen Zahlen, erläutert wird. Dazu müssen wir ein wenig über Wahrscheinlichkeitstheorie sprechen.

Stellen wir Beobachtungen in unserer Welt an oder führen ein Experiment durch, dann hängt das Ergebnis[1] (in unterschiedlich starkem Maße) immer auch vom Zufall ab. Man denke an das Wetter, den Aktienmarkt oder ein medizinisches Experiment. Die Wahrscheinlichkeitstheorie ist eine Möglichkeit, ein Modell dieser Abhängigkeit vom Zufall zu schaffen.

Wir beginnen, indem wir uns alle möglichen Ergebnisse des Experiments (oder der Beobachtung, was wir hier nicht unterscheiden müssen) vorstellen und in Gedanken auflisten. Diese möglichen Ergebnisse bilden eine Menge S. Das vielleicht einfachste Experiment ist das Werfen einer Münze. Es hat zwei mögliche Ergebnisse: K (Kopf) und Z (Zahl). Also haben wir in diesem Fall $S = \{K, Z\}$. Als weiteres Beispiel bilden die Ergebnisse beim Werfen eines Würfels die Menge $S = \{1, 2, 3, 4, 5, 6\}$. In diesem Buch gehen wir davon aus, dass die Menge $S = \{s_1, s_2, \ldots, s_k\}$ der möglichen Ergebnisse eines Experiments endlich ist. Die Menge S wird häufig als *Stichprobenraum* bezeichnet.

Jede Teilmenge von S wird als *Ereignis* bezeichnet (das Ereignis, dass das zu beachtende Ergebnis in dieser Teilmenge enthalten ist). Beim Werfen eines Würfels kann also die Teilmenge $E = \{2, 4, 6\} \subseteq S$ als das Ereignis, eine gerade Zahl zu werfen, betrachtet werden. Auf die gleiche Weise entspricht die Teilmenge $L = \{4, 5, 6\} \subseteq S$ dem Ereignis eine Zahl größer als 3 zu werfen.

Der Durchschnitt zweier Teilmengen entspricht dem Ereignis, dass beide Ereignisse auftreten. So entspricht die Teilmenge $L \cap E = \{4, 6\}$ beipielsweise dem Ereignis, dass wir eine gerade Zahl werfen, die auch noch besser als der Mittelwert ist. Zwei Ereignisse A und B (d.h. zwei Teilmengen von S) werden *unvereinbar* genannt, wenn sie niemals zur selben Zeit auftreten können, d.h $A \cap B = \emptyset$. Zum Beispiel sind

---

[1] auch „Elementarereignis"

die Ereignisse $O = \{1, 3, 5\}$, eine ungerade Zahl zu würfeln und E, eine gerade zu würfeln, unvereinbar, da $E \cap O = \emptyset$ gilt.

Übung 5.1.1 Welchem Ereignis entspricht die Vereinigung zweier Teilmengen?

Sei $S = \{s_1, s_2, \ldots, s_k\}$ die Menge aller möglichen Ergebnisse eines Experiments. Um einen Wahrscheinlichkeitsraum zu erhalten, gehen wir davon aus, dass jedes Ergebnis $s_i \in S$ eine „Wahrscheinlichkeit" $\mathsf{P}(s_i)$ besitzt, so dass gilt

(a) $\mathsf{P}(s_i) \geq 0$ für alle $s_i \in S$

und

(b) $\mathsf{P}(s_1) + \mathsf{P}(s_2) + \cdots + \mathsf{P}(s_k) = 1$.

Wir bezeichnen S dann zusammen mit diesen Wahrscheinlichkeiten als einen *Wahrscheinlichkeitsraum*. Wenn wir zum Beispiel eine „faire" Münze werfen, dann gilt $\mathsf{P}(H) = \mathsf{P}(T) = \frac{1}{2}$. Ist der Würfel in unserem Beispiel von guter Qualität, werden wir für jedes Ergebnis i eine Wahrscheinlichkeit von $\mathsf{P}(i) = \frac{1}{6}$ haben.

Ein Wahrscheinlichkeitsraum, in dem alle Ergebnisse dieselbe Wahrscheinlichkeit besitzen, wird ein *Laplace'scher Wahrscheinlichkeitsraum* genannt. Wir werden uns hier nur mit Laplaceräumen beschäftigen, da sie am leichtesten vorstellbar sind und sich zur Darstellung kombinatorischer Methoden am besten eignen. Wir sollten uns jedoch bewußt sein, dass bei komplizierterer Modellbildung sehr häufig Wahrscheinlichkeitsräume gebraucht werden, die keine Laplaceräume sind. Beobachten wir zum Beispiel, ob ein Tag regnerisch sein wird oder nicht, so haben wir einen 2-elementigen Stichprobenraum $S = \{\text{REGNERISCH, NICHT-REGNERISCH}\}$, bei dem die Elemente typischerweise *nicht* dieselbe Wahrscheinlichkeit besitzen.

Die Wahrscheinlichkeit eines Ereignisses $A \subseteq S$ wird als Summe der Wahrscheinlichkeiten der Ergebnisse von A definiert und mit $\mathsf{P}(A)$ bezeichnet. Ist der Wahrscheinlichkeitsraum ein Laplaceraum, dann ist die Wahrscheinlichkeit von A

$$\mathsf{P}(A) = \frac{|A|}{|S|} = \frac{|A|}{k}.$$

Übung 5.1.2 Beweisen Sie, dass die Wahrscheinlichkeit eines Ereignisses höchstens 1 sein kann.

Übung 5.1.3 Wie lautet die Wahrscheinlichkeit des Ereignisses E, mit einem Würfel eine gerade Zahl zu würfeln? Wie lautet die Wahrscheinlichkeit des Ereignisses $T = \{3, 6\}$, eine durch 3 teilbare Zahl zu würfeln?

Übung 5.1.4 Beweisen Sie: Sind A und B unvereinbar, dann gilt $P(A) + P(B) = P(A \cup B)$.

Übung 5.1.5 Beweisen Sie für zwei beliebige Ereignisse A und B

$$P(A \cap B) + P(A \cup B) = P(A) + P(B).$$

5.2 Unabhängige Wiederholung eines Experiments

Wir wiederholen unser Experiment n mal. Dies kann als einzelnes großes Experiment angesehen werden, wobei ein mögliches Ergebnis, ein aus den Elementen von S bestehendes Tupel der Länge n ist. Somit ist der zu diesem wiederholten Experiment gehörende Stichprobenraum die aus solchen Tupeln bestehende Menge S^n. Die Anzahl der Ergebnisse dieses „großen" Experiments beträgt folglich k^n. Wir nehmen an, jedes der Tupel tritt mit derselben Wahrscheinlichkeit auf. Das bedeutet, wir betrachten einen Laplace'schen Wahrscheinlichkeitsraum. Wenn also $(a_1, a_2, \ldots, a_n)$ ein Ergebnis des „großen" Experiments ist, dann erhalten wir

$$P(a_1, a_2, \ldots, a_n) = \frac{1}{k^n}.$$

Als Beispiel betrachten wir das Experiment „zweimaliges Werfen einer Münze". Für einen einzelnen Münzwurf haben wir $S = \{K, Z\}$ (Kopf, Zahl), damit erhalten wir als Stichprobenraum für zweimaliges Werfen der Münze $\{KK, KZ, ZK, ZZ\}$. Die Wahrscheinlichkeit für jedes dieser Ergebnisse lautet $\frac{1}{4}$.

Diese Definition zielt auf die Modellierung einer Situation, in der das Ergebnis jedes wiederholten Experiments unabhängig vom Ausgang des vorangegangenen Experiments ist; und zwar in dem Sinne, dass „es keinerlei messbaren Einfluß eines Experiments auf ein anderes geben kann". Auf die philosophischen Fragen, die diese Bezeichnung aufwirft, können wir hier nicht eingehen. Wir können lediglich eine mathematische Definition angeben und anhand von Beispielen überprüfen, ob sie die obige informelle Bezeichnung korrekt ausdrückt.

Ein Schlüsselbegriff in der Wahrscheinlichkeitstheorie ist die *Unabhängigkeit* von Ereignissen. Informell bedeutet dies, dass Informationen über ein Ereignis (ob es eintritt oder nicht) die Wahrscheinlichkeit eines anderen Ereignisses nicht beeinflussen. Formal gilt: Zwei Ereignisse A und B sind *unabhängig*, falls $P(A \cap B) = P(A)P(B)$ gilt.

Betrachten wir noch einmal das Experiment des zweifachen Münzwurfs. Sei A das Ereignis, beim ersten Wurf Kopf zu erhalten und B sei das Ereignis beim zweiten Wurf Kopf zu bekommen. Dann haben wir $P(A) = P(HH) + P(HT) = \frac{1}{4} + \frac{1}{4} = \frac{1}{2}$, ebenso $P(B) = \frac{1}{2}$ und dann $P(A \cap B) = P(HH) = \frac{1}{4} = \frac{1}{2} \cdot \frac{1}{2}$. Somit sind A und B unabhängige Ereignisse (genau wie sie es sein sollten).

Als weiteres Beispiel nehmen wir an, wir werfen gleichzeitig eine Münze und einen Würfel. Das Ereignis H, Kopf zu werfen, besitzt eine Wahrscheinlichkeit von $\frac{1}{2}$. Das Ereignis K, eine 5 oder eine 6 zu würfeln, hat eine Wahrscheinlichkeit von $\frac{1}{3}$. Das Ereignis $H \cap K$, sowohl Kopf beim Münzwurf zu erhalten, als auch eine 5 oder 6 zu würfeln, besitzt die Wahrscheinlichkeit $\frac{1}{6}$, da zwei der möglichen 12 Ergebnisse (H1, H2, H3, H4, H5, H6, T1, T2, T3, T4, T5, T6) diese Eigenschaft aufweisen. Also gilt

$$P(H \cap K) = \frac{1}{6} = \frac{1}{2} \cdot \frac{1}{3} = P(H) \cdot P(K),$$

und daher sind die Ereignisse H und K unabhängig.

Die Unabhängigkeit von Ereignissen ist ein mathematischer Begriff und bedeutet nicht notwendigerweise, dass sie physikalisch nichts miteinander zu tun haben. Ist $E = \{2, 4, 6\}$ das Ereignis, eine gerade Zahl zu würfeln und $T = \{3, 6\}$ das Ereignis, dass das Ergebnis ein Vielfaches von 3 ist, dann sind die Ereignisse E und T unabhängig: Wir erhalten $E \cap T = \{6\}$ (eine 6 zu würfeln, ist die einzige Möglichkeit, eine gerade, durch 3 teilbare Zahl zu erhalten) und somit

$$P(E \cap T) = \frac{1}{6} = \frac{1}{2} \cdot \frac{1}{3} = P(E)P(T).$$

Übung 5.2.1 Welche Paare der Ereignisse E, O, T, L sind unabhängig? Welche Paare sind unvereinbar?

Übung 5.2.2 Zeigen Sie, dass $\emptyset$ von jedem Ereignis unabhängig ist. Gibt es irgendein anderes Ereignis mit dieser Eigenschaft?

Übung 5.2.3 Betrachten wir die n-malige Wiederholung ($n \geq 2$) eines Experiments mit Stichprobenraum S. Sei $s \in S$. Sei A das Ereignis, dass das erste Ergebnis gleich s ist und B sei das Ereignis, dass das letzte Ergebnis gleich s ist. Beweisen Sie, dass A und B unabhängig voneinander sind.

Übung 5.2.4 Wie viele Personen haben an demselben Tag wie ihre eigene Mutter Geburtstag? Was denken Sie? Wie viele Personen haben an demselben Tag wie ihre Mutter, ihr Vater und ihr Ehepartner Geburtstag?

5.3 Das Gesetz der großen Zahlen

In diesem Abschnitt beschäftigen wir uns mit einem aus n unabhängigen Münzwürfen bestehenden Experiment. Der Einfachheit halber nehmen wir an, n ist gerade, so dass $n = 2m$ für eine ganze Zahl m gilt. Jedes Ergebnis ist eine Sequenz der Länge n, in der jedes Element entweder ein K oder Z ist. Ein typisches Ergebnis würde folgendermaßen aussehen:

$$KKZZZKZKZZKZKKKKZKZZ$$

(für $n = 20$).

Das *Gesetz der großen Zahlen* besagt, dass wir in etwa dieselbe Anzahl von Würfen mit dem Ergebnis „Kopf" und dem Ergebnis „Zahl" erhalten, wenn wir eine Münze sehr häufig werfen. Wie können wir diese Aussage präzisieren? Selbstverständlich wird dies nicht *immer* zutreffen. Man kann besonders viel Glück oder auch Unglück und damit eine Glücks- oder Pechsträhne beliebiger Länge haben. Außerdem können wir nicht behaupten, dass die Anzahl der Kopf- und Zahlwürfe gleich sind, sondern nur, dass sie sehr wahrscheinlich ziemlich dicht beisammen liegen:

Wirft man eine Münze n mal, dann geht die Wahrscheinlichkeit, dass der Prozentsatz der Kopf-Würfe zwischen 49% und 51% liegt, gegen 1, wenn n gegen ∞ geht.

Diese Aussage bleibt auch wahr, wenn wir 49% durch 49,9% und 51% durch 50,1% ersetzen. Selbst für zwei Zahlen, die jeweils nur wirklich kleiner, beziehungsweise größer als 50% sein müssen, gilt die Aussage. Wir können dies als Satz beschreiben, nämlich als einfachste Form des Gesetzes der großen Zahlen:

Satz 5.3.1 Man wähle eine beliebige kleine positive Zahl ϵ. Wirft man nun eine Münze n mal, dann geht die Wahrscheinlichkeit, dass der Anteil der Kopf-Würfe zwischen $0,5 - \epsilon$ und $0,5 + \epsilon$ liegt, gegen 1, wenn n gegen ∞ geht.

Dieser Satz besagt, dass beispielsweise beim n-maligen Werfen einer Münze, die Wahrscheinlichkeit, einen Anteil der Kopf-Würfe zwischen 49% und 51% zu erreichen, mindestens 0,99 beträgt, falls n groß genug ist. Aber wie groß muss n sein, damit dies gilt? Ist $n = 49$ (was sich schon recht viel anhört), dann kann der Anteil der Kopf-Würfe *niemals* in diesem Bereich liegen. Es gibt einfach keine positiven ganzen Zahlen zwischen 49% von 49 (24,01) und 51% von 49 (24,99). Wieviel größer muss n sein, um sicherzustellen, dass der Anteil der Kopf-Würfe in diesem Bereich liegt? Das ist eine sehr wichtige Frage in der statistischen Datenanalyse: Wir möchten wissen, ob die Abweichung vom Erwartungswert statistisch signifikant ist. Glücklicherweise gibt es sehr viel genauere Formulierungen des Gesetzes der großen Zahlen. Eine davon können wir mit Hilfe unseres Wissens über das Pascalsche Dreieck relativ leicht beweisen. Dieser Beweis wird zeigen, dass es sich bei dem Gesetz der großen Zahlen nicht um eine mysteriöse Macht handelt, sondern eine einfache Folge der Eigenschaften von Binomialkoeffizienten ist.

5.3.2   **Satz 5.3.2** Sei $0 \le t \le m$. Die Wahrscheinlichkeit, dass bei $2m$ Münzwürfen die Anzahl der Kopf-Würfe weniger als $m - t$ oder größer als $m + t$ ist, beträgt höchstens $e^{-t^2/(m+t)}$.

Um die Leistungsfähigkeit dieses Satzes zu veranschaulichen, kommen wir noch einmal zu unserer obigen Frage zurück: *Wie groß muss n sein, damit die Wahrscheinlichkeit, dass die Anzahl der Kopf-Würfe zwischen 49% und 51% liegt, mindestens 0,99 beträgt?* Wir möchten, dass $m - t$ einen Anteil von 49% von $n = 2m$ ausmacht, was $t = m/50$ bedeutet. Der Satz besagt, die Wahrscheinlichkeit, dass die Anzahl der Kopf-Würfe nicht in diesem Intervall liegt, beträgt höchstens $e^{-t^2/(m+t)}$. Der Exponent lautet hier

$$-\frac{t^2}{m+t} = -\frac{(\frac{m}{50})^2}{m + \frac{m}{50}} = -\frac{m}{2550}.$$

Wir möchten $e^{-m/2550} < 0,01$. Durch Anwenden des Logarithmus und Auflösen nach m erhalten wir $m \ge 11744$. Dies genügt den Anforderungen. (Das ist reichlich groß, aber immerhin sprechen wir ja auch vom „Gesetz der großen Zahlen".)

Man beachte, m befindet sich im Exponenten. Also wird die Wahrscheinlichkeit, dass sich der Anteil der Kopf-Würfe außerhalb des gegebenen Intervalls befindet, stark abfallen, falls m ansteigt. Zum Beispiel beträgt die Wahrscheinlichkeit weniger als 10^{-170}, falls $m = 1.000.000$ ist. Höchstwahrscheinlich wird es, solange das Universum existiert, niemals passieren, dass bei einer Million Münzwürfe weniger als 49% oder mehr als 51% Kopf-Würfe auftreten.

Normalerweise brauchen wir ein solch hohes Maß an Sicherheit gar nicht. Angenommen, wir möchten eine Behauptung über die Anzahl der Kopf-Würfe machen, die mit 95-prozentiger Sicherheit eintritt. Allerdings möchten wir dabei das Intervall, um das es geht, so klein wie möglich halten. Mit anderen Worten, wir möchten den kleinst möglichen Wert für t ermitteln, bei dem die Wahrscheinlichkeit, dass die Anzahl der Kopf-Würfe kleiner als $m - t$ oder größer als $m + t$ ist, weniger als $0,05$ beträgt. Nach Satz 5.3.2 ist dies der Fall, wenn

$$e^{-t^2/(m+t)} < 0,05$$

gilt. (Dies ist lediglich eine hinreichende Bedingung. Ist sie erfüllt, so wird die Anzahl der Kopf-Würfe mit einer Wahrscheinlichkeit von $0,95$ zwischen $m - t$ und $m + t$ liegen. Durch die Verwendung etwas raffinierterer Formeln könnten wir auch noch einen etwas kleineren Wert für t finden.) Wir erhalten durch Anwendung des Logarithmus

$$-\frac{t^2}{m+t} < -2,996.$$

Dies führt zu einer quadratischen Ungleichung, die wir nach t auflösen könnten. An dieser Stelle soll es jedoch genügen zu wissen, dass $t = 2\sqrt{m}+2$ die Bedingung erfüllt (was leicht zu überprüfen ist). Somit erhalten wir einen interessanten Spezialfall:

Bei $2m$ Münzwürfen beträgt die Wahrscheinlichkeit, dass die Anzahl der Kopf-Würfe zwischen $m - 2\sqrt{m} - 2$ und $m + 2\sqrt{m} + 2$ liegt, mindestens $0,95$.

Ist m sehr groß, dann ist $2\sqrt{m}+2$ sehr viel kleiner als m, so dass wir eine sehr nah bei m liegende Anzahl von Kopf-Würfen erhalten. Wenn zum Beispiel $m = 1.000.000$ ist, dann gilt $2\sqrt{m} + 2 = 2.002 \approx 0,002m$ und es folgt daher mit einer Wahrscheinlichkeit von mindestens $0,95$, dass die Anzahl der Kopf-Würfe innerhalb von $\frac{1}{5}$ Prozent von $m = n/2$ liegen.

Es ist nun an der Zeit, sich dem Beweis von Satz 5.3.2 zu widmen.

Beweis 5 Das Ereignis, genau k Kopf-Würfe zu erzielen, sei mit A_k bezeichnet. Es ist klar, dass die Ereignisse A_k paarweise unvereinbar sind. Es ist ebenfalls klar, dass für jedes Ergebnis des Experiments genau eines der A_k eintritt.

Die Anzahl der Ergebnisse, für die A_k eintritt, ist die Anzahl der aus k Köpfen und $n - k$ Zahlen bestehenden Sequenzen der Länge n. Wenn wir festlegen, an welchen der n Stellen Köpfe sind, dann sind wir fertig. Da es dafür $\binom{n}{k}$ Möglichkeiten gibt, besteht die Menge A_k aus $\binom{n}{k}$ Elementen. Die Gesamtzahl der Ergebnisse beträgt 2^n und daher erhalten wir folgendes:

$$\mathsf{P}(A_k) = \frac{\binom{n}{k}}{2^n}.$$

Wie groß ist die Wahrscheinlichkeit, dass sich die Anzahl der Kopf-Würfe stark von dem erwarteten Wert, also $m = n/2$ unterscheidet? Sagen wir, sie ist kleiner als $m - t$ oder größer als $m+t$. Dabei ist t irgendeine positive ganze Zahl, die nicht größer als m ist. Unter Verwendung von Übungsaufgabe 5.1.4 sehen wir: Die Wahrscheinlichkeit, dass dies passiert, ist gleich

$$\frac{1}{2^{2m}} \left(\binom{2m}{0} + \binom{2m}{1} + \cdots + \binom{2m}{m-t-1} + \binom{2m}{m+t+1} + \cdots \right.$$

$$\left. + \binom{2m}{2m-1} + \binom{2m}{2m} \right).$$

Nun können wir Lemma 3.8.2 mit $k = m - t$ anwenden und erhalten

$$\binom{2m}{0} + \binom{2m}{1} + \cdots + \binom{2m}{m-t-1} < 2^{2m-1}\binom{2m}{m-t}\Big/\binom{2m}{m}.$$

Nach (27) kann dies nach oben durch

$$2^{2m-1}e^{-t^2/(m+t)}$$

beschränkt werden. Wegen der Symmetrie des Pascalschen Dreiecks erhalten wir ebenfalls

$$\binom{2m}{m+t+1} + \cdots + \binom{2m}{2m-1} + \binom{2m}{2m} < 2^{2m-1}e^{-t^2/(m+t)}.$$

Die Wahrscheinlichkeit, dass wir entweder weniger als $m-t$ oder mehr als $m+t$ Kopf-Würfe erzielen, beträgt somit weniger als $e^{-t^2/(m+t)}$. Dadurch ist der Satz bewiesen. $\qquad\square$

5.4 Das Gesetz der kleinen Zahlen und das Gesetz der sehr großen Zahlen

Es gibt zwei weitere statistische „Gesetze" (halb ernsthaft): Das *Gesetz der kleinen Zahlen* und das *Gesetz der sehr großen Zahlen*.

Das erste besagt, dass man bei der Betrachtung kleiner Beispiele eine Menge sonderbarer oder interessanter Strukturen finden kann, die nicht auf größere Zahlen verallgemeinert werden können. Kleine Zahlen weisen auch nur eine kleine Anzahl von Strukturen auf. Betrachten wir verschiedene Eigenschaften kleiner Zahlen, werden wir unweigerlich auf einige Gemeinsamkeiten stoßen. Zum Beispiel ist die Aussage „jede ungerade Zahl ist eine Primzahl" für 3, 5 und 7 wahr (und man könnte in Versuchung geraten, dies auch für 1 als wahr anzusehen, welche sogar noch „einfacher" als eine Primzahl ist: Anstelle von zwei Divisoren hat sie nur einen.). Für 9 gilt dies selbstverständlich nicht.

Primzahlen sind (wie wir sehen werden) sonderbar und in ihrer unregelmäßigen Folge können eine Menge seltsamer Strukturen beobachtet werden, die beim Übergang zu größeren Zahlen nicht mehr bestehen. Ein drastisches Beispiel ist die Formel $n^2 - n + 41$. Sie liefert für $n = 0, 1, \ldots, 40$ jeweils eine Primzahl, für $n = 41$ erhalten wir jedoch $41^2 - 41 + 41 = 41^2$. Dies ist keine Primzahl.

Fibonacci Zahlen sind nicht ganz so sonderbar wie Primzahlen: Wir haben schon eine ganze Menge ihrer interessanten Eigenschaften kennengelernt und für sie eine explizite Formel in Kapitel 4 hergeleitet. Dennoch können für den Beginn der Folge Beobachtungen gemacht werden, die im weiteren Verlauf nicht gültig bleiben. Übungsaufgabe 4.3.4 ergab zum Beispiel eine (falsche) Formel für die Fibonacci Zahlen, nämlich $\lceil e^{n/2-1} \rceil$. Diese galt nur für die ersten 10 positiven ganzen Zahlen n.

Es gibt eine Menge Formeln, die Folgen ganzer Zahlen liefern. Sehr viele unterschiedliche Möglichkeiten, solche Folgen zu beginnen, gibt es allerdings nicht. Daher werden wir unweigerlich unterschiedlichen Folgen begegnen, die denselben Anfang besitzen.

Die Moral des „Gesetzes der kleinen Zahlen" lautet also, für eine mathematische Aussage oder auch nur, um eine mathematische Vermutung aufzustellen, genügt es nicht, einige Strukturen oder Regeln zu beobachten. Man kann nämlich lediglich kleine Beispiele betrachten, bei denen es sowieso viele Gemeinsamkeiten gibt.

Es ist in der Mathematik nicht falsch, Vermutungen anzustellen oder an Spezialfällen beobachtete Gegebenheiten zu verallgemeinern, aber selbst eine Vermutung braucht weitere Rechtfertigungen (eine ungenaue Argumentation oder einen beweisbaren Spezialfall). Ein Satz braucht selbstverständlich sehr viel mehr: Einen genauen Beweis.

Das Gesetz der sehr großen Zahlen besagt, dass sonderbare Gemeinsamkeiten auch bei der Betrachtung von sehr großen Datenmengen auffallen können. Einer unserer Freunde erzählte: „Ich kenne zwei Personen, die beide am ersten Weihnachtsfeiertag geboren wurden. Sie beklagen sich, dass sie nur einmal Geschenke bekommen. . . . Das ist wirklich seltsam. Gibt es denn viel mehr Menschen, die am ersten Weihnachtsfeiertag geboren wurden, als an den anderen Tagen?" Nein, das ist nicht die Erklärung. Die Wahrscheinlichkeit, dass ein Mensch am ersten Weihnachtsfeiertag geboren wurde, beträgt $1/365$ (wir ignorieren hier Schaltjahre). Wenn man also beispielsweise 400 Personen kennt, dann kann man erwarten, dass ein oder zwei davon zu Weihnachten Geburtstag haben. Selbstverständlich wird man sich an die Geburtstage der meisten Personen, die man kennt, kaum erinnern. Allerdings werden solche, die sich über zu wenig Geschenke beklagen, wahrscheinlich in Erinnerung bleiben!

Würden Sie es seltsam oder sogar unheimlich finden, wenn jemand am selben Tag wie seine/ihre Mutter, Vater und Ehepartner Geburtstag hat? Wenn Sie Übungsaufgabe 5.2.4 gelöst haben, wissen Sie, dass es wahrscheinlich so um die 40 solcher Personen auf der Welt gibt und möglicherweise befinden sich einige von ihnen in den Vereinigten Staaten.

Dies ist der richtige Stoff für Boulevardzeitungen und für Personen, die an paranormale Dinge glauben. Wir hätten es wohl besser dabei belassen sollen.

Gemischte Übungsaufgaben

Übung 5.4.1 Wir werfen einen Würfel zweimal. Wie groß ist die Wahrscheinlichkeit, dass die Augensumme 8 beträgt?

Übung 5.4.2 Wählen Sie eine ganze Zahl aus der Menge $\{1, 2, 3, \ldots, 30\}$. Jede der Zahlen besitzt dabei dieselbe Wahrscheinlichkeit gewählt zu werden. Sei A das Ereignis, dass die gewählte Zahl durch 2 teilbar ist. Sei B das Ereignis, dass sie durch 3 teilbar ist und sei C das Ereignis, dass sie durch 7 teilbar ist.

(a) Bestimmen Sie die Wahrscheinlichkeiten von A, B und C.

(b) Welche der Paare (A, B), (B, C) und (A, C) sind unabhängig?

Übung 5.4.3 Seien A und B unabhängige Ereignisse. Drücken Sie die Wahrscheinlichkeit $P(A \cup B)$ mit Hilfe der Wahrscheinlichkeiten von A und B aus.

Übung 5.4.4 Wir wählen eine Teilmenge X aus der Menge $S = \{1, 2, \ldots, 100\}$ zufällig aus, wobei die Elemente von S alle mit derselben Wahrscheinlichkeit gewählt werden können (so dass jede Teilmenge mit der gleichen Wahrscheinlichkeit ausgewählt wird). Wie lautet die Wahrscheinlichkeit, dass

(a) X eine gerade Anzahl von Elementen besitzt,

(b) sowohl 1, als auch 100 zu X gehören,

(c) das größte Element von S die 50 ist,

(d) S höchstens 2 Elemente besitzt.

Übung 5.4.5 Wir werfen eine Münze n mal ($n \geq 1$). Für welche Werte von n sind die folgenden Paare unabhängig?

(a) Der erste Münzwurf war „Kopf". Die Anzahl aller Kopf-Würfe war gerade.

(b) Der erste Münzwurf war „Kopf". Die Anzahl aller Kopf-Würfe übersteigt die Anzahl der Zahl-Würfe.

(c) Die Anzahl der Kopf-Würfe war gerade. Die Anzahl der Kopf-Würfe übersteigt die Anzahl der Zahl-Würfe.

Kapitel 6

Ganze Zahlen, Teiler und Primzahlen

6

6   Ganze Zahlen, Teiler und Primzahlen

6

6 Ganze Zahlen, Teiler und Primzahlen

In diesem Kapitel behandeln wir die Eigenschaften ganzer Zahlen. Dieser Bereich der Mathematik wird *Zahlentheorie* genannt und ist ein wahrhaft ehrwürdiges Gebiet: Die Wurzeln reichen ungefähr 2500 Jahre zurück, bis zum Anbeginn der griechischen Mathematik. Man könnte meinen, nach 2500 Jahren der Forschung sei im Wesentlichen alles bekannt. Wir werden jedoch sehen, dass dies nicht der Fall ist: Es gibt sehr einfache, naheliegende Fragen, die wir nicht beantworten können und es gibt andere einfache, natürliche Fragen, für die erst innerhalb der letzten paar Jahre eine Antwort gefunden werden konnte!

6.1 Teilbarkeit ganzer Zahlen

Wir beginnen mit einigen grundsätzlichen Bezeichnungen bezüglich ganzer Zahlen. Seien a und b zwei ganze Zahlen. Wir sagen a *teilt* b oder a *ist ein Teiler von* b oder b *ist ein Vielfaches von* a (diese Bezeichnungen bedeuten dasselbe), wenn eine ganze Zahl m existiert, so dass $b = am$ gilt. Wir schreiben dafür $a \mid b$. Ist a kein Teiler von b, dann schreiben wir $a \nmid b$. Falls $a \neq 0$ gilt, dann bedeutet $a \mid b$, dass der Bruch b/a eine ganze Zahl ist.

Wenn $a \nmid b$ und $a > 0$ gilt, dann können wir b immer noch durch a teilen, allerdings mit Rest. Der Rest r bei der Division $b \div a$ ist eine ganze Zahl, die $0 \leq r < a$ erfüllt. Ist q der Quotient einer Division mit Rest, dann haben wir

$$b = aq + r.$$

Eine Division mit Rest auf diese Weise zu betrachten, wird sich noch als sehr nützlich erweisen.

Sie haben diese Bezeichnungen möglicherweise schon früher einmal gesehen. Die folgenden Übungsaufgaben sollen Ihnen bei der Überprüfung helfen, ob Sie sich noch genügend daran erinnern.

Übung 6.1.1 Überprüfen Sie (mit Hilfe der Definition), dass für jede ganze Zahl a gilt: $1 \mid a$, $-1 \mid a$, $a \mid a$ und $-a \mid a$.

Übung 6.1.2 Was bedeutet es für a, umgangssprachlich ausgedrückt, wenn (a) $2 \mid a$, (b) $2 \nmid a$ und (c) $0 \mid a$?

Übung 6.1.3 Beweisen Sie,

(a) falls $a \mid b$ und $b \mid c$, dann gilt $a \mid c$,

(b) falls $a \mid b$ und $a \mid c$, dann gilt $a \mid b + c$ und $a \mid b - c$,

(c) falls $a, b > 0$ und $a \mid b$, dann gilt $a \leq b$,

(d)falls $a \mid b$ und $b \mid a$, dann gilt entweder $a = b$ oder $a = (-b)$.

Übung 6.1.4 Sei r der Rest bei der Division $b \div a$. Angenommen, es gilt $c \mid a$ und $c \mid b$. Beweisen Sie, dass $c \mid r$ gilt.

Übung 6.1.5 Angenommen, es gilt $a \mid b$ und $a, b > 0$. Sei r der Rest bei der Division $c \div a$ und sei s der Rest bei der Division $c \div b$. Wie lautet der Rest bei der Division $s \div a$?

Übung 6.1.6 Beweisen Sie, dass
(a) für jede ganze Zahl a gilt: $a - 1 \mid a^2 - 1$,
(b) allgemeiner, für jede ganze Zahl a und jede positive ganze Zahl n gilt:

$$a - 1 \mid a^n - 1.$$

6.2 Primzahlen und ihre Geschichte

Eine ganze Zahl $p > 1$ wird *Primzahl* genannt, falls sie durch keine andere ganze Zahl, außer $1, -1, p$ und $-p$ teilbar ist. Man kann dies auch so ausdrücken: Eine Primzahl ist eine ganze Zahl $p > 1$, die sich nicht als Produkt zweier kleinerer natürlicher Zahlen schreiben läßt. Eine ganze Zahl $n > 1$, die keine Primzahl ist, wird *zusammengesetzt* genannt (die Zahl 1 wird weder als Primzahl noch als zusammengesetzte Zahl angesehen). Demnach sind $2, 3, 5, 7, 11$ Primzahlen, während $4 = 2 \cdot 2, 6 = 2 \cdot 3, 8 = 2 \cdot 4$, $9 = 3 \cdot 3, 10 = 2 \cdot 5$ keine Primzahlen sind. Tabelle 6.1 zeigt alle Primzahlen bis 500. Primzahlen faszinieren die Menschen seit jeher. Ihre Folge scheint sehr unregelmäßig zu sein, aber bei näherer Betrachtung erhält man den Eindruck, als gäbe es doch eine Menge versteckter Strukturen. Die alten Griechen wußten bereits, dass es unendlich viele solcher Zahlen gibt. (Sie wußten es nicht nur, sie haben es bewiesen!)

Es war nicht einfach, weitere Fakten über Primzahlen zu beweisen. Ihre Folge ist einigermaßen gleichmäßig, weißt jedoch Lücken und Ballungsgebiete auf (siehe Bild 6.2). Wie groß sind diese Lücken? Gibt es eine Primzahl mit einer beliebig vorgegebenen Anzahl von Stellen? Die Antwort auf diese Frage wird für uns wichtig werden, wenn wir uns mit Kryptographie beschäftigen. Die Antwort lautet übrigens „ja". Diese Tatsache konnte allerdings erst Mitte des neunzehnten Jahrhunderts bewiesen werden und eine Menge ähnlicher Fragen sind selbst bis heute unbeantwortet.

Mit der Verbreitung der Computer kam auch für die Theorie der Primzahlen ein neuer Entwicklungsschub. Wie erkennt man, ob eine natürliche Zahl n eine Primzahl ist? Selbstverständlich ist das ein endliches Problem (man kann alle kleineren natürlichen

1, *2*, *3*, 4, *5*, 6, *7*, 8, 9, 10, *11*, 12, *13*, 14, 15, 16, *17*, 18, *19*, 20, 21, 22, *23*, 24, 25, 26, 27, 28, *29*, 30, *31*, 32, 33, 34, 35, 36, *37*, 38, 39, 40, *41*, 42, *43*, 44, 45, 46, *47*, 48, 49, 50, 51, 52, *53*, 54, 55, 56, 57, 58, *59*, 60, *61*, 62, 63, 64, 65, 66, *67*, 68, 69, 70, *71*, 72, *73*, 74, 75, 76, 77, 78, *79*, 80, 81, 82, *83*, 84, 85, 86, 87, 88, *89*, 90, 91, 92, 93, 94, 95, 96, *97*, 98, 99, 100, *101*, 102, *103*, 104, 105, 106, *107*, 108, *109*, 110, 111, 112, *113*, 114, 115, 116, 117, 118, 119, 120, 121, 122, 123, 124, 125, 126, *127*, 128, 129, 130, *131*, 132, 133, 134, 135, 136, *137*, 138, *139*, 140, 141, 142, 143, 144, 145, 146, 147, 148, *149*, 150, *151*, 152, 153, 154, 155, 156, *157*, 158, 159, 160, 161, 162, *163*, 164, 165, 166, 167, 168, 169, 170, 171, 172, *173*, 174, 175, 176, 177, 178, *179*, 180, *181*, 182, 183, 184, 185, 186, 187, 188, 189, 190, *191*, 192, *193*, 194, 195, 196, *197*, 198, *199*, 200, 201, 202, 203, 204, 205, 206, 207, 208, 209, 210, *211*, 212, 213, 214, 215, 216, 217, 218, 219, 220, 221, 222, *223*, 224, 225, 226, *227*, 228, *229*, 230, 231, 232, 233, 234, 235, 236, 237, 238, *239*, 240, *241*, 242, 243, 244, 245, 246, 247, 248, 249, 250, *251*, 252, 253, 254, 255, 256, *257*, 258, 259, 260, 261, 262, *263*, 264, 265, 266, 267, 268, *269*, 270, *271*, 272, 273, 274, 275, 276, *277*, 278, 279, 280, *281*, 282, *283*, 284, 285, 286, 287, 288, 289, 290, 291, 292, *293*, 294, 295, 296, 297, 298, 299, 300, 301, 302, 303, 304, 305, 306, *307*, 308, 309, 310, *311*, 312, *313*, 314, 315, 316, *317*, 318, 319, 320, 321, 322, 323, 324, 325, 326, 327, 328, 329, 330, *331*, 332, 333, 334, 335, 336, *337*, 338, 339, 340, 341, 342, 343, 344, 345, 346, *347*, 348, *349*, 350, 351, 352, *353*, 354, 355, 356, 357, 358, *359*, 360, 361, 362, 363, 364, 365, 366, *367*, 368, 369, 370, 371, 372, *373*, 374, 375, 376, 377, 378, *379*, 380, 381, 382, *383*, 384, 385, 386, 387, 388, *389*, 390, 391, 392, 393, 394, 395, 396, *397*, 398, 399, 400, *401*, 402, 403, 404, 405, 406, 407, 408, *409*, 410, 411, 412, 413, 414, 415, 416, 417, 418, *419*, 420, *421*, 422, 423, 424, 425, 426, 427, 428, 429, 430, *431*, 432, *433*, 434, 435, 436, 437, 438, *439*, 440, 441, 442, *443*, 444, 445, 446, 447, 448, *449*, 450, 451, 452, 453, 454, 455, 456, *457*, 458, 459, 460, *461*, 462, *463*, 464, 465, 466, *467*, 468, 469, 470, 471, 472, 473, 474, 475, 476, 477, 478, *479*, 480, 481, 482, 483, 484, 485, 486, *487*, 488, 489, 490, *491*, 492, 493, 494, 495, 496, 497, 498, *499*, 500

Abbildung 6.1. Die Primzahlen bis 500.

Zahlen ansehen und prüfen, ob sich ein echter Teiler von n darunter befindet), aber solch einfache Vorgehensweisen werden ausgesprochen aufwendig und unpraktisch, sobald die Anzahl der Stellen mehr als etwa 20 beträgt.

Sehr viel effizientere Algorithmen (Computerprogramme) zur Untersuchung, ob eine gegebene Zahl eine Primzahl ist, gibt es erst seit 25 Jahren. Später werden wir noch einen Eindruck von diesen Methoden bekommen. Mit Hilfe dieser Methoden kann jetzt ziemlich leicht festgestellt werden, ob eine Zahl mit 1000 Stellen eine Primzahl ist oder nicht.

Ist eine ganze Zahl, größer als 1, selbst keine Primzahl, dann kann sie als Produkt von Primzahlen geschrieben werden: Wir können sie als Produkt zweier kleinerer natürlicher Zahlen schreiben. Ist eine dieser Zahlen keine Primzahl, so schreiben wir sie

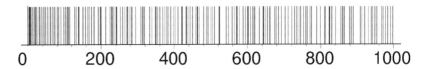

0   200   400   600   800   1000

Abbildung 6.2. Ein Strich-Diagramm der Primzahlen bis 1000.

als Produkt zweier kleinerer natürlicher Zahlen, etc.. Früher oder später haben wir nur noch Primzahlen. Die alten Griechen kannten (und bewiesen!) bereits eine schöne Eigenschaft dieser Darstellungsform, nämlich ihre *Eindeutigkeit*. Das bedeutet, es gibt keine weitere Möglichkeit, eine natürliche Zahl n als Produkt von Primzahlen aufzuschreiben (natürlich ausgenommen, wir multiplizieren die Primzahlen in einer anderen Reihenfolge). Es bedarf einiger Raffinesse, dies zu beweisen (wie wir im nächsten Abschnitt sehen werden) und zu erkennen, dass ein solches Resultat wichtig ist, war schon eine große Leistung. All das ist jedoch bereits mehr als 2000 Jahre her!

Es ist wirklich überraschend, dass bis heute noch kein effizienter Weg bekannt ist, solche Zerlegungen zu *finden*. Selbstverständlich können unter Einsatz von leistungsstarken Supercomputern und gewaltigen parallelen Systemen Zerlegungen ziemlich großer Zahlen durch rohe Gewalt gefunden werden. Der derzeitige Rekord liegt bei rund 140 Stellen und die Schwierigkeit wächst sehr rasch (exponentiell) mit der Anzahl der Stellen. Die Primfaktorzerlegung einer gegebenen 400-stelligen Zahl mit einer der heute bekannten Methoden zu finden, liegt weit jenseits der Möglichkeiten, welche die Computer in absehbarer Zukunft bieten können.

6.3 Primfaktorzerlegung

6.3

Wie wir gesehen haben, kann jede natürliche Zahl, die größer als 1 und nicht selbst schon eine Primzahl ist, als Produkt von Primzahlen dargestellt werden. Wir können sogar sagen, *jede* natürliche Zahl kann als Produkt von Primzahlen geschrieben werden: Primzahlen kann man als „Produkt mit einem Faktor" ansehen und wenn man möchte, kann man die Zahl 1 als „leeres Produkt" betrachten. Behalten wir dies im Sinn, so können wir folgenden bereits angekündigten Satz, der manchmal auch als „Fundamentalsatz der Arithmetik" bezeichnet wird, angeben und beweisen:

6.3.1   **Satz 6.3.1** Jede natürliche Zahl läßt sich als Produkt von Primzahlen darstellen, wobei diese Faktorisierung bis auf die Reihenfolge der Primfaktoren eindeutig ist.

Beweis 6 Wir beweisen diesen Satz mit Hilfe einer Art der Induktion, die manchmal auch als das Argument des „kleinsten Verbrechers" bezeichnet wird. Es ist ein indirekter Beweis: Wir nehmen an, die Behauptung sei falsch und nutzen diese Annahme, um einen Widerspruch abzuleiten.

Nehmen wir also an, es gibt eine natürliche Zahl mit zwei verschiedenen Primfaktorzerlegungen. Eine solche Zahl bezeichnen wir als „Verbrecher". Es gibt möglicherweise viele Verbrecher. Wir betrachten den *kleinsten* Verbrecher n. Ein Verbrecher zu sein bedeutet, mindestens zwei verschiedene Primfaktorzerlegungen zu besitzen:

$$n = p_1 \cdot p_2 \cdots p_m = q_1 \cdot q_2 \cdots q_k \,.$$

Wir können voraussetzen, dass p_1 die kleinste in diesen Faktorisierungen vorkommende Primzahl ist. (Falls notwendig, können wir die linke und rechte Seite vertauschen, so dass die kleinste Primzahl beider Faktorisierungen auf der linken Seite erscheint. Danach verändern wir die Reihenfolge der Faktoren auf der linken Seite, so dass der kleinste Faktor ganz vorne steht. In der Mathematik sprechen wir üblicherweise davon, dass wir „ohne Beschränkung der Allgemeinheit" p_1 als kleinste Primzahl voraussetzen können.) Wir werden nun einen kleineren Verbrecher erzeugen, was dann zu einem Widerspruch führt, da wir annehmen, dass n der kleinste war.

Die Zahl p_1 kann unter den Faktoren q_i nicht vorkommen, denn sonst könnten wir beide Seiten durch p_1 teilen und einen kleineren Verbrecher erhalten.

Wir teilen jedes q_i durch p_1 mit Rest: $q_i = p_1 a_i + r_i$, wobei $0 \le r_i < p_1$. Wir wissen, dass $r_i \ne 0$ gilt, denn eine Primzahl kann kein Teiler einer anderen Primzahl sein.

Sei $n' = r_1 r_2 \cdots r_k$. Wir zeigen, dass n' ein kleinerer Verbrecher ist. Trivialerweise gilt $r_i < p_1 < q_i$ und somit $n' = r_1 r_2 \cdots r_k < q_1 q_2 \cdots q_k = n$. Wir zeigen, dass n' ebenfalls zwei verschiedene Primfaktorzerlegungen besitzt. Eine davon kann mit Hilfe der Definition von $n' = r_1 r_2 \cdots r_k$ erhalten werden. Die Faktoren müssen hier keine Primzahlen sein, aber wir können sie jeweils in Primfaktoren zerlegen, so dass wir schließlich eine Primfaktorzerlegung von n' erhalten.

Um eine weitere Zerlegung zu bekommen, stellen wir wie folgt fest, dass $p_1 \mid n'$ gilt. Wir können die Definition von n' in folgender Form schreiben:

$$n' = (q_1 - a_1 p_1)(q_2 - a_2 p_1) \cdots (q_k - a_k p_1).$$

Nachdem wir die Klammern aufgelöst haben, sehen wir, dass jeder Term durch p_1 teilbar ist. (Einer der Terme ist $q_1 q_2 \cdots q_k$. Dieser entspricht n und ist daher durch p_1 teilbar. Alle anderen Terme enthalten p_1 als Faktor.) Nun teilen wir n' durch p_1 und anschließend faktorisieren wir n'/p_1, um letztlich eine Faktorisierung von n' zu erhalten.

Sind diese beiden Faktorisierungen denn tatsächlich unterschiedlich? Ja! Die Primzahl p_1 kommt nur in der zweiten vor. In der ersten kann sie nicht auftreten, da jeder Primfaktor kleiner als p_1 ist.

Folglich haben wir einen kleineren Verbrecher gefunden. Da wir annahmen, n sei der kleinste Verbrecher, stellt dies einen Widerspruch dar. Die einzige Möglichkeit, diesen Widerspruch aufzulösen, besteht in der Folgerung, dass es keine Verbrecher gibt. Unsere „indirekte Annahme" war falsch. Keine natürliche Zahl kann zwei verschiedene Primfaktorzerlegungen besitzen.   □

Übung 6.3.1 Lesen Sie die folgende Argumentation mit dem „kleinsten Verbrecher" sorgfältig durch:

BEHAUPTUNG: *Jede negative ganze Zahl ist ungerade.*

BEWEIS: Nehmen wir umgekehrt an, dass es negative ganze Zahlen gibt, die gerade sind. Wir nennen diese Zahlen Verbrecher. Sei n ein kleinster Verbrecher. Wir betrachten die Zahl $2n$. Sie ist kleiner als n (man beachte, dass n negativ ist!) und somit ein kleinerer Verbrecher. Da wir annahmen, dass n der kleinste Verbrecher ist, stellt dies einen Widerspruch dar.

Diese Behauptung ist offensichtlich falsch. Wo liegt der Fehler im Beweis?

Als Anwendung des Satzes 6.3.1 beweisen wir eine Tatsache, die bereits den Pythagoräern (Schüler des großen griechischen Mathematikers und Philosophen Pythagoras) im sechsten Jahrhundert v. CHR. bekannt war.

6.3.2   **Satz 6.3.2** Die Zahl $\sqrt{2}$ ist irrational.

(Eine reelle Zahl ist *irrational*, wenn sie sich nicht als Bruch zweier ganzer Zahlen darstellen läßt. Für die Pythagoräer stellte sich folgende Frage in der Geometrie: Sie wollten wissen, ob die Diagonale eines Quadrats mit seiner Seite „meßbar" ist, ob es also eine Strecke gibt, die in beiden ganzzahlig oft enthalten ist. Der obige Satz beantwortet diese Frage mit „nein", was einen erheblichen Tumult in den Reihen der Pythagoräer ausgelöst hat.)

Beweis 7 Wir geben wiederum einen indirekten Beweis an: Wir nehmen an, $\sqrt{2}$ ist eine rationale Zahl und erhalten einen Widerspruch. Diese indirekte Annahme bedeutet, dass $\sqrt{2}$ als Quotient zweier positiver ganzer Zahlen dargestellt werden kann: $\sqrt{2} = a/b$. Durch beidseitiges Quadrieren und Umordnen erhalten wir $2b^2 = a^2$.

Wir betrachten nun die Primfaktorzerlegung beider Seiten und dabei insbesondere die Primzahl 2 auf beiden Seiten. Nehmen wir an, dass 2 in der Primfaktorzerlegung von a

genau m mal vorkommt, während sie n mal in der Primfaktorzerlegung von b auftritt. Dann kommt sie $2m$ mal in der Primfaktorzerlegung von a^2 vor. Andererseits tritt sie $2n$ mal bei der Primfaktorzerlegung von b^2 auf und folglich $2n + 1$ mal bei der Primfaktorzerlegung von $2b^2$. Da $2b^2 = a^2$ gilt und die Primfaktorzerlegung eindeutig ist, muss $2n+1 = 2m$ sein. Dies ist jedoch unmöglich, da $2n+1$ ungerade ist, während $2m$ eine gerade Zahl ist. Dieser Widerspruch zeigt, dass $\sqrt{2}$ irrational sein muss. □

Übung 6.3.2 Gibt es irgendeine gerade Primzahl?

Übung 6.3.3
(a) Beweisen Sie: Wenn p eine Primzahl ist, a und b gerade Zahlen sind und $p \mid ab$, dann gilt entweder $p \mid a$ oder $p \mid b$ (oder beides).
(b) Angenommen, a und b sind gerade Zahlen und $a \mid b$. Nehmen wir außerdem an, p ist eine Primzahl und $p \mid b$, aber $p \nmid a$. Beweisen Sie, dass p ein Teiler des Bruchs b/a ist.

Übung 6.3.4 Zeigen Sie, dass die Primfaktorzerlegung einer Zahl n höchstens $\log_2 n$ Faktoren enthält.

Übung 6.3.5 Sei p eine Primzahl und $1 \le a \le p - 1$. Wir betrachten die Zahlen $a, 2a, 3a, \ldots, (p - 1)a$ und teilen jede davon durch p. Wir erhalten die Reste $r_1, r_2, \ldots, r_{p-1}$. Beweisen Sie, dass jede ganze Zahl von 1 bis $p - 1$ *genau einmal* unter diesen Resten vorkommt.
[Hinweis: Beweisen Sie zuerst, dass kein Rest zweimal auftreten kann.]

Übung 6.3.6 Beweisen Sie: Ist p eine Primzahl, dann ist $\sqrt{p}$ irrational. Zeigen Sie etwas allgemeiner, dass $\sqrt{n}$ irrational ist, falls n eine nicht-quadratische ganze Zahl ist.

Übung 6.3.7 Versuchen Sie, einen noch allgemeineren Satz über die Irrationalität der Zahlen $\sqrt[k]{n}$ zu formulieren und zu beweisen.

6.4 Über die Menge der Primzahlen

Der folgende Satz war bereits Euclid im dritten Jahrhundert V. CHR. bekannt.

Satz 6.4.1 Es gibt unendlich viele Primzahlen.

Beweis 8 Wir müssen zeigen, dass es zu jeder natürlichen Zahl n eine Primzahl gibt, die größer als n ist. Um dies zu erreichen, betrachten wir die Zahl $n! + 1$ und davon einen beliebigen Primteiler p. Wir zeigen, dass $p > n$ gilt. Dazu verwenden wir abermals einen indirekten Beweis, indem wir $p \leq n$ annehmen und einen Widerspruch herleiten. Falls $p \leq n$, dann gilt $p \mid n!$, da p dann eine der ganzen Zahlen ist, deren Produkt $n!$ bildet. Wir wissen außerdem, dass $p \mid n! + 1$ gilt und p somit ein Teiler der Differenz $(n! + 1) - n! = 1$ sein muss. Dies ist jedoch unmöglich und folglich muss p größer als n sein.   □

Betrachten wir viele verschiedene Diagramme und Tabellen von Primzahlen, so erhalten wir hauptsächlich einen Eindruck ihrer starken Unregelmäßigkeit. In Bild 6.2 wird beispielsweise jede Primzahl bis 1000 durch einen Balken dargestellt. Es treten große „Lücken" zwischen Primzahlen auf, aber es gibt auch welche, die sehr dicht beisammen liegen. Wir können zeigen, dass die Lücken immer größer werden, um so größer die betrachteten Zahlen werden. Es gibt irgendwo einen String mit 100 aufeinander folgenden zusammengesetzten Zahlen. An anderer Stelle (sehr viel weiter weg) gibt es einen String mit 1000 aufeinander folgenden zusammengesetzten Zahlen, etc.. Wir geben dies in folgender mathematischer Ausdrucksweise an:

6.4.2   **Satz 6.4.2** Zu jeder natürlichen Zahl k existieren k aufeinander folgende zusammengesetzte Zahlen.

Beweis 9 Wir können diesen Satz mit einer Argumentation beweisen, die derjenigen des Beweises von Satz 6.4.1 recht ähnlich ist. Sei $n = k + 1$. Wir betrachten die Zahlen

$$n! + 2, \; n! + 3, \; \ldots, \; n! + n.$$

Kann eine dieser Zahlen eine Primzahl sein? Die Antwort lautet „nein" : Die erste Zahl ist gerade, da $n!$ und 2 beide gerade sind. Die zweite Zahl ist durch 3 teilbar, da $n!$ und 3 beide durch 3 ($n > 2$ vorausgesetzt) teilbar sind. Allgemein ist $n! + i$ für alle $i = 2, 3, \ldots, n$ durch i teilbar. Diese Zahlen können daher keine Primzahlen sein und wir haben $n - 1 = k$ aufeinander folgende zusammengesetzte Zahlen gefunden.   □

Was können wir zur entgegengesetzten Frage sagen, nämlich Primzahlen zu finden, die sehr dicht beisammen liegen. Alle Primzahlen mit Ausnahme der 2 sind ungerade, daher beträgt die Differenz zwischen zwei Primzahlen mindestens zwei, ausgenommen bei 2 und 3. Zwei Primzahlen, deren Differenz 2 beträgt, werden *Primzahlzwillinge* genannt. Somit sind $(3, 5)$, $(5, 7)$, $(11, 13)$, $(17, 19)$ Primzahlzwillinge. Betrachten wir die Tabelle der Primzahlen bis 500, so finden wir eine Menge Primzahlzwillinge. Umfangreiche Berechnungen zeigen, dass es Primzahlzwillinge mit hunderten von Stellen gibt. Trotzdem ist bisher nicht bekannt, ob es unendlich viele Primzahlzwillinge gibt! (Sehr wahrscheinlich gibt es unendlich viele. Aber trotz der Bemühungen vieler Mathematiker in mehr als 2000 Jahren konnte bisher noch kein Beweis dafür erbracht werden!)

Eine andere Möglichkeit, Satz 6.4.2 umzudrehen, besteht in der Frage nach der möglichen Größe der Lücken in Relation zu ihrer Lage auf der Zahlengeraden. Könnte es passieren, dass es überhaupt keine Primzahl mit beispielsweise 100 Stellen gibt? Dies ist wiederum eine sehr schwierige Frage, aber wir wissen deren Antwort. (Nein, das kann nicht passieren.)

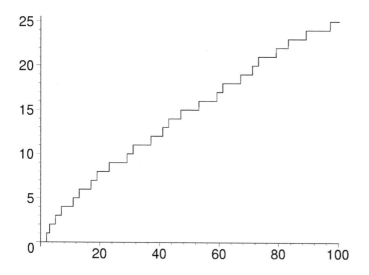

Abbildung 6.3. Der Graph von $\pi(n)$ von 1 bis 100.

Eine der wichtigsten Fragen zu den Primzahlen lautet: Wie viele Primzahlen gibt es bis zu einer vorgegebenen Zahl n? Wir bezeichnen die Anzahl der Primzahlen bis n mit $\pi(n)$. Bild 6.3 stellt den Graph dieser Funktion im Bereich von 1 bis 100 dar und Bild 6.4 zeigt den Bereich von 1 bis 2000. Wir sehen, dass die Funktion einigermaßen sanft wächst und ihre Steigung nur langsam etwas abnimmt. Es ist sicherlich unmöglich, eine exakte Formel für $\pi(n)$ zu erhalten. Um 1900 wurde ein sehr wichtiges Ergebnis durch Hadamard und de la Vallée Poussin bewiesen. Es wird als *Primzahlsatz* bezeichnet.

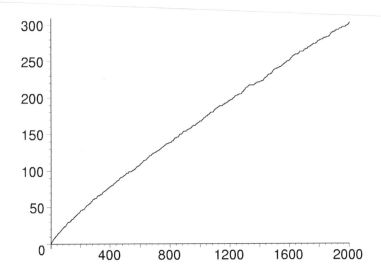

Abbildung 6.4. Der Graph von $\pi(n)$ von 1 bis 2000.

6.4.3

Satz 6.4.3 (Der Primzahlsatz) Sei die Anzahl der Primzahlen unter $1, 2, \ldots, n$ mit $\pi(n)$ bezeichnet, dann gilt

$$\pi(n) \sim \frac{n}{\ln n}.$$

(ln n meint hier den „natürlichen Logarithmus", d.h. den Logarithmus zur Basis $e = 2,718281\ldots$. Man sollte sich darüber im Klaren sein, dass diese Notation bedeutet, der Quotient

$$\pi(n) \Big/ \frac{n}{\ln n}$$

nähert sich beliebig dicht der 1, wenn n entsprechend groß wird.)

Der Beweis des Primzahlsatzes ist sehr schwierig. Die Tatsache, dass die Anzahl der Primzahlen bis n ungefähr $n/\ln n$ entspricht, wurde auf empirischem Weg bereits im achtzehnten Jahrhundert festgestellt. Allerdings dauerte es mehr als 100 Jahre, bevor er 1896 durch Hadamard und de la Vallée Poussin bewiesen wurde.

Um den Nutzen dieses Satzes zu demonstrieren, beschäftigen wir uns mit der Beantwortung der in der Einleitung gestellten Frage: Wie viele Primzahlen mit (sagen wir) 200 Stellen gibt es? Wir erhalten die Antwort durch Subtraktion der Anzahl der Primzahlen bis 10^{199} von der Anzahl der Primzahlen bis 10^{200}. Nach dem Primzahlsatz beträgt diese Anzahl ungefähr

$$\frac{10^{200}}{200 \ln 10} - \frac{10^{199}}{199 \ln 10} \approx 1,95 \cdot 10^{197}.$$

Das sind eine Menge Primzahlen! Verglichen mit der Gesamtzahl aller natürlichen 200-stelligen Zahlen, von denen wir wissen, dass es $10^{200} - 10^{199} = 9 \cdot 10^{199}$ gibt, erhalten wir

$$\frac{9 \cdot 10^{199}}{1,95 \cdot 10^{197}} \approx 460.$$

Unter den 200-stelligen natürlichen Zahlen ist demnach jede 460. Zahl eine Primzahl. (Warnung: Diese Argumentation ist ungenau. Wir haben im Primzahlsatz nämlich nur behauptet, $\pi(n)$ liegt dicht bei $n/\ln n$, falls n hinreichend groß ist. Es ist möglich, genauere Angaben hinsichtlich der Größe von n zu machen, damit der Fehler geringer als zum Beispiel ein Prozent ausfällt. Dies führt jedoch zu noch schwierigeren Fragen, die selbst bis heute noch nicht vollständig beantwortet sind.)

Es gibt eine Menge weiterer einfacher Beobachtungen, die man bei der Betrachtung von Primzahltafeln machen kann. Sie neigen jedoch dazu, sich sehr schwer beweisen zu lassen und die meisten sind selbst bis heute noch unbewiesen - in manchen Fällen sogar nach 2500-jährigen Bemühungen. Das Problem der Primzahlzwillinge haben wir bereits erwähnt. Ein weiteres berühmtes ungelöstes Problem ist die *Goldbachsche Vermutung*. Diese besagt, *jede gerade natürliche Zahl, größer als 2, kann als Summe zweier Primzahlen dargestellt werden*. Goldbach hat außerdem auch noch eine Vermutung zu ungeraden Zahlen aufgestellt: *Jede natürliche Zahl, größer als 5, kann als Summe dreier Primzahlen dargestellt werden*. Diese zweite Vermutung wurde von Vinogradov in den dreißiger Jahren des 20. Jahrhunderts mit Hilfe sehr tiefgehender Methoden im Wesentlichen bewiesen. Wir sagten „im Wesentlichen" , da der Beweis nur für sehr große Zahlen funktioniert und es möglicherweise endlich viele Ausnahmen gibt.

Nehmen wir an, wir haben eine ganze Zahl n und möchten wissen, wie bald wir nach n auf jeden Fall eine Primzahl finden. Wie groß oder klein ist zum Beispiel die erste Primzahl, die mindestens 100 Stellen besitzt? In unserem Beweis zur Unendlichkeit der Primzahlen wird gezeigt, dass es zu jedem n eine Primzahl zwischen n und $n! + 1$ gibt. Dies ist eine sehr schwache Aussage. Sie besagt zum Beispiel, dass es eine Primzahl zwischen 10 und $10! + 1 = 3.628.801$ gibt. Dabei ist die nächste Primzahl selbstverständlich 11. Der russische Mathematiker P.L. Chebyshev bewies Mitte des neunzehnten Jahrhunderts, dass zwischen n und $2n$ immer eine Primzahl liegt. Inzwischen wurde bewiesen, dass es zwischen zwei aufeinander folgenden Kubikzahlen immer eine Primzahl gibt (z.B. zwischen $10^3 = 1000$ und $11^3 = 1331$). Ein weiteres altes, berühmtes, bisher jedoch ungelöstes Problem besteht in der Frage, ob es zwischen zwei aufeinander folgenden Quadratzahlen immer eine

Primzahl gibt. (Versuchen Sie es: Sie werden in der Tat sehr viele Primzahlen finden. Wir finden zum Beispiel zwischen $100 = 10^2$ und $121 = 11^2$ die Primzahlen 101, 103, 107, 109, 113. Zwischen $100^2 = 10.000$ und $101^2 = 10.201$ finden wir 10.007, 10.009, 10.037, 10.039, 10.061, 10.067, 10.069, 10.079, 10.091, 10.093, 10.099, 10.103, 10.111, 10.133, 10.139, 10.141, 10.151, 10.159, 10.163, 10.169, 10.177, 10.181, 10.193.)

Übung 6.4.1 Zeigen Sie, dass unter allen k-stelligen Zahlen ungefähr jede $2,3k$. Zahl eine Primzahl ist.

6.5 Fermats „kleiner" Satz

Abbildung 6.5. Pierre de Fermat

Primzahlen sind wichtig, da wir aus ihnen alle positiven ganzen Zahlen bilden können. Es zeigt sich jedoch, dass sie auch eine Menge weiterer, oft überraschender Eigenschaften besitzen. Eine davon wurde durch den französischen Mathematiker Pierre de Fermat (1601–1655) entdeckt. Sie wird heute der „kleine" Satz von Fermat genannt.

Satz 6.5.1: *Satz von Fermat* Ist p eine Primzahl und a eine ganze Zahl, dann gilt $p \mid a^p - a$.

Bevor wir diesen Satz beweisen, möchten wir noch erwähnen, dass er häufig auch in folgender Form angegeben wird: *Ist p eine Primzahl und a eine ganze, nicht durch p*

teilbare Zahl, dann gilt

$$p \mid a^{p-1} - 1. \tag{37}$$

Die Tatsache, dass diese beiden Behauptungen äquivalent sind (im Sinne von: Wenn wir wissen, dass eine der Behauptungen wahr ist, können wir die andere leicht beweisen.), wird dem Leser als Übungsaufgabe 6.10.20 überlassen.

Zum Beweis von Fermats Satz benötigen wir ein Lemma, in dem eine weitere Teilbarkeitseigenschaft von Primzahlen (die aber leichter zu beweisen ist) angegeben wird:

Lemma 6.5.1 Ist p eine Primzahl und $0 < k < p$, dann gilt $p \mid \binom{p}{k}$.

6.5.1

Beweis 10 Wir wissen nach Satz 1.8.1, dass

$$\binom{p}{k} = \frac{p(p-1)\cdots(p-k+1)}{k(k-1)\cdots 1}$$

gilt. Der Zähler wird hier von p geteilt, nicht jedoch der Nenner, da alle Faktoren des Nenners kleiner als p sind und wir durch Übungsaufgabe 6.3.3(a) wissen, dass eine Primzahl p, die keinen der Faktoren teilt, auch das ganze Produkt nicht teilt. Es folgt daher (siehe Übungsaufgabe 6.3.3(b)), dass p ein Teiler von $\binom{p}{k}$ ist. $\qquad\square$

Beweis 11: *(von Satz 6.5.1)* Wir können nun Fermats Satz durch Induktion nach a beweisen. Es reicht aus, die Behauptung für nicht-negative a zu zeigen, da $(-a)^p - (-a) = -(a^p - a)$ für ungerade Primzahlen p gilt und die Aussage für $p = 2$ sowieso klar ist.

Die Behauptung gilt trivialerweise, falls $a = 0$. Es sei nun $a > 0$ und wir schreiben $a = b + 1$. Dann gilt

$$\begin{aligned}
a^p - a &= (b+1)^p - (b+1) \\
&= b^p + \binom{p}{1}b^{p-1} + \cdots + \binom{p}{p-1}b + 1 - b - 1 \\
&= (b^p - b) + \binom{p}{1}b^{p-1} + \cdots + \binom{p}{p-1}b.
\end{aligned}$$

Der Ausdruck $(b^p - b)$ ist hier nach Induktionsvoraussetzung durch p teilbar, während die anderen Terme nach Lemma 6.5.1 durch p teilbar sind. Es folgt, dass $a^p - a$ ebenfalls durch p teilbar ist, was die Induktion vervollständigt. $\qquad\square$

Wir machen nun einen kurzen Ausflug in die Geschichte der Mathematik. Fermat ist besonders wegen seines „letzten" Satzes bekannt. Dieser besteht aus folgender Aussage:

Ist $n > 2$, dann ist die Summe der n-ten Potenzen zweier natürlicher Zahlen niemals die n-te Potenz einer natürlichen Zahl.

(Die Voraussetzung $n > 2$ ist unumgänglich: Es gibt Beispiele, bei denen die Summe zweier Quadratzahlen eine dritte Quadratzahl ergibt. Zum Beispiel $3^2 + 4^2 = 5^2$ oder $5^2 + 12^2 = 13^2$. Es gibt sogar unendlich viele solcher Tripel aus Quadratzahlen, siehe Übungsaufgabe 6.6.7.)
Fermat behauptete in einer Notiz, dass er seinen Satz bewiesen hätte, schrieb den Beweis dafür jedoch niemals nieder. Die Aussage seines Satzes war das wohl berühmteste ungelöste Problem in der Mathematik bis es 1995 schließlich von Andrew Wiles (bei einem Teil mit Hilfe von Robert Taylor) bewiesen wurde.

Übung 6.5.1 Zeigen Sie anhand von Beispielen, dass weder die Behauptung in Lemma 6.5.1, noch Fermats „kleiner" Satz gültig bleiben, wenn wir die Voraussetzung, dass p eine Primzahl ist, fallen lassen.

Übung 6.5.2 Wir betrachten ein reguläres p-Gon und alle k-Teilmengen seiner Eckenmenge für ein festgelegtes k ($1 \leq k \leq p - 1$). Diese k-Teilmengen werden alle in eine Anzahl von Schubfächern getan: Wir geben zwei k-Teilmengen in dasselbe Schubfach, wenn sie durch Rotation ineinander überführt werden können. Somit gehören zum Beispiel alle k-Teilmengen, die aus k aufeinander folgenden Ecken bestehen, in dasselbe Schubfach.
(a) Beweisen Sie: Ist p eine Primzahl, dann wird jedes Schubfach genau p dieser gedrehten Kopien enthalten.
(b) Zeigen Sie anhand eines Beispiels, dass (a) nicht gültig bleibt, wenn wir die Voraussetzung, dass p eine Primzahl ist, fallen lassen.
(c) Verwenden Sie (a), um einen neuen Beweis von Lemma 6.5.1 anzugeben.

Übung 6.5.3 Man stelle sich zur Basis a geschriebene Zahlen vor, die höchstens p Stellen enthalten. Zwei Zahlen sollen in ein Schubfach getan werden, wenn sie durch einen zyklischen Shift auseinander hervorgehen. Wie viele werden in jeder Klasse sein? Geben Sie auf diese Weise einen neuen Beweis für Fermats Satz an.

Übung 6.5.4 Geben Sie einen dritten auf Übungsaufgabe 6.3.5 gestützten Beweis für Fermats „kleiner" Satz an.
[Hinweis: Betrachten Sie das Produkt $a(2a)(3a) \cdots ((p - 1)a)$.]

6.6 Der euklidische Algorithmus

Bisher haben wir mehrere Bezeichnungen und Ergebnisse bezüglich ganzer Zahlen behandelt. Nun wenden wir uns der Frage zu, wie wir Berechnungen hinsichtlich dieser Ergebnisse durchführen können. Wie entscheiden wir, ob eine gegebene Zahl eine Primzahl ist oder nicht? Wie bestimmen wir die Primfaktorzerlegung einer Zahl? Wir können dabei die Grundrechenarten – Addition, Subtraktion, Multiplikation, Division mit Rest – effektiv nutzen. Dies werden wir hier jedoch nicht behandeln.

Der Schlüssel zu etwas weitergehender algorithmischer Zahlentheorie ist ein Algorithmus, der den *größten gemeinsamen Teiler* zweier natürlicher Zahlen a und b berechnet. Dieser ist definiert als die größte natürliche Zahl, die sowohl ein Teiler von a als auch von b ist. (Da 1 immer ein gemeinsamer Teiler ist und kein Teiler größer als die beiden Zahlen sein kann, ergibt diese Definition durchaus einen Sinn: Mindestens ein gemeinsamer Teiler ist immer vorhanden und in der Menge der gemeinsamen Teiler muss ein größtes Element vorhanden sein.) Der größte gemeinsame Teiler von a und b wird mit $\mathrm{ggT}(a, b)$ bezeichnet. Also gilt

$$\mathrm{ggT}(1,6) = 1, \qquad \mathrm{ggT}(2,6) = 2, \qquad \mathrm{ggT}(3,6) = 3,$$

$$\mathrm{ggT}(4,6) = 2, \qquad \mathrm{ggT}(5,6) = 1, \qquad \mathrm{ggT}(6,6) = 6.$$

Wir bezeichnen zwei ganze Zahlen als *teilerfremd*, wenn ihr größter gemeinsamer Teiler 1 ist. Es wird sich als nützlich erweisen, $\mathrm{ggT}(a, 0) = a$ für alle $a \geq 0$ zu definieren. Recht ähnlich geartet ist der Begriff des *kleinsten gemeinsamen Vielfachen* zweier natürlicher Zahlen. Es handelt sich dabei um die kleinste natürliche Zahl, die ein Vielfaches beider Zahlen ist. Sie wird als $\mathrm{kgV}(a, b)$ bezeichnet. Es gilt zum Beispiel

$$\mathrm{kgV}(1,6) = 6, \qquad \mathrm{kgV}(2,6) = 6, \qquad \mathrm{kgV}(3,6) = 6,$$

$$\mathrm{kgV}(4,6) = 12, \qquad \mathrm{kgV}(5,6) = 30, \qquad \mathrm{kgV}(6,6) = 6.$$

Der größte gemeinsame Teiler zweier natürlicher Zahlen kann recht einfach mit Hilfe ihrer Primfaktorzerlegungen ermittelt werden: Man betrachte die gemeinsamen Primfaktoren, potenziere jeden mit dem kleineren der beiden Exponenten und berechne das Produkt dieser Primzahlpotenzen. Es gilt zum Beispiel $900 = 2^2 \cdot 3^2 \cdot 5^2$ und $54 = 2 \cdot 3^3$ und somit $\mathrm{ggT}(900, 54) = 2 \cdot 3^2 = 18$.

Das Problem dieser Methode besteht darin, dass die Bestimmung der Primfaktorzerlegung bei großen Zahlen sehr schwierig wird. Der Algorithmus, den wir in diesem Abschnitt behandeln werden, wird den größten gemeinsamen Teiler zweier natürlicher Zahlen sehr viel schneller ermitteln, ohne die jeweilige Primfaktorzerlegung vorher zu bestimmen. Dieser Algorithmus ist ein wichtiger Bestandteil fast aller Algorithmen, die Berechnungen mit ganzen Zahlen mit sich bringen. (Und, wie wir schon anhand des Namens erkennen können, geht er auf den großen griechischen Mathematiker Euklid zurück!)

Übung 6.6.1 Zeigen Sie:
Sind a und b natürliche Zahlen mit $a \mid b$, dann gilt $\mathrm{ggT}(a, b) = a$.

Übung 6.6.2
(a) Beweisen Sie $\mathrm{ggT}(a, b) = \mathrm{ggT}(a, b - a)$.
(b) Sei r der Rest beim Teilen von b durch a, dann gilt $\mathrm{ggT}(a, b) = \mathrm{ggT}(a, r)$.

Übung 6.6.3 Beweisen Sie:
(a) Ist a gerade und b ungerade, dann gilt $\mathrm{ggT}(a, b) = \mathrm{ggT}(a/2, b)$.
(b) Sind a und b beide gerade, dann gilt $\mathrm{ggT}(a, b) = 2\mathrm{ggT}(a/2, b/2)$.

Übung 6.6.4 Wie kann man das kleinste gemeinsame Vielfache zweier ganzer Zahlen ausdrücken, wenn die Primfaktorzerlegung beider Zahlen bekannt ist?

Übung 6.6.5 Angenommen, es sind zwei ganze Zahlen gegeben, wobei die Primfaktorzerlegung einer dieser Zahlen bekannt ist. Man beschreibe eine Möglichkeit, den größten gemeinsamen Teiler dieser beiden Zahlen zu berechnen.

Übung 6.6.6 Beweisen Sie, dass für zwei beliebige ganze Zahlen a und b gilt:

$$\mathrm{ggT}(a, b)\mathrm{kgV}(a, b) = ab.$$

Übung 6.6.7 Drei natürliche Zahlen a, b und c bilden ein *pythagoreisches Zahlentripel*, falls $a^2 + b^2 = c^2$ gilt.
(a) Man wähle drei natürliche Zahlen x, y und z und es sei $a = 2xyz$, $b = (x^2 - y^2)z$, $c = (x^2 + y^2)z$. Prüfen Sie, ob (a, b, c) ein pythagoreisches Zahlentripel ist.
(b) Zeigen Sie, dass alle pythagoreischen Zahlentripel auf diese Art entstehen: Sind a, b, c natürliche Zahlen, für die $a^2 + b^2 = c^2$ gilt, dann gibt es andere natürliche Zahlen x, y und z, so dass a, b und c durch die oben angegebenen Formeln ausgedrückt werden können.
[Hinweis: Zeigen Sie zuerst, dass sich das Problem auf den Fall reduzieren läßt, bei dem $\mathrm{ggT}(a, b, c) = 1$ gilt und a gerade, sowie b und c ungerade sind. Anschließend schreibe man $a^2 = (b - c)(b + c)$ und nutze dies, um festzustellen, dass $(b + c)/2$ und $(b - c)/2$ Quadratzahlen sind.]

Nun wenden wir uns dem euklidischen Algorithmus zu. Er basiert auf zwei einfachen Tatsachen, die uns bereits durch die Übungsaufgaben 6.6.1 und 6.6.2 bekannt sind. Angenommen, es sind zwei natürliche Zahlen a und b gegeben und wir möchten ihren größten gemeinsamen Teiler finden. Wir tun folgendes:

1. Ist $a > b$, dann vertausche a und b.
2. Ist $a > 0$, dann teile b durch a, um einen Rest r zu erhalten. Ersetze b durch r und kehre zu 1. zurück.
3. Oder (falls $a = 0$), dann ist b der ggT und man beende den Vorgang.

Führen wir den Algorithmus durch, insbesondere per Hand, dann gibt es keinen Grund, a und b zu vertauschen, wenn $a < b$ ist: Wir teilen einfach die größere durch die kleinere Zahl (mit Rest) und ersetzen die größere durch den Rest, falls dieser ungleich 0 ist. Nun führen wir einige Beispiele durch.

$$\text{ggT}(300, 18) = \text{ggT}(12, 18) = \text{ggT}(12, 6) = 6.$$
$$\text{ggT}(101, 100) = \text{ggT}(1, 100) = 1.$$
$$\text{ggT}(89, 55) = \text{ggT}(34, 55) = \text{ggT}(34, 21) = \text{ggT}(13, 21) = \text{ggT}(13, 8)$$
$$= \text{ggT}(5, 8) = \text{ggT}(5, 3) = \text{ggT}(2, 3) = \text{ggT}(2, 1) = 1.$$

Man kann in jedem der Fälle nachprüfen, dass das Ergebnis tatsächlich der größte gemeinsame Teiler ist (indem man die Primfaktorzerlegung der Zahlen verwendet). Das erste, worüber wir uns bei der Beschreibung eines Algorithmus Gedanken machen müssen, ist die Frage, ob er überhaupt irgendwann abbricht. Warum ist der euklidische Algorithmus endlich? Das ist einfach: Die Zahlen steigen niemals an, denn eine von ihnen wird jedesmal kleiner, wenn Schritt 2 ausgeführt wird und der Rest ist nicht-negativ. Der ganze Prozess kann also nicht unendlich lange andauern.

Dann müssen wir uns natürlich vergewissern, dass der Algorithmus auch das Gewünschte liefert. Das ist zweifellos der Fall: In Schritt 1 (Vertauschen der Zahlen) wird der größte gemeinsame Teiler selbstverständlich nicht verändert. Schritt 2 (Ersetzen der größeren Zahl durch den Rest bei der Division) ändert nach Übungsaufgabe 6.6.2(b) den größten gemeinsamen Teiler ebenfalls nicht. Und wenn wir in Schritt 3 anhalten, ist die ermittelte Zahl nach Übungsaufgabe 6.6.1 in der Tat der größte gemeinsame Teiler der beiden aktuellen Zahlen.

Man sollte sich bei der Entwicklung eines Algorithmus auch noch eine dritte etwas subtilere Frage stellen: Wie lange dauert der Prozess? Wie viele Schritte werden vor dem Abbruch ausgeführt? Die Argumentation, mit der wir gezeigt haben, dass der Prozess endlich ist, liefert uns auch eine Schranke für dessen Dauer: Da bei jeder Ausführung der aus Schritt 1 und 2 bestehenden Schleife eine der beiden Zahlen kleiner wird, hält der Prozess auf jeden Fall nach weniger als $a + b$ Wiederholungen an. Das ist allerdings wirklich keine gute Schranke: Wenn wir den euklidischen Algorithmus bei zwei 100-stelligen Zahlen anwenden, dann besagt die Schranke von $a + b$, dass er nicht länger als $2 \cdot 10^{100}$ Schritte dauert. Dies ist eine astronomisch hohe Zahl und damit unbrauchbar. Glücklicherweise ist dies jedoch nur eine obere Schranke, zumal die pessimistischste. Unsere angeführten Beispiele scheinen zu zeigen, dass der Algorithmus sehr viel schneller abbricht.

Die Beispiele lassen allerdings auch erkennen, dass diese Frage ziemlich heikel ist. Wir sehen, dass die Länge des euklidischen Algorithmus in Abhängigkeit der behandelten Zahlen ziemlich schwanken kann. Einige Beobachtungen, die man bei der Betrachtung der Beispiele machen kann, kommen auch in den folgenden Übungsaufgaben vor.

Übung 6.6.8 Zeigen Sie, dass der euklidische Algorithmus für beliebig große natürliche Zahlen in zwei Schritten beendet sein kann, selbst wenn ihr ggT gleich 1 ist.

Übung 6.6.9 Beschreiben Sie den auf zwei aufeinander folgende Fibonacci Zahlen angewendeten euklidischen Algorithmus. Nutzen Sie diese Beschreibung, um zu zeigen, dass der euklidische Algorithmus beliebig viele Schritte haben kann.

Was *können* wir über die Dauer des euklidischen Algorithmus aussagen? Der Schlüssel zur Antwort liegt in folgendem Lemma:

6.6.1   **Lemma 6.6.1** Während der Ausführung des euklidischen Algorithmus fällt das Produkt der zwei aktuellen Zahlen bei jeder Iteration um mindestens den Faktor 2.

Beweis 12 Um dies einzusehen, betrachten wir den Schritt, bei dem das Paar (a, b) $(a < b)$ durch das Paar (r, a) ersetzt wird (man entsinne sich, r ist der Rest bei der Division von b durch a). Dann haben wir $r < a$ und $a + r \leq b$. Infolgedessen gilt $b \geq a + r > 2r$ und somit $ar < \frac{1}{2}ab$, wie behauptet wurde. □

Nehmen wir an, dass wir den euklidischen Algorithmus bei zwei Zahlen a und b anwenden und k Schritte davon ausführen. Das Produkt der zwei nach k Schritten aktuellen Zahlen beträgt nach Lemma 6.6.1 höchstens $ab/2^k$. Da dies eine natürliche Zahl und damit mindestens 1 ist, erhalten wir

$$ab \geq 2^k,$$

und daher

$$k \leq \log_2(ab) = \log_2 a + \log_2 b.$$

Dadurch haben wir folgendes bewiesen:

Satz 6.6.1   Die Anzahl der Schritte des auf zwei natürliche Zahlen angewendeten euklidischen Algorithmus beträgt höchstens $\log_2 a + \log_2 b$.

6.6.1

In der oberen Schranke für die Anzahl der Schritte haben wir die Summe der Zahlen durch die Summe der Logarithmen dieser Zahlen ersetzt. Dies stellt eine erhebliche Verbesserung dar. Zum Beispiel beträgt die Anzahl der Iterationsschritte bei der Berechnung des größten gemeinsamen Teilers zweier 300-stelliger Zahlen weniger als $2\log_2 10^{300} = 600\log_2 10 < 2000$. Erheblich weniger als $2 \cdot 10^{300}$, unsere erste naive Abschätzung! Bemerkenswert ist die Tatsache, dass $\log_2 a$ kleiner als die Anzahl der Bits von a ist (wenn a zur Basis 2 geschrieben ist). Wir können daher feststellen, dass der euklidische Algorithmus nicht mehr Iterationsschritte benötigt als die Anzahl der Bits, die beim Aufschreiben der Zahlen zur Basis 2 erforderlich sind.
Der obige Satz liefert uns lediglich eine obere Schranke für die Anzahl der Iterationsschritte, die der euklidische Algorithmus benötigt. Wir können Glück haben und es geht viel schneller. Wenn wir den euklidischen Algorithmus zum Beispiel auf zwei aufeinander folgende Zahlen anwenden, braucht er lediglich einen einzigen Schritt. Es kann jedoch auch passieren, dass nicht viel weniger Schritte benötigt werden als die durch die obere Schranke gegebene Anzahl. Falls Sie Übungsaufgabe 6.6.9 gelöst haben, konnten Sie feststellen, dass der euklidische Algorithmus $k-1$ Schritte braucht, wenn man ihn auf zwei aufeinander folgende Fibonacci Zahlen F_k und F_{k+1} anwendet. Andererseits liefert das obige Lemma die Schranke

$$\log_2 F_k + \log_2 F_{k+1} \approx \log_2\left(\frac{1}{\sqrt{5}}\left(\frac{1+\sqrt{5}}{2}\right)^k\right) + \log_2\left(\frac{1}{\sqrt{5}}\left(\frac{1+\sqrt{5}}{2}\right)^{k+1}\right)$$

$$= -\log_2 5 + (2k+1)\log_2\left(\frac{1+\sqrt{5}}{2}\right) \approx 1{,}388k - 1{,}628,$$

und wir haben die Anzahl der Schritte daher lediglich um einen Faktor von ungefähr 1,388 oder weniger als 40% überschätzt.
Fibonacci Zahlen liefern nicht nur gute Beispiele großer Zahlen, anhand derer wir die Arbeitsweise des euklidischen Algorithmus betrachten können, sondern sie sind auch sehr hilfreich, um eine noch bessere Schranke für die Anzahl der Iterationsschritte zu ermitteln. Wir geben das Ergebnis in Form einer Übungsaufgabe an. Sie beinhaltet in gewissem Sinne die Aussage, dass der euklidische Algorithmus bei zwei aufeinander folgenden Fibonacci Zahlen am längsten braucht.

Übung 6.6.10 Angenommen, es gilt $a < b$ und der auf a und b angewendete euklidische Algorithmus benötigt k Schritte. Beweisen Sie, dass $a \geq F_k$ und $b \geq F_{k+1}$.

Übung 6.6.11 Man betrachte folgende Version des euklidischen Algorithmus, um $\mathrm{ggT}(a,b)$ zu berechnen: (1) Falls nötig, vertausche die Zahlen, um $a \leq b$ zu erhalten; (2) Falls $a = 0$, dann gebe die Zahl b zurück; (3) Falls $a \neq 0$, dann ersetze b durch $b - a$ und gehe zu (1).

(a) Führen Sie diesen Algorithmus aus, um $\mathrm{ggT}(19,2)$ zu berechnen.

(b) Zeigen Sie, dass dieser modifizierte euklidische Algorithmus immer mit dem korrekten Ergebnis endet.

(c) Wie lange braucht dieser Algorithmus im schlimmsten Fall, wenn er auf zwei 100-stellige ganze Zahlen angewandt wird?

Übung 6.6.12 Man betrachte folgende Version des euklidischen Algorithmus, um $\mathrm{ggT}(a,b)$ zu berechnen. Beginnen Sie damit, die größte Potenz von 2 zu berechnen, die sowohl a als auch b teilt. Ist dies 2^r, dann teilen Sie a und b durch 2^r. Nach diesen „Vorarbeiten" tun sie folgendes:

(1) Falls nötig, vertausche die Zahlen, um $a \leq b$ zu erhalten.

(2) Falls $a \neq 0$, dann bestimme die Paritäten von a und b. Ist a gerade und b ungerade, dann ersetze a durch $a/2$; sind sowohl a als auch b ungerade, dann ersetze b durch $b - a$; in jedem Fall gehe zu (1) zurück.

(3) Falls $a = 0$, dann gebe die Zahl $2^r b$ als ggT zurück.

Nun kommen die Übungsaufgaben:

(a) Führen Sie diesen Algorithmus aus, um $\mathrm{ggT}(19,2)$ zu berechnen.

(b) Es scheint, als hätten wir in Schritt (2) den Fall ignoriert, bei dem sowohl a als auch b gerade sind. Zeigen sie, dass dies niemals auftritt.

(c) Zeigen Sie, dass dieser modifizierte euklidische Algorithmus immer mit dem korrekten Ergebnis endet.

(d) Zeigen Sie, dass dieser Algorithmus nicht mehr als 1500 Iterationen benötigt, wenn er auf zwei 100-stellige ganze Zahlen angewandt wird.

Der euklidische Algorithmus liefert viel mehr als nur den größten gemeinsamen Teiler zweier Zahlen. Die wichtigste Beobachtung besteht darin, dass alle Zahlen, die wir bei der Ausführung des euklidischen Algorithmus zur Berechnung des größten gemeinsamen Teilers zweier natürlicher Zahlen a und b produzieren, als Summe eines ganzzahligen Vielfachen von a und eines ganzzahligen Vielfachen von b dargestellt werden können.

Als Beispiel betrachten wir noch einmal die Berechnung von $\mathrm{ggT}(300, 18)$:

$$\mathrm{ggT}(300, 18) = \mathrm{ggT}(12, 18) = \mathrm{ggT}(12, 6) = 6.$$

Die Zahl 12 wurde hier als Rest bei der Division $300 \div 18$ erhalten. Das bedeutet, wir erhielten sie, indem wir von 300 das größte Vielfache von 18, welches kleiner als 300 ist, subtrahierten: $12 = 300 - 16 \cdot 18$. Wir beschreiben dies in folgender Form:

$$\ggT(300, 18) = \ggT(300 - 16 \cdot 18, 18).$$

Als nächstes subtrahierten wir 12 von 18 und erhielten 6. Dies können wir unter Beibehaltung der Form (Vielfaches von 300)-(Vielfaches von 18) tun:

$$\ggT(300 - 16 \cdot 18, 18) = \ggT(300 - 16 \cdot 18, 17 \cdot 18 - 300).$$

Es folgt somit, dass der ggT, nämlich 6, diese Form besitzt:

$$6 = 17 \cdot 18 - 300.$$

Wir beweisen nun formal, dass alle durch den euklidischen Algorithmus zur Berechnung von $\ggT(a, b)$ produzierten Zahlen als Summe eines ganzzahligen Vielfachen von a und eines ganzzahligen Vielfachen von b dargestellt werden können. Nehmen wir an, dies gilt für zwei der produzierten aufeinander folgenden Zahlen, so dass die eine $a' = am + bn$ und die andere $b' = ak + bl$ ist, wobei m, n, k, l ganze Zahlen (nicht notwendigerweise positiv) sind. Dann berechnen wir im nächsten Schritt den Rest von (sagen wir) b' modulo a', was

$$a' - qb' = (am + bn) - q(ak + bl) = a(m - qk) + b(n - ql)$$

ist und daher wieder die richtige Form besitzt.
Wir erhalten insbesondere folgenden Satz:

Satz 6.6.2 Sei $d = \ggT(a, b)$. Dann läßt sich d in der Form   6.6.2

$$d = am + bn,$$

darstellen, wobei m und n ganze Zahlen sind.

Ebenso wie bei dem oben angeführten Beispiel können wir die Darstellungsform $am + bn$ der ganzen Zahlen während der Berechnung beibehalten. Dies zeigt, dass der im obigen Satz angegebene Ausdruck für d nicht nur existiert, sondern auch leicht zu berechnen ist.

6.7 Kongruenzen   6.7

Die Notation gehört nicht zur reinen, logischen Struktur der Mathematik: Wir könnten die Menge der reellen Zahlen mit **V** bezeichnen oder die Addition durch # und die Bedeutung der mathematischen Ergebnisse wäre trotzdem dieselbe. Eine gute Notation kann jedoch wundervoll suggestiv sein und zu einem echten begrifflichen Durchbruch führen. Einer dieser wichtigen Schritte war getan, als Carl Friedrich Gauss feststellte, dass der Ausdruck „a und b besitzen bei der Division durch m denselben Rest" sehr häufig verwendet wird und sich diese Relation recht ähnlich zur Gleichheit verhält. Er führte dafür eine Bezeichnung ein, die *Kongruenz*.

Abbildung 6.6. Carl Friedrich Gauss (1777–1855)

Besitzen a und b bei der Division durch m denselben Rest (wobei a, b, m ganze Zahlen sind und $m > 0$ ist), dann schreiben wir

$$a \equiv b \pmod m$$

(man liest: a ist kongruent b modulo m). Äquivalent dazu kann man auch sagen: m ist ein Teiler von $b - a$. Die Zahl m wird als *Modul* der Kongruenzrelation bezeichnet. Die Notation legt nahe, dass wir diese Relation als Analogon zur Gleichheit ansehen wollen. Eine Menge Eigenschaften der Gleichheit sind tatsächlich auch für die Kongruenz gültig, zumindest wenn wir den Modul m fest lassen. Wir haben *Reflexivität*,

$$a \equiv a \pmod m,$$

Symmetrie,

$$a \equiv b \pmod m \qquad \Longrightarrow \qquad b \equiv a \pmod m,$$

und *Transitivität*,

$$a \equiv b \pmod m, \qquad b \equiv c \pmod m \qquad \Longrightarrow \qquad a \equiv c \pmod m.$$

Das ist trivial, wenn wir die Kongruenzrelation als Gleichheit betrachten, nämlich als Gleichheit der Reste beim Teilen durch m.

Wir können mit Kongruenzen ebenso wie mit Gleichungen rechnen. Haben wir zwei Kongruenzen mit demselben Modul

$$a \equiv b \pmod{m} \quad \text{und} \quad c \equiv d \pmod{m},$$

können wir sie addieren, subtrahieren und multiplizieren. Wir erhalten

$$a + c \equiv b + d \pmod{m}, \quad a - c \equiv b - d \pmod{m}, \quad ac \equiv bd \pmod{m}$$

(zur Division werden wir später kommen). Ein nützlicher Spezialfall der Multiplikationsregeln besteht darin, dass wir beide Seiten der Kongruenz mit derselben Zahl multiplizieren können: Falls $a \equiv b \pmod{m}$, dann gilt $ka \equiv kb \pmod{m}$ für alle ganzen Zahlen k.

Diese Eigenschaften müssen natürlich bewiesen werden. Nach Voraussetzung sind $a - b$ und $c - d$ durch m teilbar. Um zu beweisen, dass die Kongruenzen addiert werden können, müssen wir zeigen, dass $(a + c) - (b + d)$ ebenfalls durch m teilbar ist. Zu diesem Zweck schreiben wir dies in Form von $(a-b)+(c-d)$, was die Summe zweier durch m teilbarer ganzer Zahlen ist und somit auch selbst durch m geteilt werden kann. Sehr ähnlich läßt sich beweisen, dass Kongruenzen subtrahiert werden können. Die Multiplikation ist jedoch ein klein wenig schwieriger. Wir müssen zeigen, dass $ac - bd$ durch m teilbar ist. Dazu schreiben wir dies in Form von

$$ac - bd = (a - b)c + b(c - d).$$

Hierbei sind $a - b$ und $c - d$ durch m teilbar, folglich auch $(a - b)c$ und $b(c - d)$ und somit auch ihre Summe.

Die Kongruenzschreibweise ist sehr nützlich, um vielfältige Aussagen und Beweise über Teilbarkeit zu formulieren. Zum Beispiel kann Fermats Satz (Satz 6.5.1) wie folgt angegeben werden: Ist p eine Primzahl, dann gilt

$$a^p \equiv a \pmod{p}.$$

Übung 6.7.1 Wie lautet die größte ganze Zahl m, für die $12345 \equiv 54321 \pmod{m}$ gilt?

Übung 6.7.2 Welche der folgenden „Regeln" sind wahr?

(a) $a \equiv b \pmod{c} \;\Rightarrow\; a + x \equiv b + x \pmod{c + x}$;

(b) $a \equiv b \pmod{c} \;\Rightarrow\; ax \equiv bx \pmod{cx}$.

(c) $\left. \begin{array}{l} a \equiv b \pmod{c} \\ x \equiv y \pmod{z} \end{array} \right\} \;\Rightarrow\; a + x \equiv b + y \pmod{c + z}$;

(d) $\left. \begin{array}{l} a \equiv b \pmod{c} \\ x \equiv y \pmod{z} \end{array} \right\} \;\Rightarrow\; ax \equiv by \pmod{cz}$.

Übung 6.7.3 Wie würden wir $a \equiv b \pmod{0}$ definieren?

Übung 6.7.4 (a) Finden Sie zwei ganze Zahlen a und b, für die $2a \equiv 2b \pmod{6}$ gilt, aber $a \not\equiv b \pmod{6}$. (b) Zeigen Sie: Falls $c \neq 0$ und $ac \equiv bc \pmod{mc}$, dann gilt $a \equiv b \pmod{m}$.

Übung 6.7.5 Sei p eine Primzahl. Zeigen Sie: Falls x, y, u, v ganze Zahlen sind, so dass $x \equiv y \pmod{p}$, $u, v > 0$ und $u \equiv y \pmod{p-1}$, dann gilt $x^u \equiv y^v \pmod{p}$.

6.8 Seltsame Zahlen

Was ist Donnerstag + Freitag?

Wenn Sie diese Frage nicht verstehen, dann fragen Sie ein Kind. Es wird Ihnen sagen, dass es Dienstag ist. (Es könnte Diskussionen darüber geben, ob die Woche mit Montag oder Sonntag beginnt. Aber selbst wenn wir meinen, sie beginnt mit Sonntag, können wir immer noch sagen, dass Sonntag der Tag 0 ist.)

Wir sollten nun keine Schwierigkeiten haben, herauszufinden, dass Mittwoch·Dienstag = Samstag, Donnerstag^2 = Dienstag, Montag − Samstag = Dienstag, etc. ist.

Auf diese Weise können wir Rechenoperationen mit den Tagen der Woche ausführen: Wir haben ein neues Zahlensystem eingeführt! In diesem System gibt es nur 7 Zahlen, die wir So, Mo, Di, Mi, Do, Fr und Sa nennen und wir können Addition, Subtraktion und Multiplikation mit ihnen ebenso wie mit Zahlen durchführen (wir könnten sie auch Glück, Freude, Pech, Zorn, Ärger, Furcht und Egon nennen. Worauf es ankommt, ist die Arbeitsweise der Rechenoperationen).

Nicht nur, dass wir diese Operationen definieren können, sie arbeiten auch noch ziemlich ähnlich wie Operationen mit ganzen Zahlen. Addition und Multiplikation sind kommutativ

$$\text{Di} + \text{Fr} = \text{Fr} + \text{Di}, \qquad \text{Di} \cdot \text{Fr} = \text{Fr} \cdot \text{Di},$$

und assoziativ

$$(\text{Mo} + \text{Mi}) + \text{Fr} = \text{Mo} + (\text{Mi} + \text{Fr}), \qquad (\text{Mo} \cdot \text{Mi}) \cdot \text{Fr} = \text{Mo} \cdot (\text{Mi} \cdot \text{Fr}),$$

und das Distributivgesetz gilt

$$(\text{Mo} + \text{Mi}) \cdot \text{Fr} = (\text{Mo} \cdot \text{Fr}) + (\text{Mi} \cdot \text{Fr}).$$

Die Subtraktion ist zur Addition invers:

$$(\text{Mo} + \text{Mi}) - \text{Mi} = \text{Mo}.$$

Sonntag verhält sich wie 0:

$$\text{Mi} + \text{So} = \text{Mi}, \qquad \text{Mi} \cdot \text{So} = \text{So}$$

und Montag verhält sich wie 1:

$$\text{Mi} \cdot \text{Mo} = \text{Mi}.$$

All dies ist nichts Neues, wenn wir „Montag" als 1, „Dienstag" als 2, etc. betrachten und uns klarmachen, dass wir, da der 8. Tag wieder Montag ist, die Ergebnisse jeder Rechenoperation durch ihren Rest modulo 7 ersetzen müssen. Die obigen Identitäten drücken jeweils Kongruenzrelationen aus und folgen direkt aus den grundlegenden Eigenschaften der Kongruenzen.

Wie sieht es nun mit der Division aus? In einigen Fällen ist dies naheliegend. Was ist zum Beispiel Sa/Mi? Übersetzen wir dies in ganze Zahlen, so heißt es 6/3. Das ist gleich 2, entspricht also Di. Die Überprüfung ergibt: Di · Mi = Sa.

Was ist jedoch Di/Mi? In unserem üblichen Zahlensystem wäre dies 2/3, was keine ganze Zahl ist. Rationale Zahlen wurden so eingeführt, dass wir über das Ergebnis jeder Division sprechen können (ausgenommen, Divisionen durch 0). Müssen wir nun auch „Bruchteile von Wochentagen" einführen?

Es stellt sich heraus, dass dieses neue Zahlensystem (mit nur 7 „Zahlen") hübscher ist! Was bedeutet Di/Mi? Es ist eine „Zahl" X, für die $X \cdot \text{Mi} = \text{Di}$ gilt. Es läßt sich leicht prüfen, dass $\text{Mi} \cdot \text{Mi} = \text{Di}$ ist. Damit haben wir $\text{Di}/\text{Mi} = \text{Mi}$ (oder zumindest scheint es einen Sinn zu ergeben, wenn wir dies sagen).

Dieses Beispiel zeigt, dass es für uns möglich sein kann, Divisionen durchzuführen, ohne neue „Zahlen" (oder neue Wochentage) einführen zu müssen. Aber ist die Ausführung der Division immer möglich?

Betrachten wir eine andere Division, um zu sehen, wie das Ganze funktioniert: Mi/Fr. Diesmal versuchen wir *nicht* zu vermuten, was herauskommt. Stattdessen nennen wir das Ergebnis X und zeigen, dass einer der Wochentage X entsprechen muss.

Sei also $X = \text{Mi}/\text{Fr}$. Das bedeutet, dass $X \cdot \text{Fr} = \text{Mi}$ gilt. Für jeden Wochentag X ist das Produkt $X \cdot \text{Fr}$ einer der Wochentage.

Die wichtigste Behauptung besteht darin, dass *für verschiedene Tage X die Produkte $X \cdot \text{Fr}$ alle unterschiedlich sind.* Nehmen wir an, es gilt

$$X \cdot \text{Fr} = Y \cdot \text{Fr}.$$

Dann erhalten wir

$$(X - Y) \cdot \text{Fr} = \text{So} \tag{38}$$

(wir haben hier das Distributivgesetz und die Tatsache, dass sich Sonntag wie 0 verhält, verwendet). Das Produkt zweier Zahlen, die beide ungleich Null sind, ist wieder eine Zahl ungleich Null. Der Sonntag verhält sich auch in diesem Sinne analog zur 0, das heisst, das Produkt zweier nicht-Sonntage ist ein nicht-Sonntag. (Überprüfen Sie dies!) Also erhalten wir $X - Y =$ So und daher $X = Y +$ So $= Y$.

Die Tage $X \cdot$ Fr sind somit also alle verschieden. Es gibt sieben davon, daher muss jeder Wochentag in dieser Form auftreten. Insbesondere wird auch „Mi" vorkommen. Diese Argumentation funktioniert bei jeder Division, ausgenommen, wir versuchen durch Sonntag zu teilen. Wir wissen bereits, dass sich der Sonntag wie 0 verhält, und daher ergibt die Multiplikation von Sonntag mit jeglichem anderen Tag wieder Sonntag. Wir können daher keinen anderen Tag durch Sonntag dividieren (und das Ergebnis von So/So ist nicht wohldefiniert, es könnte jeder Tag sein).

Die in Abschnitt 6.7 eingeführten Kongruenzen ermöglichen oft eine angenehme Handhabung dieser seltsamen Zahlen. Wir können zum Beispiel (38) in Form von

$$(x - y) \cdot 5 \equiv 0 \pmod 7$$

schreiben (wobei x und y die den Tagen X und Y entsprechenden Zahlen sind), daher ist 7 ein Teiler von $(x - y)5$. Es sind jedoch weder 5 noch $x - y$ durch 7 teilbar (x und y sind zwei verschiedene nicht-negative ganze Zahlen, beide kleiner als 7). Dies ist ein Widerspruch, da 7 eine Primzahl ist. Auf diese Weise können wir, anstelle von Wochentagen, über die üblichen Zahlen sprechen. Der Preis dafür besteht in der Verwendung von Kongruenzen anstelle der Gleichheit.

Übung 6.8.1 Bestimmen Sie Mi/Fr, Di/Fr, Mo/Di, Sa/Di.

Gibt es hier an der Zahl 7 irgendetwas besonderes? In einer Gesellschaft, in der die Woche aus 10, 13 oder 365 Tagen besteht, könnten wir Addition, Subtraktion und Multiplikation ebenso definieren.

Sei m die Anzahl der Wochentage, was wir in mathematischer Sprache den Modulus nennen. Es wäre unpraktisch, für die Wochentage neue Namen einzuführen[1], also nennen wir sie einfach $\overline{0}, \overline{1}, \dots, \overline{m-1}$. Die Striche über den Zahlen bedeuten, dass sich zum Beispiel $\overline{2}$ nicht nur auf Tag 2, sondern auch auf Tag $m + 2$, Tag $2m + 2$, etc. bezieht.

Die Addition ist durch $\overline{a} + \overline{b} = \overline{c}$ definiert, wobei c der Rest von $a + b$ modulo m ist. Die Multiplikation und Subtraktion sind in ähnlicher Art definiert. Auf diese Weise erhalten wir ein neues Zahlensystem: Es besteht lediglich aus m Zahlen und die Grundrechenarten können darin durchgeführt werden. Diese Rechenoperationen genügen den grundlegenden Rechengesetzen, was ebenso wie im obigen Fall $m = 7$ folgt. Diese Art der Rechnung wird *modulare Arithmetik* genannt.

Was ist mit der Division? Wenn Sie den Beweis dafür, dass wir die Division mit $m = 7$ ausführen können, sorgfältig durchlesen, wird Ihnen auffallen, dass wir eine spezielle

---

[1] In vielen Sprachen sind die Namen der Wochentage von Zahlen abgeleitet.

Eigenschaft der 7 verwendet haben: Sie ist eine Primzahl! Es gibt tatsächlich einen grundlegenden Unterschied zwischen der modularen Arithmetik mit und ohne Primzahlmodul. Im Folgenden werden wir unsere Aufmerksamkeit auf den Fall beschränken, bei dem der Modul eine Primzahl ist. Um dies zu betonen, werden wir ihn mit p bezeichnen. Dieses aus $\overline{0}, \overline{1}, \ldots, \overline{p-1}$ bestehende Zahlensystem wird zusammen mit den vier wie oben definierten Operationen ein *Primkörper* genannt.

Der 2-elementige Körper. Die kleinste Primzahl ist 2 und der einfachste Primkörper besteht aus lediglich 2 Elementen, $\overline{0}$ und $\overline{1}$. Die Additions- und Multiplikationstafeln dafür anzugeben, ist einfach:

$+$	$\overline{0}$	$\overline{1}$
$\overline{0}$	$\overline{0}$	$\overline{1}$
$\overline{1}$	$\overline{1}$	$\overline{0}$

$\cdot$	$\overline{0}$	$\overline{1}$
$\overline{0}$	$\overline{0}$	$\overline{0}$
$\overline{1}$	$\overline{0}$	$\overline{1}$

(Es gibt tatsächlich nur eine einzige Operation, die nicht aus den allgemeinen Eigenschaften von 0 und 1 folgt, nämlich $\overline{1} + \overline{1} = \overline{0}$. Es ist weder nötig die Subtraktionstafel anzugeben, da in diesem Körper $a + b = a - b$ für alle a und b gilt (überprüfen!), noch die Divisionstafel, da folgendes offensichtlich ist: Durch $\overline{0}$ können wir nicht teilen und die Division durch $\overline{1}$ bewirkt beim Dividenden keine Veränderung.)

Es ist unbequem all diese Querstriche über die Zahlen zu schreiben, daher werden wir sie häufig weglassen. Allerdings müssen wir dann vorsichtig sein, da wir wissen müssen, ob $1 + 1$ nun 2 oder 0 ist. Aus diesem Grund ändern wir das Additionszeichen und verwenden $\oplus$ für die Addition in einem 2-elementigen Körper. In dieser Notation sehen die Additions- und Multiplikationstafeln wie folgt aus:

$\oplus$	0	1
0	0	1
1	1	0

$\cdot$	0	1
0	0	0
1	0	1

(Für die Multiplikation müssen wir kein neues Symbol einführen, da die Multiplikationstafel für 0 und 1 in einem 2-elementigen Körper dieselbe wie bei den üblichen Zahlen ist.)

Dieser Körper ist sehr klein, aber auch sehr wichtig, da er in der Informatik, der Informationstheorie und der mathematischen Logik sehr häufig verwendet wird: Seine zwei Elemente können als „JA-NEIN", „WAHR-FALSCH", „SIGNAL-KEIN SIGNAL", etc. interpretiert werden.

Übung 6.8.2 Die 0 bedeute „FALSCH" und die 1 bedeute „WAHR". Seien A und B zwei Aussagen (die entweder wahr oder falsch sind). Formulieren Sie unter Verwendung der Operationen $\oplus$ und $\cdot$ die wahren Aussagen „nicht A", „A oder B", „A und B".

Übung 6.8.3 Sei der Modul gleich 6. Zeigen Sie anhand eines Beispiels, dass die Division durch eine „Zahl" ungleich Null nicht immer ausgeführt werden kann. Verallgemeinern Sie das Beispiel auf jeden zusammengesetzten Modul.

Division in modularer Arithmetik. Unser Beweis, dass die Division in modularer Arithmetik nur ausgeführt werden kann, falls der Modul eine Primzahl ist, war recht einfach. Er enthält jedoch keine Informationen darüber, wie man die Division durchführt. Würden wir wie oben vorgehen, um den Quotienten zu bestimmen, so würde dies bedeuten, dass wir alle Zahlen zwischen 0 und $p - 1$ betrachten müssten. Dies war für $p = 7$ in Ordnung. Für eine Primzahl wie $p = 234.527$ wäre es jedoch ziemlich langwierig (ganz zu schweigen von wirklich großen Primzahlen, wie sie in der Kryptographie und Computersicherheit Verwendung finden).

Wie können wir also beispielsweise $\overline{53}$ durch $\overline{2}$ modulo 234.527 teilen?

Wir können das Problem vereinfachen und nur die Division von $\overline{1}$ durch $\overline{2}$ modulo 234.527 betrachten. Haben wir $\overline{1}/\overline{2} = \overline{a}$, dann können wir $\overline{53}/\overline{2} = \overline{53} \cdot \overline{a}$ erhalten, wovon wir wissen, wie wir es zu berechnen haben.

An diesem Punkt können wir den Beweis anhand eines allgemeinen Falles noch besser erläutern. Seien ein Primzahlmodul p und eine ganze Zahl a ($1 \leq a \leq p - 1$) gegeben und wir möchten eine ganze Zahl x ($0 \leq x \leq p - 1$) finden, so dass $\overline{a}\overline{x} = \overline{1}$ gilt. Unter Verwendung der Kongruenzschreibweise aus Abschnitt 6.7 können wir dies wie folgt schreiben

$$ax \equiv 1 \pmod{p}.$$

Der Schlüssel zur Lösung dieses Problems ist der euklidischen Algorithmus. Wir bestimmen den größten gemeinsamen Teiler von a und p. Da die Antwort offensichtlich ist, hört sich das eigentlich ziemlich albern an: p ist eine Primzahl und $1 \leq a < p$. Somit können sie keinen größeren gemeinsamen Teiler als 1 besitzen und daher gilt $\mathrm{ggT}(p, a) = 1$. Erinnern wir uns, dass uns der euklidische Algorithmus aber noch mehr liefert: Er gibt uns den größten gemeinsamen Teiler in der Form $au + pv$, wobei u und v ganze Zahlen sind. Daher erhalten wir

$$au + pv = 1,$$

wodurch

$$au \equiv 1 \pmod{p}$$

impliziert wird. Damit sind wir schon fast fertig. Das einzige Problem besteht noch darin, dass die ganze Zahl u nicht zwischen 1 und $p - 1$ liegen muss. Ist jedoch x der Rest von u modulo p, dann erhalten wir durch Multiplikation der Kongruenz $x \equiv u \pmod{p}$ mit a (wir erinnern uns an Abschnitt 6.7: Dies ist eine legale Rechenoperation bei Kongruenzen.)

$$ax \equiv au \equiv 1 \pmod{p}.$$

Dies ist die Lösung unseres Problems, da $0 \leq x \leq p - 1$ gilt.
Wir wenden diesen Algorithmus nun auf unser obiges Beispiel mit $a = 2$ und $p = 234.527$ an. Der euklidische Algorithmus ist in diesem Fall wirklich sehr einfach: Man teile 234.527 mit Rest durch 2. Der Rest ist bereits gleich 1. Daher erhalten wir

$$2 \cdot (-117.263) + 234.527 \cdot 1 = 1.$$

Der Rest von -117.263 modulo 234.527 ist 117.264, somit bekommen wir

$$\overline{1}/\overline{2} = \overline{117.264}.$$

Übung 6.8.4 Berechnen Sie $\overline{1}/\overline{53}$ modulo 234.527.

Sobald wir wissen, wie die grundlegenden Rechenoperationen ausgeführt werden können, ist es möglich, schwierigere Aufgabenstellungen, wie zum Beispiel das Lösen linearer Gleichungen durchzuführen. Dafür besinnen wir uns darauf, was wir mit gewöhnlichen Zahlen machen würden. Veranschaulichen können wir dies anhand einiger Beispiele, bei denen wir die Kongruenzschreibweise zusammen mit den grundlegenden Eigenschaften aus Abschnitt 6.7 verwenden.

Beispiel 1: Wir betrachten eine lineare Gleichung, sagen wir

$$\overline{7}X + \overline{3} = \overline{0},$$

wobei der Modul 47 ist. (Man prüfe anhand der Tabelle, dass dies eine Primzahl ist!) Dies können wir als Kongruenz umschreiben:

$$7x + 3 \equiv 0 \pmod{47}.$$

Die zweite Form ist üblicher, daher werden wir damit weiterarbeiten.
Wir formen dies zu

$$7x \equiv -3 \pmod{47} \tag{39}$$

um, genau wie wir es mit einer Gleichung machen würden (wenn wir alle Zahlen positiv schreiben wollten, könnten wir -3 durch ihren Rest 44 modulo 47 ersetzen, aber dies ist je nach Geschmack freigestellt).
Als nächstes müssen wir den Kehrwert von 7 modulo 47 bestimmen. Der euklidische Algorithmus ergibt

$$\mathrm{ggT}(7,47) = \mathrm{ggT}(7,5) = \mathrm{ggT}(2,5) = \mathrm{ggT}(2,1) = 1,$$

und mit der erweiterten Version erhalten wir

$$5 = 47 - 6 \cdot 7, \qquad 2 = 7 - 5 = 7 - (47 - 6 \cdot 7) = 7 \cdot 7 - 47,$$

$$1 = 5 - 2 \cdot 2 = (47 - 6 \cdot 7) - 2 \cdot (7 \cdot 7 - 47) = 3 \cdot 47 - 20 \cdot 7.$$

Dies zeigt, dass $(-20) \cdot 7 \equiv 1 \pmod{47}$ gilt. Der Kehrwert von 7 modulo 47 beträgt also -20 (was wir wiederum auch als 27 schreiben könnten).

Durch die Division beider Seiten von (39) durch 7, was der Multiplikation beider Seiten mit 27 entspricht, erhalten wir nun

$$x \equiv 13 \pmod{47}.$$

(Wir bekommen 13 entweder als Rest von $(-3)(-20)$ oder als Rest von $44 \cdot 27$ modulo 47, das Ergebnis ist dasselbe.)

Beispiel 2: Als nächstes lösen wir ein System aus zwei linearen Gleichungen mit zwei Variablen. Wir behandeln in diesem Beispiel etwas größere Zahlen, um zu zeigen, dass wir auch mit diesen zurecht kommen. Der Modulus sei $p = 127$ und wir betrachten die Gleichungen

$$\overline{12}X + \overline{31}Y = \overline{2}, \qquad\qquad (40)$$
$$\overline{2}X + \overline{89}Y = \overline{23}.$$

Wir können sie als folgende Kongruenzen beschreiben:

$$12x + 31y \equiv \qquad\qquad 2 \pmod{127},$$
$$2x + 89y \equiv \qquad\qquad 23 \pmod{127}.$$

a) Eliminieren einer Variablen: Wie würden wir dieses System lösen, wenn es gewöhnliche Gleichungen wären? Um x zu eliminieren könnten wir die zweite Gleichung mit 6 multiplizieren und sie von der ersten abziehen. In diesem Primkörper können wir das ebenfalls tun und erhalten

$$(31 - 6 \cdot 89)y \equiv 2 - 6 \cdot 23 \pmod{127}$$

oder

$$(-503)y \equiv -136 \pmod{127}.$$

Wir können die negativen Zahlen durch ihre Reste modulo 127 ersetzen und bekommen

$$5y \equiv 118 \pmod{127}. \qquad\qquad (41)$$

b) Division: Als nächstes möchten wir die Gleichung durch 5 dividieren. Nun folgt das, was wir vorhin besprochen haben: Wir müssen den euklidischen Algorithmus anwenden. Die Berechnung des größten gemeinsamen Teilers ist einfach:

$$\text{ggT}(127,5) = \text{ggT}(2,5) = \text{ggT}(2,1) = 1.$$

Dies ergibt nichts Neues: Wir wußten schon vorher, dass der größte gemeinsame Teiler 1 sein würde. Um mehr zu erhalten, müssen wir an diese Berechnung eine andere anschließen, wobei jede Zahl als ganzzahlige Vielfache von 127 plus einer Vielfachen der Zahl 5 geschrieben wird:

$$\text{ggT}(127,5) = \text{ggT}(127 - 25 \cdot 5, 5) = \text{ggT}(127 - 25 \cdot 5, (-2) \cdot 127 + 51 \cdot 5) = 1.$$

Dies ergibt

$$(-2) \cdot 127 + 51 \cdot 5 = 1.$$

Daher gilt $5 \cdot 51 \equiv 1 \pmod{127}$ und somit haben wir den „Kehrwert" von 5 modulo 127 gefunden.

Anstatt Gleichung (40) durch fünf zu teilen, multiplizieren wir sie mit dem „Kehrwert" 51, um

$$y \equiv 51 \cdot 118 \pmod{127} \tag{42}$$

zu erhalten.

c) Abschluß: Berechnen wir die rechte Seite von (42) und bestimmen danach den Rest modulo 127, erhalten wir $y \equiv 49 \pmod{127}$. Mit anderen Worten ist $Y = \overline{49}$ die Lösung. Wir müssen nun diesen Wert wieder in eine der Originalgleichungen einsetzen, um x zu bestimmen:

$$2x + 89 \cdot 49 \equiv 23 \pmod{127}$$

und daher gilt

$$2x \equiv 23 - 89 \cdot 49 \equiv 107 \pmod{127}.$$

Wir müssen also noch eine Division durchführen. In Analogie zu dem, was wir oben getan haben, erhalten wir

$$(-63) \cdot 2 + 127 = 1$$

und folglich

$$64 \cdot 2 \equiv 1 \pmod{127}.$$

Wir können also, anstatt durch 2 zu teilen, mit 64 multiplizieren und bekommen

$$x \equiv 64 \cdot 107 \pmod{127}.$$

Durch die Berechnung der rechten Seite und ihres Rests modulo 127 erhalten wir $x \equiv 117 \pmod{127}$ oder anders ausgedrückt $X = \overline{117}$. Wir haben (40) somit gelöst.

Beispiel 3: Wir sind sogar in der Lage, quadratische Gleichungen zu lösen, zum Beispiel

$$x^2 - 3x + 2 \equiv 0 \pmod{53}.$$

Wir können dies auch so schreiben:

$$(x - 1)(x - 2) \equiv 0 \pmod{53}.$$

Einer der Faktoren auf der linken Seite muß kongruent zu 0 modulo 53 sein, wobei entweder $x \equiv 1 \pmod{53}$ oder $x \equiv 2 \pmod{53}$ gilt.

Wir haben hier durch reines Hinsehen eine Möglichkeit gefunden, die linke Seite als Produkt darzustellen. Was passiert, wenn wir Gleichungen mit größeren Zahlen haben, wie zum Beispiel $x^2 + 134.517x + 105.536 \equiv 0 \pmod{234.527}$? Es ist zweifelhaft, ob es jemandem gelingt, hier eine Zerlegung zu erraten. In diesem Fall können wir versuchen, die schon aus der Schule bekannte Methode zur Lösung quadratischer Gleichungen anzuwenden. Sie funktioniert, allerdings ist einer ihrer Schritte ziemlich schwierig: das Ziehen von Quadratwurzeln. Es ist durchaus möglich, dies effizient zu tun, allerdings ist der Algorithmus zu kompliziert, um hier erläutert zu werden.

Übung 6.8.5 Lösen Sie das Kongruenzsystem

$$
\begin{aligned}
2x + 3y &\equiv 1 \pmod{11}, \\
x + 4y &\equiv 4 \pmod{11}.
\end{aligned}
$$

Übung 6.8.6 Lösen Sie die „Kongruenzgleichungen"

(a) $x^2 - 2x \equiv 0 \pmod{11}$,   (b) $x^2 \equiv 4 \pmod{23}$.

6.9 Zahlentheorie und Kombinatorik

Viele der von uns eingeführten kombinatorischen Hilfsmittel sind auch in der Zahlentheorie sehr nützlich. Induktion wird überall verwendet. Wir zeigen einige elegante Beweise, die auf dem *Taubenschlagprinzip* und auf der *Inklusions-Exklusions-Formel* basieren.

> *Uns seien n natürliche Zahlen gegeben: $a_1, a_2, \ldots, a_n$. Zeigen Sie, dass wir eine (nicht-leere) Teilmenge dieser Zahlen auswählen können, deren Summe durch n teilbar ist.*

(Es ist möglich, dass diese Teilmenge alle n Zahlen enthält.)

Lösung: Wir betrachten folgende n Zahlen:

$$b_1 = a_1,$$
$$b_2 = a_1 + a_2,$$
$$b_3 = a_1 + a_2 + a_3,$$
$$\vdots$$
$$b_n = a_1 + a_2 + a_3 + \cdots + a_n.$$

Wir haben gefunden, was wir suchten, falls unter diesen n Zahlen eine dabei ist, die durch n teilbar ist. Ist keine dabei, dann teilen wir alle Zahlen $b_1, b_2, \ldots, b_n$ mit Rest durch n. Man schreibe diese Reste auf. Welche Zahlen erhalten wir? Es könnte jeweils $1, 2, \ldots$ oder $n - 1$ sein. Wir haben jedoch eine Gesamtmenge von n Zahlen! Nach dem Taubenschlagprinzip besitzen daher zwei der Zahlen $b_1, b_2, \ldots, b_n$ denselben Rest beim Teilen durch n. Sagen wir, diese beiden Zahlen sind b_i und b_j $(i < j)$, dann ist ihre Differenz $b_j - b_i$ durch n teilbar. Es gilt jedoch

$$b_j - b_i = a_{i+1} + a_{i+2} + \cdots + a_j.$$

Wir haben somit eine bestimmte Teilmenge der Zahlen $a_1, a_2, \ldots, a_n$ gefunden, nämlich $a_{i+1}, a_{i+2}, \ldots, a_j$, deren Summe durch n teilbar ist. Dies wollten wir zeigen.

Übung 6.9.1 Uns seien n Zahlen aus der Menge $\{1, 2, \ldots, 2n - 1\}$ gegeben. Zeigen Sie, dass man unter diesen n Zahlen immer zwei finden kann, die teilerfremd zueinander sind.

Als sehr wichtige Anwendung der Inklusion–Exklusion beantworten wir folgende Frage: *Wie viele zu 1200 teilerfremde natürliche Zahlen gibt es, die kleiner als 1200 sind?* Wir kennen die Primfaktorzerlegung von 1200, nämlich $1200 = 2^4 \cdot 3 \cdot 5^2$. Daher wissen wir, dass genau die durch 2, 3 oder 5 teilbaren Zahlen einen gemeinsamen Faktor mit 1200 besitzen. Wir möchten also die Anzahl aller natürlichen Zahlen, die kleiner als 1200 und nicht durch 2, 3 oder 5 teilbar sind, bestimmen.

Man kann leicht berechnen, dass es bis 1200

$\dfrac{1200}{2}$ durch 2 teilbare Zahlen

(jede zweite Zahl ist gerade),

$\dfrac{1200}{3}$ durch 3 teilbare Zahlen und

$\dfrac{1200}{5}$ durch 5 teilbare Zahlen gibt.

Die sowohl durch 2 als auch durch 3 teilbaren Zahlen sind genau die durch 6 teilbaren Zahlen. Bis 1200 gibt es daher

$$\frac{1200}{6} \text{ durch 2 und 3 teilbare Zahlen}$$

und analog gibt es

$$\frac{1200}{10} \text{ durch 2 und 5 teilbare Zahlen und}$$

$$\frac{1200}{15} \text{ durch 3 und 5 teilbare Zahlen.}$$

Schließlich sind die Zahlen, die durch 2, 3 und 5 teilbar sind, genau diejenigen, welche durch 30 teilbar sind. Daher gibt es

$$\frac{1200}{30} \text{ durch 2, 3 und 5 teilbare Zahlen.}$$

Wir können nun mit diesen Daten die Inklusion–Exklusion nutzen, um die gesuchte Anzahl zu bestimmen:

$$1200 - \left(\frac{1200}{2} + \frac{1200}{3} + \frac{1200}{5} \right) + \frac{1200}{2 \cdot 3} + \frac{1200}{2 \cdot 5} + \frac{1200}{3 \cdot 5} - \frac{1200}{2 \cdot 3 \cdot 5} = 320.$$

Wenn wir 1200 auf der linken Seite der obigen Gleichung ausklammern, dann kann das, was übrigbleibt, in eine nette Produktform umgewandelt werden (überprüfen Sie die Berechnungen!):

$$1200 \cdot \left(1 - \frac{1}{2} - \frac{1}{3} - \frac{1}{5} + \frac{1}{2 \cdot 3} + \frac{1}{2 \cdot 5} + \frac{1}{3 \cdot 5} - \frac{1}{2 \cdot 3 \cdot 5} \right)$$

$$= 1200 \cdot \left(1 - \frac{1}{2} \right) \cdot \left(1 - \frac{1}{3} \right) \cdot \left(1 - \frac{1}{5} \right).$$

Sei n eine natürliche Zahl. Wir bezeichnen die Anzahl der Zahlen, die teilerfremd zu n und nicht größer als n sind, mit $\phi(n)$. (Wir verwenden hier „nicht größer" anstelle von „kleiner". Dies ist jedoch nur für $n = 1$ von Bedeutung, da dies der einzige Fall ist, bei dem eine Zahl teilerfremd zu sich selbst ist, also $\phi(1) = 1$ gilt.). Primzahlen besitzen selbstverständlich die meisten zu sich teilerfremden Zahlen: Ist p eine Primzahl, dann wird jede kleinere natürliche Zahl in $\phi(p)$ mitgezählt, es gilt also $\phi(p) = p - 1$. Die Zahl $\phi(n)$ kann im Allgemeinen so, wie wir es in dem konkreten Fall oben getan haben, berechnet werden: *Sind $p_1, p_2, \ldots, p_r$ alles verschiedene Primfaktoren von n, dann gilt*

$$\phi(n) = n \cdot \left(1 - \frac{1}{p_1} \right) \cdot \left(1 - \frac{1}{p_2} \right) \cdots \left(1 - \frac{1}{p_r} \right). \tag{43}$$

Der Beweis folgt den obigen Berechnungen und wird als Übungsaufgabe 6.9.2 gestellt.

Übung 6.9.2 Beweisen Sie (43).

Übung 6.9.3 Sei n eine natürliche Zahl. Wir berechnen $\phi(d)$ für jeden Teiler d von n und addiere diese Zahlen anschließend. Wie lautet die Summe? (Man experimentiere, formuliere eine Vermutung und beweise sie.)

Übung 6.9.4 Wir addieren alle natürlichen Zahlen, die kleiner als n und teilerfremd zu n sind. Was erhalten wir?

Übung 6.9.5 Beweisen Sie folgende Erweiterung von Fermats Satz: Ist $\text{ggT}(a, b) = 1$, dann ist $a^{\phi(b)} - 1$ durch b teilbar.
[Hinweis: Verallgemeinern Sie den Beweis für den Satz von Fermat aus Übungsaufgabe 6.5.4.]

6.10 Wie prüft man, ob eine Zahl eine Primzahl ist?

Ist 123.456 eine Primzahl? Natürlich nicht, denn sie ist gerade! Ist 1.234.567 eine Primzahl? Dies ist nicht so einfach zu beantworten. Aber wenn man gezwungen wird, kann man alle Zahlen $2, 3, 4, 5 \ldots$ ausprobieren, um zu sehen, ob es sich dabei um einen Teiler handelt. Besitzt man die Geduld, bis 127 zu kommen, ist man fertig: $1.234.567 = 127 \cdot 9721$.

Wie sieht es mit 1.234.577 aus? Man kann wieder versuchen einen Teiler zu finden, indem man jede Zahl $2, 3, 4, 5, \ldots$ betrachtet. Diesmal wird man jedoch keinen echten Teiler finden! Wenn man wirklich geduldig ist und bis zur Quadratwurzel von 1.234.577 weitermacht, die übrigens $1111, 1 \ldots$ beträgt, dann weiß man immerhin, dass man keinen echten Teiler mehr finden wird (warum?).

Wie sieht es jedoch mit der Zahl

$$1.111.222.233.334.444.555.566.667.777.888.899.967$$

aus? Ist es eine Primzahl (sie ist eine), dann müssen wir alle Zahlen bis zu ihrer Quadratwurzel ausprobieren. Ihre Quadratwurzel ist größer als 10^{18}, da die Zahl größer als 10^{36} ist. Mehr als 10^{18} Zahlen auszuprobieren, ist selbst für den leistungsfähigsten Computer der Welt ein hoffnungsloses Unterfangen.

Der Fermat-Test. Wie können wir feststellen, ob diese Zahl eine Primzahl ist? Nun, unser Computer sagt es uns. Aber woher weiß es der Computer? Einen Ansatz liefert uns der Satz von Fermat. Der kleinste nicht-triviale Fall besagt, *ist p eine Primzahl, dann gilt $p \mid 2^p - 2$*. Nehmen wir an, p ist ungerade (was lediglich den Fall $p = 2$ ausschließt), dann wissen wir, dass $p \mid 2^{p-1} - 1$ gilt.

Was passiert, wenn wir die Teilbarkeitsbedingung $n \mid 2^{n-1} - 1$ für zusammengesetzte Zahlen testen? Sie ist offensichtlich nicht erfüllt, falls n gerade ist (keine gerade Zahl ist ein Teiler einer ungeraden Zahl). Also beschränken wir unsere Aufmerksamkeit auf ungerade Zahlen. Hier sind einige Ergebnisse:

$$9 \nmid 2^8 - 1 = 255, \qquad 15 \nmid 2^{14} - 1 = 16.383, \qquad 21 \nmid 2^{20} - 1 = 1.048.575,$$

$$25 \nmid 2^{24} - 1 = 16.777.215.$$

Dies suggeriert uns, es sei vielleicht möglich, anhand der Bedingung $n \mid 2^{n-1} - 1$ zu testen, ob eine Zahl eine Primzahl ist oder nicht. Das ist eine nette Idee, allerdings hat sie einige bedeutende Mängel.

Wie man GROSSE Potenzen berechnet. Es ist leicht, die Formel $2^{n-1} - 1$ aufzuschreiben. Aber es ist etwas ganz anderes, dies zu berechnen! Scheinbar müssen wir die 2 noch $n - 2$ mal mit 2 multiplizieren, um 2^{n-1} zu erhalten. Für eine 100-stellige Zahl n bedeutet dies, es müssen ungefähr 10^{100} Schritte ausgeführt werden, was wir niemals durchführen können.

Wir können jedoch bei der Berechnung von 2^{n-1} auch ein wenig trickreicher vorgehen. Veranschaulichen wir dies am Beispiel 2^{24}: Wir könnten mit $2^3 = 8$ beginnen, Quadrieren ergibt $2^6 = 64$. Erneutes Quadrieren ergibt $2^{12} = 4096$ und ein weiteres mal Quadrieren führt zu $2^{24} = 16.777.216$. Anstelle von 23 Multiplikationen brauchten wir nur 5.

Es scheint, als wenn dieser Trick nur deshalb funktionieren würde, weil 24 durch eine solch große Potenz von 2 teilbar ist und wir daher 2^{24}, ausgehend von einer kleinen Zahl, durch wiederholtes Quadrieren bestimmen konnten. Wir zeigen nun, wie man einen ähnlichen Trick durchführen kann, wenn der Exponent eine weniger freundliche ganze Zahl, wie zum Beispiel 29, ist. Hier ist eine Möglichkeit 2^{29} zu berechnen:

$$2^2 = 4, \quad 2^3 = 8, \quad 2^6 = 64, \quad 2^7 = 128, \quad 2^{14} = 16.384,$$

$$2^{28} = 268.435.456, \quad 2^{29} = 536.870.912.$$

Es ist vielleicht das Beste, diese Sequenz rückwärts zu lesen: Müssen wir eine ungerade Potenz von 2 berechnen, dann erreichen wir dies, indem wir die vorhergehende Potenz mit 2 multiplizieren. Haben wir eine gerade Potenz zu berechnen, quadrieren wir eine geeignete kleinere Potenz.

Übung 6.10.1 Zeigen Sie, dass 2^n mit weniger als $2k$ Multiplikationen berechnet werden kann, falls n zur Basis 2 die Anzahl von k Bits besitzt.

Wie man GROSSE Zahlen vermeidet. Wir haben gezeigt, wie man die erste Schwierigkeit bewältigt, aber die obigen Berechnungen offenbaren schon die zweite: Die Zahlen werden zu groß! Sagen wir, eine Zahl n besitzt 100 Stellen, dann ist nicht nur 2^{n-1} selbst astronomisch groß, sondern schon die Anzahl der Stellen dieser Potenz ist astronomisch! Wir könnten sie niemals aufschreiben, geschweige denn prüfen, ob sie durch n teilbar ist.

Der Ausweg besteht darin, sobald wir eine Zahl größer als n haben, diese mit Rest durch n zu teilen und dann nur noch mit diesem Rest der Division zu arbeiten. (Wir könnten auch sagen, wir arbeiten in modularer Arithmetik mit dem Modul n. Wir werden keine Divisionen ausführen müssen, daher braucht n keine Primzahl zu sein.) Wollen wir beispielsweise prüfen, ob $25 \mid 2^{24} - 1$ gilt, dann müssen wir 2^{24} berechnen. Wie oben beginnen wir mit der Berechnung von $2^3 = 8$. Danach Quadrieren wir, um $2^6 = 64$ zu erhalten. Nun wird dies unverzüglich durch den Rest der Division $64 \div 25$ ersetzt. Dieser beträgt 14. Dann berechnen wir 2^{12}, indem wir 2^6 quadrieren. Allerdings wird nun anstelle von 64 die 14 quadriert, um 196 zu erhalten, was wiederum durch den Rest bei der Division $196 \div 25$ ersetzt wird. Dieser beträgt 21. Schließlich erhalten wir 2^{24} durch das Quadrieren von 2^{12}. Allerdings quadrieren wir stattdessen 21 und erhalten 441, was wir nun durch 25 teilen, um den Rest 16 zu erhalten. Da sich $16 - 1 = 15$ nicht durch 25 teilen läßt, folgt, dass 25 keine Primzahl ist.

Das hört sich, angesichts der Trivialität dieses Ergebnisses, nicht gerade nach einer eindrucksvollen Folgerung an, aber dies war ja auch nur zur Illustration gedacht. Wenn n nun k Bits zur Basis 2 hat, dann haben wir gesehen, dass es nur $2k$ Multiplikationen bedarf, um 2^n zu berechnen. Um die Zahlen dabei klein zu halten, müssen wir lediglich in jedem Schritt eine Division (mit Rest) ausführen. Wir müssen uns daher nie mit Zahlen beschäftigen, die größer als n^2 sind. Wenn n nun 100 Stellen besitzt, dann hat n^2 davon 199 oder 200. Solche Zahlen von Hand zu multiplizieren macht nicht besonders viel Spass, aber mit einem Computer ist dies recht einfach.

Pseudoprimzahlen. Hier kommt die dritte Schwäche des auf Fermats Satz gründenden Primzahltests. Angenommen, wir führen den Test für eine Zahl n aus. Schlägt er fehl (das bedeutet, n ist kein Teiler von $2^{n-1} - 1$), dann wissen wir natürlich, dass n keine Primzahl ist. Aber angenommen, wir finden heraus, es gilt $n \mid 2^{n-1} - 1$. Können wir daraus schließen, dass n eine Primzahl ist? Mit Fermats Satz kann diese Schlussfolgerung sicherlich nicht begründet werden. Gibt es zusammengesetzte Zahlen n, für die $n \mid 2^{n-1} - 1$ gilt? Unglücklicherweise lautet die Antwort „ja". Die kleinste dieser Zahlen ist $341 = 11 \cdot 31$. Sie ist keine Primzahl, aber es gilt

$$341 \mid 2^{340} - 1. \tag{44}$$

(Woher wissen wir ohne umfangreiche Berechnungen, dass diese Teilbarkeitsbeziehung gilt? Wir können Fermats Satz verwenden. Es reicht zu zeigen, dass sowohl 11 als auch 31 Teiler von $2^{340} - 1$ sind, denn dann gilt dies auch für ihr Produkt. 11 und

31 sind unterschiedliche Primzahlen. Nach Fermats Satz gilt

$$11 \mid 2^{10} - 1.$$

Nun ziehen wir das Ergebnis von Übungsaufgabe 6.1.6 heran: Es impliziert

$$2^{10} - 1 \mid 2^{340} - 1.$$

Daher gilt

$$11 \mid 2^{340} - 1.$$

Für 31 brauchen wir Fermats Satz gar nicht, sondern nur wieder Übungsaufgabe 6.1.6:

$$31 = 2^5 - 1 \mid 2^{340} - 1.$$

Dies beweist (44).)

Solche Zahlen, die selbst keine Primzahlen sind, sich jedoch insofern wie Primzahlen verhalten, als der Satz von Fermat mit Basis $a = 2$ für sie zutrifft, werden *Pseudoprimzahlen* (falsche Primzahlen) genannt oder noch etwas präziser, Pseudoprimzahlen zur Basis 2. Obwohl solche Zahlen ziemlich selten sind (es gibt zwischen 1 und 10.000 lediglich 22 Pseudoprimzahlen zur Basis 2), zeigen sie, dass unser Primzahltest „falsche positive" Ergebnisse liefern kann und daher (im mathematischen Sinne) überhaupt kein Primzahltest ist.

(Können wir es uns erlauben, hin und wieder einen Fehler zu machen, dann können wir auch mit dem einfachen Fermat-Test zur Basis 2 leben. Wenn das Schlimmste, was passieren kann, in einem abstürzenden Computerspiel besteht, dann können wir das riskieren. Hängt jedoch die Sicherheit einer Bank oder eines Landes davon ab, dass keine „falsche Primzahl" verwendet wird, dann müssen wir noch etwas besseres finden.)

Eine Idee zu unserer Rettung besteht darin, dass wir noch gar nicht die volle Leistungsstärke des Satzes von Fermat verwendet haben:

Wir können nämlich auch $n \mid 3^n - 3$, $n \mid 5^n - 5$, etc. prüfen. Diese Tests können wir mit Hilfe derselben Tricks ausführen, wie wir oben beschrieben haben. Schon durch den ersten dieser Tests wird tatsächlich die „falsche Primzahl" 341 ausgeschlossen: Sie ist kein Teiler von $3^{340} - 1$.

Die folgende Beobachtung sagt uns, dies funktioniert immer, zumindest wenn wir genügend Geduld besitzen:

Eine natürliche Zahl $n > 1$ ist genau dann eine Primzahl, wenn sie für jede Basis $a = 1, 2, 3, \ldots, n - 1$ den Fermat-Test

$$n \mid a^{n-1} - 1$$

erfüllt.

Der Satz von Fermat sagt uns, dass Primzahlen den Fermat-Test für jede Basis erfüllen. Andererseits, falls n eine zusammengesetzte Zahl ist, gibt es Zahlen a, $1 \le a \le n-1$, die nicht teilerfremd zu n sind. Mit keiner dieser Zahlen wird der Fermat-Test erfüllt: Ist p ein gemeinsamer Primteiler von a und n, dann ist p auch ein Teiler von a^{n-1} und kann daher kein Teiler von $a^{n-1} - 1$ sein. Deshalb kann n ebenfalls kein Teiler von $a^{n-1} - 1$ sein.

Dieser allgemeine Fermat-Test ist jedoch nicht effizient genug. Stellen wir uns vor, wir haben eine Zahl n mit einigen hundert Stellen gegeben und wir möchten prüfen, ob es sich hierbei um eine Primzahl handelt oder nicht. Wir können den Fermat-Test zur Basis 2 durchführen. Angenommen, die Zahl erfüllt diesen Test, dann können wir ihn zur Basis 3 versuchen. Angenommen, sie erfüllt auch diesen Test, etc.. Wie lange müssen wir so fortfahren, bevor wir darauf schließen können, dass n eine Primzahl oder eine zusammengesetzte Zahl ist? Wir sehen anhand der Argumentation, die den allgemeinen Fermat-Test rechtfertigt, dass wir nicht weiter als bis zur ersten Zahl, die einen gemeinsamen Teiler mit n besitzt, gehen müssen. Man sieht leicht, dass die kleinste dieser Zahlen der kleinste Primteiler von n ist. Gilt beispielsweise $n = pq$, wobei p und q unterschiedliche jeweils 100-stellige Primzahlen sind (also besitzt n 199 oder 200 Stellen), dann müssen wir bis zum kleineren der beiden Werte von p und q jede Zahl ausprobieren. Das ergibt mehr als 10^{99} Versuche und ist damit hoffnungslos. (Außerdem können wir bei so einem Vorgehen auch gleich einfache Teilbarkeitstests durchführen und brauchen so etwas wie den Satz von Fermat gar nicht!)

Wir könnten anstelle von 2 auch mit irgendeiner anderen Basis a beginnen und prüfen, ob Fermats Satz damit gilt. Es wäre zum Beispiel möglich, eine ganze Zahl a mit $1 \le a \le n-1$ zufällig auszuwählen. Wir wissen, dass der Test nicht erfüllt ist, wenn a nicht teilerfremd zu n ist. Wenn n keine Primzahl ist, haben wir dann auf diese Weise eine gute Chance dies herauszufinden? Das hängt von n ab. Einige Werte von n sind jedoch definitiv nicht gut. Nehmen wir zum Beispiel an, wir haben $n = pq$, wobei p und q unterschiedliche Primzahlen sind. Es ist einfach, alle Zahlen a aufzulisten, die nicht teilerfremd zu n sind: Dies sind die Vielfachen von p $(p, 2p, \ldots, (q-1)p, qp)$ und die Vielfachen von q $(q, 2q, \ldots, (p-1)q, pq)$. Die Gesamtzahl solcher Zahlen a beträgt $q + p - 1$ (da $pq = n$ in beiden Listen vorkommt). Diese Zahl ist größer als $2 \cdot 10^{99}$, aber kleiner als $2 \cdot 10^{100}$. Somit beträgt die Wahrscheinlichkeit, eine dieser Zahlen bei einer zufälligen Wahl von a zu treffen, weniger als

$$\frac{2 \cdot 10^{100}}{10^{199}} = 2 \cdot 10^{-99}.$$

Das zeigt, dass dieses Ereignis eine viel zu geringe Wahrscheinlichkeit besitzt, um jemals in der Praxis aufzutreten.

Carmichael-Zahlen. Unsere nächste Hoffnung besteht darin, dass der Fermat-Test für eine zusammengesetzte Zahl n vielleicht viel eher als für ihren kleinsten Primteiler nicht erfüllt ist; oder aber, dass er bei einer zufälligen Wahl von a für eine Menge anderer Zahlen, neben den zu n nicht teilerfremden, fehlschlägt. Dies ist unglücklicherweise nicht immer der Fall. Es gibt ganze Zahlen n, *Carmichael-Zahlen* genannt, die sogar noch schlimmer als Pseudoprimzahlen sind: Sie erfüllen den Fermat-Test für jede zu n teilerfremde Basis a. Mit anderen Worten, es gilt

$$n \mid a^{n-1} - 1$$

für jedes a mit $\mathrm{ggT}(n, a) = 1$. Die kleinste dieser Zahlen ist $n = 561$. Obwohl solche Zahlen sehr selten vorkommen, zeigen sie doch, dass der Fermat-Test nicht vollkommen zufrieden stellend ist.

Der Miller–Rabin Test. In den späten 70-er Jahren des 20. Jahrhunderts haben M. Rabin and G. Miller eine sehr einfache Möglichkeit gefunden, den Satz von Fermat ein bisschen zu verstärken und dadurch die durch die Carmichael-Zahlen verursachten Schwierigkeiten zu bewältigen. Wir veranschaulichen das Verfahren anhand des Beispiels 561. Zum Faktorisieren der Zahl $a^{560} - 1$ verwenden wir ein wenig Schulmathematik, nämlich die Gleichung $x^2 - 1 = (x - 1)(x + 1)$:

$$
\begin{aligned}
a^{560} - 1 &= \left(a^{280} - 1\right)\left(a^{280} + 1\right) \\
&= \left(a^{140} - 1\right)\left(a^{140} + 1\right)\left(a^{280} + 1\right) \\
&= \left(a^{70} - 1\right)\left(a^{70} + 1\right)\left(a^{140} + 1\right)\left(a^{280} + 1\right) \\
&= \left(a^{35} - 1\right)\left(a^{35} + 1\right)\left(a^{70} + 1\right)\left(a^{140} + 1\right)\left(a^{280} + 1\right).
\end{aligned}
$$

Wir nehmen nun an, 561 wäre eine Primzahl. Sie müsste dann nach Fermats „kleinem" Satz $a^{560} - 1$ für jeden Wert $1 \leq a \leq 560$ teilen. Teilt eine Primzahl ein Produkt, so teilt sie einen der Faktoren (Übungsaufgabe 6.3.3), daher muß mindestens eine der Relationen

$$561 \mid a^{35} - 1, \quad 561 \mid a^{35} + 1, \quad 561 \mid a^{70} + 1, \quad 561 \mid a^{140} + 1, \quad 561 \mid a^{280} + 1$$

gelten. Bereits für $a = 2$ ist jedoch keine dieser Relationen wahr.

Der Miller–Rabin Test basiert auf dieser Idee. Sei eine ungerade ganze Zahl $n > 1$ gegeben. Diese möchten wir testen, ob es sich um eine Primzahl handelt. Wir wählen eine ganze Zahl a aus dem Bereich $0 \leq a \leq n - 1$ zufällig aus und betrachten $a^n - a$. Nun faktorisieren wir dies zu $a(a^{n-1} - 1)$ und fahren unter Verwendung der Gleichheit $x^2 - 1 = (x - 1)(x + 1)$ so lange wir können mit dem Faktorisieren fort. Anschließend testen wir, ob einer der Faktoren durch n teilbar ist.

Schlägt der Test fehl, dann können wir sicher sein, dass n keine Primzahl ist. Was passiert jedoch, wenn der Test erfolgreich verläuft? Unglücklicherweise kann dies, selbst wenn n eine zusammengesetzte Zahl ist, auch passieren. Der springende Punkt dabei ist jedoch, dass *dieser Test mit einer Wahrscheinlichkeit, die unter* $\frac{1}{2}$ *liegt, ein falsches positives Ergebnis liefert* (man entsinne sich daran, dass wir a zufällig gewählt hatten).

In der Hälfte der Fälle ein falsches Ergebnis zu erzielen, hört sich allerdings gar nicht gut an. Wir können das Experiment jedoch mehrmals wiederholen. Wenn wir es 10 mal wiederholen (jedes mal sei a aufs Neue zufällig ausgewählt), dann beträgt die Wahrscheinlichkeit, ein falsches positives Ergebnis zu erhalten, weniger als $2^{-10} <$ $1/1000$ (da es für den Schluß 'n ist eine Primzahl', erforderlich ist, dass bei allen 10 Durchläufen unabhängig voneinander ein falsches positives Ergebnis erzielt wird). Wiederholen wir das Experiment 100 mal, dann sinkt die Wahrscheinlichkeit eines falschen positiven Ergebnisses auf unter $2^{-100} < 10^{-30}$, was astronomisch klein ist. Bei genügend häufiger Wiederholung liefert dieser Algorithmus demnach einen Primzahltest, dessen Fehlerwahrscheinlichkeit viel geringer als beispielsweise ein Hardwarefehler ist. Daher ist er für praktische Zwecke ziemlich geeignet. Er ist weit verbreitet und wird in Programmen, wie zum Beispiel Maple und Mathematica, sowie in der Kryptographie verwendet.

Angenommen, wir testen eine Zahl n auf Primzahleigenschaften und finden heraus, dass sie zusammengesetzt ist. Wir würden dann auch gerne ihre Primfaktorzerlegung bestimmen. Es ist leicht einzusehen, dass wir anstatt nach einer Primfaktorzerlegung zu suchen auch weniger fordern können: Eine Zerlegung von n in ein Produkt zweier kleinerer natürlicher Zahlen $n = ab$. Wenn wir eine Methode haben, solche Zerlegungen effizient zu bestimmen, dann können wir mit Primzahltests an a und b fortfahren. Handelt es sich bei ihnen um Primzahlen, dann haben wir die Primfaktorzerlegung von n gefunden. Wenn (zum Beispiel) a keine Primzahl ist, dann können wir unsere Methode zur Zerlegung von a in ein Produkt zweier kleinerer natürlicher Zahlen anwenden, etc.. Da n höchstens $\log_2 n$ Primfaktoren besitzt (Übungsaufgabe 6.3.4), müssen wir dies auch höchstens $\log_2 n$ mal wiederholen (was weniger als die Anzahl der Bits ist).

Unglücklicherweise (oder glücklicherweise, siehe Kapitel 15 über Kryptographie) ist jedoch keine effiziente Methode zur Zerlegung einer Zahl in ein Produkt zweier kleinerer ganzer Zahlen bekannt. Es wäre sehr wichtig, eine effiziente Methode zur Faktorisierung zu finden oder einen mathematischen Beweis zu erbringen, dass eine solche Methode nicht existiert. Wie die Antwort hier lauten wird, wissen wir jedoch nicht.

Übung 6.10.2 Zeigen Sie, dass 561 eine Carmicheal-Zahl ist. Genauer: Zeigen Sie, dass $561 \mid a^{561} - a$ für alle ganzen Zahlen a gilt. [Hinweis: Da $561 = 3 \cdot 11 \cdot 17$ gilt, reicht es zu zeigen, dass $3 \mid a^{561} - a$, $11 \mid a^{561} - 1$ und $17 \mid a^{561} - a$. Beweisen Sie diese Relationen einzeln und verwenden Sie dazu die Methode des Beweises für $341 \mid 2^{340} - 1$.]

Gemischte Übungsaufgaben

Übung 6.10.3 Beweisen Sie, wenn $c \neq 0$ und $ac \mid bc$, dann gilt $a \mid b$.

Übung 6.10.4 Beweisen Sie, wenn $a \mid b$ und $a \mid c$, dann gilt $a \mid b^2 + 3c + 2^b c$.

Übung 6.10.5 Beweisen Sie, dass jede Primzahl, die größer als 3 ist, beim Teilen durch 6 den Rest 1 oder -1 besitzt.

Übung 6.10.6 Sei $a > 1$ und $k, n > 0$. Beweisen Sie, dass $a^k - 1 \mid a^n - 1$ genau dann gilt, wenn $k \mid n$.

Übung 6.10.7 Zeigen Sie: Ist $a > 3$, dann können a, $a + 2$ und $a + 4$ nicht alle Primzahlen sein. Kann es sich bei ihnen um Potenzen von Primzahlen handeln?

Übung 6.10.8 Wie viele ganze Zahlen gibt es, die sich weder durch eine Primzahl, die größer als 20 ist, teilen lassen, noch durch das Quadrat einer Primzahl?

Übung 6.10.9 Bestimmen Sie die Primfaktorzerlegung von (a) $\binom{20}{10}$ und (b) 20!.

Übung 6.10.10 Zeigen Sie, dass eine 30-stellige Zahl nicht mehr als 100 Primfaktoren besitzen kann.

Übung 6.10.11 Zeigen Sie, dass eine 160-stellige Zahl eine Primzahlpotenz als Teiler besitzt, deren Wert mindestens 100 beträgt. Dies gilt nicht, wenn wir als Teiler eine Primzahl verlangen, die mindestens den Wert 100 hat.

Übung 6.10.12 Bestimmen Sie die Anzahl der (positiven) Teiler von n, für $1 \leq n \leq 20$ (Beispiel: 6 besitzt 4 Teiler: 1, 2, 3, 6). Welche dieser Zahlen besitzt eine ungerade Anzahl von Teilern? Formulieren Sie eine Vermutung und beweisen Sie sie.

Übung 6.10.13 Bestimmen Sie unter Verwendung des euklidischen Algorithmus den größten gemeinsamen Teiler von 100 und 254.

Übung 6.10.14 Bestimmen Sie Paare ganzer Zahlen, für die der euklidische Algorithmus (a) 2 Schritte und (b) 6 Schritte dauert.

Übung 6.10.15 Man entsinne sich an die in Übungsaufgabe 4.3.2 eingeführten Lucas Zahlen und beweise folgendes:

(a)$\mathrm{ggT}(F_{3k}, L_{3k}) = 2$,

(b)ist n kein Vielfaches von 3, dann $\mathrm{ggT}(F_n, L_n) = 1$,

(c)$L_{6k} \equiv 2 \pmod 4$.

Übung 6.10.16 Beweisen Sie, dass es zu jeder natürlichen Zahl m eine Fibonacci Zahl gibt, die durch m teilbar ist. (Nun, $F_0 = 0$ ist selbstverständlich durch jedes m teilbar. Wir meinen eine größere.)

Übung 6.10.17 Finden Sie zwei ganze Zahlen x und y, so dass $25x + 41y = 1$ gilt.

Übung 6.10.18 Finden Sie zwei ganze Zahlen x und y, so dass gilt:

$$2x + y \equiv 4 \pmod{17},$$

$$5x - 5y \equiv 9 \pmod{17}.$$

Übung 6.10.19 Beweisen Sie, dass $\sqrt[3]{5}$ irrational ist.

Übung 6.10.20 Beweisen Sie, dass die beiden Formen des Satzes von Fermat, Satz 6.5.1 und (37) äquivalent sind.

Übung 6.10.21 Zeigen Sie: Ist $p > 2$ ein Primzahlmodul, dann gilt

$$\overline{\frac{1}{2}} = \overline{\frac{p+1}{2}}.$$

Übung 6.10.22 Uns seien $n + 1$ Zahlen aus der Menge $\{1, 2, \ldots, 2n\}$ gegeben. Beweisen Sie, dass sich darunter zwei Zahlen befinden, bei denen die eine durch die andere teilbar ist.

Übung 6.10.23 Wie lautet die Anzahl der natürlichen Zahlen, die nicht größer als 210 sind und sich nicht durch 2, 3 oder 7 teilen lassen?

Kapitel 7
Graphen

7

7   **Graphen**

7

7 Graphen

7.1 Gerade und ungerade Grade

Wir beginnen mit folgender Übungsaufgabe (zugegebenermaßen besitzt sie keinerlei praktischen Wert).

> *Beweisen Sie, dass es bei einer Party mit 51 Personen immer eine Person gibt, die eine gerade Anzahl der anderen Personen kennt.*

(Wir setzen voraus, dass Bekanntschaft immer auf Gegenseitigkeit beruht. Es kann vorkommen, dass einige Personen einander nicht kennen. Es kann sogar sein, dass jemand gar keinen anderen kennt. So eine Person kennt dann natürlich eine gerade Anzahl anderer, weshalb die Behauptung erfüllt ist, wenn eine solche Person dabei ist.)

Hat man keine Idee für einen Lösungsansatz, sollte man es einfach einmal mit Experimentieren versuchen. Wie experimentiert man jedoch mit solch einer Fragestellung? Sollten wir 51 Namen für die Teilnehmer erfinden und dann für jede Person eine Liste mit den ihr bekannten Personen erstellen? Das wäre sehr mühsam und wir würden in einer Unmenge von Daten versinken. Es wäre gut, mit kleineren Zahlen zu experimentieren. Aber welche Zahl könnten wir anstelle der 51 nehmen? Man sieht leicht, dass die 50 beispielsweise nicht geeignet wäre: Wenn wir zum Beispiel 50 Personen haben, die sich untereinander alle bekannt sind, dann kennt jeder 49 andere und es gibt somit keine Person mit einer geraden Anzahl von Bekanntschaften. Aus demselben Grund können wir die 51 nicht durch 48, 30 oder irgendeine andere gerade Zahl ersetzen. Hoffen wir, dass dies alle problematischen Zahlen sind und versuchen zu beweisen, dass

> *es auf einer Party mit einer ungeraden Anzahl von Personen immer eine Person gibt, die eine gerade Anzahl von anderen kennt.*

Nun können wir wenigstens mit kleineren Zahlen experimentieren. Sagen wir, es gibt 5 Personen: Alice, Bob, Karl, Diane und Eva. Als sie sich das erste mal trafen, kannte Alice jeden der anderen. Bob und Karl kannten sich, wobei Karl außerdem noch Eva kannte. Die Anzahl der Bekanntschaften betrug also: Alice 4, Bob 2, Karl 3, Diane 1 und Eva 2. Wir haben nicht nur eine, sondern gleich drei Personen mit einer geraden Anzahl von Bekanntschaften.

Es ist noch immer ziemlich mühsam, Beispiele zu betrachten, indem man eine Reihe Personen aufzählt und die jeweiligen Bekanntschaften auflistet. Außerdem können einem bei diesem Vorgehen recht leicht Fehler unterlaufen. Hilfreich kann uns eine graphische Darstellung der Situation sein. Wir stellen jede Person durch einen Punkt in der Ebene dar (genauer gesagt, verwenden wir einen kleinen Kreis, um das Bild ein wenig netter zu gestalten). Dann verbinden wir je zwei dieser Punkte durch eine Kante, wenn die jeweiligen Personen einander kennen. Diese einfache Zeichnung enthält alle benötigten Informationen (Bild 7.1).

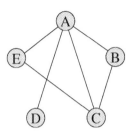

Abbildung 7.1. Dieser Graph stellt die Bekanntschaften zwischen unseren Freunden dar

Ein Bild dieser Art wird als *Graph* bezeichnet. Etwas präziser, ein Graph besteht aus einer Menge von *Knoten* (auch bekannt als *Punkte* oder *Ecken*) und einigen Paaren dieser Knoten (nicht notwendigerweise aus allen möglichen Paaren), die durch *Kanten* verbunden sind. Es spielt keine Rolle, ob die Kanten geradlinig oder gebogen verlaufen, es ist nur wichtig, welche Paare der Knoten durch sie verbunden werden. Die Menge der Knoten eines Graphen G wird üblicherweise mit V bezeichnet, die Menge der Kanten mit E. Wir beschreiben einen Graphen G mit Knotenmenge V und Kantenmenge E daher in Form von $G = (V, E)$.

Bei einer Kante ist das einzig Wichtige das Paar der Knoten, die durch sie verbunden werden. Daher können die Kanten als 2-elementige Teilmengen von V aufgefaßt werden. Das bedeutet, eine Kante, welche die Knoten u und v verbindet, ist lediglich die Menge $\{u, v\}$. Wir werden die Bezeichnung noch weiter vereinfachen und diese Kante mit uv bezeichnen.

Ist es möglich, dass zwei Kanten dasselbe Paar Knoten verbinden? (Solche Kanten bezeichnen wir als „parallele Kanten".) Kann eine Kante einen Knoten mit sich selbst verbinden? (Dies nennen wir eine „Schleife".) Die Beantwortung dieser Fragen liegt selbstverständlich bei uns. Bei einigen Anwendungen ist es durchaus vorteilhaft, solche Kanten zuzulassen, bei anderen müssen sie dagegen ausgeschlossen werden. In diesem Buch gehen wir generell davon aus, dass kein Knoten mit sich selbst und jedes Paar Knoten höchstens durch eine Kante verbunden ist. Solche Graphen werden häufig als *einfache Graphen* bezeichnet. Werden parallele Kanten zugelassen, wird der Graph oft *Multigraph* genannt, um diese Tatsache zu betonen.

Wenn zwei Knoten durch eine Kante verbunden sind, werden sie *benachbart* genannt. Zu einem gegebenen Knoten v benachbarte Knoten werden als seine *Nachbarn* bezeichnet.

Auf unser Ausgangsproblem zurückkommend, sehen wir, dass sich die Party in geeigneter Weise durch einen Graphen darstellen läßt. Unser Interesse gilt der Anzahl der Personen, die mit einer gegebenen Person bekannt sind. Wir können dies an dem Graph ablesen, indem wir die Anzahl der Kanten zählen, die von einem gegebenen Knoten wegführen. Diese Zahl wird der *Grad* des Knotens genannt. Der Grad des Knotens v wird mit $d(v)$ bezeichnet. Demnach hat also A den Grad 4, B den Grad 2, etc.. Wenn nun Frank hinzukommt und niemand anderen kennt, dann fügen wir einen weiteren Knoten hinzu, der mit keinem anderen verbunden ist. Dieser neue Knoten besitzt daher den Grad 0.

In der Sprache der Graphentheorie möchten wir also folgendes beweisen:

> *Wenn ein Graph eine ungerade Anzahl von Knoten besitzt, dann gibt es darunter einen Knoten von geradem Grad.*

Es ist sehr viel einfacher mit Graphen als mit Bekanntschaftstabellen zu experimentieren. Wir können viele Graphen mit einer ungeraden Anzahl von Knoten zeichnen und die Anzahl der Knoten mit geradem Grad bestimmen (Bild 7.2). Wir finden heraus, dass sie $5, 1, 1, 7, 3, 3$ solcher Knoten enthalten (das letzte Beispiel ist ein einziger aus 7 Knoten bestehender Graph und nicht zwei verschiedene Graphen). Es läßt sich also feststellen, dass ein solcher Knoten nicht nur immer vorhanden ist, sondern dass die Anzahl dieser Knoten auch noch ungerade ist.

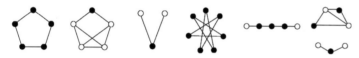

Abbildung 7.2. Einige Graphen mit einer ungeraden Anzahl von Knoten. Schwarze Punkte bezeichnen Knoten mit geradem Grad.

Dies ist ein Fall, in dem es leichter ist, mehr zu beweisen als wir eigentlich zeigen wollten: Formulieren wir folgende stärkere Aussage, dann machen wir einen wichtigen Schritt in Richtung Lösung!

> *Wenn ein Graph eine ungerade Anzahl von Knoten besitzt, dann ist die Anzahl der Knoten mit geradem Grad eine ungerade Zahl.*

(Warum ist diese Aussage stärker? Weil 0 keine ungerade Zahl ist!) Nun versuchen wir, eine noch stärkere Aussage zu finden, indem auch Graphen mit einer geraden Anzahl von Knoten betrachtet werden. Wir können durch weitere Experimente mit mehreren kleinen Graphen (Bild 7.3) feststellen, dass die Anzahl der Knoten mit geradem Grad $2, 4, 0, 6, 2, 4$ beträgt. Somit vermuten wir folgendes:

> *Wenn ein Graph eine gerade Anzahl von Knoten besitzt, dann ist die Anzahl der Knoten mit geradem Grad eine gerade Zahl.*

Dies ist eine nette Analogie zu obiger Aussage über Graphen mit einer ungeraden Anzahl von Knoten. Es wäre jedoch besser, eine einzige gemeinsame Aussage für

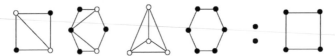

Abbildung 7.3. Einige Graphen mit einer geraden Anzahl von Knoten. Schwarze Punkte bezeichnen Knoten mit geradem Grad.

gerade und ungerade Fälle zu haben. Eine solche Version erhalten wir, indem wir uns die Knoten mit einem *ungeraden* anstelle eines *geraden* Grades ansehen. Die Anzahl dieser Knoten wird ermittelt, indem die Anzahl der Knoten mit geradem Grad von der Gesamtzahl aller Knoten subtrahiert wird. Beide Aussagen werden daher durch folgendes impliziert:

7.1.1   **Satz 7.1.1** Jeder Graph besitzt eine gerade Anzahl von Knoten ungeraden Grades.

Wir müssen nun diesen Satz beweisen. Scheinbar haben wir unsere Aufgabe deutlich erschwert, indem wir die Aussage schrittweise verallgemeinert und verstärkt haben. In Wirklichkeit sind wir jedoch der Lösung sehr viel näher gekommen.

Beweis 13 Eine Möglichkeit diesen Satz zu beweisen besteht darin, den Graph aufzubauen, indem eine Kante nach der anderen hinzugefügt wird und zu beobachten, wie sich dabei die Paritäten der Grade ändern. In Bild 7.4 ist ein Beispiel dazu angegeben. Wir beginnen mit einem Graphen ohne Kanten. In diesem ist jeder Grad gleich 0 und somit beträgt die Anzahl der Knoten mit ungeradem Grad ebenfalls 0, was eine gerade Zahl ist.

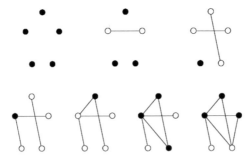

Abbildung 7.4. Aufbau eines Graphen, indem Kante für Kante hinzugefügt wird. Schwarze Punkte bezeichnen Knoten mit geradem Grad.

Wenn wir nun zwei Knoten durch eine neue Kante verbinden, ändern wir die Parität der Grade von diesen Knoten. Genauer gesagt,

- wird die Anzahl der Knoten mit ungeradem Grad um 2 erhöht, wenn beide Endpunkte der neuen Kante von geradem Grad waren,
- wird die Anzahl der Knoten mit ungeradem Grad um 2 vermindert, wenn beide
  Endpunkte der neuen Kante von ungeradem Grad waren,
- wird die Anzahl der Knoten mit ungeradem Grad nicht verändert, wenn ein Endpunkt der neuen Kante von geradem Grad und der andere von ungeradem Grad
  war.

War die Anzahl der Knoten von ungeradem Grad vor dem Hinzufügen der neuen Kante
gerade, dann ist sie es somit danach ebenfalls. Damit ist der Satz bewiesen. (Man
beachte, dass dies ein Induktionsbeweis nach der Anzahl der Kanten ist.)   □

Graphen sind sehr nützlich. Mit ihnen läßt sich eine große Vielfalt an Situationen darstellen – nicht nur Parties. Es ist ziemlich naheliegend, einen Graphen zu betrachten,
dessen Knoten verschiedene Städte darstellen und dessen Kanten die Straßen (oder
Bahnlinien oder Telefonkabel) zwischen diesen Städten repräsentieren. Wir können
mit Hilfe eines Graphen auch ein elektrisches Netzwerk beschreiben, zum Beispiel
eine Plantine in Ihrem Computer.

Graphen können in jeder Situation verwendet werden, in der eine „Beziehung" zwischen bestimmten Objekten definiert ist. Sie werden zur Beschreibung von Bindungen zwischen den Atomen innerhalb eines Moleküls, von Verbindungen zwischen Ge-
hirnzellen oder zur Beschreibung von Stammbäumen verschiedener Spezies verwendet. Manchmal repräsentieren Knoten auch abstraktere Dinge: Sie können zum Beispiel die verschiedenen Stadien eines großen Bauprojekts darstellen, wobei eine Kante
zwischen zwei Stadien bedeutet, dass das eine aus dem anderen durch eine einzige
Arbeitsphase hervorgeht. Die Knoten können auch alle möglichen Positionen in einem Spiel repräsentieren (nehmen wir zum Beispiel Schach, obwohl wir diesen Graph
nicht wirklich zeichnen möchten), wobei wir zwei Knoten durch eine Kante verbinden,
wenn die eine Spielsituation aus der anderen durch einen einzigen Zug hervorgehen
kann.

Übung 7.1.1 Bestimmen Sie alle Graphen mit 2, 3 und 4 Knoten.

Übung 7.1.2
(a) Gibt es einen Graphen mit 6 Knoten, deren Grade $2, 3, 3, 3, 3, 3$ betragen?
(b) Gibt es einen Graphen mit 6 Knoten, deren Grade $0, 1, 2, 3, 4, 5$ betragen?
(c) Wie viele Graphen mit 4 Knoten gibt es, deren Grade $1, 1, 2, 2$ betragen?
(d) Wie viele Graphen mit 10 Knoten gibt es, deren Grade $1, 1, 1, 1, 1, 1, 1, 1, 1, 1$ be-
    tragen?

Übung 7.1.3 Am Ende einer Party mit n Personen ist jeder mit jedem bekannt. Zeichnen Sie einen Graphen, der diese Situation beschreibt. Wie viele Kanten besitzt er?

Übung 7.1.4

(a) Zeichnen Sie einen Graphen, der die Zahlen $1, 2, \ldots, 10$ repräsentiert. Je zwei Knoten sind genau dann durch eine Kante verbunden, wenn die eine der jeweils zugehörigen Zahlen ein Teiler der anderen ist.

(b) Zeichnen Sie einen Graphen, der die Zahlen $1, 2, \ldots, 10$ repräsentiert. Je zwei Knoten sind genau dann durch eine Kante verbunden, wenn die jeweils zugehörigen Zahlen keinen gemeinsamen Teiler besitzen, der größer als 1 ist.[1]

(c) Bestimmen Sie die Anzahl der Kanten und ihrer Grade in diesen Graphen und überprüfen Sie, ob Satz 7.1.1 erfüllt ist.

Übung 7.1.5 Wie viele Kanten kann ein Graph mit 10 Knoten maximal haben?

Übung 7.1.6 Wie viele Graphen mit 20 Knoten gibt es? (Um diese Frage zu präzisieren, müssen wir sicher wissen, was es heißt, dass zwei Graphen gleich sind. Für die Zielsetzung dieser Übungsaufgabe betrachten wir die gegebenen Knoten und bezeichnen sie beispielsweise als Alice, Bob, ... Der Graph, der aus einer einzigen Kante besteht, die Alice und Bob verbindet, ist verschieden von dem Graph, der aus einer einzigen Eva und Frank verbindenden Kante besteht.)

Übung 7.1.7 Formulieren Sie folgende Behauptung als Satz über Graphen und geben Sie einen Beweis dazu an: Bei jeder Party gibt es zwei Personen, die dieselbe Anzahl von anderen Personen kennen (wie Bob und Eva in unserem ersten Beispiel).

Es wird aufschlussreich sein, einen weiteren Beweis des im letzten Abschnitt formulierten Satzes anzugeben. Er wird von der Antwort folgender Frage abhängen: Wie viele Kanten kann ein Graph besitzen? Wir können dies leicht beantworten, indem wir uns an das Problem Handschläge zu zählen erinnern: Wir zählen bei jedem Knoten die wegführenden Kanten (das entspricht dem Grad des Knotens). Beim Aufsummieren dieser Zahlen wird jede Kante doppelt gezählt. Also erhalten wir die Anzahl der Kanten, wenn wir die Summe durch zwei teilen. Formulieren wir diese Beobachtung als Satz:

---

[1] Dies ist ein Beispiel, bei dem *Schleifen* eine Rolle spielen könnten: Da $ggT(1, 1) = 1$, aber $ggT(k, k) > 1$ für $k > 1$, könnten wir 1 mit sich selbst durch eine Schleife verbinden, falls wir Schleifen zugelassen haben.

Satz 7.1.2 Die Summe der Grade aller Knoten eines Graphen ist doppelt so groß wie die Anzahl seiner Kanten.

Wir sehen insbesondere, dass die Summe der Grade in jedem Graphen eine gerade Zahl ist. Entfernen wir die geraden Terme aus dieser Summe, erhalten wir immer noch eine gerade Zahl. Somit ist die Summe der ungeraden Grade ebenfalls eine gerade Zahl. Dies ist jedoch nur möglich, wenn wir eine gerade Anzahl ungerader Grade haben (da die Summe einer ungeraden Anzahl von ungeraden Zahlen ungerade ist). Wir haben damit einen neuen Beweis für Satz 7.1.1.

7.2 Wege, Kreise und Zusammenhang

Wir werden nun einige spezielle Arten von Graphen kennenlernen. Die einfachsten Graphen sind die *kantenlosen Graphen*, die zwar jede beliebige Anzahl von Knoten haben können, jedoch keine Kanten.

Wir erhalten eine weitere sehr einfache Art von Graph, wenn wir n Knoten haben und je zwei durch eine Kante verbunden werden. Ein solcher Graph wird *vollständiger Graph* (als Teilgraph auch *Clique*) genannt. Ein vollständiger Graph mit n Knoten wird mit K_n bezeichnet. Er besitzt $\binom{n}{2}$ Kanten (man entsinne sich an Übungsaufgabe 7.1.3).

Wenn wir einen Graphen zur Darstellung von bestimmten Relationen nutzen, dann ist klar, dass wir diese Relationen ebenso gut auch dadurch deutlich machen können, dass zwei Knoten verbunden sind, wenn sie nicht in Relation zueinander stehen.

Wir können daher zu jedem Graphen G einen anderen Graphen $\overline{G}$ konstruieren, der dieselbe Knotenmenge besitzt, bei dem jedoch zwei Knoten genau dann verbunden sind, wenn sie im Originalgraphen G *nicht* verbunden sind. Der Graph $\overline{G}$ wird das *Komplement* von G genannt.

Wenn wir n Knoten haben und einen von ihnen mit allen anderen verbinden, dann erhalten wir einen *Stern*. Dieser Stern besitzt $n - 1$ Kanten.

Wir zeichnen n Knoten in einer Reihe und verbinden die aufeinander folgenden jeweils durch eine Kante. Auf diese Weise erhalten wir einen Graphen mit $n-1$ Kanten. Dieser wird ein *Weg* genannt. Der erste und letzte Knoten einer solchen Reihe wird jeweils als *Endpunkt* des Weges bezeichnet. Verbinden wir den letzten mit dem ersten Knoten, dann erhalten wir einen *Kreis*. Die Anzahl der Kanten eines Weges oder Kreises wird seine *Länge* genannt. Ein Kreis der Länge k wird oft auch als k-Kreis bezeichnet. Wir können denselben Graphen natürlich auch auf viele andere Weisen zeichnen, indem wir die Knoten irgendwo anders plazieren. Dabei kann es vorkommen, dass sich die Kanten überschneiden (Bild 7.5).

Ein Graph H wird *Untergraph* eines Graphen G genannt, wenn er durch Entfernen einiger Kanten und Knoten aus G hervorgeht (wenn wir einen Knoten entfernen, dann

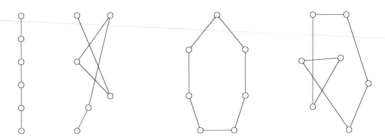

Abbildung 7.5. Zwei Wege und zwei Kreise.

entfernen wir selbstverständlich auch alle Kanten, die ihn mit anderen Knoten verbinden).

Übung 7.2.1 Finden Sie unter allen Graphen der Bilder 7.1–7.5 sämtliche vollständigen Graphen, Wege und Kreise.

Übung 7.2.2 Wie viele Untergraphen hat ein kantenloser Graph mit n Knoten? Wie viele Untergraphen hat ein Dreieck?

Übung 7.2.3 Bestimmen Sie alle Graphen, die Wege oder Kreise sind und deren Komplemente ebenfalls Wege oder Kreise sind.

Ein Schlüsselbegriff der Graphentheorie ist der eines *zusammenhängenden* Graphen. Intuitiv ist klar, was das bedeuten soll. Es ist aber auch einfach, diese Eigenschaft wie folgt zu formulieren: Ein Graph G ist zusammenhängend, wenn je zwei seiner Knoten durch einen Weg in G verbunden sind. Noch genauer: Ein Graph G ist zusammenhängend, wenn für jede zwei Knoten u und v ein Weg mit Endpunkten u und v existiert, der ein Untergraph von G ist (Bild 7.6).

Es wird sich als sinnvoll erweisen, an dieser Stelle eine kleine Erörterung dieses Begriffs einzufügen. Angenommen, zwei Knoten a und b sind in unserem Graphen durch einen Weg P verbunden. Nehmen wir außerdem an, die Knoten b und c sind durch einen Weg Q verbunden. Ist es möglich, a und c durch einen Weg zu verbinden? Die Antwort scheint selbstverständlich „ja" zu lauten, da wir von a nach b und anschließend von b nach c gehen können. Es gibt jedoch eine Schwierigkeit: Die Verknüpfung (aneinander fügen) der beiden Wege muss nicht zu einem Weg von a nach c führen, da sich P und Q überschneiden könnten (Bild 7.7). Wir können jedoch auf einfache Art und Weise einen Weg von a nach c konstruieren: Wir folgen Weg P bis zu seinem ersten gemeinsamen Knoten d mit Q. Ab hier folgen wir Q bis zum Knoten c. Die durchlaufenen Knoten sind dann alle verschieden. Die Knoten im ersten Teil unseres

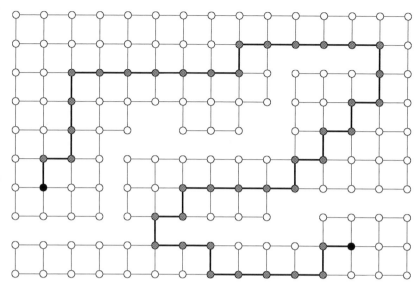

Abbildung 7.6. Ein Weg in einem Graph, der zwei Knoten verbindet.

Weges sind verschieden, da sie Knoten des Weges P sind. Ebenso sind die Knoten des zweiten Teils verschieden, weil sie Knoten des Weges Q sind. Schließlich kann auch kein Knoten des ersten Teils mit irgendeinem Knoten des zweiten Teils übereinstimmen (selbstverständlich bis auf d), da d der *erste* gemeinsame Knoten der beiden Wege ist und daher die bis dahin durchlaufenen Knoten von P keine Knoten von Q sein können. Die durchlaufenen Knoten und Kanten bilden daher wie behauptet einen Weg von a nach c.[2]

Ein *Kantenzug* in einem Graphen G ist eine Sequenz von Knoten $v_0, v_1, \ldots, v_k$, bei der v_0 benachbart zu v_1 ist, der benachbart zu v_2 ist, der wiederum benachbart zu v_3 ist, etc.. Je zwei aufeinander folgende Knoten der Sequenz müssen durch eine Kante verbunden sein. Das hört sich fast wie ein Weg an: Der Unterschied liegt darin, dass ein Kantenzug denselben Knoten mehrmals durchlaufen kann, während ein Weg durch verschiedene Knoten gehen muss. Informell ist ein Kantenzug ein „Weg mit Wiederholung", oder korrekter, ein Weg ist ein Kantenzug ohne Wiederholung. Sogar der erste und letzte Knoten eines Kantenzugs können übereinstimmen. In diesem Fall nennen wir ihn einen *geschlossenen Kantenzug*. Der kürzest mögliche Kantenzug, besteht aus einem einzigen Knoten v_0 (er ist geschlossen). Ist der erste Knoten v_0 verschieden von

---

[2]Wir haben diesen Beweis vielleicht detaillierter als nötig angegeben. Man sollte sich jedoch bewußt darüber sein, dass man bei Beweisen zu Wegen und Kreisen leicht Bilder zeichnen kann (auf dem Papier oder im Geiste), in denen implizit Annahmen gemacht werden, die letztlich irreführend sind. Wenn man beispielsweise zwei Wege miteinander verknüpft, stellt man sich zuerst einen einzigen (längeren) Weg vor, was jedoch nicht der Fall sein muss.

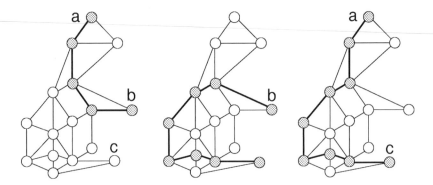

Abbildung 7.7. Auswählen eines Weges von a nach c bei gegebenen Wegen von a nach b und von b nach c.

dem letzten Knoten v_k, dann sagen wir, der Kantenzug *verbindet* die Knoten v_0 und v_k.

Gibt es einen Unterschied zwischen der Verbindung zweier Knoten durch einen Kantenzug und deren Verbindung durch einen Weg? Eigentlich nicht: Können zwei Knoten durch einen Kantenzug verbunden werden, dann können sie auch durch einen Weg verbunden werden. Manchmal ist es sinnvoller Wege zu benutzen und manchmal Kantenzüge (siehe Übungsaufgabe 7.2.6).

Sei G ein Graph, der nicht notwendigerweise zusammenhängend ist. G besitzt zusammenhängende Untergraphen, zum Beispiel ist der aus einem einzigen Knoten (und keiner Kante) bestehende Untergraph zusammenhängend. Eine *Zusammenhangskomponente* H ist ein maximaler zusammenhängender Untergraph. Mit anderen Worten, H ist eine Zusammenhangskomponente, wenn sie selbst zusammenhängend ist, aber jeder andere H enthaltende Untergraph von G nicht zusammenhängend ist. Es ist klar, dass jeder Knoten von G zu einer Zusammenhangskomponente gehört. Aus Übungsaufgabe 7.2.7 kann gefolgert werden, dass verschiedene Zusammenhangskomponenten von G keinen Knoten gemeinsam haben (ansonsten wäre ihre Vereinigung ein zusammenhängender Untergraph, der sie beide enthält). Mit anderen Worten, jeder Knoten von G ist in genau einer Zusammenhangskomponente enthalten.

Übung 7.2.4 Ist der oben gegebene Beweis immer noch gültig, wenn (a) der Knoten a auf dem Weg Q liegt und (b) die Wege P und Q keinen anderen Knoten als b gemeinsam haben?

Übung 7.2.5

(a) Wir entfernen aus einem zusammenhängenden Graphen G eine Kante e. Zeigen Sie anhand eines Beispiels, dass der verbleibende Graph nicht mehr zusammenhängend sein muss.

(b) Beweisen Sie: Wenn wir annehmen, dass die entfernte Kante e zu einem Kreis gehört, der ein Untergraph von G ist, dann ist der verbleibende Graph zusammenhängend.

Übung 7.2.6 Sei G ein Graph und seien u und v zwei Knoten von G.

(a) Beweisen Sie: Wenn es in G einen Kantenzug von u nach v gibt, dann enthält G auch einen u und v verbindenden Weg.

(b) Verwenden Sie Teil (a), um einen weiteren Beweis dafür anzugeben, dass G einen a und c verbindenden Weg enthält, wenn er sowohl einen a und b, sowie auch einen b und c verbindenden Weg enthält.

Übung 7.2.7 Sei G ein Graph und seien $H_1 = (V_1, E_1)$ und $H_2 = (V_2, E_2)$ zwei jeweils zusammenhängende Untergraphen von G. Wir nehmen an, dass H_1 und H_2 mindestens einen Knoten gemeinsam haben. Man bilde ihre Vereinigung, d. h. den Untergraphen $H = (V', E')$, wobei $V' = V_1 \cup V_2$ und $E' = E_1 \cup E_2$ gilt. Beweisen Sie, dass H zusammenhängend ist.

Übung 7.2.8 Bestimmen Sie die Zusammenhangskomponenten der in Übungsaufgabe 7.1.4 konstruierten Graphen.

Übung 7.2.9 Beweisen Sie, dass keine Kante von G Knoten verschiedener Zusammenhangskomponenten verbinden kann.

Übung 7.2.10 Beweisen Sie: Ein Knoten v ist genau dann ein Knoten der Zusammenhangskomponente von G, welche den Knoten u enthält, wenn es in G einen u und v verbindenden Weg gibt.

Übung 7.2.11 Beweisen Sie, dass ein Graph mit n Knoten und mehr als $\binom{n-1}{2}$ Kanten immer zusammenhängend ist.

7.3 Euler-Touren und Hamiltonsche Kreise   7.3

Das vielleicht älteste Ergebnis der Graphentheorie wurde durch Leonhard Euler, den größten Mathematiker des achtzehnten Jahrhunderts entdeckt.

Abbildung 7.8. Leonhard Euler 1707–1783

Alles begann mit einer Freizeitbeschäftigung der Einwohner von Königsberg (heute Kaliningrad). Die Stadt wurde durch die Arme des Flusses Pregel in vier Bereiche unterteilt. Diese waren durch insgesamt sieben Brücken verbunden (Bild 7.9). Spaziergänge, bei denen diese Brücken überquert wurden, waren sehr beliebt. Daher ergab sich die Frage, ob es möglich sei, einen Weg zu finden, bei dem man jede Brücke genau einmal überquert.

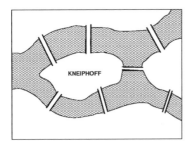 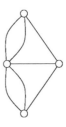

Abbildung 7.9. Die königsberger Brücken zu Eulers Zeit und der sie darstellende Graph.

Euler veröffentlichte 1736 einen Artikel, in dem er bewiesen hat, dass ein solcher Weg nicht möglich ist. Die Argumentation ist recht einfach. Angenommen, es gibt einen solchen Weg. Wir betrachten einen der vier Teile der Stadt, sagen wir, die Insel Kneiphoff und nehmen an, unser Weg beginnt hier nicht. Wir kommen dann zu irgendeinem Zeitpunkt über eine der Brücken auf die Insel und verlassen sie etwas später über eine der anderen Brücken (gemäß unserer Wegbeschreibung). Dann kommen wir wieder über eine dritte Brücke auf die Insel, verlassen sie über eine vierte und kommen wieder über eine fünfte, aber dann . . . . Wir können die Insel nicht mehr verlassen (zumindest nicht als Teil unseres Weges), da wir bereits alle Brücken benutzt haben, die zu ihr führen. Wir müssen unseren Spaziergang daher auf der Insel beenden.

Unser Spaziergang muss also entweder auf der Insel beginnen oder dort beendet werden. Das ist in Ordnung – es gibt keine Regel, die uns dies untersagt. Die Schwierigkeit besteht darin, dass wir denselben Schluss für jeden der drei anderen Bereiche der Stadt ebenso ziehen können. Der einzige Unterschied besteht darin, dass diese Teile anstatt durch fünf Brücken, nur durch drei Brücken mit dem Rest der Stadt verbunden sind. Wenn wir nicht dort starten, dann bleiben wir also beim zweiten anstatt beim dritten Besuch dort hängen.

Nun sind wir tatsächlich in Schwierigkeiten: Wir können nicht in jedem der vier Teile unseren Weg beginnen oder beenden! Dies zeigt, dass es keinen Weg geben kann, bei dem jede Brücke genau einmal überquert wird.

Euler bemerkte, man könnte zu dieser Schlussfolgerung auch gelangen, indem eine vollständige Liste aller möglichen Routen erstellt und dann nachgewiesen wird, dass keine die geforderten Kriterien erfüllt. Allerdings wäre dies wegen der großen Anzahl der Möglichkeiten recht unpraktisch. Günstigerweise hat er ein allgemeines Kriterium formuliert, mit welchem man für jede Stadt (egal wie viele Brücken und Inseln sie hat) entscheiden kann, ob es möglich ist, einen Weg zu finden, bei dem jede Brücke genau einmal überquert wird.

Eulers Resultat wird allgemein als der erste Satz der Graphentheorie angesehen. Selbstverständlich war Euler der Begriff des Graphen noch nicht bekannt (dieser sollte noch mehr als ein Jahrhundert auf sich warten lassen), wir können ihn jedoch verwenden, um Eulers Satz anzugeben.

Sei G ein Graph. Im Folgenden lassen wir parallele Kanten zu, d.h. mehrere Kanten dürfen dasselbe Paar Knoten verbinden. Ein *Kantenzug* ist in einem solchen Graphen ein wenig schwieriger zu definieren. Er besteht wiederum aus einer Sequenz Knoten, von denen je zwei aufeinander folgende Knoten durch eine Kante verbunden sind. Wenn es jedoch mehrere Kanten gibt, die diese aufeinander folgenden Knoten verbinden, müssen wir angeben, welche dieser Kanten verwendet werden, um von einem Knoten zum nächsten zu gelangen. Formal ist ein Kantenzug in einem Graphen mit parallelen Kanten eine Sequenz $v_0, e_1, v_1, e_2, v_2, \ldots, v_{k-1}, e_k, v_k$, wobei $v_0, v_1, \ldots, v_k$ Knoten und $e_1, e_2, \ldots, e_k$ Kanten sind und die Knoten v_{i-1} und v_i ($i = 1, 2, \ldots, k$) durch die Kante e_i verbunden sind.

Eine *Euler-Tour* ist ein Kantenzug, der jede Kante genau einmal enthält (der Kantenzug kann, muss aber nicht geschlossen sein, siehe Bild 7.10). Wie kann nun das Königsberger Brückenproblem in diese Sprache übersetzt werden? Wir stellen jeden Teilbereich der Stadt durch einen Knoten dar und verbinden diese Knoten durch eine Kante, wenn es zwischen den entsprechenden Teilen der Stadt eine Brücke gibt.

Wir erhalten den kleinen Graphen auf der rechten Seite von Bild 7.9. Ein Spaziergang durch die Stadt entspricht einem Kantenzug in diesem Graphen (zumindest, falls lediglich das Überqueren der Brücken eine Rolle spielt) und ein Spaziergang, bei dem jede Brücke genau einmal überquert wird, entspricht einer Euler-Tour.

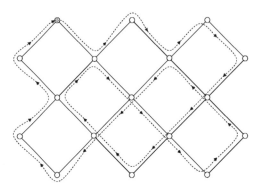

Abbildung 7.10. Eine Euler-Tour in einem Graphen.

Eulers Kriterien werden, in diese Sprache umgewandelt, in folgendem Satz angegeben.

7.3.1

Satz 7.3.1 (a) Hat ein zusammenhängender Graph mehr als zwei Knoten von ungeradem Grad, dann besitzt er keine Euler-Tour.

(b) Hat ein zusammenhängender Graph genau zwei Knoten von ungeradem Grad, dann besitzt er eine Euler-Tour. Jede Euler-Tour muss bei einem dieser Knoten beginnen und bei dem anderen enden.

(c) Hat ein zusammenhängender Graph keine Knoten von ungeradem Grad, dann besitzt er eine Euler-Tour. Jede Euler-Tour ist geschlossen.

Beweis 14 Eulers obige Argumentation ergibt folgendes: *Hat ein Knoten v einen ungeraden Grad, dann muss jede Euler-Tour entweder bei v beginnen oder enden.* Analog sehen wir, *hat ein Knoten v einen geraden Grad, dann muss jede Euler-Tour entweder bei v beginnen und enden oder sie beginnt und endet irgendwo anders.* Durch diese Beobachtung werden sowohl (a), als auch die zweiten Behauptungen in (b) und (c) unverzüglich impliziert.

Um den Beweis zu beenden, müssen wir zeigen, dass ein zusammenhängender Graph eine Euler-Tour besitzt, wenn er 0 oder 2 Knoten ungeraden Grades enthält. Wir beschreiben den Beweis für den Fall, dass kein Knoten von ungeradem Grad vorhanden ist (Teil (c)). Der andere Fall wird dem Leser als Übungsaufgabe 7.3.14 überlassen.

Sei v ein beliebiger Knoten. Man betrachte einen geschlossenen Kantenzug, der bei v sowohl beginnt als auch endet und jede Kante höchstens einmal durchläuft. Solch ein Kantenzug existiert. Wir können zum Beispiel den nur aus dem Knoten v bestehenden Kantenzug nehmen. Diesen sehr kurzen Kantenzug möchten wir allerdings gar nicht verwenden, sondern wir betrachten stattdessen den längsten geschlossenen Kantenzug W, der bei v startet und jede Kante höchstens einmal durchläuft.

Wir möchten zeigen, dass der Kantenzug W eulersch ist (also eine Euler-Tour besitzt). Angenommen, er ist es nicht. Dann gibt es mindestens eine Kante e, die nicht in W enthalten ist. Wir behaupten, es ist möglich, eine solche Kante so zu wählen, dass W mindestens einen ihrer Endpunkte durchläuft. Wenn p und q die Endpunkte einer Kante e sind, von denen keiner von W durchlaufen wird, dann betrachten wir einen Weg von p nach v (ein solcher Weg existiert, da der Graph zusammenhängend ist). In diesem betrachten wir den ersten Knoten r, der ebenfalls auf dem Kantenzug W liegt (Bild 7.11(a)).

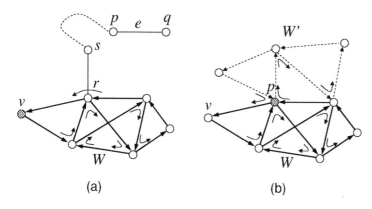

Abbildung 7.11. (a) Bestimmen einer Kante, die nicht in W enthalten ist, jedoch W berührt. (b) Verknüpfen von W und W'.

Sei $e' = sr$ die auf dem Weg direkt vor r liegende Kante. Der Kantenzug W geht dann nicht durch e' (da er nicht durch s geht), so dass wir e durch e', dessen einer Endpunkt auf W liegt, ersetzen können.

Sei also e eine Kante, die von W nicht durchlaufen wird, aber einen Endpunkt p auf W besitzt. Wir beginnen nun einen neuen Kantenzug W' bei p. Zuerst gehen wir durch e und wandern dann weiter, wie es uns gefällt. Wir achten nur darauf (i) keine Kante von W zu verwenden und (ii) keine Kante zweimal zu benutzen.

Früher oder später werden wir stecken bleiben, aber wo? Sei u der Knoten, bei dem wir nicht weiter kommen und nehmen an, es gilt $u \neq p$. Der Knoten u besitzt einen geraden Grad. W hat eine gerade Anzahl von Kanten verbraucht, die mit u inzident sind. Jeder der vorigen Durchläufe unseres neuen Kantenzugs durch diesen Knoten verbrauchte zwei Kanten (zu ihm hin und wieder weg). Bei unserer letzten Ankunft haben wir eine Kante verwendet. Es gibt hier also noch eine ungerade Anzahl von Kanten, die weder in W noch in W' enthalten sind. Das bedeutet jedoch, wir können unseren Kantenzug fortsetzen!

Der einzige Knoten, bei dem wir nicht weiter kommen könnten, ist demnach Knoten p. Das bedeutet, W' ist ein geschlossener Kantenzug. Wir werden nun folgenden Kantenzug betrachten. Wir beginnen bei v, folgen W zu p, dann durchlaufen wir ganz W', so dass wir letztlich wieder zu p zurückkommen und folgen dann W bis zu seinem Endpunkt v (Bild 7.11(b)). Dieser neue Kantenzug beginnt und endet bei v, verwendet jede Kante höchstens einmal und ist länger als W, was einen Widerspruch darstellt. $\square$

Eulers obiges Ergebnis wird häufig auch so formuliert: *Ein zusammenhängender Graph besitzt genau dann eine Euler-Tour, wenn jeder Knoten einen geraden Grad besitzt.*

Übung 7.3.1 Welcher der Graphen in Bild 7.12 besitzt eine Euler-Tour? Welcher von ihnen besitzt eine geschlossene Euler-Tour? Bestimme eine Euler-Tour, falls sie existiert.

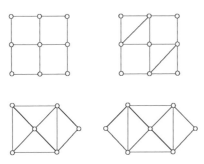

Abbildung 7.12. Welcher dieser Graphen besitzt eine Euler-Tour?

Übung 7.3.2 Wann enthält ein zusammenhängender Graph zwei Kantenzüge, so dass jede Kante von genau einem der Kantenzüge genau einmal durchlaufen wird?

Eine ähnliche Frage wie das Königsberger Brückenproblem wurde im Jahr 1856 durch einen anderen berühmten Mathematiker, den Iren William R. Hamilton aufgebracht. Ein *Hamiltonscher Kreis* ist ein Kreis, welcher alle Knoten eines Graphen enthält. Die Fragestellung lautet hierbei, ob es in einem gegebenen Graphen einen Hamiltonschen Kreis gibt oder nicht.

Hamiltonsche Kreise scheinen den Euler-Touren recht ähnlich zu sein: Anstelle der Forderung, dass jede Kante genau einmal verwendet wird, verlangen wir nun, dass jeder Knoten genau einmal benutzt wird. Es ist jedoch sehr viel weniger über Hamiltonsche Kreise als über Euler-Touren bekannt. Euler hat uns gesagt, wie wir bei einem gegebenen Graphen entscheiden können, ob er eine Euler-Tour besitzt oder nicht.

Es ist jedoch keine effiziente Methode bekannt, mit der man prüfen kann, ob ein gegebener Graph einen Hamiltonschen Kreis besitzt. Es sind auch keine brauchbaren hinreichenden und notwendigen Bedingungen über die Existenz eines Hamiltonschen Kreises bekannt. Wenn man Übungsaufgabe 7.3.3 löst, gewinnt man einen Eindruck davon, wie schwierig es ist, bei einem gegebenen Graphen zu bestimmen, ob er einen Hamiltonschen Kreis besitzt.

Übung 7.3.3 Stellen Sie fest, ob die Graphen in Bild 7.13 einen Hamiltonschen Kreis besitzen.

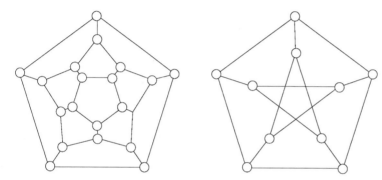

Abbildung 7.13. Zwei berühmte Graphen: Der Dodekaeder Graph (vgl. Kapitel 12) und der Petersen Graph.

Gemischte Übungsaufgaben

Übung 7.3.4 Zeichnen Sie alle Graphen mit 5 Knoten, in denen jeder Knoten höchstens den Grad 2 besitzt.

Übung 7.3.5 Gibt es einen Graphen mit folgenden Graden: (a) $0, 2, 2, 2, 4, 4, 6$; (b) $2, 2, 3, 3, 4, 4, 5$?

Übung 7.3.6 Zeichnen Sie einen Graphen, der die Atombindungen in (a) einem Wassermolekül, (b) einem Methanmolekül und (c) zwei Wassermolekülen darstellt.

Übung 7.3.7 Auf einer Party sind 7 Jungen und 6 Mädchen. Jeder Junge tanzt mit jedem Mädchen. Zeichnen Sei einen Graphen, der die Tänze darstellt. Wie viele Kanten besitzt er? Wie lauten die Grade der Knoten?

Übung 7.3.8 Wie viele Untergraphen besitzt ein 4-Kreis?

Übung 7.3.9 Beweisen Sie, dass von G und $\overline{G}$ mindstens einer zusammenhängend ist.

Übung 7.3.10 Sei G ein zusammenhängender Graph, der mindestens zwei Knoten enthält. Beweisen Sie, dass es einen Knoten gibt, den man (zusammen mit allen mit ihm inzidierenden Kanten) entfernen kann und der verbleibende Graph trotzdem noch immer zusammenhängend ist.

Übung 7.3.11 Sei G ein zusammenhängender Graph, der aber kein Weg ist. Beweisen Sie, dass er mindestens drei Knoten besitzt, von denen ein beliebiger entfernt werden kann und der verbleibende Graph noch immer zusammenhängend ist.

Übung 7.3.12 Sei G ein zusammenhängender Graph, in dem jedes Paar Kanten einen gemeinsamen Endpunkt besitzt. Zeigen Sie, dass G entweder ein Stern oder K_3 ist.

Übung 7.3.13 Es gibt $(m - 1)n + 1$ Personen in einem Raum. Zeigen Sie, dass es entweder m Personen gibt, die sich gegenseitig alle nicht kennen oder dass es eine Person gibt, die mindestens n andere kennt.

Übung 7.3.14 Beweisen Sie Teil (b) von Satz 7.3.1.

Übung 7.3.15 Satz 7.3.1 bezieht sich auf zusammenhängende Graphen. Welche nicht zusammenhängenden Graphen besitzen eine Euler-Tour?

Kapitel 8
Bäume

8

8

8 Bäume

8.1 Wie man Bäume definiert

Wir haben Bäume bereits kennengelernt, als wir uns mit Abzählproblemen beschäftigt haben. Nun werden wir sie als Graphen betrachten. Ein Graph $G = (V, E)$ wird *Baum* genannt, wenn er zusammenhängend ist und keinen Kreis als Untergraphen enthält. Der einfachste Baum besteht aus einem Knoten und keiner Kante. In Bild 8.1 wird eine Auswahl von Bäumen dargestellt.

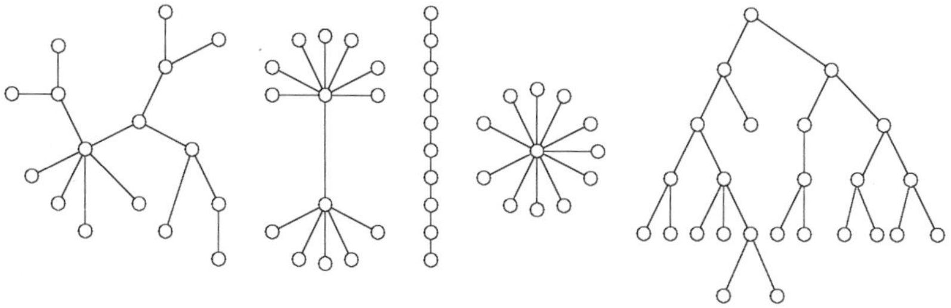

Abbildung 8.1. Fünf Bäume.

Man sollte sich klarmachen, dass die beiden Eigenschaften, durch welche Bäume definiert werden, entgegengesetzt wirken: Zusammenhang bedeutet, der Graph kann nicht „zu wenig" Kanten besitzen, während der Ausschluss von Kreisen beinhaltet, dass der Graph nicht „zu viele" Kanten besitzen darf. Ein wenig präziser ausgedrückt: Ist ein Graph zusammenhängend, dann bleibt er zusammenhängend, wenn wir eine neue Kante hinzufügen (entfernen wir eine Kante, dann ist er möglicherweise nicht mehr zusammenhängend). Enthält ein Graph keinen Kreis, dann wird er nach Entfernung irgendeiner Kante immer noch keinen Kreis enthalten (während das Hinzufügen einer Kante durchaus einen Kreis erzeugen könnte). Der folgende Satz zeigt, dass Bäume sowohl als „minimale zusammenhängende" Graphen als auch als „maximale kreisfreie" Graphen charakterisiert werden können.

Satz 8.1.1 (a) Ein Graph G ist genau dann ein Baum, wenn er zusammenhängend ist, aber die Entfernung irgendeiner Kante zu einem unzusammenhängenden Graphen führt.

(b) Ein Graph G ist genau dann ein Baum, wenn er keine Kreise enthält, aber das Hinzufügen irgendeiner neuen Kante einen Kreis erzeugt.

Beweis 15 Wir werden Teil (a) dieses Satzes beweisen. Der Beweis von Teil (b) bleibt dem Leser als Übungsaufgabe überlassen.

Zuerst müssen wir zeigen, dass die in dem Satz angegebenen Bedingungen erfüllt werden, wenn G ein Baum ist. Es ist klar, dass G zusammenhängend ist (nach Definition eines Baumes). Wir möchten zeigen, dass der Graph nicht mehr zusammenhängend sein kann, wenn wir eine beliebige Kante entfernen. Der Beweis wird indirekt geführt: Angenommen, nach Entfernen der Kante uv aus dem Baum G ist der entstandene Graph G' zusammenhängend. G' enthält dann einen Weg P, der u und v verbindet. Wenn wir die Kante uv wieder hinzufügen, dann ergeben der Weg P und die Kante uv einen Kreis in G, was der Definition eines Baumes widerspricht.

Nun müssen wir beweisen, dass G ein Baum ist, wenn die in dem Satz angegebenen Bedingungen erfüllt werden. Es ist klar, dass G zusammenhängend ist, daher müssen wir lediglich zeigen, dass G keinen Kreis enthält. Wir gehen wieder indirekt vor und nehmen an, dass G einen Kreis C enthält. Entfernen wir eine Kante aus C, erhalten wir einen zusammenhängenden Graphen (Übungsaufgabe 7.2.5). Dies widerspricht jedoch der Bedingung des Satzes. □

Wir betrachten einen zusammenhängenden Graphen G mit n Knoten und eine Kante e dieses Graphen G. Entfernen wir e, dann kann der verbleibende Graph zusammenhängend sein oder auch nicht. Ist er nicht zusammenhängend, dann nennen wir e eine *Brücke*. Aus Teil (a) von Satz 8.1.1 folgt, dass jede Kante eines Baumes eine Brücke ist.

Wenn wir eine Kante finden, die keine Brücke ist, dann entfernen wir sie. Wir fahren mit dem Entfernen der Kanten solange fort, bis der erhaltene Graph selbst noch zusammenhängend ist, aber die Entfernung einer beliebigen weiteren Kante zu einem nicht mehr zusammenhängenden Graphen führt. Nach Teil (a) von Satz 8.1.1 ist dies ein Baum mit derselben Knotenmenge wie G. Ein Untergraph von G, der dieselbe Knotenmenge besitzt und ein Baum ist, wird ein *aufspannender Baum* von G genannt. Die oben beschriebene Entfernung der Kanten kann selbstverständlich in sehr unterschiedlicher Weise ausgeführt werden, daher kann ein zusammenhängender Graph viele verschiedene aufspannende Bäume besitzen.

Wurzelbäume. Häufig verwenden wir Bäume, die einen speziell ausgezeichneten Knoten besitzen, den wir *Wurzel* nennen. Beispielsweise wurden die Bäume, die beim Zählen von Teilmengen oder Permutationen in Erscheinung getreten sind, von einem gegebenen Knoten ausgehend konstruiert.

Wir können einen beliebigen Baum betrachten, irgendeinen seiner Knoten auswählen und ihn als Wurzel bezeichnen. Ein Baum mit einer festgelegten Wurzel wird *Wurzelbaum* genannt.

Sei G ein Wurzelbaum mit Wurzel r. Ist ein beliebiger Knoten v gegeben, der nicht mit r übereinstimmt, wissen wir nach Übungsaufgabe 8.1.3 (siehe unten), dass der Baum einen eindeutigen v und r verbindenden Weg enthält. Der auf diesem Weg liegende zu v benachbarte Knoten wird der *Vorgänger* von v genannt. Die anderen benachbarten Knoten von v bezeichnen wir als *Nachfolger* von v. Die Wurzel r besitzt keinen Vorgänger, alle ihre Nachbarn werden als ihre Nachfolger bezeichnet.

Wir stellen nun eine grundlegende genealogische Behauptung auf: *Jeder Knoten ist der Vorgänger seiner Nachfolger.* Sei v ein beliebiger Knoten und u einer seiner Nachfolger. Man betrachte den eindeutigen Weg P, der v und r verbindet. Der Knoten u kann nicht auf P liegen: Der erste Knoten nach v kann er nicht sein, da er sonst der Vorgänger und nicht der Nachfolger von v wäre. Es kann auch kein späterer Knoten sein, da man ansonsten einen Kreis durchlaufen würde, wenn man auf dem Weg P von v nach u ginge und anschließend auf der Kante uv nach v zurückkehrte. Das impliziert jedoch, dass wir durch die Hinzunahme des Knotens u und der Kante uv zu P einen Weg erhalten, der u mit r verbindet. v ist der erste Knoten auf diesem Weg nach u. Daher ist v der Vorgänger von u. (Gilt dieser Beweis auch, falls $v = r$ gilt? Man überprüfe dies!)

Wir haben gesehen, dass jeder Knoten, ausgenommen die Wurzel, genau einen Vorgänger besitzt. Ein Knoten kann jedoch eine beliebige Anzahl von Nachfolgern haben, einschließlich keinem. Ein Knoten, der keinen Nachfolger besitzt, wird *Blatt* genannt. Ein Blatt ist mit anderen Worten ein Knoten vom Grad 1, der nicht die Wurzel ist.

Übung 8.1.1 Beweisen Sie Teil (b) des Satzes 8.1.1.

Übung 8.1.2 Beweisen Sie: Verbindet man zwei Knoten u und v in einem Graphen G durch eine neue Kante, dann entsteht genau dann ein neuer Kreis, wenn u und v in derselben Zusammenhangskomponente von G liegen.

Übung 8.1.3 Beweisen Sie, dass je zwei Knoten eines Baumes durch einen *eindeutigen* Weg verbunden werden können. Zeigen Sie umgekehrt, dass ein Graph G ein Baum ist, vorausgesetzt, dass je zwei Knoten durch einen Weg verbunden werden können und nur ein verbindender Weg für jedes Paar existiert.

8.2 Wie man Bäume wachsen lässt

8.2

Nun folgt eine der wichtigsten Eigenschaften von Bäumen.

Satz 8.2.1 Jeder Baum mit mindestens zwei Knoten besitzt mindestens zwei Knoten vom Grad 1.

8.2.1

Beweis 16 Sei G ein Baum mit mindestens zwei Knoten. Wir zeigen, dass G einen Knoten vom Grad 1 besitzt und überlassen es dann dem Leser als Übungsaufgabe zu zeigen, dass er davon mindestens noch einen mehr hat. (Ein Weg besitzt lediglich zwei solcher Knoten, daher ist dies das Bestmögliche, was wir behaupten können.)

Wir beginnen bei einem beliebigen Knoten v_0 des Baumes und bewegen uns nun auf einem Kantenzug durch den Baum. Sagen wir, wir möchten einen Knoten niemals auf der Kante verlassen, auf der wir zu ihm gekommen sind. Dies ist möglich, solange wir auf keinen Knoten vom Grad 1 stoßen. In diesem Fall halten wir an und der Beweis ist beendet.

Wir zeigen daher, dass dieser Fall früher oder später eintreten muss. Angenommen, er tritt nicht ein, dann müssen wir letztlich zu einem Knoten zurückkommen, den wir bereits besucht hatten. Dann ergeben die Knoten und Kanten, die wir zwischen den beiden Besuchen durchlaufen haben, einen Kreis. Das widerspricht jedoch der Voraussetzung, dass G ein Baum ist und daher keine Kreise enthält.   □

Übung 8.2.1 Wenden Sie die obige Argumentation an, um einen zweiten Knoten vom Grad 1 zu finden.

Ein realer Baum wächst, indem sich immer wieder neue Zweige entwickeln. Wir zeigen, dass man auch einen Graphen-Baum in derselben Weise wachsen lassen kann. Um ein wenig präziser zu werden: Wir betrachten folgende Methode, die wir das Verfahren des *Baumwachstums* nennen:

- *Beginne mit einem einzigen Knoten.*
- *Wiederhole folgendes beliebig oft: Hat man einen Graphen G, dann erzeuge man einen neuen Knoten und verbinde diesen durch eine neue Kante mit einem beliebigen Knoten von G.*

8.2.2

Satz 8.2.2 Jeder Graph, der durch das Verfahren des Baumwachstums geschaffen wurde, ist ein Baum und jeder Baum kann auf diese Weise erhalten werden.

Beweis 17 Der Beweis dieses Satzes ist wiederum ziemlich geradlinig. Wir werden ihn dennoch durchführen, und wenn dies nur dazu dient, mehr Übung beim Argumentieren mit Graphen zu erlangen.

Als erstes betrachten wir einen beliebigen Graphen, der mit dieser Methode erhalten werden kann. Der Graph, mit dem das Verfahren begonnen wurde, ist zweifellos ein Baum. Daher reicht es zu zeigen, dass wir mit diesem Verfahren niemals einen Graphen erzeugen, der kein Baum ist. Mit anderen Worten, ist G ein Baum und wurde G' aus G erzeugt, indem ein neuer Knoten v geschaffen wurde, welcher mit einem Knoten u von G verbunden wurde, dann ist auch G' ein Baum. Der Beweis ist geradlinig: G' ist zusammenhängend, da je zwei „alte" Knoten durch einen Weg in G verbunden werden können und v mit jedem anderen Knoten w verbunden werden kann, indem man zuerst nach u geht und dann u mit w verbindet. Darüber hinaus kann G' keine Kreise enthalten: v hat den Grad 1, also kann kein Kreis durch v gehen. Ein Kreis, der nicht durch v geht, wäre jedoch ein Kreis im alten Graphen, von dem wir vorausgesetzt haben, dass er ein Baum ist.

Nun zeigen wir, dass sich jeder Baum auf diese Weise konstruieren läßt. Wir beweisen dies durch Induktion nach der Anzahl der Knoten.[1] Ist die Anzahl der Knoten gleich 1, dann entsteht der Baum durch die Konstruktion, da dies der Beginn unserer Konstruktion ist. Angenommen, G ist ein Baum, der mindestens 2 Knoten besitzt, dann hat G nach Satz 8.2.1 einen Knoten vom Grad 1 (eigentlich mindestens zwei Knoten). Sei v ein Knoten vom Grad 1. Entferne v zusammen mit der Kante aus G, deren Endpunkt v ist. Der entstandene Graph heißt G'.

Wir behaupten, G' ist ein Baum. G' ist tatsächlich zusammenhängend: Je zwei Knoten von G' können durch einen Weg in G verbunden werden und dieser Weg kann nicht durch v gehen, da v den Grad 1 besitzt. Dieser Weg ist daher auch ein Weg in G'. Zudem enthält G' keine Kreise, da in G keine Kreise vorhanden sind.

Nach Induktionsvoraussetzung läßt sich jeder Graph, der weniger Knoten als G besitzt, mit dieser Konstruktion erzeugen, insbesondere also auch G'. Dann lässt sich G jedoch durch eine weitere Wiederholung des zweiten Schritts erzeugen, was den Beweis von Satz 8.2.2 vervollständigt.   □

In Bild 8.2 ist dargestellt, wie Bäume mit bis zu 4 Knoten durch diese Konstruktion erzeugt werden. Man beachte, dass wir hier einen „Baum aus Bäumen" haben. Die Tatsache, dass die logische Struktur dieser Konstruktion ein Baum ist, hat nichts damit zu tun, dass wir Bäume konstruieren. Jede iterative Konstruktion, in der wir bei jedem Schritt die freie Wahl haben, erzeugt einen ähnlichen „absteigenden Baum".

Das Verfahren des Baumwachstums kann dazu verwendet werden, einige Eigenschaften von Bäumen einzuführen und zu begründen. Die vielleicht wichtigsten davon betreffen die Anzahl der Kanten. Wie viele Kanten kann ein Baum haben? Selbstverständlich hängt das von der Anzahl der Knoten ab. Überraschenderweise hängt es aber *nur* von der Anzahl der Knoten ab:

Satz 8.2.3 Jeder Baum mit n Knoten besitzt $n-1$ Kanten.   **8.2.3**

Beweis 18 Wir beginnen in der Tat mit einem Knoten mehr als Kanten (nämlich mit 1 Knoten und 0 Kanten) und bei jedem Schritt werden ein neuer Knoten und eine neue Kante hinzugefügt, so dass die Differenz von 1 bestehen bleibt.   □

---

[1] Der erste Teil des Beweises besteht ebenfalls aus einer Induktion, auch wenn dies nicht so formuliert wurde.

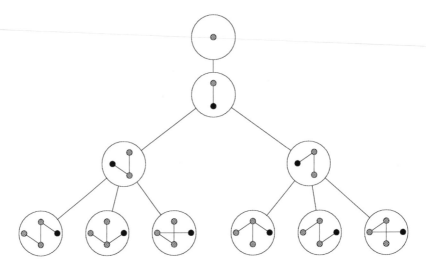

Abbildung 8.2. Der absteigende Baum aus Bäumen.

Übung 8.2.2 Sei G ein Baum, den wir uns als Netzwerk von Straßen in einem mittelalterlichen Land vorstellen, wobei die Knoten Burgen darstellen. Der König lebt im Knoten r. An einem bestimmten Tag machen sich sämtliche Burgherren auf den Weg, um den König zu besuchen. Begründen Sie sorgfältig, warum sich bald nach dem Aufbruch aus ihren Burgen auf jeder Kante genau ein Burgherr befinden wird. Geben Sie einen darauf gründenden Beweis für Satz 8.2.3 an.

Übung 8.2.3 Entfernen wir einen Knoten v aus einem Baum (zusammen mit allen hier endenden Kanten), so erhalten wir einen Graph, dessen Zusammenhangskomponenten Bäume sind. Wir nennen diese Zusammenhangskomponenten *Zweige* am Knoten v. Beweisen Sie, dass jeder Baum einen Knoten besitzt, bei dem jeder Zweig mindestens die Hälfte der Knoten des Baumes enthält.

8.3 Wie zählt man Bäume?

Wir haben im ersten Teil dieses Buchen viele unterschiedliche Dinge gezählt. Nun haben wir Bäume kennengelernt und da ist es naheliegend zu fragen: *Wie viele Bäume mit n Knoten gibt es?*

Bevor wir versuchen, diese Frage zu beantworten, müssen wir noch ein wichtiges Problem klären: Unter welchen Bedingungen sagen wir, zwei Bäume sind verschieden? Es gibt mehr als eine sinnvolle Antwort auf diese Frage. Wir betrachten die beiden Bäume

in Bild 8.3. Sind sie gleich? Man könnte sagen, sie sind es. Wenn wir jedoch annehmen, die Knoten sind beispielsweise Städte und die Kanten sind Straßen, die zwischen
diesen Städten gebaut werden sollen, dann werden die Einwohner dieser Städte die
beiden Pläne natürlich sehr unterschiedlich finden.

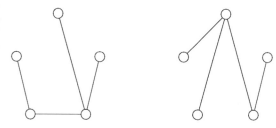

Abbildung 8.3. Sind diese beiden Bäume gleich?

Wir müssen also sehr sorgfältig definieren, wann wir zwei Bäume als gleich ansehen.
Hier sind zwei Möglichkeiten, dies zu tun:

 ~~~ Wir legen die Menge der Knoten fest und bezeichnen zwei Bäume als gleich,
wenn jeweils dieselben Knotenpaare durch eine Kante verbunden sind. (Das ist
der Standpunkt, den die Einwohner der Städte bei der Betrachtung der Konstrukti-
onspläne für den Straßenbau einnehmen würden.) In diesem Fall ist es angebracht,
den Knoten Namen zu geben, so dass wir sie unterscheiden können. Es ist günstig,
die Zahlen $0, 1, 2, \ldots, n - 1$ als Namen zu verwenden (wenn der Baum n Knoten besitzt). Wir sagen dazu, dass die Knoten des Baumes durch $0, 1, 2, \ldots n - 1$
indiziert sind. Bild 8.4 zeigt einen indizierten Baum. Die Vertauschung der Bezeichnungen 2 und 4 (zum Beispiel) würde zu einem anderen indizierten Baum
führen.

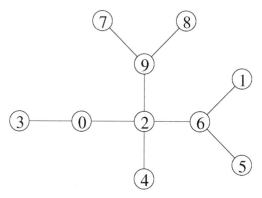

Abbildung 8.4. Ein indizierter Baum.

 ~~~ Wir geben den Knoten keine Namen und erachten zwei Bäume als gleich, wenn
wir durch Umordnung der Knoten den einen Baum aus dem anderen Baum erhal-

ten können. Etwas präziser ausgedrückt bezeichnen wir zwei Bäume als gleich (der mathematische Ausdruck dafür lautet *isomorph*), wenn es eine Bijektion zwischen den Knoten des ersten und des zweiten Baumes gibt, bei der je zwei durch eine Kante verbundene Knoten des ersten Baumes zwei durch eine Kante verbundenen Knoten des zweiten Baumes entsprechen und umgekehrt. Sprechen wir über *nicht-indizierte Bäume*, dann meinen wir damit, dass wir isomorphe Bäume nicht voneinander unterscheiden. Zum Beispiel sind alle Wege mit n Knoten als nicht-indizierte Bäume betrachtet dasselbe.

Wir können somit zwei Fragen stellen: Wie viele indizierte Bäume mit n Knoten gibt es? Und wie viele nicht-indizierte Bäume mit n Knoten gibt es? Das sind wirklich zwei verschiedene Fragen und wir müssen sie getrennt voneinander betrachten.

Übung 8.3.1 Bestimmen Sie alle nicht-indizierten Bäume mit $2, 3, 4$ und 5 Knoten. Wie viele indizierte Bäume erhält man aus jedem dieser Bäume? Verwenden Sie dies, um die Anzahl der indizierten Bäume mit $2, 3, 4$ und 5 Knoten zu bestimmen.

Übung 8.3.2 Wie viele indizierte Bäume mit n Knoten sind Sterne? Wie viele sind Wege?

Die Anzahl indizierter Bäume. Im Fall der indizierten Bäume gibt es eine hübsche Lösung.

8.3.1   **Satz 8.3.1** (**Satz von Cayley**) Die Anzahl indizierter Bäume mit n Knoten beträgt n^{n-2}.

Die Formel ist elegant, aber überraschenderweise recht schwer zu beweisen! Sie ist wesentlich tiefgehender als alle vorhergehenden Formeln für die Anzahl von diesem und jenem. Es gibt unterschiedliche Möglichkeiten sie zu beweisen, aber in jedem der Beweise werden weitreichende Hilfsmittel aus der Mathematik oder geschickte Ideen verwendet. Wir werden einen Beweis angeben, den man wahrscheinlich am besten versteht, wenn man sich zuerst mit einer etwas anderen Frage aus der Informatik beschäftigt: Wie speichert man Bäume ab?

8.4   ## 8.4 Wie man Bäume abspeichert

Wir nehmen an, wir möchten einen indizierten Baum, sagen wir, den Baum von Bild 8.4, in einem Computer speichern. Wie würde man dies tun? Natürlich hängt die Antwort davon ab, wofür man den Baum speichern möchte, welche Informationen wieder

abgerufen werden sollen und wie oft das passieren soll, etc.. Im Augenblick beschäftigt uns nur der benötigte Speicherplatz. Wir möchten den Baum so abspeichern, dass
er so wenig Speicherplatz wie möglich belegt.

Versuchen wir einige einfache Lösungen.

(a) Angenommen, wir haben einen Baum G mit n Knoten. Was einem dazu einfallen
kann, ist zum Beispiel eine große Tabelle mit n Zeilen und n Spalten anzulegen und
(sagen wir) die Zahl 1 an die j-te Stelle der i-ten Zeile zu schreiben, wenn die Knoten
i und j durch eine Kante verbunden sind und die Zahl 0 hinzuschreiben, wenn sie es
nicht sind. Es ist günstig, den Knoten mit der Bezeichnung 0 als letztes zu schreiben,
denn so entspricht er der 10-ten Zeile und 10-ten Spalte:

$$
\begin{array}{l}
0000010000 \\
0001010001 \\
0000000001 \\
0100000000 \\
0000010000 \\
1100100000 \\
0000000010 \\
0000000010 \\
0000001100 \\
0110000000
\end{array}
\tag{45}
$$

Diese Methode, einen Baum zu speichern, kann natürlich auch für jeden anderen
Graph verwendet werden. (Nur damit der Name einmal erwähnt wird: Die Matrix wird
die *Adjazenzmatrix* des Graphen genannt) Sie ist häufig sehr nützlich, aber zumindest
für Bäume ist dies sehr verschwenderisch. Wir benötigen ein Bit für das Abspeichern
jedes Eintrags dieser Tabelle. Das macht also n^2 Bits. Wir können ein wenig ein-
sparen, indem wir feststellen, dass wir lediglich den Teil unter der Hauptdiagonalen
abspeichern müssen. Die Einträge der Diagonalen sind nämlich alle gleich 0 und die
andere Hälfte der Tabelle stellt nur eine Spiegelung der Hälfte unter der Diagonalen
dar. Das macht aber immer noch $(n^2 - n)/2$ Bits.

(b) Es ist günstiger, einen Baum anhand einer Liste seiner Kanten anzugeben. Wir können jede Kante eindeutig durch ihre beiden Endpunkte beschreiben. Es wird zweck-
mäßig sein, die Liste in Form einer Tabelle anzugeben, deren Spalten den Kanten entsprechen. So kann beispielsweise der Baum aus Bild 8.4 folgendermaßen dargestellt
werden:

$$
\begin{array}{l}
789630266 \\
992202415
\end{array}
$$

Anstelle einer Tabelle mit n Zeilen erhalten wir eine mit nur zwei Zeilen. Das kostet
uns allerdings auch etwas: Die Tabelle enthält nicht mehr nur 0 und 1, sondern sie

wird ganze Zahlen zwischen 0 und $n - 1$ enthalten. Aber das ist es uns zweifellos wert: Wenn wir Bits zählen, benötigt man für die Bezeichnung eines Knotens $\log_2 n$ Bits, also für die ganze Tabelle lediglich $2n \log_2 n$ Bits. Dies ist sehr viel weniger als $(n^2 - n)/2$, wenn n groß wird.

Es gibt immer noch eine Menge frei wählbarer Dinge, das heißt, man kann denselben Baum auf unterschiedliche Arten codieren: Wir können die Bezeichnungen (also die Reihenfolge) der Kanten wählen, ebenso die Reihenfolge, in der die Endpunkte jeder Kante aufgelistet werden. Wir könnten einige willkürliche Vereinbarungen treffen, um den Code wohldefiniert zu machen (zum Beispiel können wir die zwei Endknoten einer Kante in ansteigender Reihenfolge aufschreiben und dann die Kanten in ansteigender Reihenfolge bezüglich ihrer ersten Endknoten auflisten, wobei die Bindungen zu ihren zweiten Endknoten nicht berücksichtigt werden). Es ist jedoch sinnvoller, dies in einer Weise zu tun, in der möglichst viel Speicherplatz gespart wird.

(c) **Der Vorgänger-Code.** Von nun an wird der Knoten mit der Bezeichnung 0 eine spezielle Rolle spielen. Wir werden ihn als die „Wurzel" des Baumes betrachten. Die zwei Endknoten einer Kante können wir nun so aufschreiben, dass der von der Wurzel weiter entfernte Endknoten zuerst notiert wird und der näher liegende danach. Auf diese Weise ist bei jeder Kante der unten notierte Knoten der Vorgänger des darüber liegenden Knotens. Die Reihenfolge, in der wir die Kanten auflisten, richten wir nach der Reihenfolge ihrer ersten Knoten. Für den Baum in Bild 8.4 erhalten wir die Tabelle

$$123456789$$
$$600262992$$

Fällt Ihnen irgendetwas Besonderes an dieser Tabelle auf? Die erste Zeile besteht aus den Zahlen $1, 2, 3, 4, 5, 6, 7, 8, 9$ und zwar in dieser Reihenfolge. Ist das ein Zufall? Nun, die Reihenfolge sicherlich nicht (wir ordneten die Kanten in ansteigender Reihenfolge ihrer ersten Endknoten). Die Wurzel 0 kommt nicht vor, da sie kein Nachfolger irgendeines anderen Knotens ist. Aber warum erhalten wir jede der anderen Zahlen genau einmal? Nach einer kurzen Bedenkzeit sollte dies klar sein: Kommt ein Knoten in der ersten Zeile vor, dann steht sein Vorgänger darunter. Da jeder Knoten nur einen Vorgänger besitzt, kann er nur einmal vorkommen. Da jeder Knoten außer der Wurzel einen Vorgänger besitzt, kommt auch jeder Knoten außer der Wurzel in der ersten Zeile vor.

Somit wissen wir, wenn wir einen Baum mit n Knoten haben und eine Tabelle unter Verwendung dieser Methode aufschreiben, dass die erste Zeile aus den Zahlen $1, 2, 3, \ldots, n - 1$ bestehen wird. Wir können daher darauf verzichten, die erste Zeile zu notieren, ohne dass Information verloren geht. Es ist vollkommen ausreichend die zweite Zeile zu speichern. Wir können daher einen Baum durch eine Sequenz von $n - 1$ Zahlen angeben, wobei jede dieser Zahlen zwischen 0 und $n - 1$ liegt. Dafür werden $(n - 1)\lceil \log_2 n \rceil$ Bits benötigt.

Diese Codierung ist nicht optimal. Dabei verstehen wir unter „nicht optimal sein", dass nicht jeder „Code" einen Baum ergibt (siehe Übungaufgabe 8.4.1). Wir werden jedoch sehen, dass diese Methode schon fast optimal ist.

Übung 8.4.1   Betrachten   Sie   folgende   „Codes": $(0, 1, 2, 3, 4, 5, 6, 7)$; $(7, 6, 5, 4, 3, 2, 1, 0)$; $(0, 0, 0, 0, 0, 0, 0, 0)$; $(2, 3, 1, 2, 3, 1, 2, 3)$. Welche davon sind „Vorgänger-Codes" von Bäumen?

Übung 8.4.2 Beweisen Sie auf die „Vorgänger-Code"- Methode zur Speicherung von Bäumen gegründet, dass die Anzahl der indizierten Bäume mit n Knoten höchstens n^{n-1} beträgt.

(d) Wir beschreiben nun ein Verfahren, welches wir den *Prüfer-Code* nennen. Dabei wird jedem aus n Knoten bestehenden indizierten Baum eine Sequenz der Länge $n - 2$ (und nicht $n - 1$) zugeordnet, wobei diese Sequenz jeweils nur aus Zahlen aus $0, \ldots, n-1$ besteht. Der Gewinn ist klein, aber wichtig: Wir werden zeigen, dass jede dieser Sequenzen einem Baum entspricht. Dazu werden wir eine *Bijektion*, eine eineindeutige Zuordnung, zwischen den Bäumen mit n Knoten und den aus den Zahlen $0, 1, \ldots, n - 1$ bestehenden Sequenzen der Länge $n - 2$ einführen. Da die Anzahl solcher Sequenzen n^{n-2} beträgt, wird damit auch der Satz von Cayley gezeigt. Der Prüfer-Code kann als Verfeinerung der Methode (c) angesehen werden. Wir betrachten 0 immer noch als die Wurzel und ordnen die zwei Endknoten einer Kante noch immer so, dass der Nachfolger zuerst kommt. Wir ordnen die Kanten (die Spalten der Tabelle) jedoch nicht nach der Größe ihrer ersten Endknoten, sondern ein bisschen anders, diesmal mit etwas engerem Bezug zum Baum selbst. Wir konstruieren also wiederum eine zwei-zeilige Tabelle, deren Spalten den Kanten entsprechen. Dabei ist jede Kante so notiert, dass der von 0 weiter entfernte Knoten oben steht und sein Vorgänger darunter. Die Frage ist nun, in welcher Reihenfolge listen wir die Kanten auf. Hier ist die Regel für die Reihenfolge: Wir suchen nach einem von 0 verschiedenen Knoten vom Grad 1 mit der kleinsten Bezeichnung und schreiben die Kante mit diesem Endknoten auf. In unserem Beispiel bedeutet das, wir notieren $\frac{1}{6}$. Dann entfernen wir diesen Knoten und die Kante aus dem Baum. Nun wiederholen wir das Vorgehen: Wir suchen nach einem von 0 verschiedenen Endknoten mit der kleinsten Bezeichnung und notieren die damit inzidierende Kante. In unserem Fall bedeutet das, wir müssen die Spalte $\frac{3}{0}$ zu unserer Tabelle hinzufügen. Dann entfernen wir diesen Knoten und die Kante, etc.. Wir fahren damit solange fort, bis alle Kanten aufgelistet sind. Die erhaltene Tabelle wird *erweiterter Prüfer-Code* des Baumes genannt (wir nennen ihn erweitert, da wir, wie wir noch sehen werden, lediglich einen Teil davon als „echten" Prüfer-Code brauchen werden). Der erweiterte Prüfer Code des Baumes aus Bild

8.4 ist:

$$134567892$$
$$602629920$$

Warum soll dies nun besser als der „Vorgänger-Code" sein? Eine kleine Beobachtung besteht darin, dass der letzte Eintrag der zweiten Zeile nun immer gleich 0 ist. Da der Eintrag von der letzten Kante herrührt und niemals der Knoten 0 berührt wurde, muss diese letzte Kante mit diesem Knoten inzidieren. Es scheint jedoch, dass wir dafür sehr viel zahlen mussten: Es ist nicht länger klar, dass die erste Zeile überfüssig ist. Sie besteht zwar immer noch aus den Zahlen $1, 2, \ldots, n - 1$, diese sind jedoch nicht mehr in ansteigender Reihenfolge notiert.

Das Schlüssellemma besagt aber, dass die erste Zeile durch die zweite bestimmt ist:

8.4.1   **Lemma 8.4.1** Die zweite Zeile eines erweiterten Prüfer-Codes bestimmt die erste.

Wir illustrieren den Beweis dieses Lemmas anhand eines Beispiels. Angenommen, jemand gibt uns die zweite Zeile eines erweiterten Prüfer-Codes eines Baumes mit 8 Knoten, also zum Beispiel 2 4 0 3 3 1 0 (wir haben eine Kante weniger als Knoten, daher besteht die zweite Zeile nur aus 7 Zahlen, und wie wir bereits wissen, muss sie mit einer 0 enden). Nun werden wir bestimmen, wie die erste Zeile ausgesehen haben muss.

Womit beginnt die erste Zeile? Wir erinnern uns, dass dies der Knoten ist, den wir im ersten Schritt entfernt hatten. Nach den Regeln zur Konstruktion des Prüfer-Codes ist dies der Knoten vom Grad 1 mit der kleinsten Bezeichnung. Kann dieser Knoten der Knoten 1 sein? Nein, denn dann hätten wir ihn im ersten Schritt entfernt und er könnte später nicht mehr auftauchen, was er jedoch tut. Mit derselben Begründung kann keine Nummer, die in der zweiten Zeile vorkommt, zu einem Blatt des Baumes gehören, was am Anfang codiert wird. Damit sind 2, 3 und 4 ausgeschlossen.

Wie sieht es mit 5 aus? Sie kommt in der zweiten Zeile nicht vor. Bedeutet das, es handelt sich um ein Blatt im ursprünglichen Baum? Die Antwort lautet „ja". Ansonsten wäre 5 ein Vorgänger eines anderen Knotens gewesen und wäre in der zweiten Zeile notiert worden, als dieser andere Knoten gelöscht wurde. Daher ist 5 das Blatt mit der kleinsten Bezeichnung und die erste Zeile des erweiterten Prüfer-Codes muss mit 5 beginnen.

Versuchen wir nun herauszufinden, wie der nächste Eintrag der ersten Zeile lautet. Dieser ist, wie wir wissen, das Blatt mit der kleinsten Bezeichnung, nachdem 5 entfernt wurde. Der Knoten 1 ist immer noch ausgeschlossen, da er in der zweiten Zeile später noch vorkommt. Aber 2 kommt nicht wieder vor, das heißt (mit derselben Argumentation wie vorher), dass 2 das Blatt mit der kleinsten Bezeichnung ist, nachdem 5 entfernt wurde. Daher ist 2 der zweite Eintrag der ersten Zeile.

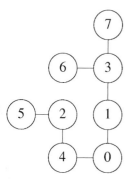

Abbildung 8.5. Ein aus seinem Prüfer-Code rekonstruierter Baum.

Analog muss 4 der dritte Eintrag sein, da alle kleineren Zahlen entweder später noch vorkommen oder bereits verwendet wurden. Wenn wir in ähnlicher Weise fortfahren, finden wir heraus, dass die vollständige Tabelle folgendermaßen ausgesehen haben muss:

$$5246731$$
$$2403310$$

Dies entspricht dem Baum aus Bild 8.5.

Beweis 19:   *(von Lemma 8.4.1)*   Die obigen Betrachtungen sind völlig allgemein und können wie folgt zusammengefasst werden:

Jeder Eintrag der ersten Zeile des erweiterten Prüfer-Codes ist die kleinste Zahl, die weder in der ersten Zeile davor, noch in der zweiten Zeile darunter oder dahinter vorkommt.

Als dieser Eintrag (sagen wir, der k-te Eintrag der ersten Zeile) aufgezeichnet wurde, waren nämlich die Knoten, die vor ihm in der ersten Zeile stehen, tatsächlich schon entfernt worden (zusammen mit den Kanten, die den ersten $k-1$ Spalten entsprechen). Die verbleibenden Einträge der zweiten Zeile sind genau die Knoten, die zu diesem Zeitpunkt Vorgänger sind. Sie sind also keine Blätter.
Dadurch ist beschrieben, wie die erste Zeile aus der zweiten rekonstruiert werden kann.   □

Wir brauchen also gar nicht den ganzen erweiterten Prüfer-Code, um Bäume abzuspeichern. Es reicht, die zweite Zeile zu speichern. Wir wissen, dass der letzte Eintrag der zweiten Zeile 0 ist, daher brauchen wir auch diesen nicht zu speichern. Die aus den ersten $n-2$ Einträgen der zweiten Zeile bestehende Sequenz wird der *Prüfer-Code* des Baumes genannt. Der Prüfer Code ist somit eine Sequenz der Länge $n - 2$, in der jeder Eintrag eine Zahl zwischen 0 und $n - 1$ ist.

Dies ähnelt dem Vorgänger-Code, ist nur um eine Stelle kürzer. Kein großer Gewinn bei all der Arbeit. Das Schöne am Prüfer-Code ist jedoch, dass er optimal ist. Optimal, im Sinne von

jede Sequenz der Länge $n-2$, deren Einträge Zahlen zwischen 0 und $n-1$ sind, ist ein Prüfer-Code eines Baumes mit n Knoten.

Dies kann in zwei Schritten bewiesen werden. Zuerst erweitern wir die Sequenz zu einer zwei-zeiligen Tabelle: Wir fügen am Ende der Sequenz die 0 hinzu und schreiben als Eintrag der ersten Zeile jeweils die kleinste Zahl, die weder in der ersten Zeile davor, noch in der zweiten Zeile darunter oder dahinter vorkommt (Es ist immer möglich, eine solche Zahl zu finden: Die Bedingung schließt höchstens $n - 1$ von n Werten aus.).

Nun ist diese zweizeilige Tabelle der Prüfer-Code eines Baumes. Diesen Sachverhalt zu beweisen ist nicht weiter schwer und wird dem Leser als Übungsaufgabe überlassen.

Übung 8.4.3 Vervollständigen Sie den Beweis.

Fassen wir zusammen, was der Prüfer-Code liefert. Erstens zeigt er den Satz von Cayley und zweitens liefert er eine theoretisch äußerst leistungsfähige Möglichkeit, Bäume zu codieren. Jeder Prüfer-Code läßt sich als natürliche Zahl ansehen, die im Zahlensystem zur Basis n geschrieben ist. Auf diese Weise können wir jedem Baum mit n Knoten eine „Seriennummer" zwischen 0 und $n^{n-2} - 1$ zuordnen. Drücken wir diese Seriennummer zur Basis zwei aus, erhalten wir einen Code, der 0–1 Sequenzen verwendet, deren Länge höchstens $\lceil (n - 2) \log_2 n \rceil$ beträgt.

Als dritte Verwendungsmöglichkeit des Prüfer-Codes stellen wir uns vor, wir möchten ein Programm zur Erzeugung eines zufälligen indizierten Baumes schreiben, bei dem alle Bäume mit derselben Wahrscheinlichkeit erzeugt werden. Das ist gar nicht so einfach, aber der Prüfer-Code liefert eine effiziente Lösung. Wir müssen lediglich $n-2$ ganze Zahlen zwischen 0 und $n - 1$ unabhängig voneinander zufällig auswählen (in den meisten Programmiersprachen gibt es dafür einen Befehl) und anschließend diese Sequenz wie beschrieben „decodieren".

8.5 Die Anzahl nicht-indizierter Bäume

Die Anzahl nicht-indizierter Bäume mit n Knoten wird üblicherweise mit T_n bezeichnet und ist noch schwieriger zu behandeln. Für diese Zahl ist keine so einfache Formel wie Cayleys Satz bekannt. Unser Ziel besteht darin, eine ungefähre Vorstellung von der Größe dieser Zahl zu erhalten.

Es gibt lediglich einen nicht-indizierten Baum mit 1, 2 oder 3 Knoten und es gibt zwei mit 4 Knoten (den Weg und den Stern). Bei 5 Knoten gibt es 3 nicht-indizierte Bäume (den Stern, den Weg und den Baum in Bild 8.3). Diese Zahlen sind sehr viel kleiner als die Anzahl von indizierten Bäumen mit diesen Knotenzahlen. Sie betragen nach Cayleys Satz nämlich $1, 1, 3, 16$ und 125.

Natürlich ist die Anzahl nicht-indizierter Bäume kleiner als die Anzahl indizierter Bäume, denn jeder nicht-indizierte Baum kann auf viele verschiedene Arten bezeichnet werden. Auf wie viele Arten? Zeichnen wir einen nicht-indizierten Baum, dann gibt es $n!$ Möglichkeiten, die Knoten zu bezeichnen. Die dadurch erhaltenen indizierten Bäume sind nicht notwendigerweise alle verschieden. Ist ein Baum zum Beispiel ein Stern, dann ist es unerheblich, in welcher Weise wir die Bezeichnungen der Blätter permutieren. Wir erhalten immer denselben indizierten Baum. Ein nicht-indizierter Stern führt also zu n indizierten Sternen.

Wir wissen aber, dass jeder indizierte Baum auf höchstens $n!$ Arten indiziert werden kann. Da die Anzahl der indizierten Bäume n^{n-2} beträgt, gibt es folglich mindestens $n^{n-2}/n!$ nicht-indizierte Bäume. Wenn wir die Stirlingsche Formel (Satz 2.2.1) verwenden, sehen wir, dass diese Zahl ungefähr $e^n/n^{5/2}\sqrt{2\pi}$ beträgt.

Diese Zahl ist sehr viel kleiner als n^{n-2} (die Anzahl indizierter Bäume), aber es handelt sich ja auch nur um eine *untere Schranke* für die Anzahl nicht-indizierter Bäume. Wie können wir eine *obere Schranke* für diese Zahl erhalten? Betrachten wir das Ganze hinsichtlich der Speicherung. Das bedeutet, wir beschäftigen uns mit der Frage, ob wir einen nicht-indizierten Baum günstiger speichern können, als seine Knoten zu bezeichnen und ihn dann als indizierten Baum zu speichern. Sehr informell ausgedrückt: Wie können wir einen Baum beschreiben, wenn wir uns nur für sein „Gerüst" interessieren und es für uns dabei unerheblich ist, welcher Knoten welche Bezeichnung besitzt?

Wir betrachten einen Baum G mit n Knoten und legen eines seiner Blätter als „Wurzel" fest. Anschließend zeichnen wir G in der Ebene, ohne dass sich die Kanten überschneiden. Das ist immer möglich und wir zeichnen Bäume auch fast immer auf diese Weise.

Nun stellen wir uns vor, die Kanten des Baumes sind Wände, die senkrecht auf der Ebene stehen. Bei der Wurzel beginnend wandern wir um dieses System von Wänden, wobei man die jeweilige Wand immer rechts von sich behält. Wir werden die Wanderung entlang einer Kante als einen *Schritt* bezeichnen. Da es $n-1$ Kanten gibt und jede davon zwei Seiten hat, werden wir $2(n-1)$ Schritte machen, bevor wir wieder bei der Wurzel ankommen (Bild 8.6).

Jedes mal, wenn wir einen Schritt von der Wurzel *weg* machen (d.h. einen Schritt von einem Vorgänger zu einem seiner Nachfolger), notieren wir eine 1. Jedes mal, wenn wir einen Schritt zur Wurzel *hin* machen, notieren wir eine 0. Auf diese Weise erhalten wir eine aus 0'en und 1'en bestehende Sequenz der Länge $2(n-1)$. Wir nennen diese

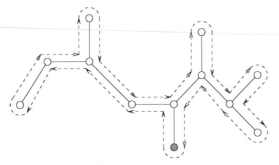

Abbildung 8.6. Wanderung um einen Baum.

Sequenz den *planaren Code* des (nicht-indizierten) Baumes. Der planare Code das Baumes aus Bild 8.6 ist 1111100100011011010000.

Der Name deutet bereits darauf hin, dass der planare Code folgende wichtige Eigenschaft besitzt:

> *Jeder nicht-indizierte Baum ist durch seinen planaren Code eindeutig bestimmt.*

Wir werden den Beweis hiervon anschaulich darstellen, indem wir annehmen, unser Baum ist von Schnee bedeckt und das einzige, was wir haben, ist sein Code. Wir bitten einen unserer Freunde, wie oben um den Baum herum zu gehen und dabei die Wände freizulegen. Wir betrachten dabei den Code. Was sehen wir? Jedes mal, wenn wir eine 1 sehen, geht er entlang einer Wand von der Wurzel weg und fegt dabei den Schnee herunter. Wir sehen daher einen neuen Zweig wachsen. Jedes mal, wenn wir eine 0 sehen, kommt er entlang einer bereits freigeräumten Kante in Richtung Wurzel zurück.

Nun, dadurch ist eine sehr gute Möglichkeit zum Zeichnen des Baumes beschrieben: Wir betrachten ein Bit des Codes nach dem anderen. Der Stift bleibt dabei die ganze Zeit auf dem Papier. Jedes mal, wenn wir eine 1 sehen, zeichnen wir eine neue Kante zu einem neuen Knoten (und bewegen den Stift zu dem neuen Knoten). Jedes mal, wenn wir eine 0 sehen, bewegen wir den Stift entlang einer Kante zurück in Richtung Wurzel. Der Baum ist demnach tatsächlich durch seinen planaren Code bestimmt.

Da die Anzahl der möglichen planaren Codes höchstens $2^{2(n-1)} = 4^{n-1}$ beträgt, ist die Anzahl der nicht-indizierten Bäume ebenfalls höchstens so groß. Wir fassen zusammen:

8.5.1   **Satz 8.5.1** Die Anzahl T_n nicht-indizierter Bäume mit n Knoten erfüllt

$$\frac{n^{n-2}}{n!} \leq T_n \leq 4^{n-1}.$$

Der genaue Wert dieser unteren Schranke spielt keine große Rolle. Nur um eine einfacher zu merkende Aussage zu haben, können wir schlußfolgern, dass die Anzahl nicht-indizierter Bäume mit n Knoten größer als 2^n ist, falls n groß genug ist (dies gilt für $n > 30$). Somit erhalten wir zumindest für $n > 30$ folgende sehr leicht zu merkende Schranken:

$$2^n \leq T_n \leq 4^n.$$

Der planare Code ist weit davon entfernt, optimal zu sein. Jeder nicht-indizierte Baum besitzt viele verschiedene Codes (davon abhängig, wie wir den Baum in der Ebene gezeichnet und welchen Knoten wir als Wurzel gewählt haben) und es ist auch nicht jede 0–1 Sequenz der Länge $2(n-1)$ der Code eines Baumes (sie muss zum Beispiel mit einer 1 beginnen und dieselbe Anzahl 0'en und 1'en enthalten). Dennoch ist der planare Code eine recht effiziente Möglichkeit, nicht-indizierte Bäume zu codieren: Es werden weniger als $2n$ Bits für einen Baum mit n Knoten verwendet. Da es mehr als 2^n nicht-indizierte Bäume gibt (zumindest für $n > 30$), kommen wir möglicherweise mit Codes der Länge n nicht aus: Es gibt einfach nicht genug von ihnen.

Im Gegensatz zu dem, was wir über indizierte Bäume wissen, kennen wir keine einfache Formel für die Anzahl nicht-indizierter Bäume mit n Knoten und wahrscheinlich existiert auch gar keine. Gemäß eines schwierigen Ergebnisses von George Pólya, nähert sich die Anzahl nicht-indizierter Bäume mit n Knoten asymtotisch $an^{-5/2}b^n$, wobei $a = 0,5349\ldots$ und $b = 2,9557\ldots$ reelle, komliziert definierte Zahlen sind.

Übung 8.5.1 Existiert ein nicht-indizierter Baum mit planarem Code
(a) 1111111100000000; (b) 1010101010101010; (c) 1100011100?

Gemischte Übungsaufgaben

Übung 8.5.2 Sei G ein zusammenhängender Graph und e eine Kante von G. Beweisen Sie: e ist genau dann keine Brücke, wenn sie in einem Kreis von G enthalten ist.

Übung 8.5.3 Beweisen Sie, dass ein Graph mit n Knoten und m Kanten mindestens $n - m$ Zusammenhangskomponenten besitzt.

Übung 8.5.4 Beweisen Sie: Besitzt ein Baum einen Knoten vom Grad d, dann hat er mindestens d Blätter.

Übung 8.5.5 Bestimmen Sie die Anzahl nicht-indizierter Bäume mit 6 Knoten.

Übung 8.5.6 Ein *Doppelstern* ist ein Baum, der genau zwei Knoten besitzt, die keine Blätter sind. Wie viele nicht-indizierte Doppelsterne mit n Knoten gibt es?

Übung 8.5.7 Man konstruiere einen Baum, ausgehend von einem Weg der Länge $n - 3$, indem zwei neue Knoten geschaffen werden und diese mit demselben Endpunkt des Weges verbunden werden. Wie viele verschiedene indizierte Bäume erhält man aus diesem Baum?

Übung 8.5.8 Man betrachte eine beliebige Tabelle mit 2 Zeilen und $n - 1$ Spalten. Die erste Zeile besteht aus $1, 2, 3, \ldots, n - 1$ und die zweite enthält irgendwelche Zahlen zwischen 1 und n. Man konstruiere einen Graphen, dessen Knoten mit $1, \ldots, n$ bezeichnet sind, indem die Knoten jeder Spalte unserer Tabelle durch eine Kante verbunden werden.
(a) Zeigen Sie anhand eines Beispiels, dass dieser Graph nicht immer ein Baum sein muss.
(b) Zeigen Sie: Ist der Graph zusammenhängend, dann ist er ein Baum.
(c) Beweisen Sie, dass jede Zusammenhangskomponente dieses Graphen höchstens einen Kreis enthält.

Übung 8.5.9 Beweisen Sie, dass in jedem Baum je zwei Wege maximaler Länge einen Knoten gemeinsam haben. Dies ist nicht wahr, wenn wir zwei maximale (d.h. nicht erweiterbare) Wege betrachten.

Übung 8.5.10 Ist C ein Kreis und e eine Kante, die zwei nicht benachbarte Knoten von C verbindet, dann nennen wir e eine *Sehne* von C. Zeigen Sie: Ist jeder Knoten eines Graphen G mindestens vom Grad 3, dann enthält G einen Kreis mit einer Sehne. [Hinweis: Man beachte den Beweis des Satzes, dass ein Baum einen Knoten vom Grad 1 besitzt.]

Übung 8.5.11 Man betrachte einen Kreis mit n Knoten und verbinde zwei Knoten durch eine Kante, wenn ihr Abstand 2 beträgt. Bestimmen Sie die Anzahl aufspannender Bäume dieses Graphen.

Übung 8.5.12 Wir erhalten einen (k, l)-*Hantelgraphen*, indem wir einen vollständigen Graphen mit k (bezeichneten) Knoten und einen vollständigen Graphen mit l (bezeichneten) Knoten hernehmen und diese durch eine einzige Kante verbinden. Bestimmen Sie die Anzahl aufspannender Bäume eines Hantelgraphen.

Übung 8.5.13 Beweisen Sie, ist $n \geq 2$, dann kann bei keiner der beiden Ungleichungen in Satz 8.5.1 Gleichheit auftreten.

Kapitel 9

Bestimmung des Optimums

9

9

9 Bestimmung des Optimums

9.1 Bestimmung des besten Baumes

In einem Land mit n Städten soll ein Telefonnetz aufgebaut werden, welches alle Städte miteinander verbindet. Natürlich braucht man nicht jedes Paar Städte einzeln zu verbinden, es soll jedoch ein zusammenhängendes Netzwerk entstehen. Mit unseren Begriffen bedeutet das, der Graph mit den direkten Verbindungen muss zusammenhängend sein. Nehmen wir an, sie möchten keine direkte Verbindung zwischen zwei Städten schaffen, wenn es nicht auch anders geht (wie wir später noch sehen werden, kann es gute Gründe für ein solches Vorgehen geben, aber im Moment nehmen wir an, ihr einziges Ziel besteht in einem zusammenhängenden Netzwerk). Sie möchten demnach einen minimalen zusammenhängenden Graphen mit diesen gegebenen Knoten konstruieren, d.h. einen Baum.

Wir wissen, dass sie $n - 1$ Kanten erzeugen müssen, unabhängig von der Wahl des zu konstruierenden Baumes. Bedeutet das, es ist unerheblich, welchen Baum sie konstruieren? Nein, denn der Aufwand beim Bau der Leitungen ist nicht immer gleich. Die Leitungen zwischen einigen Städten können, abhängig davon, wie weit die Städte voneinander entfernt sind, ob es Berge oder Seen zwischen ihnen gibt, etc., sehr viel mehr kosten als zwischen anderen Städten. Die Aufgabe besteht also darin, einen aufspannenden Baum zu finden, dessen Gesamtkosten (die Summe der Kosten seiner Kanten) minimal sind.

Woher wissen wir, wie groß diese Kosten sind? Nun, das kann uns die Mathematik nicht sagen. Es ist die Aufgabe der Ingenieure und Betriebswirtschaftler die Kosten jeder möglichen Leitung im Voraus abzuschätzen. Wir nehmen daher einfach an, dass uns diese Kosten bereits bekannt sind.

Nun scheint die Aufgabe wieder trivial (sehr einfach) zu sein: Man berechnet einfach die Kosten für jeden Baum mit diesen Knoten und bestimmt dann den Baum, dessen Kosten am geringsten sind.

Wir widersprechen der Behauptung, dies sei einfach. Die Anzahl der zu betrachtenden Bäume ist enorm: Wir wissen nach dem Satz von Cayley (Satz 8.3.1), dass die Anzahl indizierter Bäume mit n Knoten n^{n-2} beträgt. Bei 10 Städten müssen wir also 10^8 (Einhundertmillionen) mögliche Bäume betrachten. Für 20 Städte ist die Anzahl bereits astronomisch hoch (mehr als 10^{20}). Wir sollten daher einen besseren Weg finden, einen optimalen Baum zu bestimmen. Das ist der Punkt, an dem uns die Mathematik zu Hilfe kommt.

Es gibt diese Geschichte über den Pessimisten und den Optimisten: Jeder von ihnen erhält eine Schachtel mit verschiedenen Bonbons. Der Optimist nimmt sich immer das beste, während der Pessimist immer das schlechteste isst (um die besten Bonbons für später zu behalten). Der Optimist isst also von den vorhandenen Bonbons immer das beste, während sich der Pessimist immer das schlechteste wählt. Dennoch essen sie letztlich die gleichen Bonbons.

Schauen wir uns einmal an, wie eine optimistische Regierung das Telefonnetzwerk bauen würde. Sie beginnen, indem sie anfangen, Geld aufzutreiben. Sobald sie genügend für eine Leitung (die billigste Leitung) zusammen haben, bauen sie diese. Dann warten sie solange, bis sie das Geld für den Bau einer zweiten Verbindung zusammen haben. Dann warten sie, bis sie das Geld für den Bau einer dritten Verbindung haben . . . . Es könnte passieren, dass die drittbilligste Verbindung zusammen mit den ersten zwei Leitungen ein Dreieck bildet (sagen wir, drei Städte liegen sehr dicht beisammen). Diese wird dann natürlich übersprungen und es wird so viel Geld zusammengetragen, dass die viertbilligste Verbindung gebaut werden kann.

Die optimistische Regierung wird jedesmal warten, bis sie genug Geld hat, um eine Verbindung zwischen zwei noch nicht durch einen Weg verbundene Städte zu schaffen und wird diese dann bauen.

Schließlich werden sie einen zusammenhängenden Graphen mit n die Städte darstellenden Knoten erhalten. Der Graph enthält keine Kreise, da die zuletzt konstruierte Kante eines Kreises zwei Städte verbinden würde, die bereits durch die anderen Kanten dieses Kreises erreichbar sind. Der erhaltene Graph ist also tatsächlich ein Baum.

Aber ist dieses Netzwerk auch das billigste? Könnte sich die anfängliche Sparsamkeit als Fehlschlag erweisen und die Regierung letztlich gezwungen sein, am Ende viel mehr auszugeben? Wir werden weiter unten zeigen, dass unsere optimistische Regierung unverdienterweise erfolgreich ist: Der von ihnen konstruierte Baum, ist der billigste, der möglich ist.

Bevor wir mit dem Beweis beginnen, sollten wir klarstellen, warum wir gesagt haben, dass die Regierung „unverdienterweise" erfolgreich war. Wir zeigen, dass schon bei einer leichten Modifizierung der Aufgabenstellung dieselbe optimistische Herangehensweise zu sehr schlechten Ergebnissen führen kann.

Nehmen wir an, sie fordern, um die Zuverlässigkeit des Systems zu erhöhen, dass es zwischen je zwei Städten mindestens zwei Wege gibt, die keine Kante gemeinsam haben (damit ist gesichert, dass die beiden Städte immer noch verbunden sind, auch wenn eine der beiden Leitungen aufgrund von Wartungsarbeiten oder eines Fehlers nicht betriebsbereit ist). Dafür reichen $n-1$ Leitungen nicht aus (bilden $n-1$ Kanten einen zusammenhängenden Graphen, dann ist dies ein Baum, wird daraus eine Kante entfernt, ist der verbleibende Graph jedoch nicht mehr zusammenhängend). Es reichen aber n Kanten: Alles was wir tun müssen, ist einen einzigen Kreis durch alle Städte zu zeichnen. Dies führt zu folgender Aufgabenstellung:

Bestimme einen Kreis mit n als Knoten gegebenen Städten, so dass die Gesamtkosten für die Konstruktion der Kanten minimal ist.

(Diese Aufgabe ist eine der berühmtesten Aufgabenstellungen in der mathematischen Optimierung: Sie wird als *Problem des Handlungsreisenden* (*Traveling Salesman Problem*) bezeichnet. Später werden wir noch mehr darüber erfahren.)

Unsere optimistische Regierung würde folgendes tun: Man baue die billigste Leitung, dann die zweitbilligste, dann die drittbilligste, etc., wobei die Konstruktion überflüssiger Leitungen übersprungen wird: Bei einer Stadt, von der bereits zwei Kanten wegführen, wird man keine dritte wegführende Kante bauen und man wird auch keine Kante anlegen, die einen Kreis schließt, solange dieser Kreis nicht alle Knoten enthält. Letztlich erhalten sie einen Kreis durch alle Städte. Aber dieser Kreis ist nicht notwendigerweise der beste! Bild 9.1 zeigt ein Beispiel, bei dem die optimistische Methode (welche in diesem Bereich der angewandten Mathematik als „greedy" (englische Bezeichnung für „gierig") bezeichnet wird) einen Kreis hervorbringt, der ein wenig schlechter als der optimale Kreis ist.

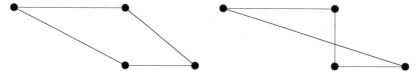

Abbildung 9.1. Fehlschlag der Greedy-Methode. Die Konstruktionskosten sind proportional zur jeweiligen Entfernung. Das erste Bild zeigt den billigsten (kürzesten) Kreis durch alle vier Städte, das zweite zeigt den durch die optimistische (Greedy-) Methode erhaltenen Kreis.

Die Greedy-Methode kann daher zur Lösung eines Problems, das nur ein wenig von der Frage nach dem billigsten Baum abweicht, schon nicht mehr geeignet sein. Die Tatsache (welche wir noch beweisen werden), dass die optimistische Regierung den bestmöglichen Baum konstruiert, ist daher in der Tat unverdientes Glück.

Kommen wir nun zur Lösung des Problems zurück, einen Baum mit minimalen Kosten zu finden und zu beweisen, dass die optimistische Methode zu einem kostengünstigsten Baum führt. Die optimistische Methode wird oft als *Greedy-Algorithmus* bezeichnet. Im Zusammenhang mit aufspannenden Bäumen bezeichnet man sie als *Kruskals Algorithmus*. Wir nennen einen durch den Greedy-Algorithmus erhaltenen Baum den *Greedy-Baum* und bezeichnen ihn mit F. Mit anderen Worten, wir möchten zeigen, dass jeder andere Baum mindestens so viel kosten würde wie der Greedy-Baum (somit kann niemand der Regierung vorwerfen, Geld zu verschwenden und diesen Vorwurf rechtfertigen, indem ein anderer noch billigerer Baum erstellt wird).

Sei also G ein beliebiger Baum, der nicht dem Greedy-Baum F entspricht. Stellen wir uns die Konstruktion von F vor. Dabei betrachten wir den Schritt, bei dem wir zum ersten mal eine Kante nehmen, die nicht auch eine Kante von G ist. Diese Kante sei e. Wenn wir e zu G hinzufügen, erhalten wir einen Kreis C. Dieser Kreis ist nicht vollständig in F enthalten. Er besitzt also eine Kante f, die keine Kante von F ist

(Bild 9.2). Fügen wir die Kante e zu G hinzu und entfernen danach f, so erhalten wir einen (dritten) Baum H. (Warum ist H ein Baum? Geben Sie einen Beweis an!)

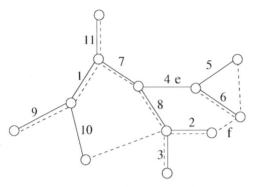

Abbildung 9.2. Der Greedy-Baum ist optimal.

Wir möchten zeigen, dass H *höchstens ebenso teuer wie G ist*. Das bedeutet natürlich, dass e höchstens ebenso teuer wie f ist. Angenommen (indirekte Beweisführung), dass f billiger als e ist.

Nun kommt die Kernfrage: Warum hat die optimistische Regierung zu diesem Zeitpunkt nicht f anstelle von e gewählt? Der einzig mögliche Grund kann darin bestehen, dass f ausgeschlossen war, da es sonst zusammen mit den bereits ausgewählten Kanten von F einen Kreis C' gebildet hätte. All die vorher ausgewählten Kanten sind jedoch Kanten von G, da wir uns den Schritt angesehen haben, als die erste nicht in G liegende Kante zu F hinzugefügt wurde. Da f selbst eine Kante von G ist, sind folglich alle Kanten von C' auch Kanten von G. Dies kann jedoch nicht sein, da G ein Baum ist. Dieser Widerspruch zeigt, dass f nicht günstiger als e sein kann und daher auch G nicht günstiger als H.

Wir ersetzen G durch diesen nicht teureren Baum H. Der neue Baum H hat den Vorteil, dass er mit F in mehr Kanten übereinstimmt, da wir aus G eine Kante entfernt haben, die nicht in F ist und dafür eine in F enthaltene Kante hinzufügt haben. Ist H verschieden von F, dann können wir dieselbe Argumentation immer wieder wiederholen und erhalten Bäume, die nicht teurer als G sind und mit F in mehr und mehr Kanten übereinstimmen. Früher oder später müssen wir bei dem Baum F selbst ankommen, was beweist, dass F nicht teurer als G ist.

Übung 9.1.1 Eine pessimistische Regierung könnte folgender Logik folgen: Wenn wir nicht sehr vorsichtig sind, könnten wir am Ende gezwungen sein, diese extrem teure Verbindung durch die Berge zu bauen. Laßt uns daher sofort beschließen, dass der Bau dieser Verbindung keine Option darstellt und dies als „unmöglich" kennzeichnen. Wir bestimmen ebenso die zweitteuerste Leitung und kennzeichnen sie mit „unmöglich", etc.. Nun, ewig können wir so nicht fortfahren, sondern wir müssen uns den Graph ansehen, der aus den immer noch möglichen Kanten besteht. Dieser „Graph der möglichen Kanten" muss zusammenhängend bleiben. Das bedeutet, wenn das Entfernen der teuersten Kante aus dem Graph der möglichen Kanten den Zusammenhang dieses Graphen zerstören würde, dann müssen wir wohl oder übel diese Leitung bauen. Also bauen wir diese Leitung (die pessimistische Regierung baut letztlich die teuerste der noch möglichen Leitungen). Dann bestimmen wir unter den verbliebenen noch möglichen, nicht bereits gebauten Leitungen, die teuerste und kennzeichnen sie mit „unmöglich", falls deren Entfernung den Zusammenhang des Graphen der möglichen Kanten nicht zerstören würde, etc..

Zeigen Sie, dass die pessimistische Regierung dieselben Gesamtkosten wie die optimistische haben wird.

Übung 9.1.2 Beschreiben Sie, wie die pessimistische Regierung einen Kreis durch alle Städte konstruieren wird. Zeigen Sie anhand eines Beispiels, dass sie nicht immer die günstigste Lösung erhalten.

9.2 Das Problem des Handlungsreisenden

Kommen wir nun zur Frage nach dem günstigsten Kreis durch alle gegebenen Städte zurück: Wir haben n Städte (Punkte) in der Ebene und zu jedem Paar sind uns die „Kosten" für eine direkte Verbindung bekannt. Nun sollen wir einen Kreis durch die Knoten finden, dessen Kosten (die Summe der Kosten seiner Kanten) so gering wie möglich sind.

Dies ist eines der wichtigsten Probleme im Bereich der *kombinatorischen Optimierung*, einem Gebiet, welches sich mit der Bestimmung bestmöglicher Konzepte in vielfältigen kombinatorischen Situationen beschäftigt; so zum Beispiel auch mit der im vorigen Abschnitt besprochenen Suche nach dem optimalen Baum. Die obige Frage wird das *Problem des Handlungsreisenden* (Traveling Salesman Problem) genannt und erscheint in unterschiedlichsten Aufmachungen. Sein Name stammt von der Version der Fragestellung, bei der ein Handlungsreisender alle Städte einer Region besuchen muss und anschließend zu seiner Heimatstadt zurückkehrt. Natürlich möchte er seine Reisekosten minimal halten. Es ist klar, dass dies mathematisch betrachtet dasselbe Problem darstellt. Man kann sich leicht vorstellen, dass ein und dasselbe mathematische Problem im Zusammenhang mit der Erstellung optimaler Auslieferrouten für Briefträger, optimaler Streckenführung für die Müllabfuhr, etc. erscheint.

Die folgende wichtige Frage führt zum selben mathematischen Problem, abgesehen von der vollkommen anderen Größenordnung. Eine Maschine soll eine Anzahl Löcher in eine Leiterplatte bohren (es könnten tausende sein) und dann zu ihrem Startpunkt zurückkehren. In diesem Fall ist die wichtige Größe die *Zeit*, die benötigt wird, um den Bohrkopf von einem Loch zum nächsten zu bewegen, da die Gesamtzeit, die jede Leiterplatte in der Maschine verweilen muss, die Anzahl der pro Tag produzierbaren Leiterplatten bestimmt. Wenn wir also die Zeit, die benötigt wird, um den Bohrkopf von einem Loch zum anderen zu bewegen, als „Kosten" dieser Kante betrachten, müssen wir einen Kreis mit minimalen Kosten finden, dessen Knoten den Löchern entsprechen.

Das Problem des Handlungsreisenden ist mit den Hamiltonschen Kreisen eng verwandt. Erstens ist eine Route eines Handlungsreisenden lediglich ein Hamiltonscher Kreis in einem vollständigen Graphen mit einer gegebenen Knotenmenge. Aber es gibt auch noch eine interessantere Verbindung: *Die Fragestellung, ob ein gegebener Graph einen Hamiltonschen Kreis enthält, kann auf das Problem des Handlungsreisenden reduziert werden.*

Sei G ein Graph mit n Knoten. Wir definieren den „Abstand" zweier Knoten wie folgt: Benachbarte Knoten haben den Abstand 1, nicht benachbarte Knoten haben den Abstand 2.

Was wissen wir über das Problem des Handlungsreisenden auf der Knotenmenge von G mit dieser neuen Abstandsfunktion? Besitzt der Graph einen Hamiltonschen Kreis, dann ist dies eine Route eines Handlungsreisenden der Länge n. Hat der Graph keinen Hamiltonschen Kreis, dann ist die kürzeste Route eines Handlungsreisenden mindestens von der Länge $n + 1$. Dies zeigt, dass jeder Algorithmus, der das Problem des Handlungsreisenden löst, zur Entscheidung herangezogen werden kann, ob ein gegebener Graph einen Hamiltonschen Kreis enthält oder nicht.

Das Problem des Handlungsreisenden ist sehr viel schwieriger als das Problem, einen günstigsten Baum zu finden. Es gibt keinen Algorithmus, der es lösen kann und dabei auch nur annähernd so einfach, elegant und leistungsstark wie der im vorigen Abschnitt behandelte „optimistische" Algorithmus ist. Es gibt Methoden, welche meistens recht gut funktionieren, aber diese bewegen sich nicht mehr im Rahmen dieses Buches.

Wenigstens einen einfachen Algorithmus möchten wir hier aber doch vorstellen. Er liefert zwar nicht die beste Lösung, aber er verliert auch niemals mehr als einen Faktor von 2. Wir beschreiben diesen Algorithmus für den Fall, dass die Kosten einer Kante ihrer Länge entsprechen. Es würde aber auch keinen Unterschied machen, irgendein anderes Maß (wie zum Beispiel die Zeit oder den Preis eines Ticket) zu nehmen, solange die Kosten $c(ij)$ die *Dreiecksungleichung* erfüllen:

$$c(ij) + c(jk) \geq c(ik). \tag{46}$$

(Uns ist bereits durch klassische Ergebnisse der Geometrie bekannt, dass Abstände in der euklidischen Geometrie diese Bedingung erfüllen: Die kürzeste Verbindung zweier Punkte ist eine gerade Linie. Bei Flugpreisen ist diese Ungleichung manchmal nicht erfüllt: Es kann durchaus billiger sein, von New York über Chicago nach Philadelphia zu fliegen, als direkt von New York nach Philadelphia. In diesem Fall würden wir den Flug New York–Chicago–Philadelphia natürlich als eine „Kante" betrachten, wobei der Aufenthalt zwischen den Flügen nicht als Besuch Chicagos gewertet wird. Die Abstandsfunktion eines Graphen, die wir oben eingeführt haben, als wir uns mit der Verbindung des Problems eines Handlungsreisenden und Hamiltonscher Kreise beschäftigten, erfüllt die Dreiecksungleichung.)

Wir beginnen, indem wir ein Problem lösen, bei dem wir bereits wissen, wie wir vorgehen müssen: Finde einen günstigsten Baum, der alle gegebenen Knoten verbindet. Dazu können wir jeden der Algorithmen nutzen, die wir im vorigen Abschnitt hierzu behandelt haben. Wir finden also den günstigsten Baum T, mit Gesamtkosten c.

Wie kann uns dieser Baum helfen, eine Route zu finden? Eine Möglichkeit besteht darin, genauso um den Baum zu wandern, wie wir es im Beweis von Satz 8.5.1 (siehe Bild 8.6) getan haben, als wir den „planaren Code" eines Baumes konstruierten. Dies ergibt einen Weg, der mindestens einmal durch jede Stadt führt und dann zum Startpunkt zurückkehrt.

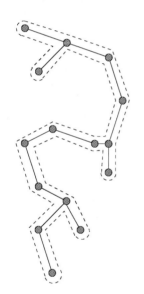

Abbildung 9.3. Der günstigste 15 gegebene Städte verbindende Baum, der Weg rund herum und die durch Abkürzungen erzeugte Route (helle Kanten auf der rechten Seite sind Kanten des Baumes, die in der Route nicht verwendet werden). Die Kosten sind proportional zu den Abständen.

Natürlich kann dieser Weg durch einige der Städte mehr als einmal führen. Aber das ist für uns von Vorteil: Wir können Abkürzungen nehmen. Wenn uns der Weg von i über j nach k führt und wir in j bereits gewesen sind, können wir von i direkt nach k weitergehen. Nehmen wir solche Abkürzungen so oft wie möglich, dann erhalten wir eine Route, die genau einmal durch jede Stadt führt (Bild 9.3). Wir bezeichnen hier den eben beschriebenen Algorithmus einfach mal als *Baum-Abkürzungs-Algorithmus*.

Satz 9.2.1 Wenn die Kosten beim Problem des Handlungsreisenden die Dreiecksungleichung (46) erfüllen, dann liefert der Baum-Abkürzungs-Algorithmus eine Route, die weniger als zweimal so viel kostet wie die optimale Route.

Beweis 20 Die Kosten für die Wanderung um den Baum betragen genau zweimal so viel wie die Kosten c von T, da wir jede Kante zweimal verwendet haben. Die Dreiecksungleichung stellt sicher, dass wir durch die Abkürzungen unseren Weg nur günstiger gemacht haben. Also betragen die ermittelten Kosten nicht mehr als zweimal so viel wie die Kosten des günstigsten aufspannenden Baumes.

Wir möchten aber die Kosten unserer Route mit den Kosten einer optimalen Route vergleichen und nicht mit den Kosten eines optimalen aufspannenden Baumes! Nun, das ist jetzt einfach: *Die Kosten eines günstigsten aufspannenden Baumes sind immer geringer als die Kosten der günstigsten Route.* Warum? Weil wir eine beliebige Kante der günstigsten Route weglassen können, um einen aufspannenden Baum zu erhalten. Dies ist eine sehr spezielle Art von Baum (ein Weg) und als aufspannender Baum kann er optimal sein oder auch nicht. Dennoch sind seine Kosten sicherlich nicht geringer als die Kosten des günstigsten Baumes, aber geringer als die Kosten der optimalen Route, was die obige Behauptung zeigt.

Zusammenfassend kann man festhalten, dass die Kosten der von uns ermittelten Route höchstens zweimal so hoch wie die Kosten des günstigsten aufspannenden Baumes sind, welche wiederum weniger als zweimal so viel wie die Kosten einer günstigsten Route betragen. □

Übung 9.2.1 Ist die Route in Bild 9.3 die kürzeste, die möglich ist?

Übung 9.2.2 Beweisen Sie: Sind alle Kosten proportional zum Abstand, dann kann sich die kürzeste Route nicht selbst schneiden.

Gemischte Übungsaufgaben

Übung 9.2.3 Zeigen Sie: Wenn die Kosten aller Kanten unterschiedlich sind, dann gibt es nur einen günstigsten Baum.

Übung 9.2.4 Beschreiben Sie, wie man einen aufspannenden Baum finden kann, für den (a) das Produkt der Kosten seiner Kanten minimal ist; (b) das Maximum der Kosten seiner Kanten minimal ist.

Übung 9.2.5 In einer realen Regierung gewinnen Optimisten und Pessimisten in unvorhersehbarer Reihenfolge. Das bedeutet, manchmal bauen sie die billigste Leitung, die zusammen mit den bereits verlegten Leitungen keinen Kreis bildet. Manchmal kennzeichnen sie aber auch die teuersten Leitungen mit „unmöglich" bis sie zu einer Leitung kommen, die man nicht als „unmöglich" markieren kann, ohne dass das Netzwerk seinen Zusammenhang verliert. Dann bauen sie diese Leitung. Beweisen Sie, dass sie immer noch dieselben Kosten aufwenden müssen.

Übung 9.2.6 Befindet sich der Regierungssitz in der Stadt r, dann ist es ziemlich wahrscheinlich, dass man zuerst die billigste von r wegführende (sagen wir, sie führt zu einer Stadt s) Leitung verlegen wird, dann die günstigste entweder r oder s mit einer neuen Stadt verbindende Leitung, etc.. Allgemein ausgedrückt, wird es einen zusammenhängenden Graphen aus Telefonleitungen auf einer Teilmenge S der Städte (einschließlich der Hauptstadt) geben. Dabei wird als nächste zu verlegende Leitung jeweils die Leitung gewählt, die die günstigste aller S mit einem Knoten außerhalb von S verbindenden Leitungen ist. Beweisen Sie, dass die Regierung auch auf diese Weise einen günstigsten Baum erhält.

Übung 9.2.7 Bestimmen Sie die kürzeste Route durch die Punkte eines (a) 3×3 Gitters; (b) 4×4 Gitters; (c) 5×5 Gitters; (d) verallgemeinert: $n \times m$ Gitters.

Übung 9.2.8 Zeigen Sie anhand eines Beispiels, dass die durch den Baum-Abkürzungs-Algorithmus gefundene Route mehr als 1000 mal länger als die optimale Route sein kann, wenn wir die Dreiecksungleichung nicht voraussetzen.

Kapitel 10
Matchings in Graphen

10   **Matchings in Graphen**

10

10 Matchings in Graphen

10.1 Ein Tanzproblem

Am Abschlussball einer Schule nehmen 300 Schüler teil. Sie kennen sich untereinander nicht alle. Genaugenommen kennt jedes Mädchen genau 50 Jungen und jeder
Junge kennt genau 50 Mädchen (wir setzen wie vorher voraus, dass die Bekanntschaft
jeweils auf Gegenseitigkeit beruht).

*Wir behaupten, dass alle Schüler gleichzeitig tanzen können, wobei jeweils nur Paa-
re miteinander tanzen, die sich gegenseitig kennen.*

Da wir über Bekanntschaften sprechen, ist es naheliegend, die Situation anhand eines
Graphen zu beschreiben (oder sich zumindest den Graphen vorzustellen, der dies beschreibt). Wir zeichnen also 300 die Schüler darstellende Knoten und verbinden zwei
Knoten durch eine Kante, wenn sich die jeweiligen Schüler kennen. Eigentlich können wir den Graphen auch ein wenig einfacher machen: Die Tatsache, dass sich zwei
Jungen oder zwei Mädchen kennen, spielt bei diesem Problem keinerlei Rolle. Wir
müssen daher die Kanten, die diesen Bekanntschaften entsprechen, nicht einzeichnen.
Es ist günstig, die Knoten so anzuordnen, dass die den Jungen entsprechenden Knoten
auf der linken Seite stehen, während sich die Knoten, welche die Mädchen repräsentieren, auf der rechten Seite befinden. Jede Kante wird dann einen Knoten auf der linken
Seite mit einem auf der rechten Seite verbinden. Wir sollten die Menge der Knoten auf
der linken Seite mit A bezeichnen und die Knoten auf der rechten mit B.

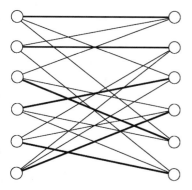

Abbildung 10.1. Ein bipartiter Graph mit einem perfekten Matching.

Auf diese Weise erhalten wir eine spezielle Art von Graph, welcher als *bipartiter
Graph* bezeichnet wird. Bild 10.1 zeigt einen solchen Graphen (der natürlich eine
kleinere Party darstellt). Die dicker gezeichneten Kanten zeigen eine Möglichkeit, die

Personen als Tanzpaare zusammenzustellen. Man bezeichnet eine solche Menge von Kanten als *perfektes Matching*.

Um ein wenig präziser zu werden, geben wir nun die Definitionen dieser Begriffe an: Ein Graph ist *bipartit*, wenn man seine Knoten so in zwei Klassen, sagen wir A und B, einteilen kann, dass jede Kante einen Knoten aus A mit einem Knoten aus B verbindet. Ein *perfektes Matching* ist eine Menge von Kanten, so dass jeder Knoten mit genau einer dieser Kanten inzidiert.

Nun können wir unser Problem wie folgt in der Sprache der Graphentheorie formulieren: Wir haben einen bipartiten Graphen mit 300 Knoten, bei dem jeder Knoten vom Grad 50 ist. Wir möchten zeigen, dass er ein perfektes Matching enthält.

Wie schon vorher ist es auch hier eine gute Idee, die Behauptung so zu verallgemeinern, dass sie für eine beliebige Anzahl von Knoten gilt. Laßt uns also mutig sein und vermuten, dass die Zahlen 300 und 50 gar keine Rolle spielen. Die einzig wichtige Bedingung ist, dass alle Knoten denselben Grad besitzen (und dieser nicht gleich 0 ist). Wir werden uns daher daran machen, folgenden nach dem ungarischen Mathematiker D. König (der das erste Buch über Graphentheorie geschrieben hat) benannten Satz zu beweisen:

10.1.1   **Satz 10.1.1** Besitzt jeder Knoten eines bipartiten Graphen denselben Grad $d \geq 1$, dann enthält der Graph ein perfektes Matching.

Bevor wir diesen Satz beweisen, ist es hilfreich, einige Übungsaufgaben zu lösen und dann ein weiteres Problem im nächsten Abschnitt zu behandeln.

Übung 10.1.1 Damit ein bipartiter Graph ein perfektes Matching enthalten kann, ist es offensichtlich notwendig, dass $|A| = |B|$ gilt. Zeigen Sie, dass dies in der Tat so ist, wenn jeder Knoten denselben Grad besitzt.

Übung 10.1.2 Zeigen Sie anhand von Beispielen, dass die in dem Satz angegebenen Bedingungen nicht weggelassen werden können:
(a) Ein nicht bipartiter Graph, bei dem jeder Knoten denselben Grad besitzt, muss kein perfektes Matching enthalten.
(b) Ein bipartiter Graph, bei dem jeder Knoten einen positiven Grad besitzt (aber nicht alle denselben), muss kein perfektes Matching enthalten.

Übung 10.1.3 Beweisen Sie Satz 10.1.1 für $d = 1$ und $d = 2$.

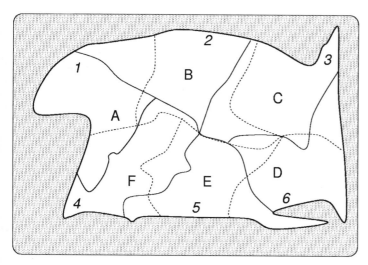

A, B,... Gebiete der Stämme — Grenze zwischen Stämmen

1, 2,... Gebiete der Schildkröten --------------- Grenze zwischen Schildkröten

Abbildung 10.2. Sechs Stämme und sechs Schildkrötenarten auf einer Insel.

10.2 Ein weiteres Matchingproblem

Eine Insel wird von sechs Stämmen bewohnt. Sie sind einander gut gesonnen und teilen die Insel so zwischen sich auf, dass jeder Stamm ein Jagdgebiet von 100 Quadratmeilen erhält. Die gesamte Insel umfasst ein Gebiet von 600 Quadratmeilen.

Die Stämme beschließen, dass es nun an der Zeit ist, sich jeweils ein neues Totem zu wählen. Sie entscheiden sich dafür, dass jeder Stamm eine der sechs auf dieser Insel heimischen Schildkrötenarten als Totem nehmen sollte. Natürlich möchten sie unterschiedliche Totems haben und das Totem-Tier jedes Stammes sollte irgendwo in dem jeweiligen Territorium vorkommen.

Die Territorien der verschiedenen Schildkrötenarten überschneiden sich nicht und sie bewohnen gleichgroße Gebiete, nämlich 100 Quadratmeilen (es folgt also, dass jeder Teil der Insel von einer Schildkrötenart bewohnt wird). Natürlich kann die Aufteilung der Insel durch die Schildkröten vollkommen verschieden von der Aufteilung durch die Stämme sein (Bild 10.2).

Wir möchten zeigen, dass eine solche Auswahl der Totems immer möglich ist.

Um die Bedeutung der Bedingungen zu erkennen, nehmen wir einmal an, dass die Gebiete aller Schildkrötenarten nicht gleich groß sein müssen. Dann könnten einige Arten größere Bereiche bewohnen, sagen wir beispielsweise 200 Quadratmeilen. In diesem Fall kann es jedoch passieren, dass zwei der Stämme genau in diesen 200 Quadratmeilen beheimatet sind und die einzig mögliche Wahl ihres Totems in ein und derselben Schildkrötenart besteht. Wenn wir unser Problem mit Hilfe eines Graphen darstellen, können wir jeden Stamm und jede Schildkrötenart durch einen Knoten repräsentieren. Wir verbinden einen Stamm-Knoten mit einem Schildkröten-Knoten, wenn die Schildkrötenart irgendwo im Gebiet des Stammes vorkommt (wir könnten ebenso sagen, dass der Stamm im Gebiet der Schildkrötenart vorkommt - nur für den Fall, dass sich die Schildkröten auch ein Totem wählen möchten). Es wird klar ersichtlich, dass wir einen bipartiten Graphen erhalten (Bild 10.3), wenn wir die Stamm-Knoten auf der linken und die Schildkröten-Knoten auf der rechten Seite zeichnen. Und was möchten wir zeigen? Wir möchten zeigen, dass dieser Graph ein perfektes Matching besitzt!

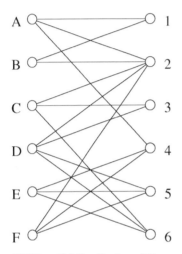

Abbildung 10.3. Der Graph aus Stämmen und Schildkröten.

Dies ist also dem im vorigen Abschnitt behandelten (aber nicht gelösten!) Problem sehr ähnlich: Wir möchten beweisen, dass ein bestimmter bipartiter Graph ein perfektes Matching besitzt. Satz 10.1.1 besagt, für diesen Schluss reicht es zu wissen, dass jeder Knoten denselben Grad besitzt. Diese Bedingung ist jedoch zu stark, sie wird in unserem Beispiel nicht annähernd erfüllt (Stamm B kann sich nur aus zwei Schildkrötenarten ein Totem wählen, während für Stamm D vier zur Auswahl stehen).

Welche Eigenschaft dieses Graphen sollte also garantieren, dass ein perfektes Matching existiert? Drehen wir diese Frage um: Was würde ein perfektes Matching *ausschließen*?

Es wäre beispielsweise schlecht, wenn ein Stamm auf seinem Gebiet gar keine Schildkröten finden würde. In dem Graph würde dies einem Knoten vom Grad 0 entsprechen. Nun, dies ist aber keine Gefahr, denn wir wissen, dass überall auf der Insel Schildkröten vorkommen.

Es wäre ebenfalls schlecht (dies wurde bereits erwähnt), wenn zwei Stämme nur ein und dieselbe Schildkrötenart zur Auswahl hätten. Dann würde diese Schildkrötenart jedoch ein Gebiet von mindestens 200 Quadratmeilen bewohnen, was nicht der Fall ist. Ebenso problematisch wäre es, wenn auf dem Gebiet von drei Stämmen nur zwei Schildkrötenarten vorkommen würden. Dies kann aber ebenfalls nicht vorkommen: Zwei Schildkrötenarten würden ein Gebiet von mindestens 300 Quadratmeilen bewohnen und daher müsste jede von ihnen mehr als 100 Quadratmeilen einnehmen. Allgemeiner können wir feststellen, dass das Territorium von k beliebigen Stämmen mindestens k Schildkrötenarten enthalten muss. Mit Begriffen der Graphentheorie bedeutet das, es gibt zu je k beliebig gewählten Knoten auf der linken Seite mindestens k Knoten auf der rechten Seite, die jeweils mit mindestens einem der k linken Knoten verbunden sind. Wir werden im nächsten Abschnitt sehen, dass dies alles ist, was wir bei diesem Graphen beachten müssen.

10.3 Der wichtigste Satz

Nun werden wir einen grundlegenden Satz über perfekte Matchings angeben und beweisen. Dies wird die Lösung des Problems mit den Stämmen und Schildkröten vervollständigen und (mit einiger zusätzlicher Arbeit) auch das Problem beim Tanz des Abschlussballs (und einige nachfolgende Probleme, wie der Name zeigt).

Satz 10.3.1 (Der Heiratssatz) Ein bipartiter Graph besitzt genau dann ein perfektes Matching, wenn $|A| = |B|$ gilt und es zu jeder Teilmenge von (sagen wir) k Knoten aus A mindestens k Knoten aus B gibt, die mit mindestens einem dieser k Knoten aus A verbunden sind.

Es gibt viele Variationen dieses wichtigen Satzes. Einige davon kommen in den Übungsaufgaben vor. Sie wurden von dem deutschen Mathematiker G. Frobenius, von dem Ungarn D. König, dem Amerikaner P. Hall und weiteren Mathematikern entdeckt.
Bevor wir diesen Satz beweisen, werden wir noch eine weitere Frage behandeln. Vertauschen wir „links" und „rechts", bleiben perfekte Matchings immer noch perfekte Matchings. Was passiert aber mit der in dem Satz angegebenen Bedingung? Man sieht leicht, dass sie gültig bleibt (ganz wie es sein sollte). Um dies einzusehen, müssen wir folgendes zeigen: Wenn wir eine beliebige aus k Knoten von B bestehende Teilmenge S wählen, dann sind diese Knoten mit mindestens k Knoten in A verbunden. Sei $n = |A| = |B|$. Wir färben die Knoten von A, die mit Knoten in S verbunden sind, schwarz und die anderen weiss (Bild 10.4). Die weissen Knoten sind dann mit höchstens $n - k$ Knoten verbunden (da sie mit keinem Knoten in S verbunden sind). Da die Bedingung „von links nach rechts" gilt, ist die Anzahl der weissen Knoten höchstens $n - k$. Aber dann beträgt die Anzahl der schwarzen Knoten mindestens k, was beweist, dass die Bedingung auch „von rechts nach links" gilt.

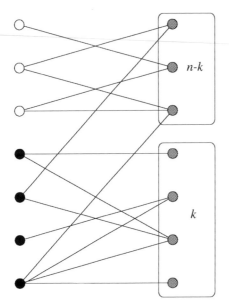

Abbildung 10.4. Der „gute" Graph ist auch von rechts nach links „gut".

Beweis 21 Nun können wir uns dem Beweis von Satz 10.3.1 zuwenden. Wir werden uns so häufig auf die in dem Satz angegebenen Bedingungen beziehen müssen, dass es hilfreich ist, alle Graphen, welche diese Bedingungen erfüllen, „gut" zu nennen (nur für die Dauer dieses Beweises). Ein bipartiter Graph ist also „gut", wenn er auf der linken und rechten Seite gleich viele Knoten besitzt und je k „linke" Knoten mit mindestens k „rechten" Knoten verbunden sind.

Es ist offensichtlich, dass jeder Graph mit einem perfekten Matching „gut" ist, also müssen wir die Umkehrung beweisen: *Jeder „gute" Graph enthält ein perfektes Matching.* Bei einem nur aus zwei Knoten bestehenden Graphen bedeutet „gut" zu sein, dass diese beiden Knoten verbunden sind. Daher bedeutet für einen Graphen ein perfektes Matching zu haben, dass er in „gute" Graphen mit 2 Knoten partitioniert werden kann. (Einen Graphen zu partitionieren bedeutet, dass wir die Knoten in Klassen einteilen und eine Kante zwischen zwei Knoten nur dann behalten, wenn diese in derselben Klasse sind.)

Unser Plan besteht nun darin, unseren Graphen in zwei „gute" Teile aufzuteilen, dann jeden dieser Teile wieder in zwei „gute" Teile zu zerteilen, etc., bis wir „gute", nur noch aus zwei Knoten bestehende Teile haben. Die verbleibenden Kanten bilden dann ein perfektes Matching. Um diesen Plan auszuführen, genügt es, folgendes zu zeigen:

Ein „guter" bipartiter Graph kann in zwei „gute" bipartite Graphen aufgeteilt werden, wenn er mehr als 2 Knoten besitzt.

Versuchen wir zuerst eine sehr einfache Partition: Man wähle zwei durch eine Kante verbundene Knoten $a \in A$ und $b \in B$. Diese zwei Knoten seien der erste Teil und die verbleibenden Knoten der andere. Mit dem ersten Teil gibt es kein Problem: Er ist „gut". Der zweite Teil kann jedoch möglicherweise nicht „gut" sein: Er kann eine Teilmenge S mit k Knoten der linken Seite enthalten, die mit weniger als k Knoten auf der rechten Seite verbunden sind (Bild 10.5). In dem ursprünglichen Graphen waren diese k Knoten mit mindestens k Knoten aus B verbunden. Dies kann aber nur vorkommen, wenn der k-te solche Knoten der Knoten b war. Die Menge der Nachbarn von S im ursprünglichen Graphen sei mit T bezeichnet. Es ist wichtig, sich daran zu erinnern, dass $|S| = |T|$ gilt.

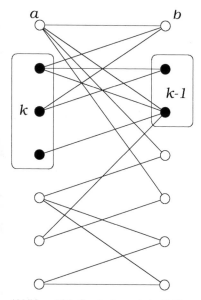

Abbildung 10.5. Graph, der nach der Entfernung zweier Knoten nicht mehr „gut" ist.

Nun versuchen wir eine andere Möglichkeit, um den Graphen zu partitionieren: Wir nehmen $S \cup T$ (zusammen mit den dazwischen liegenden Kanten) als einen Teil und den Rest der Knoten als den anderen. (Dieser Rest ist nicht leer: Der Knoten a gehört beispielsweise dazu.)

Wir zeigen nun, dass diese Teile beide „gut" sind. Zuerst betrachten wir den ersten Graphen. Wir nehmen eine beliebige aus (sagen wir) j Knoten bestehende Teilmenge von S (der rechten Seite des ersten Graphen). Da der ursprüngliche Graph „gut" war, sind diese mit mindestens j Knoten verbunden, die nach Definition von T alle in T liegen.

Für den zweiten Graphen folgt nach Vertauschung von „links" und „rechts" auf analoge Weise, dass er „gut" ist. Damit ist der Beweis vollständig. □

Der Beweis von Satz 10.1.1 steht immer noch aus. Er ist nun jedoch recht einfach und wird dem Leser als Übungsaufgabe 10.3.1 überlassen.

Übung 10.3.1 Beweisen Sie: Besitzt jeder Knoten eines bipartiten Graphen denselben Grad $d \neq 1$, dann ist der bipartite Graph „gut" (und enthält somit ein perfektes Matching, was Satz 10.1.1 beweist).

Übung 10.3.2 Angenommen, in einem bipartiten Graphen gibt es zu jeder Teilmenge X aus A mindestens $|X|$ Knoten aus B, die mit einem der Knoten aus X verbunden sind (aber im Gegensatz zu Satz 10.3.1 setzen wir $|A| = |B|$ nicht voraus). Beweisen Sie, dass es eine Menge von Kanten gibt, die jeden Knoten aus A mit einem Knoten aus B verbinden, wobei verschiedene Knoten aus A mit verschiedenen Knoten aus B verbunden werden (einige Knoten aus B können jedoch unverbunden bleiben).

10.4 Wie man ein perfektes Matching bestimmt

Wir haben für die Existenz eines perfekten Matchings in einem Graphen eine *notwendige und hinreichende* Bedingung. Ist mit dieser Bedingung die Angelegenheit ein für alle mal erledigt? Etwas präziser: Angenommen, jemand gibt uns einen bipartiten Graphen. Wie sieht eine gute Möglichkeit aus zu *entscheiden*, ob dieser ein perfektes Matching enthält? Und wie können wir ein perfektes Matching *finden*, falls es eines gibt?

Wir können annehmen, dass $|A| = |B|$ gilt (wobei wie vorher A die Menge der linken und B die Menge der rechten Knoten ist). Dies ist leicht zu überprüfen. Falls es nicht gilt, kann offensichtlich kein perfektes Matching existieren und wir haben nichts weiter zu tun.

Eine Sache, die wir ausprobieren könnten, besteht darin, alle Teilmengen der Kantenmenge zu betrachten und zu prüfen, ob sich darunter ein perfektes Matching befindet. Dies ist nicht schwer, aber es gibt schrecklich viele Teilmengen zu überprüfen! So haben wir in unserem einführenden Beispiel 300 Knoten und daher gilt $|A| = |B| = 150$. Jeder Knoten ist vom Grad 50, deshalb beträgt die Anzahl der Kanten $150 \cdot 50 = 7500$. Die Anzahl der Teilmengen einer Menge dieser Größe beträgt $2^{7500} > 10^{2257}$. Das ist eine Zahl, die mehr als astronomisch hoch ist!

Wir können auch ein bisschen geschickter vorgehen. Anstatt alle Teilmengen der Kantenmenge zu prüfen, betrachten wir alle Möglichkeiten, wie man die Elemente aus A und B jeweils paarweise anordnen kann. Dann überprüfen wir, ob es dabei vorkommt, dass nur solche Knoten ein Paar bilden, die durch eine Kante miteinander verbunden sind. Die Anzahl der Möglichkeiten, die Knoten paarweise anzuordnen beträgt „nur" $150! \approx 10^{263}$. Das ist aber immer noch hoffnungslos.

Können wir Satz 10.3.1 nutzen? Um zu prüfen, ob die notwendige und hinreichende Bedingung für die Existenz eines perfekten Matchings erfüllt ist, müssen wir jede Teilmenge S von A betrachten und nachsehen, ob die Anzahl ihrer Nachbarn in B mindestens so groß ist, wie S selbst. Da die Menge A $2^{150} \approx 10^{45}$ Teilmengen besitzt, ergibt dies eine wesentlich kleinere Anzahl zu prüfender Fälle als bei allen vorangegangenen Möglichkeiten. Trotzdem ist sie immer noch astronomisch hoch!

Satz 10.3.1 kann uns also nicht so richtig bei der Entscheidung helfen, ob ein gegebener Graph ein perfektes Matching enthält. Wie wir sahen, kann man jedoch mit seiner Hilfe *beweisen*, dass bestimmte Eigenschaften eines Graphen implizieren, dass er ein perfektes Matching enthält. Wir werden auf diesen Satz später noch zurück kommen und über seine Bedeutung sprechen. Im Augenblick müssen wir erst einmal einen anderen Weg finden, wie wir mit unserem Problem fertig werden.

Wir führen einen weiteren Begriff ein: Unter einem *Matching* verstehen wir eine Menge von Kanten, die keinen Endpunkt gemeinsam haben. Ein *perfektes Matching* ist der Spezialfall, wenn die Kanten zusätzlich alle Knoten überdecken. Ein Matching kann viel kleiner als ein perfektes Matching sein: Die leere Menge ist beispielsweise ein Matching oder jede einzelne Kante ist ebenfalls ein Matching.

Wir versuchen nun ein perfektes Matching in unserem Graphen zu konstruieren, indem wir mit der leeren Menge starten und ein Matching nach dem anderen bilden. Dazu wählen wir zwei miteinander verbundene Knoten und markieren die dazwischen liegende Kante. Dann wählen wir zwei andere miteinander verbundene Knoten und markieren ebenfalls die dazwischen liegende Kante, etc.. Wir können damit solange fortfahren bis keine Knoten mehr vorhanden sind, welche noch nicht gewählt wurden und durch eine Kante verbunden sind. Die von uns markierten Kanten bilden ein Matching M. Dies wird häufig als *Greedy-Matching* bezeichnet. Ebenso wie beim Greedy-Algorithmus haben wir nämlich bei der Auswahl der Kanten zukünftige Auswirkungen nicht berücksichtigt. Wenn wir Glück haben, ist das Greedy-Matching perfekt und wir haben nichts weiter zu tun. Aber was müssen wir tun, wenn M nicht perfekt ist? Können wir daraus schließen, dass der Graph gar kein perfektes Matching besitzt? Nein, das können wir nicht. Es kann passieren, dass der Graph ein perfektes Matching enthält, wir jedoch bei der Auswahl der Kanten von M einige unglückliche Entscheidungen getroffen haben.

Übung 10.4.1 Zeigen Sie anhand eines Beispiels, dass folgendes passieren kann: Ein bipartiter Graph G enthält ein perfektes Matching, aber das wie oben konstruierte Greedy-Matching M ist bei einer unglücklichen Auswahl der Kanten nicht perfekt.

Übung 10.4.2 Beweisen Sie, dass jedes Greedy-Matching mindestens die Hälfte der Knoten verbindet, wenn G ein perfektes Matching enthält.

Nehmen wir an, wir haben ein nicht perfektes Matching M konstruiert. Nun müssen wir versuchen, es durch „Zurückgehen" (engl. „backtracking") zu vergrößern, d.h. indem wir einige seiner Kanten entfernen und diese durch mehr Kanten ersetzen. Aber wie bestimmen wir die Kanten, die wir ersetzen möchten? Verwenden wir dabei einen Trick. Wir suchen nach einem Weg P in G, der folgende Eigenschaften besitzt: P beginnt und endet bei zwei Knoten u und v, die nicht durch M verbunden sind. Außerdem gehört jede zweite Kante von P zu M (Bild 10.6). Wir nennen einen solchen Weg einen *Verbesserungsweg* . Es ist klar, dass ein Verbesserungsweg P eine ungerade Anzahl von Kanten enthält. Dabei ist die Anzahl seiner nicht in M liegenden Kanten um eins größer als die Anzahl seiner Kanten in M.

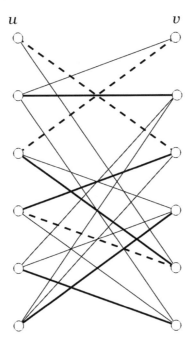

——— Kanten in M - - - Kanten in P
                            nicht in M

Abbildung 10.6. Ein Verbesserungsweg in einem bipartiten Graphen.

Wenn wir einen Verbesserungsweg P finden, dann können wir die Kanten von P, die in M sind, entfernen und durch nicht in M liegende Kanten von P ersetzten.

Dies führt zweifellos zu einem Matching M', das eine Kante mehr als M enthält. (Die Tatsache, dass M' ein Matching ist, folgt aus der Beobachtung, dass die verbleibenden Kanten von M keine Knoten aus P enthalten: Die zwei Endpunkte von P sind als nicht verbunden vorausgesetzt, während die inneren Knoten von P durch Kanten von M verbunden waren, die wir gerade entfernt haben.) Wir können diesen Vorgang daher solange wiederholen, bis wir entweder ein perfektes Matching bekommen oder ein Matching M, für das es keinen Verbesserungsweg gibt.

Wir müssen also zwei Fragen beantworten: Wie bestimmen wir einen Verbesserungsweg, falls er existiert? Und falls er nicht existiert, bedeutet dies, dass es überhaupt kein perfektes Matching gibt? Es wird sich herausstellen, dass eine Antwort auf die erste Frage auch die (bejahende) Antwort der zweiten impliziert.

Sei U die Menge der nicht durch M verbundenen Knoten in A und sei W die Menge der nicht verbundenen Knoten in B. Wie wir bereits bemerkt haben, muss jeder Verbesserungsweg eine ungerade Anzahl von Kanten enthalten und daher einen Knoten von U mit einem Knoten von W verbinden. Nun versuchen wir, solch einen Verbesserungsweg zu finden, der bei einem Knoten in U beginnt. Wir sagen, ein Weg Q ist *fast verbessert*, wenn er bei einem Knoten in U beginnt, bei einem Knoten von A endet und jede zweite Kante zu M gehört. Ein fast Verbesserungsweg muss eine gerade Anzahl von Kanten besitzen und mit einer Kante von M enden.

Wir möchten nun die Menge der Knoten von A bestimmen, die mit einem fast Verbesserungsweg erreicht werden können. Verständigen wir uns darauf, dass wir einen Knoten von U selbst schon als fast Verbesserungsweg (der Länge 0) ansehen und wissen, dass dann jeder Knoten von U diese Eigenschaft besitzt. Mit $S = U$ beginnend, bauen wir schrittweise eine Menge S auf. Die Menge S wird zu jedem Zeitpunkt der Konstruktion aus Knoten bestehen, von denen wir bereits wissen, dass sie durch einen fast Verbesserungsweg erreichbar sind. Wir bezeichnen die Menge der Knoten in B, die mit Knoten in S verbunden sind, mit T (Bild 10.7). Da alle Knoten von U in S liegen und unverbunden sind, gilt

$$|S| = |T| + |U|.$$

Wir suchen nach einer Kante, die einen Knoten $s \in S$ mit einem Knoten $r \in B$ verbindet, der *nicht* in T liegt. Sei Q ein fast Verbesserungsweg, der bei einem Knoten $u \in U$ beginnt und bei s endet. Es gibt nun zwei Fälle zu betrachten:

- Ist r unverbunden (das bedeutet, er gehört zu W), dann erhalten wir durch Anfügen der Kante sr an Q einen Verbesserungsweg P. Wir können also M vergrößern (und S und T vergessen).

- Ist r mit einem Knoten $q \in A$ verbunden, dann können wir die Kanten sr und rq an Q anfügen, um einen fast Verbesserungsweg von U nach q zu erhalten. Also können wir q zu S hinzufügen.

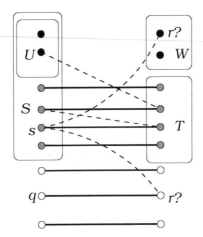

Abbildung 10.7. Erreichen von Knoten durch fast Verbesserungswege. Es sind nur Kanten dieser Wege und von M eingezeichnet.

Wenn wir eine Kante finden, die einen Knoten in S mit einem nicht in T liegenden Knoten verbindet, können wir daher entweder M oder die Menge S (und dabei M so lassen wie es war) vergrößern. Früher oder später müssen wir in eine Situation kommen, in der M entweder ein perfektes Matching ist (und wir sind fertig) oder M nicht perfekt ist, aber keine Kante vorhanden ist, die S mit irgendeinem Knoten außerhalb von T verbindet.

Was tun wir in so einem Fall? Nichts! Wenn dieser Fall eintritt, können wir daraus schließen, dass es kein perfektes Matching gibt. Alle Nachbarn der Menge S liegen in T und es gilt $|T| = |S| - |U| < |S|$. Wie wir wissen, folgt daraus, dass es kein perfektes Matching in dem Graph geben kann.

In Bild 10.8 wird dargestellt, wie dieser Algorithmus ein Matching in einem bipartiten Graphen findet, der ein Untergraph eines „Gitters" ist.

Fassen wir noch einmal zusammen, was wir tun: Zu jedem Zeitpunkt haben wir ein Matching M und eine Menge S aus Knoten von A, von denen wir wissen, dass sie durch fast Verbesserungswege erreichbar sind. Finden wir eine Kante, die S mit einem Knoten verbindet, der noch nicht mit irgendeinem Knoten in S verbunden ist, können wir entweder M oder die Menge S vergrößern. Dies wiederholen wir. Wenn keine solche Kante existiert, dann ist entweder M perfekt oder es existiert gar kein perfektes Matching.

Bemerkung: In diesem Kapitel haben wir unsere Aufmerksamkeit auf Matchings in bipartiten Graphen beschränkt. Man kann aber natürlich auch Matchings in allgemeinen (nicht bipartiten) Graphen definieren. Es stellt sich heraus, dass sowohl die in Satz 10.3.1 angegebene notwendige und hinreichende Bedingung, als auch der in diesem Abschnitt beschriebene Algorithmus auf nicht bipartite Graphen erweitert werden

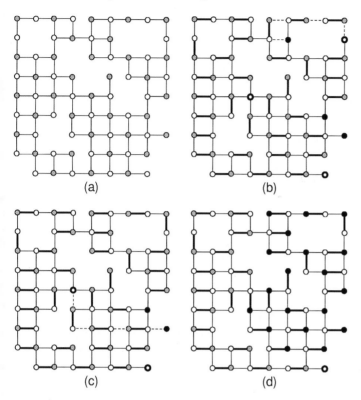

(a)   (b)

(c)   (d)

Abbildung 10.8. (a) Der Graph, in dem wir ein perfektes Matching finden möchten. (b) Wähle ein Matching, mit dem wir beginnen und markiere die unverbundenen Knoten. Es gibt 3 schwarze und 3 weisse unverbundene Knoten. Die gestrichelten Linien zeigen einen Verbesserungsweg an. (c) Das neue Matching und die unverbundenen Knoten nach der Verbesserung. Die gestrichelten Linien zeigen einen neuen Verbesserungsweg an. (d) Der Abschluß: Knoten, die durch fast Verbesserungswege erreichbar sind, wurden schwarz markiert. Ihre Anzahl ist größer als die ihrer Nachbarn, also ist das Matching maximal.

kann. Dies erfordert allerdings Methoden, die etwas aufwendiger sind und nicht mehr im Rahmen dieses Buches behandelt werden können.

Übung 10.4.3 Man verfolge, wie der Algorithmus beim Graph von Bild 10.9 arbeitet.

Übung 10.4.4 Zeigen Sie, auf welche Weise die Beschreibung des obigen Algorithmus einen neuen Beweis von Satz 10.3.1 enthält.

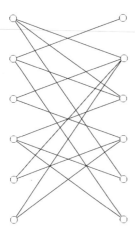

Abbildung 10.9. Ein Graph zum Ausprobieren des Algorithmus.

Gemischte Übungsaufgaben

Übung 10.4.5 Gibt es einen bipartiten Graphen mit den Graden $3, 3, 3, 3, 3, 3, 3, 3, 3,$ $5, 6, 6$? (Diese können beliebig auf die zwei Klassen von Knoten verteilt werden.)

Übung 10.4.6 Ein bipartiter Graph hat 16 Knoten vom Grad 5 und einige Knoten vom Grad 8. Wir wissen, dass alle Knoten vom Grad 8 auf der linken Seite sind. Wie viele Knoten vom Grad 8 kann dieser Graph besitzen?

Übung 10.4.7 Sei G ein bipartiter Graph, der auf beiden Seiten dieselbe Anzahl von Knoten hat. Nehmen wir an, jede nicht-leere Teilmenge A auf der linken Seite hat mindestens $|A| + 1$ Nachbarn auf der rechten. Beweisen Sie, dass jede Kante von G zu einem perfekten Matching von G erweitert werden kann.

Übung 10.4.8 Nehmen wir nun an, wir haben die schwächere Bedingung, dass jede nicht-leere Teilmenge A auf der linken Seite, mindestens $|A| + 1$ Nachbarn auf der rechten hat. Beweisen Sie, dass G ein Matching enthält, welches, einen Knoten auf jeder Seite ausgenommen, alle Knoten verbindet.

Übung 10.4.9 Sei G ein bipartiter Graph mit m Knoten auf jeder Seite. Beweisen Sie, dass er ein perfektes Matching enthält, wenn jeder Knoten einen größeren Grad als $m/2$ hat.

Übung 10.4.10 Enthält der Graph in Bild 10.10 ein perfektes Matching?

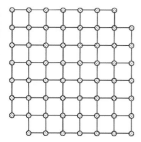

Abbildung 10.10. Ein etwas 'angenagtes' Schachbrett.

Übung 10.4.11 Zeichnen Sie einen Graphen, dessen Knoten die Teilmengen von $\{a, b, c\}$ darstellen und bei dem zwei Knoten genau dann benachbart sind, wenn sich die Teilmengen genau um ein Element unterscheiden.
(a) Wie lautet die Anzahl der Kanten und Knoten in diesem Graph? Können Sie diesen Graphen benennen?
(b) Ist dieser Graph zusammenhängend? Besitzt er ein perfektes Matching? Gibt es einen Hamiltonschen Kreis?

Übung 10.4.12 Zeichnen Sie einen Graphen, dessen Knoten die 2-Teilmengen von $\{a, b, c, d, e\}$ darstellen und bei dem zwei Knoten genau dann benachbart sein sollen, wenn die zugehörigen Teilmengen disjunkt sind.
(a) Zeigen sie, dass man den Petersen Graph (Bild 7.13) erhält.
(b) Wie viele perfekte Matchings kann der Petersen Graph enthalten?

Übung 10.4.13 (a) Wie viele perfekte Matchings hat ein Weg mit n Knoten? (b) Wie viele Matchings (nicht notwendigerweise perfekt) enthält ein Weg mit n Knoten? [Man bestimme zuerst eine Rekurrenz.] (c) Wie viele Matchings enthält ein Kreis mit n Knoten?

Übung 10.4.14 Welcher 2-reguläre bipartite Graph mit n Knoten enthält die größte Anzahl perfekter Matchings?

Übung 10.4.15 Wie viele perfekte Matchings enthält die „Leiter" mit $2n$ Knoten (Bild 10.11) ?

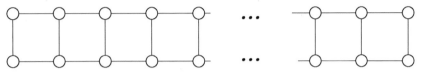

Abbildung 10.11. Der Leitergraph.

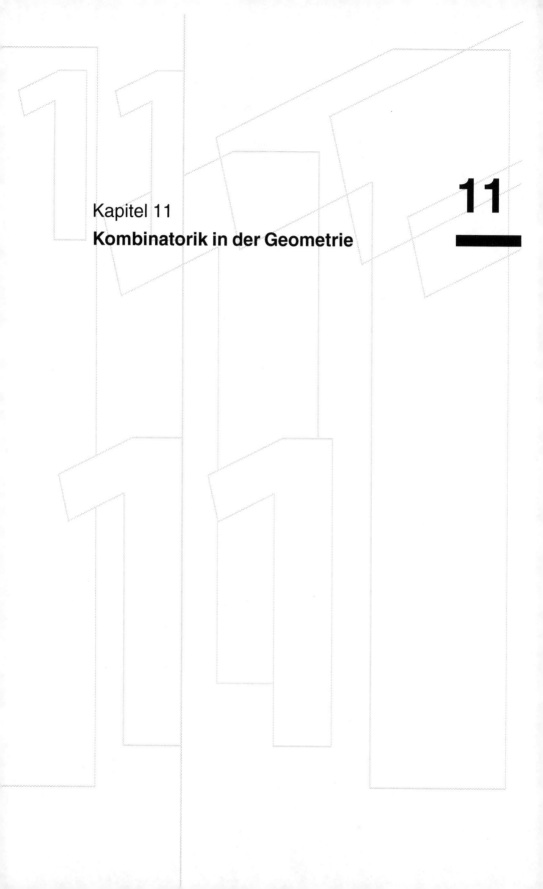

Kapitel 11

Kombinatorik in der Geometrie

11

11   Kombinatorik in der Geometrie

11

11 Kombinatorik in der Geometrie

11.1 Schnitte von Diagonalen

Anfangs könnte man überrascht sein: Wo liegt die Verbindung zwischen Kombinatorik und Geometrie? Es gibt viele geometrische Fragestellungen, die sich mit kombinatorischen Methoden lösen lassen. Der umgekehrte Fall kann jedoch ebenfalls eintreten: Wir können kombinatorische Aufgaben und Probleme mit Hilfe geometrischer Hilfsmittel lösen.

Wir betrachten ein konvexes Polygon mit n Ecken. (Wir nennen ein Polygon *konvex*, wenn jeder Winkel konvex ist, d.h. weniger als $180°$ beträgt.) Nun setzen wir voraus, dass es keine drei Diagonalen gibt, die durch denselben Punkt gehen. Wie viele Schnittpunkte haben die Diagonalen? (Die Ecken werden nicht als Schnittpunkte gezählt und wir betrachten auch nicht die außerhalb des n-Gons liegenden Schnittpunkte. In Bild 11.1 ist der schwarze Punkt ein „guter" Schnittpunkt, wird also gezählt, während der außerhalb des Polygons liegende weisse Punkt nicht gezählt wird.)

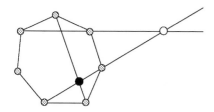

Abbildung 11.1.

Die erste naheliegende Idee, wie man dieses Problem lösen könnte, sieht wie folgt aus: Zähle die Schnittpunkte auf jeder Diagonalen und addiere anschließend diese Zahlen. Versuchen wir diese Methode im Fall eines Hexagons (Bild 11.2). Wir betrachten zuerst eine Diagonale, die zwei Ecken vom Abstand 2 verbindet. Sagen wir, diese Ecken sind A und C. Die Diagonale AC schneidet alle drei von B ausgehenden Diagonalen, was bedeutet, dass es drei Schnittpunkte auf der Diagonalen AC gibt. Es gibt sechs Diagonalen dieses Typs, also zählen wir $6 \cdot 3 = 18$ Schnittpunkte.

Nun betrachten wir eine Diagonale, die zwei gegenüber liegende Ecken des Hexagons verbindet, zum Beispiel AD. Man kann in der Zeichnung erkennen, dass auf dieser Diagonalen vier Schnittpunkte liegen. Wir haben drei Diagonalen dieses Typs, was bedeutet, wir erhalten $3 \cdot 4 = 12$ weitere Schnittpunkte.

Stimmt es, dass es $18 + 12 = 30$ Schnittpunkte gibt? Wir müssen etwas vorsichtiger sein! Der Schnittpunkt der Diagonalen AC und BD wurde doppelt gezählt: Einmal, als wir die Schnittpunkte auf AC betrachteten und dann, als wir die Schnittpunkte auf

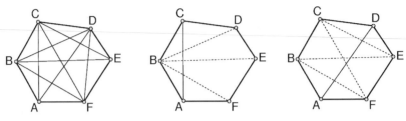

Abbildung 11.2.

BD zählten. Dasselbe gilt auch für alle anderen Schnittpunkte: Wir haben jeden genau zweimal gezählt. Also müssen wir unser Ergebnis durch 2 teilen. Unser Endergebnis lautet daher 15. Dies ist korrekt, was leicht anhand des Bildes nachgeprüft werden kann.

Man sieht, dass wir selbst im Fall von so kleinen n mehrere Fälle betrachten müssen. Deshalb wird unsere Methode zu kompliziert, obwohl sie für jedes beliebige n ausgeführt werden kann (Versuchen Sie es!). Wir können jedoch eine sehr viel elegantere Aufzählung der Schnittpunkte erreichen, wenn wir unser Wissen über Kombinatorik einsetzen.

Wir bezeichnen jeden Schnittpunkt nach den Endpunkten der Diagonalen, die sich in diesem Punkt schneiden. Der Schnitt der Diagonalen AC und BD erhält beispielsweise die Bezeichnung $ABCD$, der Schnitt der Diagonalen AD und CE erhält die Bezeichnung $ACDE$, und so weiter. Ist diese Art der Bezeichnung gut? (Mit 'gut' meinen wir, dass verschiedene Schnittpunkte auch unterschiedliche Bezeichnungen erhalten.) Die Bezeichnungsweise ist gut, da die Buchstaben A, B, C, D nur den Schnitten der Diagonalen des konvexen Vierecks $ABCD$ (AC und BD) gegeben werden. Darüberhinaus wird jede aus vier Ecken bestehende Menge dazu verwendet, einen Schnittpunkt der Diagonalen zu bezeichnen. So bezeichnet das 4-Tupel $ACEF$ zum Beispiel den Schnitt der Diagonalen AE und CF (Bild 11.3).

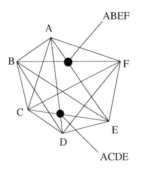

Abbildung 11.3.

Wenn wir alle Schnittpunkte zählen möchten, reicht es nun aus, die Anzahl der aus Ecken des Hexagons bestehenden Quadrupel zu bestimmen. Die Anzahl der Schnitte der Diagonalen entspricht also genau der Anzahl der 4-elementigen Teilmengen der Eckenmenge. Wenn $n = 6$ gilt, dann erhalten wir also $\binom{6}{4}$. Dies können wir sogar noch schneller berechnen, wenn wir uns daran erinnern, dass es mit $\binom{6}{2}$ übereinstimmt. Wir bekommen somit $\binom{6}{2} = \frac{6 \cdot 5}{2 \cdot 1} = 15$. Im Allgemeinen erhalten wir $\binom{n}{4}$ Schnittpunkte der Diagonalen eines konvexen n-Gons.

Übung 11.1.1 Wie viele Diagonalen hat ein konvexes n-Gon?

11.2 Zählen von Gebieten

Wir zeichnen n Geraden in der Ebene. Diese Geraden teilen die Ebene in eine Anzahl von Gebieten. Wie viele Gebiete erhalten wir?

Als erstes bemerken wir, dass es auf diese Frage nicht nur eine einzige Antwort gibt. Zeichnen wir beispielsweise zwei Geraden, so erhalten wir 3 Gebiete, wenn sie parallel zueinander sind und 4 Gebiete, wenn sie es nicht sind.

Gehen wir davon aus, dass keine zwei Geraden parallel sind, dann liefern uns 2 Geraden immer 4 Gebiete. Wenn wir jedoch zu 3 Geraden übergehen, dann erhalten wir 6 Gebiete, falls die Geraden alle durch einen Punkte gehen und 7, wenn sie es nicht tun (Bild 11.4).

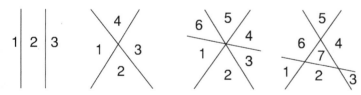

Abbildung 11.4.

Wir schließen auch dies aus und nehmen an, dass keine 3 Geraden durch denselben Punkt gehen. Man könnte erwarten, dass wir bei 4 Geraden das nächste unerfreuliche Beispiel erhalten. Beim Experimentieren mit 4 in einer Ebene gezeichneten Geraden, bei denen keine zwei parallel verlaufen und keine drei durch einen gemeinsamen Punkt gehen, erhalten wir jedoch ausnahmslos 11 Gebiete. Dieselbe Erfahrung werden wir in der Tat bei jeder Anzahl von Geraden machen (man überprüfe dies in Bild 11.5).

Wir sagen, eine Menge von Geraden in einer Ebene befindet sich *in allgemeiner Lage*, wenn keine zwei Geraden parallel verlaufen und keine drei durch denselben Punkt gehen. Wählen wir Geraden „zufällig" aus, dann werden „Unfälle", wie zwei parallele oder drei durch einen Punkt verlaufende Geraden, sehr unwahrscheinlich sein. Unse-

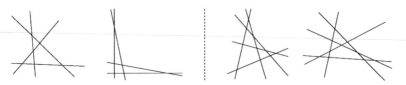

Abbildung 11.5. Vier Geraden bestimmen 11 Gebiete, fünf Geraden bestimmen 16.

re Annahme, dass sich die Geraden in allgemeiner Lage befinden, ist daher ziemlich naheliegend.

Selbst wenn wir davon ausgehen, dass die Anzahl der Gebiete bei einer vorgegebenen Anzahl von Geraden immer dieselbe ist, bleibt trotzdem die Frage bestehen: Wie lautet diese Anzahl? Sammeln wir einige Daten in einer kleinen Tabelle (einschließlich der Beobachtung, dass 0 Geraden die Ebene in 1 Gebiet „teilt", während sie durch 1 Gerade in 2 Gebiete unterteilt wird):

0	1	2	3	4
1	2	4	7	11

Betrachten wir diese Tabelle ein Weilchen, dann fällt auf, dass jede Zahl in der zweiten Zeile die Summe der über und links von ihr liegenden Zahlen ist. Dies legt eine Regel nahe: Der n-te Eintrag ist n plus der vorige Eintrag. Mit anderen Worten: *Haben wir eine Menge von $n - 1$ Geraden einer Ebene in allgemeiner Lage und fügen eine neue Gerade hinzu (unter Beibehaltung der allgemeinen Lage), dann wird die Anzahl der Gebiete um n gesteigert.*

Wir beweisen diese Behauptung. Wie vergrößert die neue Gerade die Anzahl der Gebiete? Indem sie einige davon in zwei Gebiete unterteilt. Die Anzahl der hinzukommenden Gebiete entspricht gerade der Anzahl der geteilten Gebiete.

Wie viele Gebiete teilt die neue Gerade? Dies ist auf den ersten Blick nicht so einfach zu beantworten, da die neue Gerade abhängig davon, wo wir sie zeichnen, sehr unterschiedliche Mengen von Gebieten schneiden kann. Stellen wir uns eine Wanderung entlang der neuen Geraden vor. Der Beginn dieser Wanderung liegt sehr weit entfernt. Jedesmal, wenn wir eine Gerade kreuzen, kommen wir in ein neues Gebiet. Also ist die Anzahl der Gebiete, welche die neue Gerade durchschneidet, um eins größer als die Anzahl der Schnittpunkte der neuen Geraden mit den anderen Geraden.

Nun, die neue Gerade schneidet jede andere Gerade (da keine zwei Geraden parallel sind) und sie schneidet sie alle in unterschiedlichen Punkten (da keine drei Geraden durch einen gemeinsamen Punkt gehen). Wir begegnen daher auf unserer Wanderung $n - 1$ Schnittpunkten. Also sehen wir n verschiedene Gebiete. Dies beweist, dass unsere anhand der Tabelle gemachte Beobachtung für jedes n gültig ist.

Wir sind aber noch nicht fertig. Was wissen wir dadurch über die Anzahl der Gebiete? Wir beginnen mit 1 Gebiet bei 0 Geraden und addieren dann $1, 2, 3, \ldots, n$ hinzu. Auf diese Weise erhalten wir

$$1 + (1 + 2 + 3 + \cdots + n) = 1 + \frac{n(n+1)}{2}$$

(im letzten Schritt haben wir das Problem des „jungen Gauss" aus Kapitel 1 verwendet). Wir haben folglich bewiesen:

Satz 11.2.1 Eine Menge von n Geraden, die sich in allgemeiner Lage in der Ebene befinden, teilt diese in $1 + n(n+1)/2$ Gebiete.   **11.2.1**

Übung 11.2.1 Beschreiben Sie einen Beweis von Satz 11.2.1 unter Verwendung von Induktion nach der Anzahl der Geraden.

Wir geben einen anderen Beweis von Satz 11.2.1 an.

Beweis 22 Diesmal werden wir keine Induktion verwenden, sondern eher versuchen, die Anzahl der Gebiete mit anderen kombinatorischen Fragestellungen in Beziehung zu setzen. Man erhält einen Hinweis, wenn man die Anzahl in Form von $1 + n + \binom{n}{2}$ aufschreibt.

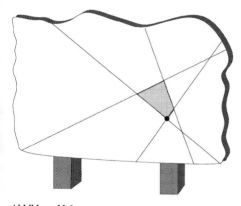

Abbildung 11.6.

Angenommen, die Geraden sind auf einer vertikalen Tafel gezeichnet, die groß genug ist, dass alle Schnittpunkte auf ihr vorkommen. Wir nehmen außerdem an, dass keine Gerade genau horizontal verläuft (falls es doch eine solche gibt, dann neigen wir das Bild ein wenig) und dass die Tafel sehr lang ist, so dass jede Gerade die untere Kante der Tafel schneidet. Wir können ebenfalls annehmen, dass die untere Kante der Tafel ein wenig nach links geneigt ist (ansonsten, neigen wir die Tafel um einen winzigen Betrag).

Wir betrachten nun den untersten Punkt in jedem Gebiet auf der Tafel. Jedes Gebiet besitzt einen niedrigsten Punkt, da alle Gebiete endlich und die begrenzenden Geraden nicht horizontal sind. Dieser unterste Punkt ist dann ein Schnittpunkt von zwei unserer Geraden oder der Schnittpunkt einer Geraden mit der unteren Kante der Tafel oder aber die untere linke Ecke der Tafel. Darüber hinaus ist jeder dieser Punkte der unterste Punkt genau eines Gebiets. Betrachten wir zum Beispiel einen beliebigen Schnittpunkt zweier Geraden. Dann sehen wir, dass sich vier Gebiete an diesem Punkt treffen und er der unterste Punkt von genau einem dieser Gebiete ist.

Somit entspricht die Anzahl der untersten Punkte aller Gebiete der Anzahl der Schnittpunkte der Geraden, plus der Anzahl der Schnittpunkte von Geraden mit der unteren Kante der Tafel, plus eins für die untere linke Ecke der Tafel. Da sich je zwei Geraden schneiden und diese Schnittpunkte alle verschieden sind (an dieser Stelle verwenden wir, dass sich die Geraden in allgemeiner Lage befinden), beträgt die Anzahl dieser untersten Punkte $\binom{n}{2} + n + 1$. □

11.3 Konvexe Polygone

Wir beenden unseren Ausflug in die kombinatorische Geometrie mit einem Problem, welches sich zwar sehr leicht formulieren läßt, bisher jedoch noch nicht gelöst wurde. Es wird häufig als das *Happy-End-Problem* bezeichnet, da die Mathematikerin, die dieses Problem aufgebracht hat, Esther Klein, und der Mathematiker, der die ersten Schranken dafür berechnet hat, György Szekeres (zusammen mit Pál Erdős), kurz darauf geheiratet haben.

Wir beginnen mit einer Übungsaufgabe:

Beweisen Sie: Sind fünf Punkte in einer Ebene gegeben, von denen keine drei auf einer Geraden liegen, dann können wir immer vier Punkte unter ihnen finden, welche die Ecken eines konvexes Vierecks bilden.

In einem Viereck bedeutet Konvexität, dass sich die beiden Diagonalen innerhalb des Vierecks schneiden. In Bild 11.7 ist das erste Viereck konvex, das zweite ist konkav.

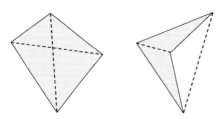

Abbildung 11.7. Ein konvexes und ein konkaves Viereck.

Der Kürze halber werden wir von nun an sagen, gewisse Punkte sind in *allgemeiner Lage*, wenn keine drei von ihnen auf einer Geraden liegen.

Wir stellen uns vor, unsere fünf Punkte (in allgemeiner Lage) sind an die Tafel gezeichnet. Wir schlagen Nägel in die Punkte (nur im Geiste!) und spannen ein Gummiband um sie herum. Das Gummiband schließt ein konvexes Polygon ein. Die Ecken dieses Polygons stimmen mit einigen der ursprünglichen Punkte überein, während sich die anderen ursprünglichen Punkte innerhalb des Polygons befinden. Das Polygon wird die *konvexe Hülle* der Punkte genannt (Bild 11.8).

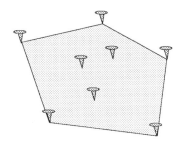

Abbildung 11.8. Die konvexe Hülle einer Menge Punkte in der Ebene.

Es ist ziemlich leicht unser Problem zu lösen, wenn wir diese Konstruktion verwenden. Was können wir als konvexe Hülle unserer fünf Punkte erhalten? Wenn es ein Fünfeck ist, dann bilden je vier dieser Punkte ein konvexes Viereck und wir sind fertig. Ist die konvexe Hülle ein Viereck, dann ist dieses Viereck selbst das gewünschte konvexe Viereck. Wir nehmen nun an, die konvexe Hülle ist ein Dreieck. Wir bezeichnen die Ecken dieses Dreiecks mit A, B und C und die anderen beiden gegebenen Punkte mit D und E. Die Punkte D und E liegen innerhalb des Dreiecks ABC, daher schneidet die durch D und E gehende Gerade die Umrandung des Dreiecks in zwei Punkten. Angenommen, diese beiden Punkte befinden sich auf den Seiten AB und AC (ist dies nicht der Fall, dann können wir die Ecken des Dreiecks umbenennen). Nun kann man leicht zeigen, dass die Punkte B, C, D und E die Ecken eines konvexen Vierecks bilden (siehe Bild 11.9).

Als nächstes beschäftigen wir uns mit konvexen Fünfecken.

Haben wir 9 Punkte in allgemeiner Lage in der Ebene, dann kann man fünf von ihnen auswählen, welche die Ecken eines konvexen Fünfecks bilden.

Der Beweis dieser Behauptung ist zu lang, um ihn als Übungsaufgabe zu geben, aber der Leser kann trotzdem versuchen, ihn auszuarbeiten.

Übung 11.3.1 Man zeichne acht Punkte so in eine Ebene, dass keine fünf von ihnen ein konvexes Fünfeck aufspannen.

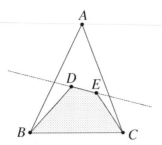

Abbildung 11.9. Bestimmung eines konvexen Vierecks.

Man kann in einer Ebene 16 Punkte in allgemeiner Lage angeben, von denen keine 6 ein konvexes Sechseck bilden. Niemandem ist es gelungen, 17 Punkte mit dieser Eigenschaft zu finden. Es werden gerade (während wir dies schreiben) erhebliche computergestützte Forschungen betrieben. Mit diesen soll gezeigt werden, dass es immer möglich ist, unter beliebig in der Ebene gegebenen 17 Punkten in allgemeiner Lage, sechs Punkte zu finden, die ein konvexes Sechseck bilden. Wir können allgemeiner fragen: Wie viele Punkte (in allgemeiner Lage) sind nötig, um sicherzustellen, dass wir unter ihnen ein konvexes n-Gon finden? Mit anderen Worten:

Wie lautet die maximale Anzahl von Punkten in einer Ebene, die sich in allgemeiner Lage befinden, welche nicht die Ecken eines konvexen n-Gons enthalten?

Es ist nicht allzu schwer, Vermutungen über die Lösung anzustellen, wenn man eine Tabelle aus den bereits bekannten Fällen erstellt:

n	2	3	4	5	6
	1	2	4	8	16?

(Die Fälle $n = 2$ und 3 haben wir vorher noch nicht erwähnt, da sie nicht weiter interessant sind. Der Vollständigkeit halber führen wir sie aber in der Tabelle mit auf. Das „Zweieck" ist nichts anderes als ein Segment und daher konvex. Ebenso ist natürlich auch jedes Dreieck konvex.)

Es könnte uns auffallen, dass sich die Anzahl der Punkte verdoppelt, die kein konvexes n-Gon enthalten, wenn n um 1 ansteigt. Zumindest ist das bei den bekannten Fällen so. Es ist naheliegend anzunehmen, dass dies für größere Zahlen ebenfalls gilt. Die vermutete Anzahl ist daher 2^{n-2}. Es ist bekannt, dass für jedes $n > 1$ eine Menge aus 2^{n-2} Punkten in der Ebene in allgemeiner Lage existiert, die kein konvexes n-Gon enthält. Allerdings ist bis heute nicht bekannt, ob ein Punkt mehr ein konvexes n-Gon garantiert oder nicht.

Gemischte Übungsaufgaben

Übung 11.3.2 Es seien in der Ebene $n \geq 3$ Geraden in allgemeiner Lage (keine zwei sind parallel und keine drei gehen durch einen Punkt) gegeben. Zeigen Sie, dass sich unter den Gebieten, in welche die Ebene durch die Geraden geteilt wurde, mindestens ein Dreieck befindet.

Übung 11.3.3 In wieviele Teile wird die Ebene durch zwei Dreiecke geteilt?

Übung 11.3.4 In wieviele Teile wird die Ebene durch zwei Vierecke geteilt, wenn
(a) sie konvex sind,
(b) sie nicht notwendigerweise konvex sind?

Übung 11.3.5 In wieviele Teile wird die Ebene durch zwei konvexe n-Gons geteilt?

Übung 11.3.6 In wieviele Teile kann die Ebene maximal und minimal durch n Kreise geteilt werden?

Übung 11.3.7 Beweisen Sie, dass 6 Punkte in der Ebene, wovon keine 3 auf einer Geraden liegen, mindestens 3 konvexe Vierecke bilden.

Übung 11.3.8 Sei eine Menge S aus 100 in der Ebene liegenden Punkten gegeben, von denen keine 3 auf einer Geraden liegen. Zeigen Sie, dass es ein konvexes Polygon gibt, dessen Ecken in der Menge S enthalten sind und genau 50 Punkte aus S einschließt (inklusive seiner Ecken).

Kapitel 12
Die Eulersche Formel

12

12

12 Die Eulersche Formel

12.1 Ein Planet wird angegriffen

In Kapitel 11 haben wir Problemstellungen betrachtet, die in die Sprache der Graphen-theorie übersetzt werden können: Wenn wir spezielle Graphen in der Ebene zeichnen, in wieviele Teile wird die Ebene durch diese Graphen zerteilt? Beginnen wir mit ei-ner Menge von Geraden. Wir betrachten die Schnittpunkte der gegebenen Geraden als Knoten des Graphen und die dazwischen liegenden Segmente der Geraden als Kanten. (Die unendlichen Teilgeraden beachten wir vorerst nicht. Wir werden auf die Verbin-dung zwischen Graphen und Mengen von Geraden später noch einmal zurückkom-men.)

Etwas allgemeiner ausgedrückt beschäftigen wir uns mit einer *ebenen Landkarte*: Das ist ein Graph, der in der Ebene so gezeichnet ist, dass seine Kanten sich nicht über-schneidende, stetige Kurven bilden. Wir setzen außerdem voraus, dass der Graph zu-sammenhängend ist. Ein solcher Graph zerteilt die Ebene in bestimmte Teile, die wir als *Länder* bezeichnen. Genau eines der Länder ist unendlich, die anderen sind alle endlich.

Ein sehr wichtiges, durch Euler entdecktes, Ergebnis sagt uns, dass wir die Anzahl der Länder in einer zusammenhängenden ebenen Landkarte bestimmen können, wenn wir die Anzahl der Knoten und Kanten des Graphen wissen. Die Eulersche Formel sieht wie folgt aus:

Satz 12.1.1 Anzahl der Länder + Anzahl der Knoten = Anzahl der Kanten + 2.

Beweis 23 Wir werden eine kleine Geschichte erzählen, um den Beweis dieses Satzes ein wenig plausibler zu machen. Dies gefährdet jedoch in keiner Weise die mathema-tische Richtigkeit unseres Beweises.

Stellen wir uns vor, die gegebene ebene Landkarte ist die Karte des Wassersystems von einem Planeten, der einen einzigen sehr tief liegenden Kontinent besitzt. Dabei betrachten wir die Kanten nicht als Grenzen zwischen Ländern, sondern als Dämme zwischen Wasserbecken. Die Knoten entsprechen dabei Wachtürmen. Die eingeschlos-senen Bereiche sind somit keine Länder, sondern „Becken". Das äußerste „Becken" ist der Ozean, alle anderen „Becken" sind trocken (Bild 12.1). Ein Vorteil dieser Darstel-lung besteht darin, dass wir eine Brücke in dem Graphen zulassen können, die wir als eine Art Damm oder Pier betrachten. Diese sollte nicht als Grenze zwischen zwei Ländern angesehen werden, da wir auf beiden Seiten dasselbe „Land" (in diesem Fall den Ozean) hätten.

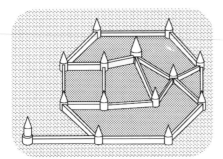

Abbildung 12.1. Ein Graph aus Dämmen und Wachtürmen. Es gibt 14 Wachtürme, 7 Becken (einschließlich des Ozeans) und 19 Dämme. Die Eulersche Formel mit unseren Zahlen:

$14 + 7 = 19 + 2$.

Eines Tages wird die Insel von Feinden angegriffen und die Verteidiger entschließen sich, die Insel durch Sprengung einiger Dämme mit Meerwasser zu fluten. Die Verteidiger hoffen, den Angriff niederzuschlagen und dann zu ihrer Insel zurückzukehren. Daher versuchen sie, so wenig Dämme wie möglich zu sprengen. Sie haben folgendes Verfahren entwickelt: Sie sprengen jeweils nur einen Damm und das auch immer nur dann, wenn eine Seite des Damms bereits geflutet ist, während die andere immer noch trocken ist. Nach der Zerstörung dieses Damms wird das bisher trockene Becken mit Meerwasser gefüllt. Man beachte, dass alle anderen Dämme (Kanten) um dieses Becken herum zu diesem Zeitpunkt intakt sind (weil jedesmal, wenn ein Damm gesprengt wird, die Becken auf beiden Seiten dieses Damms geflutet sind) und daher das Meerwasser immer nur dieses spezielle Becken auffüllt. In Bild 12.2 wird anhand von Zahlen eine mögliche Reihenfolge angezeigt, in der die Dämme gesprengt werden können, um die gesamte Insel zu fluten.

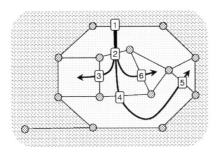

Abbildung 12.2. Fluten der Insel. Um 6 Becken zu fluten, müssen 6 Dämme gesprengt werden.

Wir zählen die Anzahl der zerstörten und der intakten Dämme. Die Anzahl der Wachtürme (Knoten) bezeichnen wir mit v, die Anzahl der Dämme (Kanten) mit e und die Anzahl der Becken, einschließlich des Ozeans, mit f (wir werden später erklären, warum wir gerade diese Buchstaben verwenden). Wir mußten genau $f - 1$ Dämme zerstören, um alle $f - 1$ Becken der Insel zu fluten.

Betrachten wir nun den Graphen, der nach den Explosionen noch übrig ist, um die Anzahl der intakt gebliebenen Dämme zu bestimmen (Bild 12.3). Als erstes kann man

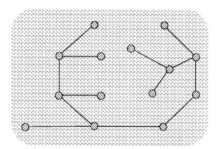

Abbildung 12.3. Die geflutete Insel. 13 Dämme sind immer noch intakt und bilden einen Baum.

feststellen, dass er keine Kreise enthält, denn das Innere eines jeden Kreises wäre trocken geblieben. Eine zweite Beobachtung besteht darin, dass das verbleibende System der Dämme einen zusammenhängenden Graphen bildet; da jeder gesprengte Damm eine Kante eines Kreises (der Begrenzung des bei dieser letzten Explosion gefluteten Beckens) war und wir nach Übungsaufgabe 7.2.5(b) wissen, dass die Entfernung einer solchen Kante den Zusammenhang unseres Graphen nicht zerstören würde. Der nach den Explosionen übrigbleibende Graph ist daher zusammenhängend und enthält keine Kreise, folglich ist er ein Baum.

Wir verwenden nun die wichtige Tatsache, dass ein Baum $v - 1$ Kanten besitzt, wenn er v Knoten hat.

Fassen wir zusammen, was wir gelernt haben. Wir wissen, dass $f - 1$ Dämme gesprengt wurden und $v - 1$ Dämme intakt geblieben sind. Die Anzahl der Kanten ist also die Summe dieser beiden Zahlen. Wenn wir dies in Form einer Gleichung ausdrücken, erhalten wir $(v - 1) + (f - 1) = e$ und nach Umordnung

$$f + v = e + 2,$$

was genau der Eulerschen Formel entspricht.   □

Übung 12.1.1 In wie viele Teile wird ein konvexes n-Gon durch seine Diagonalen geteilt? Dabei setzen wir voraus, dass keine 3 Diagonalen durch denselben Punkt gehen.

Übung 12.1.2 Auf einer runden Insel bauen wir n geradlinige, von Strand zu Strand reichende Dämme, so dass sich jeweils zwei Dämme schneiden, aber keine drei durch denselben Punkt gehen. Man verwende die Eulersche Formel, um zu bestimmen, wie viele Teile wir bekommen. Hinweis: Betrachte Bild 12.4 (die Lösung dieser Aufgabe wird die dritte Methode zur Lösung desselben Problems liefern).

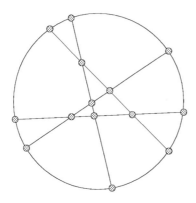

Abbildung 12.4. Die durch n gerade Linien gegebene ebene Landkarte.

12.2   12.2 Planare Graphen

Welche Graphen können als ebene Landkarten gezeichnet werden? Diese Frage ist nicht nur wichtig, weil wir wissen möchten, bei welchen Graphen wir die Eulersche Formel anwenden können, sondern sie ist auch wichtig für diverse Anwendungen der Graphentheorie, wie zum Beispiel für das Plazieren eines Netzwerks auf einer Platine. Ein Graph wird *planar* genannt, wenn er als Landkarte in der Ebene gezeichnet werden kann, das heißt, wenn wir seine Knoten durch verschiedene Punkte in der Ebene darstellen können und seine Kanten durch Kurven, welche die entsprechenden Punkte verbinden, wobei diese Kurven einander nicht schneiden dürfen (außer, natürlich, wenn zwei Kanten einen gemeinsamen Endpunkt haben, dann werden die zwei zugehörigen Kurven diesen einen Punkt gemeinsam besitzen).

Gibt es Graphen, die nicht planar sind? Als nette Anwendung von Eulers Formel, können wir folgendes beweisen:

12.2.1   **Satz 12.2.1** Der vollständige Graph K_5 mit fünf Knoten ist kein planarer Graph.

Man könnte dies durch eine große Anzahl von Fallunterscheidungen beweisen, bei denen vielfältige naheliegende, aber möglicherweise irreführende Eigenschaften von Kurven in der Ebene verwendet werden. Mit Hilfe der Eulerschen Formel sind wir jedoch in der Lage, einen eleganten Beweis anzugeben.

Beweis 24 Unser Beweis wird indirekt durchgeführt: Wir erhalten einen Widerspruch, wenn wir annehmen, dass sich K_5 in der Ebene ohne Überschneidung von Kanten zeichnen läßt. (Es ist nicht überraschend, dass wir keine solche Zeichnung erstellen können, denn wir möchten ja gerade beweisen, dass dies nicht möglich ist.) Berechnen wir nun die Anzahl der Länder, die wir in einem solchen Bild erhalten würden. Wir haben 5 Knoten und $\binom{5}{2} = 10$ Kanten, daher beträgt die Anzahl der Länder nach der Eulerschen Formel $10 + 2 - 5 = 7$. Jedes Land hat wenigstens 3 Kanten zu seiner Begrenzung, wir brauchen also mindestens $\frac{3\cdot 7}{2} = 10,5$ Kanten. (Wir mußten durch 2 teilen, da wir jede Kante bezüglich zwei verschiedener Länder gezählt haben.) Unsere Annahme, K_5 ist planar, führt uns zu einem Widerspruch, nämlich $10 > 10,5$. Die Annahme muss also falsch gewesen sein, der vollständige Graph mit 5 Knoten (K_5) ist daher nicht planar. $\qquad\square$

Eines der interessantesten Phänomene der Mathematik tritt in Erscheinung, wenn man beim Beweis eines Ergebnisses Sätze verwenden kann, die auf den ersten Blick überhaupt nichts mit dem aktuellen Problem zu tun haben. Hätte irgendjemand vermutet, dass man die Nicht-Planarität des vollständigen Graphen mit fünf Punkten für einen anderen Beweis der Aufgabe verwenden kann, mit der Abschnitt 11.3 begann? Seien unsere fünf Punkte in der Ebene gegeben und verbinden wir je zwei Punkte durch ein Segment. Der Graph, den wir auf diese Weise erhalten, ist der vollständige Graph mit fünf Ecken, von dem wir bereits wissen, dass er nicht planar ist. Wir finden also zwei sich schneidende Segmente. Die vier Endpunkte dieser zwei Segmente bilden ein Viereck, dessen Diagonalen sich schneiden. Dieses Viereck ist somit konvex.

Wir beantworten folgende Frage, als weitere Anwendung der Eulerschen Formel: Wie viele Kanten kann ein planarer Graph mit n Knoten haben?

Satz 12.2.2 Ein planarer Graph mit n Knoten kann höchstens $3n - 6$ Kanten besitzen.

12.2.2

Beweis 25 Die Herleitung dieser Schranke verläuft recht ähnlich wie unser obiger Beweis, dass K_5 kein planarer Graph ist. Sei ein Graph mit n Knoten, e Kanten und f Landn gegeben. Nach der Eulerschen Formel wissen wir, dass

$$n + f = e + 2$$

gilt. Wir erhalten eine andere Relation zwischen diesen Zahlen, wenn wir nacheinander die Kanten jedes Landes zählen. Jedes Land besitzt mindestens 3 Kanten als Begrenzung, also zählen wir mindestens $3f$ Kanten. Jede Kante wird jedoch dabei doppelt gezählt (sie liegt auf der Begrenzung zweier Länder), daher beträgt die Anzahl der Kanten mindestens $3f/2$. Mit anderen Worten $f \leq \frac{2}{3}e$. Verwenden wir nun die

Eulersche Formel, so erhalten wir

$$e + 2 = n + f \leq n + \frac{2}{3}e,$$

was nach Umordnung $e \leq 3n - 6$ ergibt. $\square$

Übung 12.2.1 Ist der Graph, der durch Entfernung einer Kante aus K_5 entsteht, planar?

Übung 12.2.2 Es gibt drei Häuser und drei Brunnen. Können wir von jedem Haus zu jedem Brunnen einen Weg bauen, ohne dass sich diese Wege kreuzen? (Die Wege müssen nicht geradlinig verlaufen.)

12.3 Die Eulersche Polyederformel

Eine scheinbar unwichtige Frage ist noch immer offen. Warum haben wir die Anzahl der Länder mit f bezeichnet? Nun, dies ist der erste Buchstabe des Wortes *Fläche*. Als Euler versuchte, „seine" Formel zu entwickeln, beschäftigte er sich mit Polyedern (Körpern, die durch ebene Polygone begrenzt sind), wie dem Würfel, Pyramiden und Prismen. Wir bestimmen nun die Anzahl der Seitenflächen, Kanten und Ecken einiger Polyeder (Tabelle 12.1).

Polyeder	# der Ecken	# der Kanten	# der Flächen
Würfel	8	12	6
Tetraeder	4	6	4
dreiseitiges Prisma	6	9	5
fünfseitiges Prisma	10	15	7
fünfseitige Pyramide	6	10	6
Dodekaeder	20	30	12
Ikosaeder	12	30	20

Tabelle 12.1.

(Sie wissen nicht, was ein Dodekaeder und ein Ikosaeder ist? Das sind zwei sehr schön regelmäßige Polyeder. Ihre Flächen sind jeweils regelmäßige Fünfecke, beziehungsweise Dreiecke. Sie sind in Bild 12.5 dargestellt.)

Betrachten wir diese Zahlen ein Weilchen, dann fällt auf, dass jeweils folgende Beziehung gilt:

Anzahl der Flächen + Anzahl der Ecken = Anzahl der Kanten + 2.

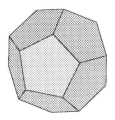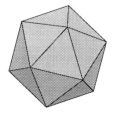

Abbildung 12.5. Zwei regelmäßige Polyeder: Der Dodekaeder und der Ikosaeder.

Diese Formel ist der Eulerschen Formel sehr ähnlich. Der einzige Unterschied besteht darin, dass wir anstelle von Knoten nun von Ecken und anstelle von Ländern jetzt von Flächen reden. Diese Ähnlichkeit ist kein Zufall. Wir können die Formel für Polyeder wie folgt sehr leicht aus der Formel für planare Landkarten erhalten. Stellen wir uns vor, unser Polyeder besteht aus Gummi. Man bohre ein Loch in eine der Flächen und puste es wie einen Luftballon auf. Die vertrautesten Körper werden zu Kugeln aufgeblasen (zum Beispiel der Würfel und das Prisma). Wir müssen hier jedoch vorsichtig sein: Es gibt auch Körper, die sich nicht zu einer Kugel aufblasen lassen. Der in Bild 12.6 dargestellte „Bilderrahmen" wird zu einem „Torus" aufgeblasen, welcher einem Rettungsring (oder Donut) recht ähnlich ist. Vorsicht, die obige Relation gilt nur für Körper, die sich zu Kugeln aufblasen lassen! (Nur zur Beruhigung: Alle konvexen Körper können zu Kugeln aufgeblasen werden.) Nun ergreife man die Gummikugel an der Seite des Loches und dehne sie solange aus, bis man eine riesige Gummi-Ebene erhält. Wenn wir die Kanten des ursprünglichen Körpers mit schwarzer Tinte anmalen, werden wir eine Landkarte auf der Ebene sehen. Die Knoten dieser Landkarte sind die Ecken, die Kanten sind die Kanten und die Länder sind die Flächen des Körpers. Wir erhalten daher die Eulersche Polyederformel, wenn wir die Eulersche Formel für Landkarten verwenden (Euler selbst gab seinen Satz in der Polyederform an).

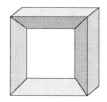

Abbildung 12.6. Ein nicht-konvexer Polyeder, der sich zu einem Torus aufblasen läßt.

Gemischte Übungsaufgaben

Übung 12.3.1 Ist das Komplement eines Kreises der Länge 6 (C_6) ein planarer Graph?

Übung 12.3.2 Man nehme ein Hexagon und füge die drei längsten Diagonalen hinzu. Ist der Graph, den wir auf diese Weise erhalten ein planarer Graph?

Übung 12.3.3 Erfüllt das „Bilderrahmen"-Polyeder in Bild 12.6 die Eulersche Formel?

Übung 12.3.4 Beweisen Sie, dass ein planarer bipartiter Graph mit n Knoten höchstens $2n - 4$ Kanten besitzt.

Übung 12.3.5 Zeigen Sie unter Verwendung der Eulerschen Formel, dass der Petersen Graph nicht planar ist.

Übung 12.3.6 Ein konvexes Polyeder besitze nur fünf- und sechseckige Flächen. Beweisen Sie, dass es genau 12 fünfeckige Flächen besitzt.

Übung 12.3.7 Jede Fläche eines konvexen Polyeders hat mindestens 5 Ecken und jede Ecke hat den Grad 3. Beweisen Sie, dass die Anzahl der Kanten höchstens $5(n-2)/3$ beträgt, wenn die Anzahl der Ecken gleich n ist.

Kapitel 13

Färbung von Landkarten und Graphen

13

13 Färbung von Landkarten und Graphen

13

13 Färbung von Landkarten und Graphen

13.1 Färbung von Gebieten mit zwei Farben

13.1

Wir zeichnen in einer Ebene einige Kreise (sagen wir, n Kreise). Diese teilen die Ebene in eine Anzahl von Gebiete. Bild 13.1 zeigt eine solche Menge von Kreisen, wobei die Gebiete „abwechselnd" mit zwei Farben gefärbt sind. Dies ergibt ein nettes Muster. Es stellt sich die Frage, ob wir die Gebiete *immer* auf diese Weise färben können. Wir werden zeigen, dass die Antwort „ja" lautet. Zuerst formulieren wir das Ganze jedoch noch etwas genauer:

Satz 13.1.1 Die durch n Kreise entstandenen Gebiete in der Ebene können so mit den Farben rot und blau gefärbt werden, dass je zwei Gebiete, die einen gemeinsamen Begrenzungsbogen besitzen, verschieden gefärbt sind.

13.1.1

(Haben zwei Gebiete lediglich einen oder zwei Begrenzungspunkte gemeinsam, dann dürfen sie dieselbe Farbe bekommen.)

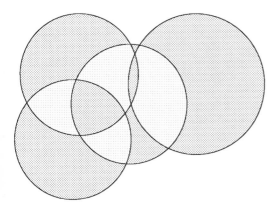

Abbildung 13.1. Zwei-Färbung von Gebieten, die durch eine Menge von Kreisen gebildet werden.

Verdeutlichen wir uns zunächst, warum es nicht günstig ist, diesen Satz direkt zu beweisen. Wir könnten beginnen, indem wir das Gebiet außen herum beispielsweise blau färben. Dann müssten wir alle Nachbargebiete rot färben. Könnte es vorkommen, dass zwei dieser Nachbarn gleichzeitig auch gegenseitig benachbart sind? Vielleicht könnte man durch Zeichnen einiger Bilder und sorgfältiger Argumentation einen Beweis konstruieren, dass dies nicht auftreten kann. Dann müssten wir jedoch die Nachbarn der Nachbarn wieder blau färben und zeigen, dass auch von diesen keine zwei gegenseitig benachbart sind. Dies könnte ziemlich kompliziert werden! Und dann müssten wir dies auch für die Nachbarn der Nachbarn der Nachbarn wiederholen ... .

Wir sollten wirklich einen besseren Weg finden, diesen Satz zu beweisen und glücklicherweise gibt es einen!

Beweis 26 Wir beweisen die Behauptung durch Induktion nach n, der Anzahl der Kreise. Ist $n = 1$, dann erhalten wir nur zwei Gebiete und können daher eines rot und das andere blau färben. Sei also $n > 1$. Wir wählen irgendeinen der Kreise aus, sagen wir C, und vergessen ihn erst einmal. Wir nehmen an, die durch die verbleibenden $n - 1$ Kreise entstehenden Gebiete, können so mit den Farben rot und blau gefärbt werden, dass Gebiete mit einer gemeinsamen Begrenzung verschiedene Farben erhalten (dies ist die Induktionsvoraussetzung).

Nun fügen wir den ausgewählten Kreis wieder hinzu und ändern die Färbung wie folgt: Außerhalb von C lassen wir die Färbung unverändert, innerhalb von C vertauschen wir rot und blau (Bild 13.2).

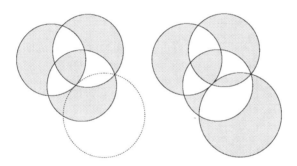

Abbildung 13.2. Hinzufügen eines neuen Kreises und Neufärbung.

Man sieht leicht, dass die so erhaltene Färbung das, was wir möchten, erfüllt. Wir betrachten jedes kleine Bogenstück eines jeden Kreises. Befindet sich dieses außerhalb von C, dann sind die Gebiete auf beiden Seiten unterschiedlich gefärbt gewesen und ihre Farben wurden nicht verändert. Ist das Bogenstück innerhalb von C, dann waren die Gebiete auf beiden Seiten ebenfalls verschieden gefärbt und obwohl die Farben vertauscht wurden, sind sie dies immer noch. Schließlich kann der Bogen auch noch zu C selbst gehören. In diesem Fall waren die zwei Gebiete auf beiden Seiten des Bogens vor der Hinzunahme von C ein und dasselbe Gebiet und hatten daher dieselbe Farbe. Nun befindet sich eines davon innerhalb von C, deshalb wurde seine Farbe verändert. Das andere ist außerhalb und hat seine Farbe behalten. Nach der Neufärbung sind also ihre Farben verschieden.

Wir haben somit bewiesen, dass die durch n Kreise erhaltenen Gebiete mit zwei Farben gefärbt werden können, vorausgesetzt, die durch $n-1$ Kreise bestimmten Gebiete können mit 2 Farben gefärbt werden. Nach dem Induktionsprinzip ist damit der Satz bewiesen. $\qquad\square$

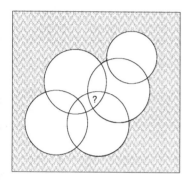

Abbildung 13.3. Bestimme die Farbe eines Gebiets.

Übung 13.1.1 Wir nehmen an, die Farbe des äußeren Gebiets ist blau. Dann können wir die Farbe eines bestimmten Gebiets R wie folgt angeben, ohne das ganze Bild färben zu müssen:

- R wird blau gefärbt, wenn es innerhalb einer geraden Anzahl von Kreisen liegt;
- R wird rot gefärbt, wenn es innerhalb einer ungeraden Anzahl von Kreisen liegt.

Beweisen Sie diese Behauptung (siehe Bild 13.3).

Übung 13.1.2 (a) Beweisen Sie, dass die Gebiete, in welche die Ebene durch n gerade Linien geteilt wird, mit 2 Farben gefärbt werden können.

(b) Wie könnte man beschreiben, was die Farbe eines gegebenen Gebietes ist?

13.2 Färbung von Graphen mit zwei Farben   13.2

Jim hat sechs Kinder, eine wirklich wilde Bande. Chris streitet sich die ganze Zeit mit Bob, Frank und Eva. Eva streitet sich (außer mit Chris) immer mit Alex und Diane, außerdem streiten sich Alex und Bob ständig. Jim möchte die Kinder so auf zwei Räume verteilen, dass sich die Streitpaare in verschiedenen Zimmern befinden. Kann er dies tun?

Wie auch schon in Kapitel 7 ist die Lösung sehr viel einfacher zu finden, wenn wir die gegebenen Informationen bildlich darstellen. Konstruieren wir nun einen „Streitgraphen": Wir stellen jedes Kind durch einen Knoten dar und verbinden zwei Knoten, wenn sich diese Kinder ständig streiten. Dadurch erhalten wir den Graph in Bild 13.4(a). Jims Aufgabe besteht nun darin, die Knoten so in zwei Gruppen aufzuspalten, dass jedes Streitpaar getrennt wird. Eine Lösung ist in Teil (b) des Bildes angegeben.

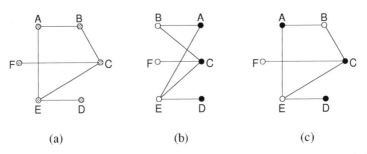

(a)   (b)   (c)

Abbildung 13.4. Der Streitgraph von Jims Kindern; wie man sie auf zwei Räume aufteilt; und wie man dies in eine 2-Färbung übersetzt.

Um anzuzeigen, welches Kind in welchen Raum kommt, können wir die zugehörigen Knoten schwarz oder weiss färben, anstatt den Graphen neu zu zeichnen und dabei die Knoten auf der linken und rechten Seite anzuordnen. Die Regel bei der Färbung lautet dabei, *benachbarte Knoten müssen mit verschiedenen Farben gefärbt werden.* Bild 13.4(c) zeigt die zugehörige Färbung. Jim kann die durch die weissen Knoten dargestellten Kinder in den einen Raum schicken und die anderen (durch die schwarzen Knoten dargestellten) Kinder in den anderen.

Bei der Betrachtung von Bild 13.4(b) fällt auf, dass wir solchen Graphen bereits begegnet sind: Wir nannten sie bipartit, da man die Eckenmenge dieser Graphen jeweils so in zwei disjunkte Mengen (oder Teile) teilen kann, dass die Kanten nur Ecken verbinden, die zu verschiedenen Mengen gehören.

Das im vorigen Abschnitt behandelte Problem, nämlich durch Kreise geformte Gebiete zu färben, kann man auch als Problem, die Knoten eines Graphen mit 2 Farben zu färben, ansehen. Wir stellen in folgender Weise eine Verbindung zwischen einem Graphen und den durch Kreisen geformten Gebieten her: Jedes Gebiet wird durch eine Ecke des Graphen repräsentiert. Zwei Ecken werden genau dann durch eine Kante verbunden, wenn die zugehörigen Gebiete einen gemeinsamen Begrenzungsbogen besitzen (nur einen Punkt zu teilen reicht nicht).

Welche Graphen sind 2-färbbar (sind mit anderen Worten bipartit)? Besteht ein Graph nur aus isolierten Ecken, dann ist klar, dass eine Farbe ausreicht, um eine gute Färbung zu erhalten. Besitzt ein Graph mindestens eine Kante, dann brauchen wir auch mindestens 2 Farben. Es ist leicht zu sehen, dass ein Dreieck, also der vollständige Graph mit

3 Ecken, für eine gute Färbung 3 Farben benötigt. Es ist ebenso offensichtlich, dass ein Graph 3 Farben für eine gute Färbung braucht, wenn er ein Dreieck enthält.
Aber auch wenn ein Graph kein Dreieck enthält, muss er trotzdem nicht 2-färbbar sein. Wir betrachten zum Beispiel das Fünfeck: Man überzeugt sich leicht davon, dass wir notwendigerweise immer zwei gleichgefärbte benachbarte Ecken erhalten, egal in welcher Weise wir die Ecken mit zwei Farben färben. Wir können diese Beobachtung auf beliebige Kreise ungerader Länge verallgemeinern: Wenn wir die Färbung beginnen, indem wir einen beliebigen Knoten (sagen wir) schwarz färben, dann müssen wir entlang des Kreises, den nächsten Knoten weiss färben, den dritten Knoten schwarz und so weiter. Wir müssen die Farben schwarz und weiss immer abwechselnd verwenden. Da der Kreis ungerade ist, kommen wir jedoch zum falschen Zeitpunkt wieder beim Startknoten an und müssen den letzten Knoten schwarz färben. Wir haben daher zwei benachbarte schwarze Knoten.
Enthält ein Graph einen ungeraden Kreis, kann er folglich nicht 2-färbbar sein. Der folgende einfache Satz stellt fest, dass dabei nichts schief gehen kann:

Satz 13.2.1 Ein Graph ist genau dann 2-färbbar, wenn er keine ungeraden Kreise enthält.   **13.2.1**

Beweis 27 Wir kennen bereits den „genau dann" Teil dieses Satzes. Um den „wenn" Teil zu zeigen, nehmen wir an, unser Graph enthält keine ungeraden Kreise. Wir wählen eine beliebige Ecke a und färben sie schwarz. Alle ihre Nachbarn werden weiss gefärbt. Es gibt keine Kante, die zwei der Nachbarn verbindet, denn das würde ein Dreieck ergeben. Nun färben wir alle noch ungefärbten Nachbarn dieser weissen Ecken schwarz. Wir müssen zeigen, dass es zwischen den schwarzen Ecken keine Kanten gibt: Dies ist der Fall, da die neuen schwarzen Ecken keine Nachbarn von a sind. Es kann auch keine Kanten zwischen den neuen schwarzen Ecken geben, weil sonst ein Kreis der Länge 3 oder 5 existieren würde. Ist unser Graph zusammenhängend, dann erhalten wir, wenn wir in dieser Weise fortfahren, eine 2-Färbung aller Ecken.
Es ist leicht zu zeigen, dass es keine Kante zwischen zwei Ecken derselben Farbe gibt: Angenommen, dies ist nicht der Fall, dann haben wir zwei (beispielsweise) schwarz gefärbte benachbarte Ecken u und v. Der Knoten u ist der Nachbar eines Knotens u_1, der bereits vorher gefärbt worden ist (und zwar weiss). Dieser wiederum ist benachbart zu einem Knoten u_2, welcher noch früher gefärbt wurde (er ist schwarz), etc. Auf diese Weise erhalten wir einen Weg P, der von u bis zum Anfangsknoten zurückführt. Analog können wir einen Weg Q bestimmen, der von v bis zum Anfangsknoten geht. Wir starten bei v und folgen Q bis er das erste mal auf P trifft. Nun folgen wir P in Richtung u, bis wir diesen Knoten erreicht haben. Dieser Weg bildet zusammen mit der Kante uv einen Kreis. Dieser Kreis ist ungerade, da sich die Knoten entlang dieses

Weges in ihrer Farbe abwechseln, wobei sie mit schwarz beginnen und auch damit enden. Das ergibt einen Widerspruch. (Bild 13.5).

Ist der Graph zusammenhängend, dann sind wir fertig: Wir haben alle Ecken gefärbt. Ist der Graph nicht zusammenhängend, dann wiederholen wir denselben Vorgang in jeder Komponente. Dies ergibt offensichtlich eine gute 2-Färbung des ganzen Graphen. Damit ist Satz 13.2.1 bewiesen.   □

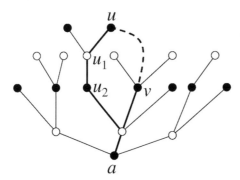

Abbildung 13.5. Eine schlechte 2-Färbung liefert einen ungeraden Kreis.

Es lohnt sich darauf hinzuweisen, dass wir bei diesem Beweis eigentlich kaum Wahlmöglichkeiten hatten: Wir konnten die Farbe des Startknotens wählen, aber danach waren uns bei der Färbung der zusammenhängenden Komponente dieses Punktes die Hände gebunden. Dann hatten wir freie Wahl bei der Bestimmung der Farbe des ersten Knotens der nächsten Komponente, aber der Rest der Komponente war wiederum festgelegt. Das bedeutet, wir haben nicht nur Satz 13.2.1 bewiesen, sondern außerdem einen *Algorithmus* zur Bestimmung einer 2-Färbung angegeben, falls diese existiert (und um einen ungeraden Kreis zu finden, falls sie nicht existiert).

Übung 13.2.1 Beweisen Sie, dass der Graph, der den Gebieten eines Systems von Kreisen entspricht, keinen ungeraden Kreis enthält.

13.3 Färbung von Graphen mit vielen Farben

Angenommen, wir haben einen Graphen und finden heraus, dass er sich nicht mit zwei Farben färben läßt. Wir könnten auf die Idee kommen, ihn mit mehr Farben zu färben. (Die Spielregeln sind wieder dieselben: Die zwei Endpunkte jeder Kante müssen unterschiedlich gefärbt sein.) Haben wir viele Farben zur Verfügung, dann können wir einfach jeden Knoten mit einer anderen Farbe versehen. Für einen Graphen mit n Knoten, reichen n Farben daher immer aus. Ist der Graph vollständig, dann brauchen wir natürlich alle n Farben, da jeder Knoten eine andere erhalten muss (man erinnere sich an das Taubenschlagprinzip!).

Wir nennen einen Graphen *k-färbbar*, wenn er sich mit k Farben färben läßt. Die kleinste Zahl k, für die ein Graph k-färbbar ist, wird die *chromatische Zahl* des Graphen genannt.

Nehmen wir an, wir möchten beispielsweise nur 3 Farben verwenden. Können wir entscheiden, ob dies genug Farben sind, um die Knoten zu färben? Es stellt sich heraus, dass sich der Schwierigkeitsgrad beim Übergang von 2 zu 3 Farben sprunghaft erhöht. Wir können versuchen, ebenso wie bei 2 Farben vorzugehen. Seien rot, blau und grün die 3 Farben. Wir beginnen mit einem beliebigen Knoten a und färben ihn rot. Wir können dies ohne Beschränkung der Allgemeinheit machen, da alle Farben gleichwertig sind. Danach nehmen wir einen Nachbarn b von a und färben ihn blau (auch hier liegt noch keine Beschränkung der Allgemeinheit vor). Nun fahren wir mit einem anderen Nachbarn c von a fort. Ist c durch eine Kante mit b verbunden, dann muss er grün gefärbt werden. Wenn wir jedoch annehmen, dass er nicht mit b verbunden ist, dann haben wir zwei Möglichkeiten, ihn zu färben. Wir könnten c blau oder grün färben und dabei ist es *nicht* gleichgültig, welche Farbe wir wählen: Es macht einen Unterschied, ob b und c dieselbe Farbe haben oder nicht. Wir treffen also eine Wahl und fahren fort. Im nächsten Schritt könnten wir wieder gezwungen sein, eine Wahl zu treffen, etc. Falls sich herausstellt, dass wir uns falsch entschieden haben, werden wir wieder zurückgehen und die andere Farbe versuchen müssen. Ist eine 3-Färbung möglich, dann werden wir sie letzten Endes auch finden.

Allerdings wird für dieses ganze Hin- und Zurückgehen eine Menge Zeit benötigt. Wir werden hier keine genaue Analyse durchführen, sondern lediglich allgemein feststellen, dass wir bei einem großen Teil der Knoten (sagen wir der Hälfte) beide Wahlmöglichkeiten ausprobieren müssen. Dies wird eine Zeit von $2^{n/2}$ beanspruchen. Wir wissen bereits, dass diese Zahl schon für relativ kleine Werte von n astronomisch hoch wird.

Die Erhöhung des Schwierigkeitsgrades liegt nicht nur daran, dass dieses einfache Verfahren so lange braucht: Das eigentliche Problem besteht darin, dass nichts wesentlich besseres bekannt ist! Und es gibt Ergebnisse der Komplexitätstheorie (vgl. Kapitel 15.1), die vermuten lassen, dass man auch gar nichts wesentlich besseres entwickeln kann. Die Situation sieht für die Färbung eines Graphen mit einer beliebigen Zahl von k Farben (mit $k > 2$) genauso aus.

Angenommen, wir haben einen Graphen, den wir schlechtestenfalls mit k Farben färben dürfen. Gibt es wenigstens einige Spezialfälle, bei denen wir dies tun können? Im folgenden Ergebnis wird ein solcher Fall beschrieben. Wir nennen dies den Satz von Brooks:

Satz 13.3.1 Wenn jeder Knoten in einem Graphen höchstens vom Grad d ist, dann kann der Graph mit $d + 1$ Farben gefärbt werden.

Die im Satz von Brooks angegebene Bedingung ist natürlich nur hinreichend, aber nicht notwendig: Es gibt Graphen, in denen einige Knoten, eventuell sogar alle Knoten, einen hohen Grad besitzen und der Graph trotzdem mit 2 Farben gefärbt werden kann.

Beweis 28 Wir können einen Beweis angeben, in welchem das Induktionsprinzip verwendet wird. Unseren Beweis werden wir mit kleinen Graphen beginnen. Besitzt der Graph weniger als $d + 1$ Ecken, dann kann er durch $d + 1$ (oder weniger) Farben gefärbt werden, da jede Ecke eine andere Farbe erhalten kann. Nehmen wir an, dass unser Satz für jeden Graphen mit weniger als n Ecken gültig ist. Wähle eine Ecke v unseres Graphen G und entferne diese Ecke, zusammen mit allen damit inzidenten Kanten. Der verbleibende Graph G' besitzt $n - 1$ Ecken. Diese sind natürlich jeweils höchstens vom Grad d (Entfernen einer Ecke erhöht keinen Grad), weshalb der Graph G' nach Induktionsvoraussetzung mit $d + 1$ Farben gefärbt werden kann. Da v höchstens d Nachbarn besitzt, wir jedoch $d + 1$ Farben haben, muss es eine Farbe geben, die unter den Nachbarn von v nicht vorkommt. Färben wir nun v mit dieser Farbe, erhalten wir eine Färbung von G mit $d + 1$ Farben. Damit ist die Induktion vollständig.   □

Brooks hat in Wirklichkeit noch mehr bewiesen: Ein Graph, dessen Knoten höchstens vom Grad d sind, kann bis auf einige einfache Ausnahmen, mit d Farben gefärbt werden. Die Ausnahmen können wir wie folgt beschreiben: Bei $d = 2$ enthält der Graph eine Zusammenhangskomponente, die einen ungeraden Kreis bildet. Bei $d > 2$ enthält der Graph eine Zusammenhangskomponente, die ein vollständiger Graph mit $d + 1$ Knoten ist. Der Beweis, dass diese Graphen Ausnahmen bilden, ist einfach. Dass dies die einzigen Ausnahmen sind, ist jedoch sehr viel schwerer zu beweisen und wird in diesem Buch nicht angegeben.

Wir kommen nun zu der Situation zurück, in der wir einen Graphen mit k Farben färben möchten. Angenommen, wir finden heraus, dass wir den Satz von Brooks nicht anwenden können. Außerdem ist es uns trotz vieler Versuche nicht gelungen, den Graphen zu färben. Langsam beginnen wir zu vermuten, dass eine k-Färbung überhaupt nicht existiert. Wie können wir uns davon überzeugen, dass dies in der Tat der Fall ist? Ein glücklicher Zufall wäre es, wenn wir $k + 1$ Knoten finden, die einen vollständigen Untergraphen dieses Graphen bilden würden, denn offensichtlich benötigt man für diesen Teil des Graphen $k + 1$ Farben.

Unglücklicherweise gibt es für jede natürliche Zahl k Graphen, die keinen solchen vollständigen Untergraphen enthalten und dennoch nicht k-färbbar sind. Es kann sogar passieren, dass ein Graph kein Dreieck enthält und trotzdem nicht k-färbbar ist.

Bild 13.6 zeigt einen Graphen, der nicht 3-färbbar ist, obwohl er keinen vollständigen Untergraphen mit 4 Ecken enthält. Außerdem ist ein etwas komlizierterer Graph dargestellt, der zwar kein Dreieck enthält, sich aber trotzdem nicht mit 3 Farben färben läßt (siehe außerdem Übungsaufgabe 13.3.1).
Mit dieser traurigen Feststellung verlassen wir das Thema Färbung allgemeiner Graphen.

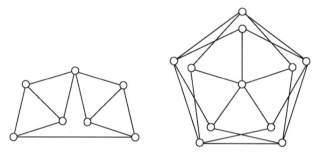

Abbildung 13.6. Zwei nicht 3-färbbare Graphen.

Übung 13.3.1 Beweisen Sie, dass sich die Graphen in Bild 13.6 nicht mit 3 Farben färben lassen.

Übung 13.3.2 Zeichnen Sie n Geraden so in eine Ebene, dass keine 3 davon durch denselben Punkt gehen. Beweisen Sie, dass ihre Schnittpunkte so mit 3 Farben gefärbt werden können, dass auf jeder Geraden aufeinanderfolgende Punkte unterschiedliche Farben erhalten.

Übung 13.3.3 Sei G ein zusammenhängender Graph, bei dem alle Ecken, ausgenommen eine einzige, höchstens vom Grad d sind (eine Ecke kann einen Grad besitzen, der größer als d ist). Beweisen Sie, dass G $(d+1)$-färbbar ist.

Übung 13.3.4 Zeigen Sie, dass ein Graph G $(d+1)$-färbbar ist, wenn jeder Untergraph von G einen Knoten besitzt, der höchstens vom Grad d ist.

13.4 Färbung von Landkarten und der Vierfarbensatz   13.4

Wir haben dieses Kapitel mit der Färbung von Gebieten begonnen, die durch eine Menge von Kreisen in der Ebene entstanden sind. Aber wann müssen wir Zeichnungen in der Ebene färben? Solche Aufgabenstellungen kommen in der Kartographie

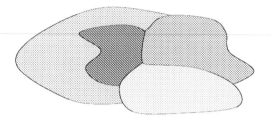

Abbildung 13.7. Vier gegenseitig benachbarte Gebiete

vor: Es ist eine naheliegende Forderung bei der Färbung von Landkarten, dass benachbarte Gebiete (Länder) verschiedene Farben erhalten sollen. Wir haben bei vorhergehenden Beispielen (wie bei durch Kreisen entstandenen Karten) festgestellt, dass wir „gute" Färbungen der Karten (im vorigen Sinne) finden können, bei denen lediglich 2 Farben verwendet werden. „Reale" Karten sind sehr viel kompliziertere Konfigurationen, daher ist es nicht überraschend, wenn sie mehr als zwei Farben benötigen. Es ist sehr einfach, vier Länder so zu zeichnen, dass je zwei von ihnen eine gemeinsame Grenze besitzen. Für eine „gute" Färbung müssen wir diesen vier Ländern also auch vier verschiedene Farben geben (siehe Bild 13.7).

Betrachten wir nun eine planare Karte aus dem „realen Leben", zum Beispiel die Karte der Vereinigten Staaten von Amerika (zumindest der kontinentale Teil ohne Alaska). Wir setzen voraus, dass jedes Land (Staat) zusammenhängend ist (aus einem Stück besteht). In Karten für den Schulunterricht werden üblicherweise sechs Farben verwendet, aber vier reichen auch aus, wie in Bild 13.8 gezeigt ist.

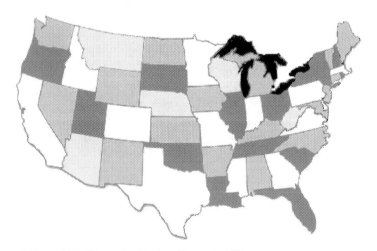

Abbildung 13.8. Färbung der einzelnen Staaten der USA.

Würden drei Farben auch ausreichen? Man erkennt leicht, dass die Antwort „nein" lautet. Wir beginnen, unsere Karte mit drei Farben zu färben, beispielsweise mit rot, blau und gelb (es macht keinen Unterschied, mit welcher der Farben wir beginnen). Nun müssen wir zeigen, dass wir früher oder später nicht mehr weiterkommen. Wir beginnen, indem wir Nevada rot färben. Dann können alle benachbarten Staaten nur noch blau oder gelb werden. Wir färben (ohne Beschränkung der Allgemeinheit) Kalifornien mit blau. Im Uhrzeigersinn ist der nächste Nachbarstaat Oregon. Er ist ein gemeinsamer Nachbar von Nevada und Kalifornien und muss also daher mit gelb gefärbt werden. Der nächste Staat, Idaho, muss wieder blau werden, während der darauf folgende Staat, Utah, ebenfalls gelb gefärbt wird. Nun kommen wir jedoch nicht mehr weiter, da der letzte Nachbarstaat von Nevada, nämlich Arizona, keine der drei Farben rot, blau oder gelb erhalten kann. Wir müssen also eine vierte Farbe verwenden (siehe Bild 13.8).

Dass wir in zwei verschiedenen Fällen jeweils vier Farben zum Färben einer Karte benötigt haben, bzw. vier Farben dafür ausreichten, ist nicht ganz zufällig gewesen. Es gibt einen Satz, der besagt, *dass vier Farben immer ausreichen, um eine beliebige planare Karte zu färben.*

Dieser berühmte Satz hat eine gut hundert Jahre alte Geschichte. Er wurde von Francis Guthrie im Jahr 1852 in England formuliert. Jahrzehntelang wurde er zwischen den Mathematikern als einfaches, aber etwas trügerisches Puzzlespiel weitergegeben. Erst in den 70'er Jahren des 19. Jahrhunderts wurde die Schwierigkeit seines Beweises erkannt. Im Jahr 1879 wurde durch Alfred Kempe ein fehlerhafter Beweis veröffentlicht. Gut zehn Jahre lang galt das Problem als gelöst, bevor der Fehler entdeckt wurde. Die Schwierigkeit des Problems wurde derartig unterschätzt, dass es 1886 am Clifton College sogar den Studenten als Aufgabe in einem Wettbewerb gestellt wurde. Dabei wurde gefordert, dass „keine Lösung mehr als eine Seite, 30 Zeilen eines Manuskripts und eine Seite Diagramme umfasst". (Die 90 Jahre später gefundene wirkliche Lösung benötigte mehr als 1000 Stunden Rechenzeit eines Computers (CPU time)!)

Nachdem der Fehler in Kempes Beweis erkannt worden ist, haben mehr als hundert Jahre lang diverse Mathematiker, sowohl Hobby- als auch Berufsmathematiker, vergeblich versucht diese faszinierende Frage, die fortan als *Vier-Farben-Vermutung* bezeichnet wurde, zu lösen. Es wurden mit der Zeit verschiedene weitere fehlerhafte Beweise veröffentlicht und widerlegt.

Aus den Versuchen, die Vier-Farben-Vermutung zu beweisen, entwickelte sich ein ganzer neuer Zweig der Mathematik, die Graphentheorie. Im Jahr 1976 kam es schließlich zu einer überraschenden Wende: Kenneth Appel und Wolfgang Haken gaben einen Beweis für die Vier-Farben-Vermutung an (diese wird daher heutzutage als Vier-Farben-Satz bezeichnet). Ihr Beweis erforderte allerdings einen sehr starken Einsatz von Computern, um eine große Vielzahl von Fällen prüfen zu können. Selbst heute kann man den Beweis noch nicht ohne Computerunterstützung durchführen (obwohl inzwischen sehr viel weniger Zeit benötigt wird als beim ersten Beweis; Dies ist teilweise durch die größere Geschwindigkeit der Computer begründet, aber auch durch die Entwicklung einer günstigeren Fallunterscheidung.). Bis heute ist immer noch kein „rein" mathematischer Beweis gefunden worden.

Es würde den Rahmen dieses Buches sprengen, selbst wenn wir nur eine Skizze des Beweises angeben wollten. Wir können allerdings die Ergebnisse über Graphen dazu verwenden, die schwächere Aussage zu beweisen, dass *5 Farben ausreichen, um jede planare Karte zu färben.*

Wir können dies in das Problem einen Graphen zu färben umwandeln. Dazu wählen wir in jedem Land einen Punkt. Wir bezeichnen ihn als die *Hauptstadt* des Landes. Wenn nun zwei Länder eine gemeinsame Grenze haben, dann verbinden wir ihre Hauptstädte durch eine Bahnlinie, die nur innerhalb der beiden Länder verläuft und die Grenze nur einmal kreuzt. Wir können diese Bahnlinien zudem noch so anordnen, dass sich die Linien, die von einer beliebigen Hauptstadt zu den verschiedenen Punkten an der jeweiligen Grenze führen (von denen sie zu den benachbarten Hauptstädten gehen), nicht überschneiden. Die Hauptstädte und die sie verbindenen Linien bilden dann einen Graphen, der ebenfalls planar ist. Dieser Graph wird der *duale Graph* der ursprünglichen Karte genannt (Bild 13.9).

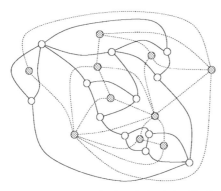

Abbildung 13.9. Ein Graph und sein dualer Graph.

Nur zur Präzisierung: Es könnte passieren, dass die gemeinsame Grenze zweier Länder aus verschiedenen Teilen besteht. (In unserer Welt besteht zum Beispiel die Grenze zwischen China und Russland aus zwei durch die Mongolei getrennten Teilen.) Es reicht zur Untersuchung von Färbungen aus, die Hauptstädte dieser zwei Länder durch eine einzige Kante zu verbinden. Diese muss durch einen der Teile ihrer gemeinsamen Grenze führen.

Es gibt in dem Bild einen weiteren Graphen. Dieser besteht aus den Grenzen zwischen den Ländern. Die Knoten dieses Graphen bestehen aus den Punkten, in denen sich drei oder mehr Länder treffen. Wir müssen allerdings etwas vorsichtig sein: Bei diesem „Graphen" kann es vorkommen, dass zwei oder auch mehr Kanten dasselbe Paar Knoten verbinden! Dies ist daher ein Beispiel, bei dem wir unter Umständen Multigraphen benötigen, um die Situation korrekt darstellen zu können. Darüber brauchen wir uns hier jedoch nicht den Kopf zu zerbrechen, denn wir beschäftigen uns nur mit planaren Karten und ihren dualen Graphen.

Anstatt die Länder der ursprünglichen Karte zu färben, könnten wir auch die Knoten des zugehörigen dualen Graphen färben: Die Spielregeln beständen dann darin, dass zwei durch eine Kante verbundene Knoten mit verschiedenen Farben versehen werden müssen. Dies entspricht also der in Kapitel 13.3 definierten Färbung eines Graphen. Wir können daher den Vier-Farben-Satz wie folgt umformulieren:

Satz 13.4.1 Jeder planare Graph kann mit 4 Farben gefärbt werden.   **13.4.1**

Unser bescheidenes Ziel liegt im Beweis des „Fünf-Farben-Satzes":

Satz 13.4.2 Jeder planare Graph kann mit 5 Farben gefärbt werden.   **13.4.2**

Wir beginnen noch ein bisschen bescheidener:

Jeder planare Graph kann mit 6 Farben gefärbt werden.

(7 oder 8 Farben würden sogar noch bescheidener sein, aber es wäre dadurch auch nicht einfacher.)

Betrachten wir, was uns bereits über das Färben von Graphen bekannt ist: Kann man irgendetwas davon hier anwenden? Kennen wir eine Bedingung, die uns garantiert, dass ein Graph 6-färbbar ist? Eine solche Bedingung ist, dass alle Punkte eines Graphen höchstens vom Grad 5 sind (Satz 13.3.1). Trotzdem ist dieser Satz hier nicht anwendbar, denn ein planarer Graph kann Punkte besitzen, die einen höheren Grad als 5 haben (der „duale" Graph in Bild 13.9 hat beispielsweise einen Punkt vom Grad 7). Wenn man die Übungsaufgaben gelöst hat, erinnert man sich jedoch möglicherweise daran, dass wir gar nicht voraussetzen müssen, dass *alle* Knoten des Graphen höchstens vom Grad 5 sind. Wenn wir wissen, dass der Graph ebenso wie alle seine Untergraphen (Übungsaufgabe 13.3.4) *mindestens einen* Punkt vom Grad 5 oder weniger enthält, liefert dasselbe Verfahren, welches wir bereits beim Beweis von Satz 13.3.1 angewandt haben, eine 6-Färbung. Ist diese Bedingung hier anwendbar? Die Antwort lautet „ja":

Lemma 13.4.1 Jeder planare Graph besitzt einen Punkt, der höchstens vom Grad 5   **13.4.1**
ist.

Beweis 29 Dieses Lemma folgt aus der Eulerschen Formel. Eigentlich brauchen wir lediglich eine Folgerung aus der Eulerschen Formel, nämlich Satz 12.2.2: *Ein planarer Graph mit n Knoten kann höchstens $3n - 6$ Kanten besitzen.*

Angenommen, unser Graph erfüllt Lemma 13.4.1 nicht. Jeder Knoten besitzt also mindestens den Grad 6. Zählen wir nacheinander die Kanten aller Knoten zusammen, erhalten wir mindestens $6n$ Kanten. Jede Kante wurde zweimal gezählt, also beträgt die Anzahl der Kanten mindestens $3n$, was im Widerspruch zu Satz 12.2.2 steht. □

Da die Untergraphen eines planaren Graphen ebenfalls planar sind, enthalten sie folglich auch einen Punkt, dessen Grad höchstens 5 ist. Übungsaufgabe 13.3.4 kann daher angewandt werden und wir erhalten als Ergebnis, dass jeder planare Graph 6-färbbar ist.

Wir haben also den „Sechs-Farben-Satz" bewiesen. Wir möchten gerne 1 Farbe aus diesem Ergebnis entfernen (wie schön wäre es, wenn wir 2 Farben entfernen könnten!) Dafür verwenden wir zusammen mit Lemma 13.4.1 wiederum das Verfahren, einen Punkt nach dem anderen zu färben. Diesmal müssen wir uns das Verfahren allerdings etwas gründlicher ansehen.

Beweis 30 (des Fünf-Farben-Satzes): Wir haben also einen planaren Graphen mit n Knoten. Da wir Induktion nach der Anzahl der Knoten verwenden, nehmen wir an, planare Graphen mit weniger als n Knoten sind 5-färbbar. Außerdem wissen wir, dass unser Graph einen Knoten v enthält, der höchstens vom Grad 5 ist.

Die Beweisführung ist einfach, wenn der Grad von v 4 oder weniger beträgt: Wir entfernen v aus dem Graphen und färben den verbliebenen Graph mit 5 Farben (was nach Induktionsvoraussetzung möglich ist, da dieser Graph weniger Knoten enthält). Der Knoten v besitzt höchstens 4 Nachbarn. Wir können daher eine Farbe für v finden, die sich von den Farben der Nachbarn unterscheidet und die Färbung um den Knoten v erweitern.

Der einzig schwierige Fall tritt also auf, wenn der Grad von v genau gleich 5 ist. Seien u und w zwei Nachbarn von v. Wir werden nun den Graphen ein wenig mehr verändern als nur v zu entfernen: Wir nutzen den durch die Entfernung von v erhaltenen Platz und verschmelzen u und w zu einem einzige Punkt, den wir mit uw bezeichnen. Jede Kante, die entweder zu u oder zu w führte, wird nun zu dem neuen Knoten uw umgelenkt (Bild 13.10).

Dieser modifizierte Graph ist planar und besitzt weniger Knoten, kann also nach Induktionsvoraussetzung mit 5 Farben gefärbt werden. Ziehen wir die beiden Punkte u und w wieder auseinander, so erhalten wir eine 5-Färbung fast aller Knoten von G. Die einzige Ausnahme bildet v. Was haben wir durch diesen Verschmelzungstrick gewonnen? Wir haben eine 5-Färbung erhalten, in der die Knoten u und w dieselbe

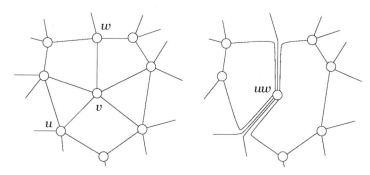

Abbildung 13.10. Beweis des 5-Farben-Satzes.

Farbe haben! Der Knoten v besitzt genau 5 Nachbarn. Zwei davon haben dieselbe Farbe, also kommt eine Farbe unter den Nachbarn gar nicht vor. Wir können diese Farbe verwenden, um v zu färben. Damit ist der Beweis vollständig.

Warnung! Wir haben hier eine Schwierigkeit übersehen. (Man sieht, wie leicht bei solchen Beweisen Fehler auftreten können!) Bei der Verschmelzung von u und w können zwei unschöne Dinge passieren: (a) u und w waren durch eine Kante verbunden, die nach der Verschmelzung zu einer Kante wurde, die einen Knoten mit sich selbst verbindet. (b) Es könnte einen dritten Knoten p gegeben haben, der sowohl mit u als auch mit w verbunden war. Nach der Verschmelzung wurde er zu einem Knoten, der mit uw über zwei Kanten verbunden ist. Wir hatten keinen dieser Fälle zugelassen!

Der Problemfall (b) ist im Grunde gar kein Problem. Wenn wir zwei Kanten erhalten, die dasselbe Knotenpaar verbinden, könnten wir einfach eine davon ignorieren. Der Graph bleibt planar und in der 5-Färbung ist die Farbe von p verschieden von der gemeinsamen Farbe der Knoten u und w. Wenn wir sie wieder auseinander nehmen, dann verbinden die beiden Kanten, die diese beiden Knoten jeweils mit p verbinden, Knoten unterschiedlicher Färbung miteinander.

Der Fall (a) ist jedoch ein ernsthaftes Problem. Wir können die Kante, die uw mit sich selbst verbindet, nicht einfach ignorieren. In der endgültigen Färbung dürfen die Knoten u und w nämlich gar nicht dieselbe Farbe besitzen, da sie durch eine Kante verbunden sind!

Unser Ausweg besteht in der Wahl eines anderen Paares u, w aus den Nachbarn von v. Kann es vorkommen, dass dieses Problem bei allen Paaren auftritt? Nein, denn dann beständen alle Paare aus jeweils benachbarten Knoten, was bedeutet, wir hätten einen vollständigen Graphen mit 5 Knoten. Von diesem wissen wir jedoch, dass er nicht planar ist. Wir können daher mindestens ein Paar Knoten u und w finden, mit denen das obige Verfahren funktioniert. Dies schließt den Beweis des Fünf-Farben-Satzes ab.

□

Gemischte Übungsaufgaben

Übung 13.4.1 Wir zeichnen eine geschlossene sich selbst mehrfach überschneidende Kurve in die Ebene, ohne den Stift abzusetzen (Bild 13.11). Beweisen Sie die Tatsache (welche bereits aus der Schule bekannt sein dürfte), dass die durch diese Kurve erhaltenen Gebiete mit zwei Farben gefärbt werden können.

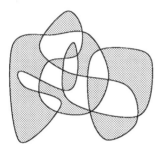

Abbildung 13.11. 2-Färbung der durch eine Kurve erhaltenen Gebiete.

Übung 13.4.2 Sei G ein zusammenhängender Graph, bei dem alle Ecken höchstens vom Grad d sind und eine Ecke einen Grad besitzt, der wirklich geringer als d ist. Beweisen Sie, dass G d-färbbar ist.

Übung 13.4.3 Sei G ein zusammenhängender Graph, bei dem bis auf $d + 1$ Ecken alle Ecken höchstens vom Grad d sind (die übrigen $d+1$ Ecken können einen größeren Grad als d besitzen). Beweisen Sie, dass G $(d + 1)$-färbbar ist.

Übung 13.4.4 Konstruieren Sie einen Graphen G wie folgt: Die Ecken von G entsprechen den Kanten eines vollständigen Graphen K_5 mit 5 Ecken. Die Ecken von G sind genau dann benachbart, wenn die zugehörigen Kanten von K_5 einen gemeinsamen Endpunkt besitzen. Bestimmen Sie die chromatische Zahl dieses Graphen.

Übung 13.4.5 Sei G_n der Graph, der aus K_n (wobei K_n der vollständige Graph mit n Ecken ist) entsteht, wenn man aus diesem die Kanten eines Hamiltonschen Kreises entfernt. Bestimmen Sie die chromatische Zahl von G_n.

Übung 13.4.6 Zeigen Sie anhand eines Beispiels: Bei einem Kontinent, auf dem die Länder nicht notwendigerweise zusammenhängend sind (wie zum Beispiel im mittelalterlichen Europa), kann es passieren, dass 100 Farben nicht ausreichen, um eine Landkarte gut zu färben.

Übung 13.4.7 Besitzt jede Fläche einer planaren Karte eine gerade Anzahl von Kanten, dann ist der Graph bipartit.

Übung 13.4.8 Ist jeder Knoten einer planaren Karte von geradem Grad, dann können die Flächen mit 2 Farben gefärbt werden.

Übung 13.4.9 (a) Betrachten Sie eine planare Karte, in der jeder Knoten den Grad 3 besitzt. Angenommen, die Flächen können mit 3 Farben gefärbt werden. Beweisen Sie, dass der Graph der Karte bipartit ist.
(b) [Eine schwierige Aufgabe.] Beweisen Sie das Gegenteil: Besitzt jeder Knoten eines bipartiten planaren Graphen den Grad 3, dann können die Flächen der Karte, die wir erhalten, indem wir diesen Graphen in der Ebene zeichnen, mit 3 Farben gefärbt werden.

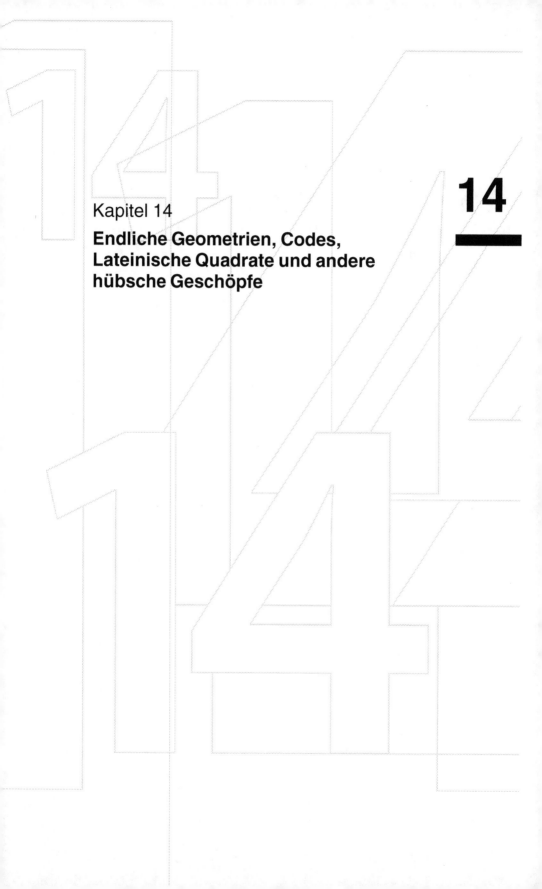

Kapitel 14

Endliche Geometrien, Codes, Lateinische Quadrate und andere hübsche Geschöpfe

14

14

14 Endliche Geometrien, Codes, Lateinische Quadrate und andere hübsche Geschöpfe

14.1 Kleine exotische Welten

Die Fano-Ebene ist eine wirklich kleine Welt (Bild 14.1). Sie hat lediglich 7 Punkte, die 7 Geraden bilden. In der Zeichnung sind 6 dieser Geraden tatsächlich gerade dargestellt, eine ist als Kreis gezeichnet. Für die Einwohner dieser winzigen Welt sehen jedoch die geraden und gebogenen Geraden alle gleich aus. Auch scheint in unserer Zeichnung die kreisförmige Gerade einige der anderen Geraden zweimal zu schneiden. Die nicht markierten Schnittpunkte sind aber keine tatsächlichen Schnittpunkte, sondern sie sind lediglich vorhanden, da wir ein Bild von dieser völlig anderen Welt in unserer Euklidischen Ebene zeichnen wollten.

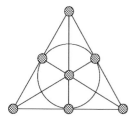

Abbildung 14.1. Die Fano-Ebene.

Die Fanoianer sind sehr stolz auf ihre Welt. Sie sagen, sie sei zwar winzig, aber in vielfältiger Weise perfekt. Sie heben hervor, dass

(a) *durch je zwei Punkte in ihrer Welt genau eine Gerade existiert.*

Prüft man dies, so muss man zugeben, dass es wahr ist. Entgegnet man jedoch, dass dies in unserer eigenen Welt ebenfalls gilt, fahren sie fort und prahlen, dass bei ihnen

(b) *je zwei Geraden genau einen Schnittpunkt haben.*

Dies ist in unserer Euklidischen Welt natürlich nicht wahr (wir haben parallele Geraden). Also müssen wir zugeben, dass dies in der Tat ganz hübsch ist. Wir können allerdings eine neue Figur zeichnen (Bild 14.2) und zeigen, dass diese doch recht langweilige Konstruktion ebenfalls die Eigenschaften (a) und (b) besitzt. Auf diesen Angriff sind die Fanoianer jedoch vorbereitet: „Es reicht schon, wenn wir zeigen, dass in unserer Welt

(c) *jede Gerade mindestens 3 Punkte besitzt.*"

Abbildung 14.2. Keine schöne Ebene!

Unser Fanoischer Freund fährt fort:„Theoretische Physiker haben gezeigt, dass viele Eigenschaften unserer Welt nur aus (a), (b) und (c) hergeleitet werden können. Zum Beispiel,

(d) *jede unserer Geraden besitzt dieselbe Anzahl von Punkten."*

„Tatsächlich! Seien K und L zwei Geraden. Nach (b) besitzten sie einen Schnittpunkt p; nach (c) enthalten sie auch noch andere Punkte (mindestens zwei, aber momentan brauchen wir nur einen). Wählen wir nun einen Punkt q von K und einen Punkt r von L so, dass beide ungleich p sind! Nach (a) existiert eine Gerade M durch q und r. Sei s ein dritter Punkt auf M (dieser existiert nach (c); siehe Bild 14.3).

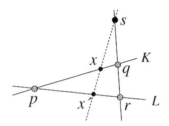

Abbildung 14.3. Alle Geraden besitzen dieselbe Anzahl an Punkten.

Man betrachte nun einen Punkt x auf K und verbinde ihn mit s. Diese Gerade schneidet L in einem Punkt x' (wir können dies als Projektion von K auf L mit Zentrum s ansehen). Sei nun umgekehrt x' gegeben, so erhalten wir x mit derselben Konstruktion. Damit beschreibt diese Projektion eine Bijektion zwischen K und L, und folglich haben sie dieselbe Anzahl an Punkten."

„Diese Argumentation zeigt außerdem:

(e) *Durch alle unsere Punkte geht dieselbe Anzahl von Geraden."*

Zweifellos kann man dies nach sorgfältiger Betrachtung der vorigen Argumente selbstständig beweisen .

Unser intelligenter Fanoianischer Freund fügt hinzu: „Diese theoretischen Physiker (offensichtlich hatten sie ein Menge Zeit) haben außerdem festgestellt, dass die Tatsache, dass die Anzahl der Punkte auf jeder Geraden gleich 3 ist, *nicht* aus (a), (b) und (c) folgt. Sie behaupten, dass alternative Universen mit 4, 5 oder 6 Punkten auf einer Geraden existieren können. Sich diese vorzustellen ist allerdings zu hoch für mich! Es kann jedoch kein Universum mit 7 Punkten auf einer Geraden geben, sagen sie; Universen mit 8, 9 und 10 Punkten auf jeder Geraden sind wiederum möglich, aber mit 11 Punkten nicht. Natürlich ist so etwas ein bevorzugter Stoff unserer Science Fiction Autoren."

Die Fanoianer hassen die Figur in Bild 14.2 aus einem anderen Grund: Sie sind wahre Gleichheits-Befürworter, und die Tatsache, dass ein Punkt etwas besonderes ist, kann ihre Gesellschaft nicht tolerieren. Man könnte nun anführen, dass die Fano-Ebene ebenfalls einen speziellen Punkt hat, den Punkt in der Mitte. Sie erklären jedoch sofort, dass dieser Anschein wiederum lediglich durch unsere Zeichnung hervorgerufen wird. „In unserer Welt gilt,

(f) *alle Punkte und alle Geraden sind gleich,*

und zwar in dem Sinne, dass wir, wenn wir zwei beliebige Punkte (oder zwei Geraden) hernehmen, jeden Punkt so umbenennen können, dass der eine zum anderen wird und keiner den Unterschied bemerkt." Man kann ihnen das glauben oder die Behauptung durch Lösung der Übungsaufgabe 14.1.7 beweisen.

Verlassen wir nun die Fano-Ebene und besuchen eine größere Welt, die *Tictactoe Ebene.* Diese hat 9 Punkte und 12 Geraden (Bild 14.4). Wir haben bei unserem Ausflug in die Fano-Ebene gelernt, dass wir bei Darstellungen dieser merkwürdigen Welten vorsichtig sein müssen. Daher haben wir sie auf zwei Arten dargestellt: In der zweiten Zeichnung werden die ersten zwei Spalten wiederholt, so dass die zwei Familien der Geraden (eine neigt sich nach rechts, eine neigt sich nach links) leichter erkannt werden können.[1]

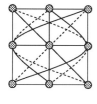 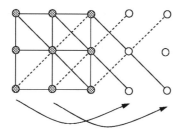

Abbildung 14.4. Die Tictactoe Ebene.

---

[1]Wenn man schon etwas über Matrizen und Determinanten gelernt hat, kann man folgende Beschreibung dieser Welt verstehen: Wenn wir die Punkte dieser Ebene mit den Einträgen einer 3×3-Matrix identifizieren, dann sind die Geraden jeweils die Zeilen und Spalten der Matrix und der Entwicklungsterme ihrer Determinante. Die zweite Zeichnung des Bildes 14.4 stimmt mit der Regel von Sarrus in der Theorie der Determinanten überein.

Die Bewohner der Tictactoe Ebene prahlen damit, dass sie eine viel interessantere Welt als die Fanoianer haben. Es ist immer noch wahr, dass je zwei beliebige Punkte eine einzige Gerade bestimmen. Jedoch können sich zwei Geraden schneiden oder parallel sein (was einfach bedeutet, dass sie sich nicht schneiden). Einer unserer Tictac Freunde erklärt:„Ich habe gehört, dass sich eure Mathmatiker lange Zeit Gedanken über folgende Aussage gemacht haben:

(g) *Zu jeder Geraden und jedem Punkt, der nicht auf dieser Geraden liegt, gibt es genau eine Gerade, die durch diesen Punkt geht und parallel zu der gegebenen Geraden ist.*

Sie nannten es das Parallelenaxiom oder Euklids Fünftes Postulat. Sie versuchten, es mit Hilfe von anderen grundlegenden Eigenschaften Eurer Welt zu beweisen, bis sie schließlich gezeigt haben, dass dies nicht möglich ist. Nun, in unserer Welt ist es wahr und, da unsere Welt endlich ist, ist dies auch leicht nachzuweisen." (Wir hoffen, unsere Leser werden diese Herausforderung annehmen.)

„Wir haben 3 Punkte auf jeder Geraden, genau wie in der Fano-Ebene, aber wir haben 4 Geraden durch jeden Punkt – mehr als diese Fanoianer. Alle unsere Punkte sind gleichberechtigt, dasselbe gilt für alle unsere Geraden (obwohl bei der Zeichnung in eurer Geometrie scheinbar zwischen geraden und gebogenen Geraden unterschieden wird)."

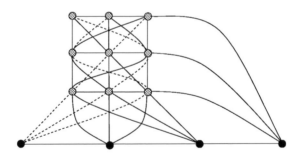

Abbildung 14.5. Erweiterung der Tictactoe Ebene um 1 Gerade und 4 uneigentliche Punkte.

Als wir darauf hinweisen wie sehr die Fanoianer ihre Eigenschaft (b) schätzen, antwortet unser TicTac Führer :„Das könnten wir selbst auch leicht erreichen. Alles was wir tun müssten ist, 4 neue Punkte zu unserer Ebene hinzuzufügen. Jede Gerade sollte genau durch einen dieser neuen Punkte gehen; parallele Geraden sollten durch den selben neuen Punkt gehen, nicht-parallele Geraden durch verschiedene neue Punkte. Und indem wir erklärten, dass die 4 neuen Punkte ebenfalls eine Gerade bilden, gleichen wir die Anzahlen der Punkte und Geraden aus. Die neuen Punkte würden wir „uneigentliche Punkte" und die neue Gerade die „uneigentliche Gerade" nennen (Bild 14.5).

Dann hätten wir die Eigenschaften (a) bis (g) ebenfalls.[2] Wir bevorzugen jedoch die Unterscheidung zwischen eigentlichen und uneigentlichen Punkten, was unsere Welt interessanter macht."

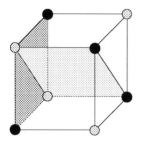

Abbildung 14.6. Der Würfelraum.

Zuletzt besuchen wir eine dritte winzige Welt, die *Würfelraum* genannt wird (Bild 14.6). Obwohl sie nur 8 Punkte besitzt, ist sie doch in gewissem Sinne viel reicher als die Tictactoe Ebene: Sie ist 3-dimensional! Ihre Geraden sind uninteressant: Jede Gerade hat nur 2 Punkte und je zwei Punkte bilden eine Gerade. Aber sie hat Ebenen! In unserem (unzureichenden) Euklidischen Bild sind die Punkte als Ecken eines Würfels angeordnet. Die Ebenen sind (1) 4-Tupel aus Punkten, die eine Seite des Würfels ergeben (es gibt sechs davon), (2) 4-Tupel aus Punkten zweier gegenüberliegender Kanten des Würfels (wiederum gibt es sechs davon), (3) die vier schwarzen Punkte und (4) die vier hellen Punkte.

Der Würfelraum hat folgende sehr nette Eigenschaften (deren Nachweis wird dem Leser überlassen):

(A) *Je drei Punkte bestimmen eindeutig eine Ebene.*

(Die Bewohner des Würfelraumes bemerken an diesem Punkt, „In eurer Welt ist das nur wahr, wenn die drei Punkte nicht auf einer Geraden liegen. Glücklicherweise haben wir niemals drei Punkte auf einer Geraden!")

(B) *Je zwei Ebenen sind entweder parallel (sich nicht-schneidend) oder ihr Schnitt ist eine Gerade.*

(C) *Zu jeder Ebene und jedem nicht auf dieser liegenden Punkt gibt es genau eine Ebene durch den gegebenen Punkt, die parallel zu der gegebenen Ebene ist.*

(D) *Je zwei Punkte sind gleichberechtigt.*

(E) *Je zwei Ebenen sind gleichberechtigt.*

---

[2]Diese Art der Konstruktion, neue uneigentliche Punkte hinzuzufügen, kann in unserer Euklidischen Ebene ebenfalls durchgeführt werden und führt zu einer interessanten Art der Geometrie, der *projektiven Geometrie*.

Diese letzte Behauptung sieht so unwahrscheinlich aus, wenn man bedenkt was für unterschiedliche Arten von Ebenen wir haben, dass wir einen Beweis angeben müssen. Seien die Punkte des Würfels wie in Bild 14.7 mit $A, \ldots, H$ bezeichnet. Es ist klar, dass die Seitenflächen des Würfels gleichberechtigt sind (durch eine geeignete Rotation kann jede Seitenfläche auf jede andere abgebildet werden und die Rotation bildet alle anderen Ebenen wieder auf Ebenen ab). Es ist auch klar, dass die Ebenen, die durch zwei gegenüberliegende Kanten gebildet werden, gleichberechtigt sind und die „völlig-schwarze" Ebene zur „völlig-hellen" Ebene gleichberechtigt ist (Spiegeln des Würfels in seinem Zentrum vertauscht die schwarzen und hellen Ecken).

Dies war der leichte Teil. Nun machen wir eine heiklere Umformung: Wir vertauschen E mit F und G mit H (Bild 14.7). Was passiert mit den Ebenen?

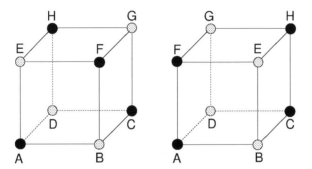

Abbildung 14.7. Warum unterschiedlich scheinende Ebenen doch gleichberechtigt sind.

Einige werden nicht verändert (obwohl ihre Punkte die Plätze ändern): Die obere, untere, vordere und hintere Seitenfläche und die Ebenen $ABGH$ und $CDEF$ werden auf sich selbst abgebildet. Die linke Seitenfläche $ADEH$ wird auf die Ebene $ADFG$ abgebildet und umgekehrt. Ebenso wird die rechte Seitenfläche $BCFG$ auf die Ebene $BCEH$ abgebildet und umgekehrt. Die „völlig-schwarze" Ebene wird auf die Ebene $ACEG$ abgebildet und umgekehrt. Die „völlig-helle" Ebene wird auf die Ebene $BDFH$ abgebildet und umgekehrt.

Somit sind alle Ebenen betrachtet. Wir machen zwei Beobachtungen:

- *Jede Ebene wird auf eine Ebene abgebildet* und daher werden die Würfelraum-Bewohner den Unterschied, wenn wir die Ecken wie oben umbenennen, gar nicht bemerken!
- Eine Seitenflächen-Ebene wird auf eine Ebene-aus-gegenüberliegenden-Kanten abgebildet und eine Ebene-aus-gegenüberliegenden-Kanten wird auf die „völlig-schwarze"-Ebene abgebildet. Dies hat zur Folge, dass die Würfelaner keine Unterschiede zwischen diesen drei Ebenentypen feststellen können.

Übung 14.1.1 Fanoianische Philosophen hatten lange Zeit Schwierigkeiten mit dem Unterschied zwischen Punkten und Geraden. Es gibt eine Menge Ähnlichkeiten (zum

Beispiel gibt es jeweils 7 Stück) Warum sind sie unterschiedlich? Stellen Sie jede Gerade als neuen Punkt dar. Anstelle jedes alten Punktes nehmen Sie die 3 Geraden durch ihn und verbinden diese 3 neuen Punkte durch eine (neue) Gerade. Welche Struktur erhalten Sie?

Übung 14.1.2 Die Fanoianer nennen eine Menge von 3 Punkten einen *Kreis*, wenn diese Punkte nicht auf einer Geraden liegen. Zum Beispiel bilden die 3 Ecken in Bild 14.1 einen Kreis. Sie nennen eine Gerade eine *Tangente* an den Kreis, wenn sie genau einen Punkt des Kreises enthält. Zeigen Sie, dass es zu jedem Punkt eines Kreises genau eine Tangente gibt.

Übung 14.1.3 Die Fanoianer nennen eine Menge von 4 Punkten einen *Hyperkreis*, wenn keine 3 von ihnen auf einer Geraden liegen. Zeigen Sie, dass die 3 Punkte, die nicht auf einem Hyperkreis liegen, eine Gerade bilden und umgekehrt.

Übung 14.1.4 Die Repräsentanten der 7 Punkte einer Fano-Ebene stimmen oft über verschiedene Streitfragen ab. Bei einer Abstimmung, in der jeder mit ja oder nein zu stimmen hat, haben sie jedoch seltsame Regeln, die Stimmzettel auszuzählen: Nicht die Mehrheit gewinnt, sondern die „Geraden gewinnen", das heisst, wenn alle 3 Punkte einer Geraden etwas wollen, dann wird dies so entschieden. Zeigen Sie (a), dass es nicht passieren kann, dass sich widersprechende Entscheidungen gefällt werden, weil die Punkte einer anderen Geraden das Gegenteil wollen, und (b), dass es bei jeder Wahl eine Gerade gibt, deren Punkte dasselbe wollen, und somit immer eine Entscheidung getroffen wird.

Übung 14.1.5 Zeigen Sie, dass die um die uneigentlichen Elemente erweiterte Tictactoe Ebene alle Eigenschaften (a)–(d) erfüllt.

Übung 14.1.6 Als Reaktion auf die Ausführungen der Tictactoe Bewohner, wie sie ihre Welt um uneigentliche Elemente erweitern können, entschlossen sich die Fanoianer, eine ihrer Geraden als die „uneigentliche Gerade" und die Punkte dieser Geraden als „uneigentliche Punkte" zu erklären. Die verbleibenden 4 Punkte und 6 Geraden bilden eine wirklich winzige Welt. Gilt in dieser Geometrie die Eigenschaft (g) über parallele Geraden?

Übung 14.1.7 Wir möchten die Behauptung der Fanoianer, alle ihre Punkte seinen gleich, überprüfen. Dazu ordnen wir die Punkte der Fano-Ebene so um, dass der mittlere Punkt der (sagen wir) oberste Punkt wird, die Geraden jedoch Geraden bleiben. Beschreiben Sie, wie man dies tun kann.

Übung 14.1.8 Jeder Punkt des Würfelraumes ist in 7 Geraden und 7 Ebenen enthalten. Ist die numerische Ähnlichkeit mit der Fano-Ebene ein Zufall?

14.2 Endliche affine and projektive Ebenen

Es wird nun langsam Zeit, unseren Ausflug in die imaginären Welten zu beenden und mathematische Bezeichnungen für die Strukturen, die wir uns oben angesehen haben, einzuführen. Haben wir eine endliche Menge V (deren Elemente *Punkte* heißen) und einige ihrer Teilmengen (*Geraden* genannt) und sind die Eigenschaften (a), (b) und (c) erfüllt, so nennen wir dies eine *endliche projektive Ebene*. Die Fano-Ebene (benannt nach dem italienischen Mathematiker Gino Fano) ist eine projektive Ebene (wir werden sehen, dass 7 die kleinst mögliche Anzahl von Punkten ist). Eine andere haben die theoretischen Physiker der Tictactoe Ebene durch das Hinzufügen von 4 uneigentlichen Punkten und einer uneigentlichen Geraden aus ihrer Welt konstruiert.

Wir haben den Beweis der Fanoianischen Wissenschaftler gehört, dass jede Gerade einer endlichen projektiven Ebene dieselbe Anzahl von Punkten enthält; aus Gründen, die bald klar werden sollten, wird diese Anzahl mit $n + 1$ bezeichnet, wobei die positive ganze Zahl n die *Ordnung* der Ebene genannt wird. Die Fano-Ebene hat also die Ordnung 2 und die erweiterte Tictactoe Ebene hat die Ordnung 3. Außerdem wissen die Fanoianer, dass durch jeden Punkt einer endlichen projektiven Ebene der Ordnung n genau $n + 1$ Geraden gehen.

Übung 14.2.1 Zeigen Sie, dass eine endliche projektive Ebene der Ordnung n genau $n^2 + n + 1$ Punkte und $n^2 + n + 1$ Geraden hat.

Weiterhin können wir aus Punkten und Geraden bestehende Strukturen betrachten, bei denen Eigenschaft (a) und das „Parallelenaxiom" (g) vorausgesetzt sind. Um triviale (nicht schöne) Beispiele auszuschließen, nehmen wir an, dass jede Gerade mindestens 2 Punkte hat. Solch eine Struktur wird *endliche affine Ebene* genannt.

Aus dem „Parallelenaxiom" können wir folgern, dass alle Geraden, die zu einer gegebenen Geraden L parallel sind, untereinander ebenfalls parallel sind (falls zwei dieser Geraden einen Punkt p gemeinsam hätten, dann gäbe es zwei Geraden durch p, die parallel zu L sind). Daher bilden alle zu L parallelen Geraden eine „Parallelenklasse" paarweise paralleler Geraden, die jeden Punkt der affinen Ebene abdecken.

Affine kontra projektive Ebenen. Die zur Erweiterung der Tictactoe Ebene benutzte Konstruktion kann auch allgemein verwendet werden. Zu jeder Parallelenklasse von

Geraden fügen wir einen neuen „uneigentlichen Punkt" hinzu und definieren die „uneigentliche Gerade" als eine neue Gerade, die alle uneigentlichen Punkte enthält. Eigenschaft (a) bleibt weiterhin erfüllt: Zwei „eigentliche" Punkte sind immer noch durch eine Gerade verbunden (durch dieselbe Gerade wie vorher), zwei „uneigentliche" Punkte sind durch eine Gerade verbunden (durch die „uneigentliche" Gerade) und ein eigentlicher Punkt ist mit einem uneigentlichen Punkt ebenfalls durch eine Gerade verbunden (die Parallelenklasse, die zu dem uneigentlichen Punkt gehört, enthält eine Gerade, die durch den gegebenen eigentlichen Punkt geht). Sogar noch leichter ist zu sehen, dass es keine zwei Geraden gibt, die durch ein Punktepaar gehen.

Außerdem ist Eigenschaft (b) erfüllt: Zwei eigentliche Geraden schneiden sich, es sei denn, sie sind parallel. In diesem Falle haben sie nun einen uneigentlichen Punkt gemeinsam. Eine eigentliche Gerade schneidet die uneigentliche Gerade in dem zu ihr gehörenden uneigentlichen Punkt. Wir überlassen dem Leser das Überprüfen der Eigenschaften (c), (d) und (e) (Eigenschaft (f) gilt nicht in jeder endlichen projektiven Ebene; es ist eine spezielle Eigenschaft der Fano-Ebene und einiger anderer projektiver Ebenen).

Die Konstruktion in Übungsaufgabe 14.1.6 ist ebenfalls recht allgemein. Wir können irgendeine endliche projektive Ebene hernehmen und nennen eine daraus beliebig gewählte Gerade sowie deren Punkte „uneigentlich". Die übrigen Punkte und Geraden ergeben eine endliche affine Ebene. Daher sind endliche affine und endliche projektive Ebenen, trotz des Wettstreits zwischen den Fanoianern und den Tictactoe Bewohnern im Wesentlichen dieselben Strukturen.

Zusammenfassend erhalten wir folgenden Satz:

Satz 14.2.1 Jede endliche affine Ebene kann zu einer endlichen projektiven Ebene erweitert werden, indem neue Punkte und eine Gerade hinzugefügt werden. Umgekehrt kann aus jeder projektiven Ebene eine affine Ebene durch Wegnahme einer Geraden und ihrer Punkte konstruiert werden.

14.2.1

Eine projektive Ebene der Ordnung n besitzt $n + 1$ Punkte auf jeder Geraden, die zugehörige affine Ebene hat n. Wir nennen diese Zahl die *Ordnung* der affinen Ebene. (Dies scheint für affine Ebenen natürlicher zu sein als für projektive Ebenen. Bald werden wir sehen, warum die Anzahl der Punkte auf einer Geraden der affinen Ebene und nicht die auf einer Geraden der projektiven Ebene als die Ordnung bezeichnet wird.)

Wir haben gesehen (Übungsaufgabe 14.2.1), dass eine projektive Ebene $n^2 + n + 1$ Punkte besitzt. Um zu der zugehörigen affinen Ebene zu kommen, streichen wir $n + 1$ Punkte einer Geraden, somit hat eine affine Ebene n^2 Punkte.

Koordinaten. Wir haben zwei endliche Ebenen behandelt (affin oder projektiv; wir wissen, es bedeutet keinen großen Unterschied): Die Fano und die Tictactoe Ebene. Gibt es noch weitere?

Koordinaten Geometrie liefert hier die Lösung: Ebenso wie wir die Euklidische Ebene durch reelle Koordinaten beschreiben können, lassen sich endliche affine Ebenen mit Hilfe der seltsamen Arithmetik der Primkörper aus Kapitel 6.8 beschreiben. Halten wir eine Primzahl p fest und betrachten die „Zahlen" (Elemente des Primkörpers) $\overline{0}, \overline{1}, \dots, \overline{p-1}$.

In der Euklidischen Ebene hat jeder Punkt zwei Koordinaten, also lassen Sie uns hier dasselbe tun: Die Punkte der Ebene seien alle Paare $(\overline{u}, \overline{v})$. Wir erhalten somit p^2 Punkte.

Nun müssen wir die Geraden definieren. In der Euklidischen Ebene sind sie durch lineare Gleichungen gegeben, also werden wir hier wieder dasselbe tun: Zu jeder Gleichung

$$\overline{a}x + \overline{b}y = \overline{c},$$

betrachten wir die Menge aller Paare $(\overline{u}, \overline{v})$, für die $x = \overline{u}$, $y = \overline{v}$ die Gleichung erfüllen. Eine Gerade bestimmen wir nun als Menge dieser Punkte. Um genau zu sein, müssen wir noch voraussetzen, dass in der obigen Gleichung mindestens ein Element aus $\{\overline{a}, \overline{b}\}$ ungleich 0 ist.

Wir müssen nun nachweisen, dass (a) durch je zwei Punkte genau eine Gerade geht, (b) es zu jeder Geraden und jedem Punkt, der nicht auf dieser Geraden liegt, genau eine Gerade durch den Punkt gibt, die parallel zu der gegebenen Geraden ist und (c), dass auf jeder Geraden mindestens 2 Punkte liegen. Wir werden diesen Beweis, der zwar nicht schwierig, jedoch recht langwierig ist, hier nicht durchführen. Es ist wichtiger zu erkennen, dass *all dies funktioniert, da es in der Euklidischen Ebene funktioniert und wir in Primkörpern wie mit reellen Zahlen rechnen können.*

Diese Konstruktion liefert eine affine Ebene für jede Primzahl Ordnung (davon ausgehend, können wir auch eine projektive Ebene für jede Primzahl Ordnung konstruieren). Mal sehen, was wir erhalten, wenn wir den kleinsten Primkörper betrachten, den 2-elementigen Körper. Wir bekommen durch die vier Paare $(0,0), (0,1), (1,0), (1,1)$ insgesamt $2^2 = 4$ Punkte. Die Geraden werden durch lineare Gleichungen bestimmt, wovon es sechs gibt: $x = 0$, $x = 1$, $y = 0$, $y = 1$, $x + y = 0$, $x + y = 1$. Jede dieser Geraden geht durch 2 Punkte; zum Beispiel geht $y = 1$ durch $(0,1)$ und $(1,1)$ und $x + y = 0$ geht durch $(0,0)$ und $(1,1)$. Wir erhalten also die sehr triviale aus 4 Punkten und sechs Geraden bestehende affine Ebene (sie ist bereits durch Übungsaufgabe 14.1.6 bekannt). Erweitern wie sie zu einer projektiven Ebene, so erhalten wir die Fano Ebene.

Bild 14.8 zeigt die affine Ebene der Ordnung 5, welche wir auf diese Weise erhalten (wir haben nicht alle Geraden eingezeichnet, es sind einfach zu viele).

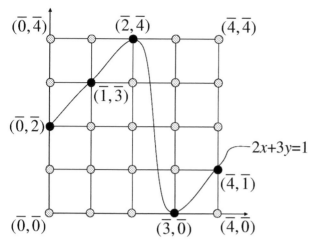

Abbildung 14.8. Eine affine Ebene der Ordnung 5. Neben den trivialen „vertikalen" und „horizontalen" Geraden ist lediglich eine weitere Gerade eingezeichnet.

Übung 14.2.2 Zeigen Sie, dass der Würfelraum mit Hilfe der 3-dimensionalen Koordinaten Geometrie aus dem 2-elementigen Körper gewonnen werden kann.

Welche Ordnungen können bei Ebenen vorkommen? Die obige Konstruktion mit Koordinaten zeigt, dass es zu jeder Primzahl eine endliche affine (oder projektive) Ebene mit dieser Ordnung gibt. Unter Benutzung ähnlicher, jedoch etwas komplizierterer Algebra, kann man projektive Ebenen mit jeder Primzahlpotenz als Ordnung konstruieren (so z.B. für 4, 8, 9 etc.).

Satz 14.2.2 Zu jeder Primzahlpotenz (einschließlich der Primzahlen selbst) existiert eine endliche affine (ebenso eine endliche projektive) Ebene dieser Ordnung.

14.2.2

Die kleinste natürliche Zahl, welche keine Primzahlpotenz ist, ist die Zahl 6. Im Jahr 1901 hat Gaston Tarry bewiesen, dass keine endliche Ebene dieser Ordnung existiert. Die nächste solche Zahl ist 10; Lam, Thiel und Swiercz bewiesen 1988 unter intensiver Computernutzung, dass eine endliche Ebene der Ordnung 10 ebenfalls nicht existiert. Bisher hat niemand eine projektive Ebene finden können, deren Ordnung keine Primzahlpotenz ist. Trotzdem ist die Frage nach der Existenz solcher Ebenen ungelöst.

Übung 14.2.3 Angenommen, wir würden die Nicht-Existenz einer projektiven Ebene der Ordnung 10 mit Hilfe eines Computers durch „rohe Gewalt" nachweisen wollen: Wir zeigen, dass eine der Bedingungen (a), (b) oder (c) nicht erfüllt ist, gleichgültig wie wir die Geraden als Punktmengen festlegen. Wieviele verschiedene Möglichkeiten haben wir zu überprüfen? Wie lange würde dies ungefähr dauern?

14.3 Blockpläne

Die Einwohner einer Stadt möchten gerne Vereine gründen. Sie sind äußerst sozial eingestellt (fast so sozial wie die Fanoianer) und tolerieren keine Ungleichheiten. Sie erlauben daher keine unterschiedlich großen Vereine (wegen der Befürchtung, die größeren könnten die kleineren unterdrücken). Außerdem erlauben sie niemandem, in mehr Vereinen Mitglied zu sein als die anderen, da diese Personen sonst einen stärkeren Einfluss haben könnten. Zu guter Letzt gibt es noch eine weitere Bedingung: Jeder Einwohner A muss sich gegenüber Einwohnern B und C „gleich" verhalten. A darf zu B keine engere Beziehung unterhalten als zu C. Daher muss A in genauso vielen Vereinen gemeinsam mit B wie auch mit C sein.

Mathematisch können wir diese sehr demokratischen Bedingungen wie folgt formulieren: Die Stadt besitzt v Einwohner; diese gründen b Vereine. Jeder Verein hat dieselbe Anzahl von Mitgliedern, sagen wir k, jeder Einwohner gehört genau r Vereinen an und zu jedem Paar von Einwohnern gibt es genau λ Vereine, in denen beide Mitglieder sind.

Die Struktur der Vereine, die wir in den vorigen Abschnitten betrachtet haben, nennt man einen *Blockplan* (auch *2-Design* oder einfach nur *Design*). Solch eine Struktur besteht aus einer v-elementigen Menge, zusammen mit einer Familie k-elementiger Teilmengen dieser Menge (diese werden *Blöcke* genannt), in der Art, dass jedes Element in genau r Blöcken enthalten ist und es zu jedem Paar von Elementen genau λ Blöcke gibt, in denen beide Elemente vorkommen. Wir bezeichnen die Anzahl der Blöcke mit b. Es ist klar, dass Blockpläne genau das beschreiben, über was wir bezüglich der Vereine in der Stadt gesprochen haben. Im Folgenden werden wir manchmal diese Alltagsbeschreibung und manchmal die mathmatische Formulierung eines Blockplanes verwenden.

Sehen wir uns nun einige konkrete Beispiele für Blockpläne an. Ein solches Beispiel ist die Fano-Ebene (Bild 14.1). Die Punkte repräsentieren die Einwohner der Stadt, und jeweils 3 Personen bilden einen Verein, wenn die zugehörigen Punkte auf einer Geraden liegen.

Prüfen wir nun, ob diese Konfiguration tatsächlich einen Blockplan bildet: Jeder Verein besteht aus 3 Elementen (also $k = 3$). Jede Person ist in genau 3 Vereinen Mitglied (das heißt, $r = 3$). Und je zwei Personen gehören wegen Eigenschaft (a) genau einem Verein gemeinsam an (das bedeutet $\lambda = 1$). Unsere Konfiguration ist also in der Tat ein Blockplan (wobei die Anzahl der Elemente $v = 7$ und die Anzahl der Blöcke $b = 7$ ist).

Die Tictactoe Ebene stellt einen anderen Blockplan dar. Wir haben hier neun Punkte, also gilt $v = 9$. Die Blöcke sind die 12 Geraden ($b = 12$), wobei jede Gerade aus 3 Punkten besteht und damit $k = 3$ gilt. Jeder Punkt ist in 4 Geraden enthalten ($r = 4$) und durch jedes Paar von Punkten geht eine eindeutig bestimmte Gerade (somit haben wir $\lambda = 1$).

Ein Blockplan mit $\lambda \neq 1$ erhalten wir durch den Würfelraum, wenn wir dessen Ebenen als Blöcke betrachten. Klar ist, dass wir $v = 8$ Elemente haben, jeder Block $k = 4$ Elemente enthält, die Anzahl der Blöcke $b = 14$ ist und jeder Block in $r = 7$ Ebenen enthalten ist. Die entscheidende Eigenschaft, nämlich dass jedes Punktepaar in genau 3 Ebenen enthalten ist, liefert uns $\lambda = 3$.

Es gibt auch einige uninteressante, triviale Blockpläne. Bei einer vorgegebenen Anzahl von v Elementen gibt es zu $k = 2$ nur einen einzigen Blockplan: Er besteht aus allen $\binom{v}{2}$ Paaren. Die gleiche Konstruktion liefert uns zu jedem $k \geq 2$ einen Blockplan: Wir können alle k-Teilmengen als Blöcke betrachten und erhalten einen Blockplan mit $b = \binom{v}{k}$, $r = \binom{v-1}{k-1}$, und $\lambda = \binom{v-2}{k-2}$. Der langweiligste Blockplan besteht jedoch nur aus einem einzigen Block ($k = v$, $b = r = \lambda = 1$). Das ist so uninteressant, dass wir ihn in weiteren Betrachtungen nicht berücksichtigen und ihn nicht einmal mehr als Blockplan bezeichnen.

Parameter von Blockplänen. Gibt es irgendwelche Beziehungen zwischen den Zahlen b, v, r, k, λ? Eine Gleichung kann folgendermaßen hergeleitet werden: Angenommen jeder Verein gibt jedem seiner Mitglieder einen Mitgliedsausweis. Wie viele Ausweise werden gebraucht? Es gibt b Vereine mit jeweils k Mitgliedern, insgesamt ergibt dies somit bk Mitgliedsausweise. Andererseits hat die Stadt v Einwohner und jeder von ihnen braucht r Mitgliedsausweise. Davon ausgehend, erhalten wir vr benötigte Ausweise. Wir haben die Anzahl der Mitgliedsausweise auf zwei verschiedene Arten ermittelt. Da die Anzahl jeweils gleich sein muss, erhalten wir

$$bk = vr. \tag{47}$$

Leiten wir nun eine weitere Beziehung her! Stellen wir uns vor, die Vereine möchten die Freundschaften innerhalb ihrer Mitglieder stärken und verlangen daher, dass jedes ihrer Vereinsmitglieder mit jedem einzelnen seiner Vereinskameraden im Clubhaus zu Abend isst. Wie viele Abendessen muss ein Einwohner C einnehmen? Wir können dies auf die folgenden zwei Arten abzählen:

Erster Ansatz: Es gibt $v-1$ andere Einwohner in der Stadt und jeder ist mit C in λ Vereinen gemeinsam. Also muss C mit jedem der $v-1$ Einwohner genau λ Abendessen in verschiedenen Clubhäusern einnehmen. Dies ergibt zusammen $\lambda(v - 1)$ Abendessen.

Zweier Ansatz: C ist Mitglied in r Vereinen. Jeder Verein hat $k - 1$ andere Mitglieder. Also muss C in jedem Verein, in dem er Mitglied ist, genau $k - 1$ mal zu Abend essen. Dies macht zusammen $r(k - 1)$ Abendessen.

Die beiden Berechnungen müssen das gleiche Ergebnis liefern, somit folgt:

$$\lambda(v-1) = r(k-1). \tag{48}$$

Übung 14.3.1 Wenn eine Stadt 924 Vereine mit jeweils 21 Mitgliedern hat und je 2 Personen in genau 2 Vereinen gemeinsam sind, wieviele Einwohner hat diese Stadt dann? Wie vielen Vereinen gehört jede Person an? (Nicht überrascht sein: Dies ist eine sehr kleine Stadt und jeder gehört vielen Vereinen an!)

Übung 14.3.2 Zeigen Sie, dass die Voraussetzung, jede Person sei in derselben Anzahl von Vereinen, überflüssig ist. Sie folgt bereits aus den anderen Voraussetzungen, die wir über die Vereine gemacht haben.

Von den Zahlen b, v, r, k, λ können wir folglich höchstens drei frei wählen, während die anderen zwei bereits durch die Beziehungen (47) und (48) festgelegt sind. Eigentlich können wir nicht einmal drei wirklich beliebig wählen. Ist es beispielsweise möglich, dass in einer Stadt mit 500 Einwohnern, jede Person in 7 Vereinen ist und jeder Verein 11 Mitglieder hat? Die Antwort ist nein. Bitte lesen Sie jetzt noch nicht weiter, sondern versuchen sie erst, dies selbst zu zeigen (es ist nicht zu schwer).

Hier ist unser Beweis: Wäre es möglich, dann würden wir für die Anzahl der Vereine b mit (47) folgendes bekommen

$$b = \frac{v \cdot r}{k} = \frac{500 \cdot 7}{11}.$$

Da dies jedoch keine ganze Zahl ist, können diese Zahlen nicht auftreten.

OK, auf dieses Problem gibt es eine recht einfache Antwort: Drei Zahlen müssen so gewählt werden, dass die Berechnung der übrigen zwei Zahlen mit (47) und (48) nur ganzzahlige, positive Werte ergibt. Dies ist allerdings noch nicht alles. Es gibt eine wichtige Ungleichung, die für jeden Blockplan gilt. Sie wird Fishersche Ungleichung genannt:

$$b \geq v. \tag{49}$$

Der Beweis dieser Ungleichung erfordert mathematisches Handwerkszeug, das den Rahmen dieses Buches überschreitet.

Unglücklicherweise gibt es fünf Zahlen b, v, r, k, λ, die zwar die Bedingungen (47), (48) und (49) erfüllen, für die es aber keinen Blockplan mit diesen Parametern gibt. Uns gehen langsam die einfachen, leicht zu prüfenden notwendigen Bedingungen aus. Es gibt beispielsweise keinen Blockplan mit den Parametern $b = v = 43$, $k = r = 7$, $\lambda = 1$ (da dieser Blockplan eine endliche projektive Ebene der Ordnung 6 wäre, von der wir jedoch wissen, dass sie nicht existiert). Diese Zahlen erfüllen die Bedingungen

(47), (48) und (49), und es gibt keinen einfachen Weg, diesen Blockplan auszuschließen (außer einer langwierigen Überprüfung vieler Fälle).

Übung 14.3.3 (a) Finden Sie ein Beispiel, bei dem die Werte von v, r und k bei der Berechnung von b mit Hilfe von (47) eine natürliche Zahl liefern, aber die Bedingung (48) zu einem Widerspruch führt. (b) Finden Sie ein Beispiel mit 5 natürlichen Zahlen b, v, k, r, λ ($b, k, v, r \geq 2, \lambda \geq 1$), die zwar sowohl (47) als auch (48) erfüllen, für die jedoch $b < v$ gilt.

Übung 14.3.4 Konstruieren Sie für jedes $v > 1$ einen Blockplan mit $b = v$.

Vereinsabzeichen. In unserer Stadt besitzt jeder Verein ein eigenes Vereinsabzeichen. Die Stadt organisiert eine Parade, an der jeder Einwohner teilnehmen und dabei das Abzeichen eines Vereines tragen soll, in dem er/sie Mitglied ist. Können die Abzeichen so gewählt werden, dass keine zwei Personen dasselbe Abzeichen tragen? Selbstverständlich muss es dafür genügend Abzeichen geben, mindestens so viele wie es Einwohner gibt. Das bedeutet $b \geq v$. Durch Fishers Ungleichung (49) ist dies in der Tat gewährleistet. Aber reicht das schon aus? Wir müssen sicherstellen, dass jeder Einwohner/jede Einwohnerin ein Abzeichen eines seiner/ihrer eigenen Vereine trägt. Sie dürfen nicht einfach nur verschiedene Abzeichen tragen.

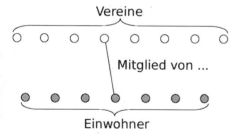

Abbildung 14.9. Vereinszugehörigkeit graphisch dargestellt

Die Frage hat einige Ähnlichkeit mit dem Heiratssatz (Theorem 10.3.1) aus Kapitel 10. Um diese Ähnlichkeit auszunutzen, ordnen wir unserem Blockplan einen bipartiten Graphen zu (Bild 14.9). Die untere Punktmenge stellt die Personen dar, die obere die Vereine. Wir verbinden Punkt a mit Punkt X, falls der Einwohner a ein Mitglied des Vereins X ist (in Bild 14.9 ist nur eine Kante des Graphen eingezeichnet). Wir wissen, dass unser Graph folgende Eigenschaften besitzt: Von jedem unteren Punkt gehen genau r Kanten nach oben und von jedem oberen Punkt gehen genau k Kanten nach unten. Unten haben wir v Punkte, oben haben wir b Punkte. Wählen wir n Punkte der unteren Menge (natürlich mit $n \leq v$), dann wissen wir, dass von diesen n Punkten

nr Kanten ausgehen. Wir bezeichnen die Anzahl der Endpunkte dieser nr Kanten mit m.

Wir behaupten $n \leq m$. Da jeder obere Punkt den Grad k hat, macht dies zusammen mk Kanten. Die nr oben erwähnten Kanten sind unter diesen mk vorhanden und daher gilt

$$nr \leq mk. \tag{50}$$

Andererseits gilt $bk = vr$ mit (47). Wegen $b \geq v$ bekommen wir $k \leq r$ und damit

$$mk \leq mr. \tag{51}$$

Mit (50) und (51) erhalten wir

$$nr \leq mr$$

und damit $n \leq m$, wie behauptet.

Somit sind jeweils n untere Punkte mit mindestens n oberen Punkten verbunden. Wir sehen uns nun den Heiratssatz etwas genauer an und zwar die Version aus Übungsaufgabe 10.3.2: Wir bekommen die Existenz eines Matchings der unteren in die obere Punktmenge. Es existieren v unabhängige Kanten, die jeden unteren Punkt mit einem anderen oberen Punkt verbinden. Dieses Matching zeigt jedem Einwohner, welches Abzeichen er/sie tragen muss.

14.4 Steiner Systeme

Wir haben gesehen, dass Blockpläne mit $k \leq 2$ trivial sind; betrachten wir nun den nächsten Fall ein wenig genauer, nämlich $k = 3$. Dazu nehmen wir auch noch den kleinst möglichen Wert für λ, also $\lambda = 1$. Blockpläne mit $k = 3$ und $\lambda = 1$ werden *Steiner Systeme* genannt (benannt nach Jakob Steiner, einem Schweizer Mathematiker des neunzehnten Jahrhunderts). Die Fano Ebene und die Tictactoe Ebene sind Steiner Systeme, der Würfelraum jedoch nicht.

Wieviele Einwohner muss eine Stadt haben, damit ein System von Vereinen ein Steiner System bilden kann? Mit anderen Worten, welche Bedingungen erhalten wir für v, wenn unser Blockplan ein Steiner System ist? Verwenden wir die Gleichungen (47) und (48) und setzen die Werte $k = 3$ und $\lambda = 1$ ein, so erhalten wir

$$3b = vr \qquad \text{und} \qquad 2r = v - 1$$

und damit

$$r = \frac{v - 1}{2} \tag{52}$$

und

$$b = \frac{v(v-1)}{6}. \tag{53}$$

Wir können einige Bedingungen für v aus der Tatsache herleiten, dass r und b beides ganze Zahlen sein müssen. Da der Nenner in (53) gleich 6 ist und der Nenner in (52) die Zahl 6 teilt, betrifft eine solche Bedingung den Rest von v bei der Division durch 6. Aus (52) können wir folgern, dass v eine ungerade Zahl sein muss. Wenn wir sie durch 6 teilen, können also nur die Reste 1, 3, oder 5 vorkommen. Wir können daher v in der Form $6j + 1$, $6j + 3$ oder $6j + 5$ darstellen, wobei j eine natürliche Zahl ist. Eine der Möglichkeiten, nämlich $6j + 5$ können wir ausschließen, da wir sonst mit (53)

$$b = \frac{(6j+5)(6j+4)}{6} = 6j^2 + 9j + 3 + \frac{1}{3}$$

bekämen, was keine ganze Zahl ist.

Die Zahl v muss also von der Form $6j + 1$ oder $6j + 3$ sein. Berücksichtigen wir zusätzlich, dass $v > k = 3$ gelten muss, so können wir also ein Steiner System nur in Städten haben, deren Einwohnerzahl $v = 7, 9, 13, 15, 19, 21, \ldots$ etc. ist.

Für diese Zahlen kann man tatsächlich Steiner Systeme konstruieren. Wir kennen bereits die Fano-Ebene für den Fall $v = 7$ und die Tictactoe Ebene für den Fall $v = 9$. Die allgemeine Konstruktion ist recht kompliziert und wir beschreiben sie hier nicht.

Übung 14.4.1 Zeigen Sie, dass für $v = 7$ die Fano-Ebene das einzige Steiner System ist. (Selbstverständlich können 7 Einwohner ihre Vereine durch „Wechsel der Identitäten" auf viele verschiedene Arten bilden. Wir können uns das so vorstellen: Seien 7 Stühle gegeben, wobei jeder Verein durch ein Tripel von Stühlen dargestellt wird. Die Einwohner können die Stühle auf viele verschiedene Arten wählen.)

Übung 14.4.2 Bekommen wir durch die Ungleichung von Fisher weitere Bedingungen für die Anzahl der Elemente eines Steiner Systems?

Repräsentieren der Vereine. Man stelle sich vor, in einer Stadt mit v Einwohnern, in der die Vereine ein Steiner System bilden, sind die Leute mit ihren Mitgliedsbeiträgen unzufrieden. Sie bilden ein Kommitee, das gegen diese hohen Beiträge protestieren soll. Aus jedem Verein soll mindestens ein Mitglied Angehöriger des Kommitees sein. Wie viele Mitglieder muss das Protestkommitee haben?

Dieses Problem scheint ähnlich gelagert zu sein, wie das am Ende von Abschnitt 14.3 betrachtete Problem mit den Vereinsabzeichen. Es gibt allerdings zwei Unterschiede: Erstens wurde bei dem Problem mit den Vereinsabzeichen jeder Einwohner durch einen Verein „repräsentiert", dem er angehörte, während hier die Vereine durch eins ihrer Mitglieder repräsentiert werden; und zweitens (was noch bedeutsamer ist), ein und dieselbe Person kann mehrere Vereine repräsentieren.

Betrachten wir einen Einwohner namens Andrew, der dem Kommitee nicht angehört. Andrew ist in r Vereinen und, da die Vereine ein Steiner System bilden, haben wir

$$r = \frac{v-1}{2}$$

(siehe Gleichung (52)).

Jeder Verein, in dem Andrew Mitglied ist, besitzt auch noch zwei andere Mitglieder. Da Andrew mit jedem anderen Einwohner in genau einem Verein gemeinsam ist, können diese $(v-1)/2$ Vereine kein anderes Mitglied außer Andrew gemeinsam haben. Das Protestkommitee muss aus jedem Verein ein Mitglied enthalten. Da Andrew dem Protestkommitee nicht angehört, muss es also aus mindestens $\frac{v-1}{2}$ Personen bestehen. Man braucht demnach ein ziemlich großes Kommitee – eines, dem nahezu die Hälfte der Einwohner angehört!

Und selbst das ist lediglich eine untere Schranke! Ist es möglich, dass sie angenommen wird, oder gibt es sogar Argumente für eine noch größere untere Schranke für die Größe des Kommitees? Im Falle der Fano-Ebene ist die untere Schranke $(7-1)/2 = 3$. Sie wird in der Tat angenommen. Die drei Punkte einer jeden Geraden repräsentieren alle Geraden (in jedem dieser Punkte schneiden sich je zwei der anderen Geraden). Im Falle der Tictactoe Ebene beträgt die untere Schranke $(9-1)/2 = 4$. Hier gibt es jedoch nicht nur keine offensichtliche 4-elementige Auswahl für ein solches Kommitee, sondern es existiert tatsächlich keine.

Wir können dies zwar durch langwierige Fallunterscheidungen nachweisen, wollen dazu aber lieber ein hübsches Argument verwenden, was wir in vielen anderen Fällen ebenfalls anwenden können. Wir behaupten die folgende überraschende Tatsache:

14.4.1   **Satz 14.4.1** Existiert ein jeden Verein repräsentierendes Kommitee der Größe $\frac{v-1}{2}$, dann ist dieses Kommitee selbst ebenfalls ein Steiner System.

Um genau zu sein, sind die Elemente dieses neuen Steiner Systems die v_1 Angehörigen des Kommitees und die Blöcke genau die Vereine, bei denen alle drei Mitglieder dem Kommitee angehören (solche Vereine bezeichnen wir als *privilegiert*).

Beweis 31 Für den Nachweis, dass es sich hierbei tatsächlich um ein Steiner System handelt, zeigen wir zuerst, dass je zwei Mitglieder des Kommitees gemeinsam einem priviligierten Verein anghören. Nehmen wir an, dies sei nicht der Fall und beispielsweise Bob und Karl sind zwar beide Mitglieder des Kommitees, gehören aber keinem priviligierten Verein gemeinsam an. Das bedeutet, das dritte Mitglied des Vereins, dem Bob und Karl (im ursprünglichen Steiner System) angehören, ist nicht im Kommitee.

Angenommen dies sei Andrew. Mit dem oben genannten Argument sehen wir, dass jeder Verein, dem Andrew anghört, mindestens einen Repräsentanten im Kommitee hat, und ein Verein hat zwei (nämlich derjenige, der Bob und Karl als Mitglieder hat). Das Kommitee muss daher mindestens $(v - 3)/2 + 2 = (v + 1)/2$ Mitglieder besitzen, ein Widerspruch.

Somit gehören je zwei Mitglieder des Kommitees einem priviligierten Verein an. Da keine zwei Einwohner mehr als einem Verein gemeinsam angehören, können auch keine zwei Kommiteemitglieder in mehr als einem priviligierten Verein gemeinsam sein. Also gehören je zwei Kommiteemitglieder genau einem priviligierten Verein gemeinsam an. Dies zeigt, dass das Kommitee wirklich ein Steiner System ist. □

Falls es eine Möglichkeit gäbe, ein 9-elementiges Steiner System durch 4 Elemente zu repräsentieren, dann würden wir also ein Steiner System mit 4 Elementen bekommen. Von diesem wissen wir bereits, dass es nicht existieren kann! Auf ähnliche Weise können wir schließen, dass jeweils mehr als die Hälfte der Einwohner gebraucht werden, um jeden Verein zu repräsentieren, wenn wir von einem Steiner System mit $13, 21, 25, 33, \ldots$ Punkten ausgehen.

Übung 14.4.3 Angenommen, ein v-elementiges Steiner System enthält eine Teilmenge S mit $(v - 1)/2$ Elementen und diejenigen Tripel des ursprünglichen Steiner Systems, die vollständig in S enthalten sind, bilden wiederum ein Steiner System. Zeigen Sie, dass S in diesem Fall ein repräsentierendes Kommitee ist (also jedes Tripel des ursprünglichen Steiner Systems ein Element von S enthält).

Das Gleichgewicht der Geschlechter. Die Einwohner unserer Stadt möchten ihre Vereine so aufbauen, dass diese nicht nur ein Steiner System bilden, sondern auch „Geschlechter ausgeglichen" sind. Idealerweise hätten sie gerne ebensoviele Männer wie Frauen in jedem Verein. Da dies jedoch nicht realisierbar ist (3 ist eine ungerade Zahl) geben sie sich auch schon mit weniger zufrieden: Sie verlangen, dass jeder Verein mindestens einen Mann und mindestens eine Frau enthalten muss.

In mathematischen Bezeichnungen haben wir ein Steiner System und wollen dessen Elemente so mit 2 Farben einfärben (rot und blau, entsprechend zu „weiblich" und „männlich"), dass kein Block (Verein) nur eine Farbe bekommt. Wir nennen eine solche Färbung eine *gute* 2-Färbung des Steiner Systems.

Ist dies möglich? Beginnen wir mit dem ersten nicht-trivialen konkreten Fall, nämlich dem Fall $v = 7$. Wir haben gesehen (Übungsaufgabe 14.4.1), dass hier die Fano-Ebene das einzige Steiner System ist. Mit ein wenig Experimentieren können wir uns davon überzeugen, dass es keine Möglichkeit gibt, dieses System mit einer 2-Färbung zu versehen. Eigentlich haben wir dies bereits in Übungsaufgabe 14.1.2 festgestellt:

Wäre eine gute 2-Färbung möglich, so würde die Abstimmungsregel „Geraden gewinnen" kein eindeutiges Ergebnis liefern, wenn Männer und Frauen jeweils entgegengesetzt stimmen.

Es gibt allerdings nicht nur für die Fano-Ebene keine gute 2-Färbung:

14.4.2   **Satz 14.4.2** Kein Steiner System besitzt eine gute 2-Färbung.

Beweis 32 Nach unseren Vorbereitungen ist das nicht schwer zu zeigen. Angenommen, wir haben eine gute 2-Färbung gefunden (somit enthält jedes Tripel unterschiedlich gefärbte Elemente). Dann repräsentieren die Menge der roten Punkte und die Menge der blauen Punkte jeweils alle Vereine und müssen daher (nach unseren obigen Überlegungen) mindestens $\frac{v-1}{2}$ Elemente enthalten. Zusammen ergibt das $v - 1$ Punkte. Somit gibt es lediglich einen weiteren Punkt, der entweder rot oder blau ist; sagen wir, er ist rot. Die $(v - 1)/2$ blauen Punkte bilden ein repräsentierendes Kommitee, welches, wie wir sahen, selbst ebenfalls ein Steiner System ist. Dann enthält jedoch jeder Verein, der in diesem kleineren Steiner System einen Block darstellt, ausschließlich blaue Punkte und dies widerspricht der Annahme, dass wir eine gute Färbung gefunden haben.   □

Übung 14.4.4 Zeigen Sie: Wenn wir 3 Farben erlauben, dann können sowohl die Fano Ebene als auch die Tictactoe Ebene so gefärbt werden, dass jeder Block mindestens zwei Farben erhält (allerdings nicht notwendigerweise alle drei).

Ein Wanderplan für Schulmädchen. Eine Lehrerin betreut eine Gruppe von 9 Schulmädchen, mit denen sie jeden Tag wandert. Die Mädchen gehen in drei Reihen, wobei jede Reihe aus drei Personen besteht. Die Lehrerin möchte es so arrangieren, dass jedes Mädchen nach einigen Tagen mit jedem anderen genau einmal in einer Reihe gegangen sein soll.

Übung 14.4.5 Wie viele Tage brauchen sie dafür?

Hat man die vorige Aufgabe gelöst, so weiss man, wie viele Tage benötigt werden, aber ist das Arrangement, wie die Lehrerin es sich vorstellt, möglich? Der Versuch, einen derartigen Plan ohne weitere Überlegungen aufzustellen, ist nicht einfach.

Folgende Beobachtung hilft uns weiter. Nennen wir ein Tripel von Mädchen einen *Block*, wenn sie irgendwann einmal in einer Reihe gewandert sind, so bekommen wir ein Steiner System. Wir kennen bereits ein Steiner System mit 9 Elementen, die Tictactoe Ebene.

Sind wir nun fertig? Nein, denn in dem Problem wird nach mehr als einfach nur nach einem Steiner System gefragt: Wir müssen genau angeben, welche Blöcke (Tripel) an jedem Tag eine Reihe bilden. Die Reihenfolge der Tage ist selbstverständlich unwichtig. Wir brauchen daher nur eine Einteilung der 12 Tripel in 4 Klassen, bei der jede Klasse aus drei disjunkten Tripeln besteht (was uns einen Wanderplan für jeden Tag gibt). Bei genauerer Betrachtung der Tictactor Ebene, stellen wir fest, dass sie genau so konstruiert ist: Eine Menge von 3 parallelen Geraden ergibt einen Wanderplan für einen Tag.

Thomas Kirkman, ein englischer Amateur-Mathematiker, hat diese Frage mit 15 Schulmädchen gestellt (die Mädchen brauchen dann 7 Tage, um einen Wanderplan einmal durchzuführen). Eine Lösung dieser Fragestellung wurde erst mehrere Jahre später veröffentlicht. Ist der richtige Plan erst einmal gefunden, so ist seine Korrektheit einfach nachzuprüfen. Allerdings gibt es viele mögliche Pläne zu testen.

Es stellte sich heraus, dass das Problem, einen Wanderplan für den allgemeinen Fall $v = 6j + 3$ zu finden (anstatt für 9 oder 15) sehr viel schwieriger war. Mehr als 100 Jahre später, im Jahr 1969, wurde es schließlich von dem indisch-amerikanischen Mathematiker Ray-Chaudhuri gelöst. Beachten sollte man, dass daraus die Existenz von Steiner Systemen für jedes $v = 6j + 3$ folgt. Selbst diese einfachere Tatsache ist recht schwer zu zeigen.

Es gibt eine ähnliche Fragestellung: Angenommen, die Lehrerin möchte einen Plan, in dem jede Kombination dreier Mädchen genau einmal in einer Reihe vorkommt. Es ist nicht schwer einzusehen, dass die Durchführung eines solchen Planes $\binom{15}{3}/5 = 91$ Tage dauern würde. Die Tripel der zusammen gehenden Mädchen bilden wieder einen Blockplan, allerdings diesmal einen, den wir oben als „trivial" bezeichnet haben (alle möglichen Tripel von 15 Punkten). Dieses Problem scheint daher einfacher zu sein, als das Kirkmansche Schulmädchen Problem, aber die Lösung (allgemein mit v Schulmädchen, die in Reihen von jeweils k Personen wandern) liess noch länger auf sich warten: Der ungarische Mathematiker Zsolt Baranyai löste es im Jahre 1974.

14.5 Lateinische Quadrate

Man betrachte die folgenden 4×4-Matrizen. Jede von ihnen besitzt die Eigenschaft, dass die möglichen Einträge 0, 1, 2 und 3 in jeder Zeile und jeder Spalte genau einmal vorkommen. Eine Tafel mit dieser Eigenschaft wird ein *Lateinisches Quadrat der Ordnung 4* genannt.

0	1	2	3
1	2	3	0
2	3	0	1
3	0	1	2

0	2	1	3
2	1	3	0
1	3	0	2
3	0	2	1

(54)

0	1	2	3
1	0	3	2
2	3	0	1
3	2	1	0

0	1	2	3
3	2	1	0
1	0	3	2
2	3	0	1

$$(55)$$

Es ist einfach, viele Lateinische Quadrate mit einer beliebigen Anzahl von Zeilen und Spalten zu konstruieren (siehe Übungsaufgabe 14.5.2). Und haben wir erst einmal ein Lateinisches Quadrat, können wir leicht noch mehr daraus machen. Wir können die Zeilen umordnen, die Spalten umordnen oder die vorkommenden Zahlen $0, 1, \ldots$ permutieren. Wenn wir im ersten Lateinischen Quadrat in (54) beispielsweise die 1 durch die 2 ersetzen und umgekehrt, dann bekommen wir das zweite Lateinische Quadrat.

Übung 14.5.1 Wie viele Lateinische Quadrate der Ordnung 4 gibt es? Wie lautet die Antwort, wenn wir zwei Lateinische Quadrate, die durch Permutation der Zeilen, Spalten oder Einträge ineinander überführt werden können, als nicht verschieden ansehen?

Übung 14.5.2 Konstruieren Sie für jedes $n > 1$ ein Lateinisches Quadrat der Ordnung n.

Betrachten wir nun die Lateinischen Quadrate in (55) etwas genauer. Legen wir diese zwei Quadrate übereinander, so erhalten wir an jeder Stelle ein geordnetes Paar aus Zahlen: Das erste Element des Paares kommt von der zugehörigen Stelle des ersten Quadrates und das zweite Element von der passenden Stelle des zweiten Quadrates.

$0,0$	$1,1$	$2,2$	$3,3$
$1,3$	$0,2$	$3,1$	$2,0$
$2,1$	$3,0$	$0,3$	$1,2$
$3,2$	$2,3$	$1,0$	$0,1$

$$(56)$$

Ist etwas an diesem zusammengesetzten Quadrat auffällig? Jede Stelle enthält ein anderes Zahlenpaar! Folglich muss jedes aller möglichen $4^2 = 16$ Paare genau einmal auftreten (Schubfachprinzip). Zwei Lateinische Quadrate mit dieser Eigenschaft nennen wir *orthogonal*. Man kann die Orthogonalität zweier Lateinischer Quadrate folgendermaßen überprüfen: Wir nehmen alle Stellen des ersten Lateinischen Quadrates, die den Eintrag 0 enthalten und prüfen an den entsprechenden Stellen des zweiten Quadrates, ob sie verschiedene Einträge besitzen. Dasselbe tun wir mit 1, 2, u.s.w.. Halten die Quadrate jeder dieser Überprüfungen stand, so ist das erste zum zweiten orthogonal und umgekehrt.

Übung 14.5.3 Finden Sie zwei orthogonale Lateinische Quadrate der Ordnung 3.

Magische Quadrate. Haben wir zwei orthogonale Lateinische Quadrate, können wir daraus sehr leicht ein *Magisches Quadrat* konstruieren. (In einem Magischen Quadrat ist die Summe der Zahlen in jeder Zeile und jeder Spalte gleich.) Betrachte die Paare in (56). Ersetze jedes Paar (a, b) durch $\overline{ab} = 4a + b$ (mit anderen Worten, betrachte $\overline{ab}$ als eine 2-ziffrige Zahl zur Basis 4). Schreiben wir unsere Zahlen in Dezimaldarstellung, erhalten wir das Magische Quadrat in (57).

$$
\begin{array}{|c|c|c|c|}
\hline
0 & 5 & 10 & 15 \\
\hline
7 & 2 & 13 & 8 \\
\hline
9 & 12 & 3 & 6 \\
\hline
14 & 11 & 4 & 1 \\
\hline
\end{array}
\tag{57}
$$

(Dies ist tatsächlich ein Magisches Quadrat: Die Summe in jeder Zeile und Spalte beträgt 30.) Wir können mit derselben Methode aus zwei beliebigen orthogonalen Lateinischen Quadraten ein Magisches Quadrat konstruieren. In jeder Zeile (und ebenso in jeder Spalte) erscheinen die Zahlen 0, 1, 2 und 3 genau einmal in der ersten und einmal in der zweiten Position, also ist die Summe in jeder Zeile (und Spalte) genau

$$(0 + 1 + 2 + 3) \cdot 4 + (0 + 1 + 2 + 3) = 30,$$

wie in einem Magischen Quadrat gefordert.

Übung 14.5.4 In unserem Magischen Quadrat haben wir die Zahlen 0 bis 15, anstatt 1 bis 16. Versuchen Sie aus (56) ein Magisches Quadrat mit den Zahlen 1 bis 16 zu konstruieren.

Übung 14.5.5 Das Magische Quadrat, welches wir mit unseren zwei orthogonalen Lateinischen Quadraten konstruiert haben, ist nicht „perfekt", da in einem perfekten Magischen Quadrat die Summen in den Diagonalen dieselben wie diejenigen in den Zeilen und Spalten sind. Durch welche orthogonalen Lateinischen Quadrate bekommen wir perfekte Magische Quadrate?

Gibt es ein Lateinisches Quadrat der Ordnung 4, das zu unseren beiden Lateinischen Quadraten, aus denen wir (56) konstruierten, orthogonal ist? Die Antwort lautet „ja". Versuchen Sie, es selbst zu konstruieren, bevor Sie einen Blick auf (58) werfen. Interessant ist, dass diese drei Lateinischen Quadrate aus denselben Zeilen bestehen, allerdings in unterschiedlicher Reihenfolge.

0	1	2	3
2	3	0	1
1	0	3	2
3	2	1	0

(58)

Übung 14.5.6 Zeigen Sie, dass kein viertes Lateinisches Quadrat der Ordnung 4 existiert, welches zu allen drei Lateinischen Quadraten in (55) und (58) orthogonal ist.

Übung 14.5.7 Betrachten Sie das Lateinische Quadrat (59). Es ist fast identisch zu dem vorigen in (58); aber (überprüfen Sie!) es existiert kein Lateinisches Quadrat, das orthogonal dazu ist. Ähnlich aussehenede Lateinische Quadrate können also sehr verschieden sein!

0	1	2	3
1	3	0	2
2	0	3	1
3	2	1	0

(59)

Lateinische Quadrate und endliche Ebenen. Es existiert ein sehr enger Zusammenhang zwischen Lateinischen Quadraten und endlichen affinen Ebenen. Betrachten wir eine affine Ebene der Ordnung n. Wir wählen eine beliebige Parallelenklasse von Geraden und nennen sie „vertikal". Anschließend wählen wir eine andere Klasse und nennen diese „horizontal". Nun nummerieren wir die vertikalen Geraden in willkürlicher Reihenfolge, danach verfahren wir mit den horizontalen Geraden ebenso. Auf diese Weise können wir die Punkte der Ebene als Stellen einer $n \times n$-Matrix betrachten, in der sowohl jede Zeile, als auch jede Spalte eine Gerade ist (in dieser Weise haben wir zu Beginn dieses Kapitels die Tictactoe Ebene eingeführt).

Betrachten wir nun eine beliebige dritte Parallelenklasse von Geraden und bezeichnen deren Elemente in beliebiger Weise mit $0, 1, \ldots, n-1$. Jede Stelle der Matrix (Punkt in der Ebene) gehört genau zu einer Geraden dieser dritten Parallelenklasse. Wir können die Nummer der zugörigen Geraden an der betrachteten Stelle einfügen. Auf diese Weise bilden alle 0-Einträge eine Gerade der Ebene, alle 1-Einträge bilden eine dazu parallele, aber andere Gerade, etc..

Da je zwei nicht-parallele Geraden genau einen Punkt gemeinsam haben, hat die 0-Gerade in jeder Zeile (und entsprechend in jeder Spalte) genau einen Eintrag. Und weil dasselbe auch für die 1-Geraden, 2-Geraden etc. gilt, ist unsere konstruierte Matrix ein Lateinisches Quadrat.

Allzu spannend ist diese Tatsache noch nicht, da Lateinische Quadrate leicht zu konstruieren sind. Nehmen wir allerdings eine vierte Parallelenschar und konstruieren damit ein Lateinisches Quadrat, so sind *diese beiden Lateinischen Quadrate orthogonal!* (Dies ist ledigleich eine Umsetzung der Tatsache, dass jede Gerade der dritten Parallelenklasse jede Gerade der vierten genau einmal schneidet.) Die affine Ebene besitzt $n + 1$ Parallelenklassen. Zwei von ihnen wurden benutzt, um die Tabelle zu erstellen, während die verbleibenden $n - 1$ paarweise orthogonale Lateinische Quadrate liefern. Wir erhalten auf diese Weise durch die Tictactoe Ebene zwei orthogonale Lateinische Quadrate der Ordnung 3 (und zwar, nicht gerade überraschend, genau die in Übungsaufgabe 14.5.3 direkt ermittelten). Durch die vorher konstruierte affine Ebene der Ordnung 5 erhalten wir die unten angebenen 4 paarweise orthogonalen Lateinischen Quadrate.

0	1	2	3	4		0	1	2	3	4
1	2	3	4	0		2	3	4	0	1
2	3	4	0	1		4	0	1	2	3
3	4	0	1	2		1	2	3	4	0
4	0	1	2	3		3	4	0	1	2

0	1	2	3	4		0	1	2	3	4
3	4	0	1	2		4	0	1	2	3
1	2	3	4	0		3	4	0	1	2
4	0	1	2	3		2	3	4	0	1
0	1	2	3	4		1	2	3	4	0

Diese nette Beziehung zwischen Lateinischen Quadraten und affinen Ebenen funktioniert in beiden Richtungen: Wenn wir $n-1$ paarweise orthogonale Lateinische Quadrate haben, dann können wir daraus auf direktem Wege eine affine Ebene konstruieren. Die Punkte der Ebene sind die Stellen einer $n \times n$-Matrix. Die Zeilen und Spalten der Matrix sind Geraden, außerdem bilden wir zu jeder Zahl aus $\{0, 1, \ldots, n - 1\}$ und jedem Lateinischen Quadrat aus den Stellen, die diese Zahl enthalten, eine Gerade.

Obwohl wir bereits angemerkt hatten, dass zu jeder Primzahlpotenz eine endliche Ebene existiert, haben wir bisher nur endliche Ebenen von Primzahlordnung konstruiert. Nun können wir aber mindestens für die erste der noch fehlenden Ordnungen eine Ebene konstruieren: Man verwende diese umgekehrte Konstruktion, um mit Hilfe der drei paarweise orthogonalen Lateinischen Quadrate der Ordnung 4 aus (55) und (58) eine affine Ebene der Ordnung 4 zu konstruieren.

14.6 Codes

Wir sind nun soweit, dass wir uns einige *reale* Anwendungen zu den in diesem Kapitel beschriebenen Ideen ansehen können. Angenommen, wir möchten eine Nachricht durch einen gestörten Kanal senden. Die Nachricht besteht (wie üblich) aus einem langen String (Zeichenkette) aus Bits (0'en und 1'en), und „gestört" bedeutet, dass eventuell einige dieser Bits verändert (von 0 zu 1 oder umgekehrt) wurden. Der Kanal selbst könnte eine Radio-Übertragung, Telefon, Internet oder auch einfach ein Compact Disc Player sein (in diesem Fall, könnte die „Störung" durch Verschmutzung oder Kratzer auf der CD hervorgerufen werden).

Wie können wir mit solchen Fehlern fertig werden und die ursprüngliche Nachricht wiederherstellen? Natürlich hängt viel von den Umständen ab. Wenn wir feststellen, dass ein Fehler passiert ist, können wir dann eine erneute Zusendung einiger Bits erbitten? In Internet Protokollen ist dies möglich, bei Transmissionen einer Mars Sonde oder beim Hören einer Music CD können wir dies nicht. In manchen Fällen ist es also ausreichend, Fehler *erkennen* zu können, während wir in anderen Fällen in der Lage sein müssen, den Fehler nur mit Hilfe der erhaltenen Nachricht zu *korrigieren*.

Die einfachste Lösung besteht darin, die Nachricht einfach doppelt zu senden und zu überprüfen, ob sich die Bits der eingehenden zwei Nachrichten unterscheiden (wir können jedes Bit sofort wiederholen oder wir wiederholen die gesamte Nachricht, an dieser Stelle macht das keinen Unterschied). Dies wird ein *Wiederholungscode* genannt. Wenn sich zwei entsprechende Bits unterscheiden, so wissen wir zwar, dass ein Fehler passiert ist, allerdings wissen wir natürlich nicht, ob die erste oder zweite Version falsch ist. Somit *erkennen* wir den Fehler, können ihn jedoch nicht *korrigieren*. (Selbstverständlich kann es auch passieren, dass *beide* ankommenden Bits verändert wurden; wir machen daher die Annahme, dass der Kanal nicht zu sehr gestört ist, so dass die Wahrscheinlichkeit dafür sehr klein ist. Später werden wir noch einmal zu diesem Problem zurückkehren.) Ein einfacher Weg, den Code zu verbessern, besteht darin, die Nachricht dreimal zu versenden. Dann können wir Fehler auch korrigieren (man nimmt für jedes Bit die Version als korrekt an, die mindestens zweimal ankommt). Haben wir einen sehr gestörten Kanal, so können wir wenigstens Fehler erkennen, wenn 2 (und nicht 3) Kopien eines Bits verändert wurden.

Es gibt eine weitere einfache Methode, Fehler zu erkennen: eine Paritätskontrolle. Dieser einfache Trick besteht aus dem Hinzufügen eines Bits zu jedem String einer gegebenen Länge (sagen wir, nach 7 Bits), so dass die Anzahl der 1'en in der erweiterten Nachricht gerade ist. (Ist die Anzahl der 1'en bereits gerade, so fügen wir eine 0 hinzu; ist sie ungerade, so wird der String durch eine 1 ergänzt.) Der Empfänger kann nun die eingegangenen Blöcke aus 8 Bits (einem Byte) betrachten und jeweils prüfen, ob die Anzahl der 1'en gerade ist oder nicht. Ist sie gerade, so nehmen wir an, die Nachricht ist OK; andernfalls wissen wir, dass ein Fehler aufgetreten ist. (In einem sehr geströrten Kanal, kann es jedoch wieder passieren, dass Fehler unbemerkt bleiben: Wenn zwei der 8 Bits verändert werden, dann kann dies durch die Paritätskontrolle nicht erkannt werden.)

Es folgt ein Beispiel, wie ein String (und zwar 10110010000111) auf diese beiden Arten codiert werden kann:

   1100111100001100000000111111   (Wiederholungscode)
   1011001000001111   (Paritätskontrollcode)

Diese beiden Lösungen sind nicht gerade billig. Wir erkaufen sie durch die Verlängerung der Nachrichten. Beim Wiederholungscode beträgt die Steigerung 100%, bei der Paritätskontrolle sind es in etwa 14 %. Treten die Fehler so selten auf, dass wir mit ziemlicher Sicherheit annehmen können, dass lediglich ein Bit von (sagen wir) 127 verändert wurde, dann genügt es, ein Paritätskontrollbit nach jeweils 127 Bits hinzuzufügen. Damit betragen die Kosten weniger als 1%. (Der Wiederholungscode kann mit einem Paritätskontrollcode verglichen werden, bei dem nach jedem einzelnen Bit ein Kontrollbit eingefügt wird!)

Ist dies der beste Weg? Um diese Frage zu beantworten, müssen wir eine Annahme über die Störung des Kanals machen. Wir setzen also voraus, dass bei der Sendung einer Nachricht der Länge k nicht mehr als e Fehler (veränderte Bits) auftreten. Wollen wir eine Nachricht versenden, so können wir dazu nicht alle Strings der Länge k verwenden (da jeder Fehler die Nachricht in eine andere mögliche Nachricht verändern würde und somit eine Fehlererkennung nicht möglich wäre). Die Menge der verwendeten Strings wird *Code* genannt. Ein Code ist somit eine Menge von 0-1 Strings der Länge k. Der Wiederholungscode besteht für $k = 8$ (ein Byte) aus folgenden 16 Strings:

   00000000, 00000011, 00001100, 00001111, 00110000, 00110011,

   00111100, 00111111, 11000000, 11000011, 11001100, 11001111,

   11110000, 11110011, 11111100, 11111111;

Der Paritätskontrollcode besteht aus allen Strings der Länge 8, in denen die Anzahl der 1'en gerade ist (es gibt davon $2^7 = 128$, daher listen wir sie hier nicht alle auf). Wie wir sahen, ist der Paritätskontrollcode 1-*fehlererkennend*, ebenso wie der Wiederholungscode. Was ist der beste Code mit 8 Bits (der die meisten Fehler erkennt)? Die Antwort ist einfach: Der aus den zwei Codewörtern

   00000000,   11111111

bestehende Code, ist 7-fehlererkennend. Es müssen erst alle 8 Bits verändert sein, bevor wir getäuscht werden können. Allerdings fordert dieser Code einen hohen Preis: Wir müssen jedes Bit 8 mal versenden.

Einen interessanteren Code können wir vom Würfelraum ausgehend konstruieren. Dieser besitzt 8 Punkte, korrespondierend zu den 8 Bits. Wir legen eine Anordnung der Punkte fest, sagen wir $ABCDEFGH$ wie in Bild 14.7. Jede Ebene P der Geometrie liefert ein Codewort: Wir senden eine 1, wenn der zugehörige Punkt in der Ebene P liegt. Zum Beispiel liefert die Ebene der Grundfläche des Würfels das Codewort 11110000; die „schwarze" Ebene ergibt das Codewort 10100101. Wir fügen außerdem die Wörter 00000000 und 11111111 hinzu und erhalten somit insgesamt 16 Codewörter.

Wie gut ist dieser Code? Wieviele Bits müssen verändert werden, bevor ein Codwort in ein anderes verwandelt wird? Angenommen, zwei Codewörter gehören zu den zwei Ebenen P und Q. Diese sind nach Eigenschaft (B) des Würfelraumes entweder parallel oder sie schneiden sich in einer Geraden (d.h., in zwei Punkten).

Nehmen wir zuerst an, sie seien parallel. Handelt es sich zum Beispiel um die „schwarze" und die „helle" Ebene, dann haben wir als zugehörige Codewörter

$$10100101$$
$$01011010.$$

Die beiden Codewörter sind untereinander geschrieben, damit die folgende Betrachtung leichter fällt: Die beiden Ebenen haben keinen Punkt gemeinsam, was (entsprechend der Konstruktion des Codes) bedeutet, dass die zwei Codewörter an keiner Stelle beide eine „1" besitzen. Da jedes Codewort vier 1'en hat, kann es auch keine Stelle geben, an der in beiden Codewörtern eine „0" steht. Somit müssen also erst alle 8 Bits verändert sein, bevor aus dem einen Codewort das andere werden kann.

Nehmen wir nun an, die beiden Ebenen schneiden sich in zwei Punkten. Betrachten wir beispielsweise die „schwarze" und die „Grundflächen"-Ebene, dann erhalten wir die Codewörter

$$10100101,$$
$$11110000.$$

Die zwei Codewörter besitzen zwei gemeinsame 1'en und (da jedes vier 1'en besitzt) auch zwei gemeinsame 0'en. Folglich müssen also 4 Bits verändert werden, bevor aus dem einen Codewort das andere wird.

Die zwei nachträglich hinzugefügten Codewörter, nämlich das „Einswort", sowie das „Nullwort", sind leicht zu überprüfen: Wir müssen 4 ihrer Bits verändern, um ein Codewort zu erhalten, das zu einer der Ebenen gehört und 8 Bits, um das eine zum anderen zu machen.

Wichtig ist bei dieser Überlegung die Folgerung: *Wenn wir bis zu drei 3 Bits in einem beliebigen Codewort verändern, bekommen wir einen String, der kein Codewort mehr ist.* Mit anderen Worten, dieser Code ist 3-fehlererkennend.

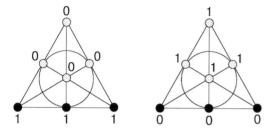

Abbildung 14.10. Zwei Codewörter einer Geraden.

Die Fano-Ebene liefert uns einen weiteren interessanten Code. Jeder Punkt korrespondiere wieder mit einer Position in den Codewörtern (somit werden die Codewörter aus 7 Bits bestehen). Jede Gerade liefert uns zwei Codewörter, eines, bei dem wir für jeden Punkt, der auf der Geraden liegt, eine 1 einsetzen, während für jeden nicht auf der Geraden liegenden eine 0 steht, und eines, was wir umgekehrt konstruieren. Um insgesamt 16 Codewörter zu erhalten, fügen wir wiederum das Null- und das Einswort hinzu.

Anstatt die Bits eines Codewortes anzuordnen, können wir uns die 0'en und 1'en den entsprechenden Punkten der Fano-Ebene zugeordnet vorstellen. In Bild 14.10 sind zwei zu einer Geraden gehörigen Codewörter dargestellt.

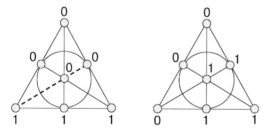

Abbildung 14.11. Drei Fehler sind für den Fano Code zu viel: Ist jedes Bit entlang der gestrichelten Linie fehlerhaft, so erhalten wir wieder ein gültiges Codewort.

Da wir zwar wieder 16 Codewörter haben, jedoch nur 7 Bits verwenden, erwarten wir von diesen Codes weniger als von den mit Hilfe des Würfelraumes konstruierten Codes. In der Tat können die Fano Codes 3 Fehler nicht mehr erkennen. Starten wir mit einem Codewort, das durch eine Gerade L definiert wurde (1, falls der Punkt auf der Geraden ist und 0, falls nicht) und ändern die drei 1'en zu 0'en, dann erhalten wir das Nullwort. Aber nicht nur diese zwei speziellen Codewörter verursachen Probleme: Starten wir noch einmal mit dem selben Codewort und ändern die 3 Bits einer beliebigen anderen Geraden K (von 1 zu 0, beim Schnittpunkt von K und L und von 0 zu 1 bei den anderen zwei Punkten von K), dann erhalten wir ein Codewort, welches zu einer dritten Geraden gehört (Bild 14.11).

Mit einer Argumentation wie oben sehen wir, dass

> *der Fano Code 2-fehlererkennend ist: Wir können durch die Veränderung von ein oder zwei Bits aus einem gültigen Codewort kein anderes gültiges Codewort machen.*

Daraus folgt, dass

der Fano Code 1-fehlerkorrigierend ist.

Das bedeutet, dass wir ein fehlerhaftes Bit nicht nur erkennen, sondern auch korrigieren können. Angenommen, wir erhalten einen String, der aus einem gültigen Codewort a durch Änderung eines einzelnen Bits entstanden ist. Könnte dieser String auch aus einem anderen gültigen Codewort b entstanden sein? Die Antwort ist nein: Sonst würden sich die Codewörter a und b nur an zwei Stellen unterscheiden, was nicht möglich ist.

Die Codes, die wir von der Fano-Ebene und dem Würfelraum abgeleitet haben, sind Spezialfälle einer größeren Familie von Codes, den *Reed–Müller Codes*. In der praktischen Anwendung sind diese Codes sehr wichtig. Beispielsweise verwendete die Mariner Sonde der NASA einen solchen Code, um Bilder vom Mars zur Erde zu senden. Ebenso wie der Code des Würfelraumes auf 2-dimensionalen Unterräumen eines 3-dimensionalen Raumes basierte, ging der Code, den die Mariner Sonde verwendete, auf 3-dimensionale Unterräume eines 5-dimensionalen Raumes zurück. Sie arbeiteten mit einer Blocklänge von 32 (anstatt unserer 8 Bits) und konnten bis zu 7 Fehler in jedem Block korrigieren. Der Preis dafür war selbstverständlich ziemlich hoch: Es wurden lediglich 64 Codewörter verwendet. Man musste also, um 6 Bits sicher zu übertragen, 32 Bits versenden. Allerdings war der Kanal (der Weltraum zwischen Erde und Mars) natürlich auch sehr gestört.

Fehlerkorrigierende Codes werden in unserer Umgebung in vielfältiger Weise verwendet. Ein CD-Player benutzt beispielsweise einen etwas komplizierteren fehlerkorrigierenden Code (*Reed–Solomon Code* genannt), um einen perfekten Klang zu erzeugen, selbst wenn die CD zerkratzt oder verschmutzt ist. Bei einer Internetverbindung und bei digitalen Telefonen werden ebenfalls solche Codes verwendet, um gestörte Leitungen zu kompensieren.

Übung 14.6.1 Zeigen Sie, dass ein Code genau dann d-fehlerkorrigierend ist, wenn er $(2d)$-fehlererkennend ist.

Übung 14.6.2 Zeigen Sie, dass jeder String der Länge 7 entweder ein Codewort des Fano Codes ist oder durch Veränderung eines Bits aus genau einem Codewort dieses

Codes hergeleitet werden kann. (Ein Code mit dieser Eigenschaft wird *perfekter 1-fehlerkorrigierender Code* genannt.)

Gemischte Übungsaufgaben

Übung 14.6.3 Weisen Sie nach, dass die Tictactoe Ebene mit der affinen Ebene über dem 3-elementigen Körper übereinstimmt.

Übung 14.6.4 In einem Labor arbeiten 7 Angestellte. Jeder arbeitet 3 Nächte die Woche: Alice am Montag, Dienstag und Donnerstag, Bob am Dienstag, Mittwoch und Freitag, etc.. Zeigen Sie, dass je zwei beliebig gewählte Angestellte genau in einer Nacht gemeinsam arbeiten und dass es in je zwei Nächten einen Angestellten gibt, der in beiden arbeitet. Wie sieht die Verbindung zur Fano-Ebene aus?

Übung 14.6.5 Ein Kartenspiel namens SMALLSET (eine vereinfachte Version eines kommerziellen Kartenspiels names SET) wird mit 27 Karten gespielt. Jede Karte hat 1, 2 oder 3 identische Symbole; jedes Symbol kann ein Kreis, ein Dreieck oder ein Quadrat und jeweils rot, blau oder grün sein. Es gibt genau eine Karte mit 2 grünen Dreiecken, genau eine mit 3 roten Kreisen, etc. Ein SET ist ein Tripel von Karten bei denen entweder die Anzahl der Symbole bei allen gleich oder bei allen unterschiedlich ist; die Symbole alle gleich oder alle verschieden sind; oder die Farben alle gleich oder alle verschieden sind. Das Spiel besteht nun darin, 9 Karten hinzulegen, umzudrehen und so schnell wie möglich SETs zu sammeln. Wenn keine SETs mehr übrg sind, werden 3 neue Karten gezogen. Gibt es keine SETs mehr und sind alle übrigen Karten verbraucht, ist das Spiel vorbei.

(a) Wie groß ist die Anzahl der SETs?

(b) Zeigen Sie, dass es zu je zwei Karten genau eine dritte Karte gibt, so dass sie zusammen einen SET ergeben.

(c) Wie ist der Zusammenhang zwischen diesem Spiel und dem affinen Raum über dem 3-elementigen Körper?

(d) Zeigen Sie, dass am Ende des Spiels entweder keine Karte oder mindestens 6 Karten übrig bleiben.

Übung 14.6.6 Wie viele Punkte haben die beiden kleinsten projektiven Ebenen?

Übung 14.6.7 Betrachten Sie den Primkörper mit 13 Elementen. Zu je zwei Zahlen x und y des Körpers betrachte man das Tripel $\{x + y, 2x + y, 3x + y\}$ von Elementen des Körpers. Zeigen Sie, dass diese Tripel einen Bockplan bilden, und berechnen Sie dessen Parameter.

Übung 14.6.8 Untersuchen Sie, ob ein Blockplan mit folgenden Parametern existiert:
(a)$v = 15, k = 4, \lambda = 1$;
(b)$v = 8, k = 4, \lambda = 3$;
(c)$v = 16, k = 6, \lambda = 1$.

Übung 14.6.9 Zeigen Sie, dass die Tictactoe Ebene das einzige Steiner System mit $v = 9$ ist.

Übung 14.6.10 Betrachten Sie die Additionstafel des Zahlensystems der „Wochentage" aus Kapitel 6.8. Zeigen Sie, dass diese ein Lateinisches Quadrat ist. Können Sie diese Beobachtung verallgemeinern?

Übung 14.6.11 Beschreiben Sie den Code, den Sie analog zum Fano Code aus der projektiven Ebene über dem 3-elementigen Körper herleiten können. Wie viel Fehlerkorrektur/Fehlererkennung bietet er?

Kapitel 15

Ein Hauch von Komplexität und Kryptographie

15

15 Ein Hauch von Komplexität und Kryptographie

15

15 Ein Hauch von Komplexität und Kryptographie

15.1 Eine Klasse aus Connecticut an König Arthurs Hof

Am Hofe von König Arthur[1] wohnten 150 Ritter und 150 Burgfräuleins. Eines Tages entschloss sich der König sie miteinander zu verheiraten. Es zeigte sich jedoch, dass einige Paare einander derartig hassten, dass an eine Heirat zwischen ihnen gar nicht zu denken war! König Arthur versuchte mehrere Male, die Paare anders zusammenzustellen, aber jedes Mal ergaben sich neue Konflikte. Er ließ daher den Zauberer Merlin rufen und befahl ihm, die Paare so zusammenzustellen, dass jeder zu einer Heirat bereit war. Nun, Merlin besaß übernatürliche Kräfte und erkannte daher sofort, dass keine der 150! möglichen Zusammenstellungen brauchbar war. Dies teilte er dem König mit. König Arthur traute ihm aber nicht so recht, da Merlin nicht nur ein großer Zauberer, sondern auch eine etwas zwielichtige Persönlichkeit war. „Finde eine Lösung oder ich verurteile dich dazu, für den Rest Deines Lebens eingesperrt in einer Höhle zu leben!" sagte Arthur.

Merlin hatte das Glück, aufgrund seiner übernatürlichen Kräfte zukünftige wissenschaftliche Literatur durchsehen zu können. Er fand mehrere Artikel des frühen zwanzigsten Jahrhunderts, in denen der *Grund* dafür enthalten war, warum es keine brauchbare Lösung für ihr Problem gab. Mit diesem Wissen kehrte er zum König zurück. Es waren gerade alle Ritter und Damen zugegen und er forderte 56 (bestimmte) Damen auf, sich auf die eine Seite des Königs zu stellen, während 95 Ritter auf die andere Seite gehen sollten. Dann fragte er: „Ist eine von Euch jungen Damen bereit, einen dieser Ritter zu heiraten?" Als alle mit „Nein!" antworteten, sagte Merlin zum König: „Oh König, wie kannst Du von mir verlangen, für jede dieser 56 Damen einen Ehemann unter den verbliebenen 55 Rittern zu finden?" Da erkannte der König, dessen Erziehung und Ausbildung bei Hofe auch das Taubenschlagprinzip umfasst hatte, dass Merlin in diesem Fall die Wahrheit gesagt hat und entließ ihn daher gnädig.

Es verging einige Zeit und der König bemerkte, dass sich seine 150 Ritter beim Abendessen an der berühmten Tafelrunde, häufig mit ihren jeweiligen Nachbarn stritten und manchmal sogar mit ihnen kämpften. Arthur meinte, dies sei schlecht für die Verdauung und ließ Merlin erneut rufen. Er befahl ihm, eine Sitzordnung für die 150 Ritter zu finden, bei der jeder von ihnen zwischen zwei von seinen Freunden sitzen kann. Wie-

---

[1]Aus L. Lovász and M.D. Plummer: *Matching Theory*, Akadémiai Kiadó, Nord Holland, Budapest, 1986 (mit kleinen Änderungen), mit freundlicher Erlaubnis von Mike Plummer. Der Stoff wurde als 'Handout' an der Yale University, New Haven in Connecticut entwickelt.

derum erkannte Merlin mit Hilfe seiner übernatürlichen Kräfte sofort, dass keine der 150! Sitzordnungen dies erfüllen würde und teilte es dem König mit. Dieser verlangte entweder eine Lösung oder die Erklärung, warum es nicht möglich ist, eine solche zu finden. „Oh, ich wünschte, es gäbe einen einfachen Grund, den ich Euch nennen könnte! Mit ein bisschen Glück gäbe es einen Ritter, der nur einen Freund hat, so dass Ihr ebenfalls sofort erkennt, dass Ihr Unmögliches von mir verlangt. Aber leider (!) gibt es hier keinen solch einfachen Grund und ich kann Euch Sterblichen nicht erklären, warum so eine Sitzordnung nicht existiert, wenn Ihr nicht bereit seid, den Rest Eures Lebens damit zu verbringen, meinen Ausführungen zuzuhören!" Dazu war der König natürlich nicht bereit und daher lebt Merlin seither eingesperrt in einer Höhle. (Eine harte Niederlage der angewandten Mathematik!)

Die Moral dieser Geschichte lautet, dass es Grapheneigenschaften gibt, die einfach nachgewiesen werden können, wenn sie gelten. Enthält der Graph ein perfektes Matching oder einen Hamiltonschen Kreis, kann dies einfach durch Angabe eines solchen „bewiesen" werden. Wenn ein bipartiter Graph *kein* perfektes Matching enthält, dann kann dies „bewiesen" werden, indem eine Teilmenge X der einen Klasse angegeben wird, die weniger als $|X|$ Nachbarn in der anderen Klasse besitzt. Der Leser (und König Arthur) sollten sich Bild 15.1 ansehen. Der Graph auf der linken Seite enthält ein perfektes Matching (durch die dickeren Linien angedeutet), während der Graph auf der rechten Seite keines enthält. Um sich selbst (und den König) davon zu überzeugen, betrachte man die vier schwarzen Punkte und ihre Nachbarn.

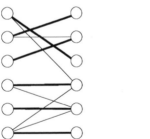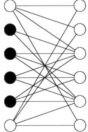

Abbildung 15.1. Ein bipartiter Graph mit einem perfekten Matching und einer ohne.

Die meisten uns interessierenden Eigenschaften in der Graphentheorie weisen diese logische Struktur auf. Ist der Nachweis (Bestätigung, Angabe), dass eine Eigenschaft gilt, einfach, dann wird diese Eigenschaft (in der Sprache der Informatik) eine *NP Eigenschaft* genannt (falls Sie es wirklich wissen möchten, NP ist die Abkürzung für *Non-deterministic Polynomial Time*, aber woher dieser sehr technische Begriff kommt, wäre etwas schwierig zu erklären). Die beiden Problemstellungen, mit denen Merlin konfrontiert worden ist – die Existenz eines perfekten Matchings und die Existenz eines Hamiltonschen Kreises –, sind eindeutig NP Eigenschaften. NP Eigenschaften kommen allerdings auch recht häufig in anderen Bereichen der Mathematik vor. Eine sehr wichtige NP Eigenschaft bei den natürlichen Zahlen besteht in ihrer *Zusammen-setzbarkeit*: Ist eine natürliche Zahl zusammensetzbar, dann kann dies einfach durch Angabe einer Zerlegung $n = ab\,(a, b > 1)$ dieser Zahl gezeigt werden.

Die bisher gemachten Bemerkungen erklären, wie Merlin auf freiem Fuß bleibt, wenn er Glück hat und die ihm durch König Arthur gestellte Aufgabe eine Lösung besitzt. Nehmen wir beispielsweise an, er wäre in der Lage, eine gute Sitzordnung für die Ritter zu finden. Er könnte König Arthur davon überzeugen, dass sein Sitzplan „gut" ist, indem er fragt, ob irgendjemand neben einem seiner Feinde sitzt (oder einfach wartet, ob das Abendessen friedlich verläuft). Dies zeigt, dass die Eigenschaft des zugehörigen „Freundschaftsgraphen" einen Hamiltonschen Kreis zu enthalten, eine NP Eigenschaft ist. Wieso konnte er, als diese Fragen *keine* Lösungen besaßen, im Fall des Heiratsproblems Arthurs Zorn überstehen, während ihm dies beim Sitzplatzproblem nicht gelang? Worin unterscheidet sich die Nicht-Existenz eines Hamiltonschen Kreises von der Nicht-Existenz eines perfekten Matchings in einem bipartiten Graphen? Die Antwort sollte durch unsere Geschichte bereits klar sein: *Die Nicht-Existenz eines perfekten Matchings in einem bipartiten Graphen ist ebenfalls eine NP Eigenschaft* (dies ist eine der Hauptimplikationen des Heiratssatzes, Satz 10.3.1), während die Nicht-Existenz eines Hamiltonschen Kreises in einem Graphen dies nicht ist! (Um genau zu sein: Für die letzte Aussage ist kein Beweis bekannt, es gibt jedoch sehr deutliche Hinweise dafür.)

Für bestimmte NP Eigenschaften ist die Negation dieser Eigenschaft also wieder eine NP Eigenschaft. Ein Satz, der die Äquivalenz einer NP Eigenschaft mit der Negation einer weiteren NP Eigenschaft feststellt, wird eine *gute Charakterisierung* genannt. Es gibt überall in der Graphentheorie und auch anderswo berühmte gute Charakterisierungen.

Viele NP Eigenschaften sind sogar noch besser. Wenn man Arthur mit dem Heiratsproblem seiner Ritter und Burgfräuleins konfrontiert, kann er (nachdem er zum Beispiel dieses Buch gelesen hat) selbst entscheiden, ob es lösbar ist oder nicht: Er könnte den in Kapitel 10.4 beschriebenen Algorithmus anwenden. Das ist eine Menge Arbeit, aber man kann sie wahrscheinlich mit ganz normalen Personen bewältigen, ohne auf die übernatürlichen Talente von Merlin zurückgreifen zu müssen. Eigenschaften, über die man effizient entscheiden kann, werden Eigenschaften *in der Komplexitätsklasse* P genannt (das P steht hier für *polynomiale Zeit*, eine genaue, aber sehr technische Definition des Ausdrucks „effizient"). Eine Menge anderer in diesem Buch behandelte einfache Eigenschaften eines Graphen, wie der Zusammenhang und die Existenz eines Kreises, gehören ebenfalls dieser Klasse an. Eines unserer Lieblingsprobleme, nämlich die Entscheidung ob eine Zahl eine Primzahl ist oder nicht, gehört auch dazu. Dies wurde kurz bevor dieses Buch in Druck ging gezeigt. (Der in Kapitel 6.10 beschriebene Algorithmus genügt nicht ganz für die Klasse P, da er die zufällige Auswahl der Basis a enthält.)

Die Einführung der Begriffe polynomiale Zeit und NP Eigenschaften signalisierte die Geburtsstunde der modernen Komplexitätstheorie. Begriffe und Paradigmen dieser Theorie sind in weite Teile der Mathematik und ihrer Anwendungen vorgedrungen. Im Folgenden beschreiben wir, wie Ideen aus der Komplexitätstheorie in einer der wichtigsten Bereiche der theoretischen Informatik, nämlich der Kryptographie angewandt werden können.

15.2 Klassische Kryptographie

Seit das Schreiben erfunden wurde, waren Menschen nicht nur daran interessiert, mit ihren Mitmenschen zu kommunizieren, sondern sie waren auch darum bemüht den Inhalt ihrer Mitteilungen vor ihren Gegnern zu verbergen. Dies führte zur Kryptographie (oder auch Kryptologie), der Wissenschaft von der geheimen Kommunikation.

Die grundlegende Situation besteht darin, dass eine Partei einer anderen eine Mitteilung machen möchte. Beispielsweise will König Arthur eine Nachricht an König Bela senden. Es besteht jedoch die Gefahr, dass der teuflische Caesar Caligula diese Nachricht abfängt und Dinge erfährt, von denen er nichts wissen sollte. Die Nachricht, die auch für Caligula lesbar ist, wird als *Klartext* bezeichnet. Um den Inhalt seiner Nachricht zu schützen, muss König Arthur sie *verschlüsseln*. Wenn sie bei König Bela ankommt, muss dieser sie wieder *entschlüsseln*, um sie lesen zu können. Damit die Könige in der Lage sind, die Nachricht zu ver- und entschlüsseln, müssen sie etwas wissen, was Caligula nicht bekannt ist: Diese Information ist der *Schlüssel*.

Im Laufe der Geschichte wurden zahlreiche verschiedene Kryptosysteme verwendet. Die meisten davon erweisen sich jedoch als unsicher, besonders wenn der Kontrahent über leistungsstarke Computerunterstützung verfügt.

Die vielleicht einfachste Methode ist der *Ersetzungscode*: Wir ersetzen jeden Buchstaben des Alphabets durch einen anderen Buchstaben. Der *Schlüssel* ist die Tabelle, in der zu jedem Buchstaben angegeben ist, durch welchen er ersetzt werden soll. Ersetzungscodes sind leicht zu knacken, obwohl eine derart verschlüsselte Nachricht vollkommen konfus aussieht. Wenn man Übungsaufgabe 15.2.1 löst, erkennt man, wie die Länge und Platzierung der Wörter verwendet werden können, um die ursprügliche Bedeutung der Buchstaben herauszubekommen, vorausgesetzt die Lücken zwischen den Wörtern wurden beibehalten (d.h. die „Leerstelle" wurde nicht durch ein anderes Schriftzeichen ersetzt). Aber selbst wenn die Aufteilung des Textes auf die verschiedenen Wörter verborgen bleibt, liefert die Analyse der Häufigkeiten der unterschiedlichen Buchstaben so viel Informationen, dass der Ersetzungscode geknackt werden kann.

One-time-pad-Verfahren: Es gibt eine weitere einfache und häufig verwendete Methode, die aber viel sicherer ist: Die Verwendung einer Schlüsselfolge („one-time-pad"). Diese Methode ist sehr sicher. Sie wurde während des 2. Weltkriegs zur Kommunikation zwischen dem amerikanischen Präsidenten und dem britischen Premier-minister eingesetzt. Der Nachteil dabei ist, dass ein sehr langer „Schlüssel" benötigt wird, der nur ein einziges mal Verwendung findet.

Eine Schlüsselfolge ist ein zufällig erzeugter String aus 0'en und 1'en. Hier ist einer:

$$1100011100001000011001010010010010110011001010110000111011000010$$

Sowohl König Arthur, als auch König Bela kennen diese Sequenz (sie wurde schon lange im Voraus durch einen Boten übermittelt). König Arthur möchte nun folgende Botschaft an König Bela senden:

$$\text{ATTACK MONDAY}^2$$

Zuerst muss er sie in 0'en und 1'en umwandeln. Es ist nicht klar, ob ein mittelalter-licher König das Wissen besaß, um dies zu tun, aber dem Leser sollten verschiedene Möglichkeiten bekannt sein: Zum Beispiel die Verwendung des ASCII Codes oder des Unicodes der Buchstaben. Wir möchten das Ganze allerdings möglichst einfach halten. Daher nummerieren wir die Buchstaben von 1 bis 26 und schreiben danach die Zah-len in ihrer Binärdarstellung. Dabei ergänzen wir die Strings mit vorangestellten 0'en, so dass wir für jeden Buchstaben einen String der Länge 5 erhalten. Wir haben somit „00001" für A, „00010" für B, etc. und verwenden „00000" für ein „Leerzeichen". Die obige Nachricht wird auf diese Weise zu

$$00001100101001000001000110101100000011010111101110001000000111001.$$

Dies scheint schon kryptisch genug auszusehen, aber Caligula (oder eher einer seiner exzellenten griechischen Wissenschaftler, die er sich an seinem Hof als Sklaven hält) könnte leicht herausfinden, was dies heißen soll. Arthur wendet die Schlüsselfolge Bit für Bit an, um die Nachricht zu verschlüsseln. Er addiert zum ersten Bit der Nachricht (das eine 0 ist) das erste Bit der Schlüsselfolge (eine 1) und schreibt das erste Bit der verschlüsselten Nachricht auf: $0 \oplus 1 = 1$. Er berechnet das zweite, dritte, etc. Bit ebenso: $0 \oplus 1 = 1, 0 \oplus 0 = 0, 0 \oplus 0 = 0, 1 \oplus 0 = 1, 1 \oplus 1 = 0, \ldots$. (Man beachte, dass er die seltsame Addition des 2-elementigen Körpers verwendet, bei der $1 \oplus 1 = 0$ gilt.) Man kann auch wie folgt ausdrücken, was König Arthur gemacht hat: Ist das k-te Bit der Schlüsselfolge eine 1, dann verändert er das k-te Bit des Textes, ansonsten bleibt es wie es ist.

Arthur berechnet demnach folgende verschlüsselte Nachricht:

$$11001011101011000111010010001000101111100101000010000110110111011$$

---

[2](Greife am Montag an)

Er sendet diese zu König Bela, der mit Hilfe der Schlüsselfolge die Veränderung der entsprechenden Bits rückgängig macht und somit die ursprüngliche Nachricht wieder herstellt.

Caligula ist die Schlüsselfolge jedoch nicht bekannt (ebenso wenig seinen exzellenten Wissenschaftlern). Daher hat er keine Ahnung welche Bits verändert wurden und ist somit vollkommen hilflos. Die Nachricht ist sicher.

Die Sicherstellung, dass Sender und Empfänger solch einen gemeinsamen Schlüssel haben, kann sehr aufwändig sein. Der Schlüssel kann zum Beispiel zu einem sichereren Zeitpunkt und auf eine ganz andere Weise als die Nachricht übermittelt werden. (Darüber hinaus ist es unter Umständen möglich, sich auf einen Schlüssel zu einigen, ohne diesen wirklich übermitteln zu müssen. Dies würde uns allerdings zu weit in die Kryptographie hinein führen.)

Nachdem es den Königen gelungen ist, den Schlüssel zu übermitteln, ist es durchaus verlockend, ihn wieder zu verwenden. Wenn Bela seine Antwort mit derselben Schlüsselfolge verschlüsselt, sieht sie immer noch völlig zufällig aus. Löst man jedoch Übungsaufgaben 15.2.2 und 15.2.3, erkennt man, dass dies keine gute Idee war. Außerdem werden einige andere Schwächen des One-time-pad-Verfahrens sichtbar.

Übung 15.2.1 Bei der folgenden Nachricht haben die Könige den Ersetzungscode verwendet. Caligula hat die Nachricht abgefangen und konnte sie ziemlich leicht in Klartext umwandeln. Können Sie das auch?

LUD ZMKKGSA SDZG ATSIXZGS LMIXS TABDSUHSA, WTAA CSWMIX JUG NMKKSD YDTHG. FSKT

Übung 15.2.2 Eines Tages machte Arthur den Fehler, die Schlüsselfolge um ein Bit versetzt zu verwenden: Das erste Bit des Klartextes codierte er mit Hilfe des zweiten Bits der Schlüsselfolge, das zweite Bit des Klartextes codierte er mit Hilfe des dritten Bits der Schlüsselfolge, etc.. Er bemerkte seinen Fehler, nachdem er die Nachricht abgeschickt hatte. Aus Sorge, Bela könnte seine Botschaft nicht verstehen, verschlüsselte er sie noch einmal (nun korrekt) mit Hilfe derselben Schlüsselfolge. Dann sandte er sie zusammen mit der Erklärung, was passiert war, durch einen weiteren Boten zu Bela. Caligula gelang es, beide Nachrichten abzufangen und es war ihm möglich, den Klartext wieder herzustellen. Wie hat er das geschafft?

Übung 15.2.3 Den Königen gingen langsam die Schlüsselfolgen aus. Daher musste Bela zur Codierung seiner Antwort die Schlüsselfolge verwenden, die auch schon für Arthurs Botschaft benutzt wurde. Caligula fing beide Nachrichten ab und konnte die Klartexte wieder herstellen. Wie hat er das geschafft?

15.3 Wie man den letzten Schachzug sichern kann

Die moderne Kryptographie begann in den späten siebziger Jahren des 20. Jahrhunderts mit der Idee, dass nicht nur das Fehlen von Informationen unsere Nachricht gegen nicht autorisierte Lauscher schützen kann, sondern auch die *Komplexität der Berechnungen* bei deren Bearbeitung. Die Idee kann anhand des folgenden einfachen Beispiels erläutert werden.

Alice und Bob spielen über das Telefon Schach. Sie möchten das Spiel über Nacht unterbrechen. Was können sie tun, damit die Person, die den nächsten Zug ausführen wird, nicht die ganze Nacht darüber nachdenken kann und damit einen unfairen Vorteil erhält? Bei einem Schachturnier wird der letzte Zug nicht auf dem Brett ausgeführt, sondern aufgeschrieben und in einen Umschlag getan, der dann dem Schiedsrichter übergeben wird. Am nächsten Morgen wird der Umschlag geöffnet und der andere Spieler lernt ihn kennen, wenn seine Uhr zu laufen beginnt. Nun haben unsere beiden Spieler aber keinen Schiedsrichter, keinen Briefumschlag und keinen anderen Kontakt, als den über das Telefon. Der Spieler, welcher den letzten Zug macht (sagen wir, dies ist Alice), muss dem anderen (also Bob) eine Nachricht zukommen lassen. Am nächsten Morgen (oder wann immer sie das Spiel fortsetzen möchten) muss sie Bob einige zusätzliche Informationen geben, einen „Schlüssel", mit dem Bob den Zug rekonstruieren kann. Bob sollte den letzten Zug von Alice nicht ohne diesen Schlüssel rekonstruieren können und Alice sollte es nicht möglich sein, ihren Zug nachträglich zu verändern, falls sie in der Nacht ihre Meinung ändern sollte.

Natürlich erscheint dies unmöglich! Gibt sie Bob anfangs so viel Informationen, dass ihr Zug eindeutig bestimmt ist, dann erkennt er den Zug wahrscheinlich zu früh. Erlauben die anfänglich gegebenen Informationen dagegen mehrere Züge, kann sie in der Nacht darüber nachdenken, sich unter diesen den günstigsten aussuchen und dementsprechend die noch fehlenden Informationen als „Schlüssel" übergeben.

Aus diesem Dilemma gibt es keinen Ausweg, wenn wir die Informationen im Sinne der klassischen Informationstheorie messen. Uns kommt jedoch die Komplexität zu Hilfe: Es reicht nicht, Informationen zu *übermitteln*, sondern sie müssen auch *bearbeitet* werden.

In unserem Beispiel besteht eine Lösung des Problems daher in der Verwendung elementarer Zahlentheorie! (Es können auch viele andere Pläne entwickelt werden.) Alice und Bob einigen sich darauf, jeden Zug als 4-stellige Zahl zu codieren (so bedeutet '11' beispielsweise 'K', '6' bedeutet 'f' und '3' steht für sich selber; Auf diese Weise wird 'Kf3' durch '1163' codiert.). Bis zu diesem Punkt ist dies lediglich eine andere Schreibweise.

Als nächstes erweitert Alice die vier Ziffern, die ihren Zug darstellen, zu einer Primzahl $p = 1163\ldots$ mit 200 Stellen. Sie nimmt sich eine weitere Primzahl q mit 201 Stellen und berechnet das Produkt $N = pq$ (dies würde auf dem Papier ziemlich lange dauern, aber wenn man einen Computer verwendet, ist es einfach). Das Ergebnis ist eine Zahl mit 400 oder 401 Stellen. Sie sendet diese Zahl zu Bob.

Am nächsten Morgen schickt sie Bob die beiden Primfaktoren p und q. Er rekonstruiert den Zug von Alice aus den ersten vier Stellen der kleineren Primzahl. Um sicher zu stellen, dass Alice nicht mogelt, sollte er prüfen, ob p und q Primzahlen sind und ihr Produkt gleich N ist.

Wir zeigen, dass dieses Vorgehen wirklich den gewünschten Effekt hat.

Erstens kann Alice ihre Entscheidung über Nacht nicht mehr verändern, da die Zahl N alle Informationen über ihren Zug enthält: Dieser ist in den ersten vier Stellen des kleineren Primfaktors von N verschlüsselt. Alice legt sich daher mit der Bekanntgabe von N auf den Zug fest.

Eben weil die Zahl N alle Informationen über den Zug von Alice enthält, scheint Bob im Vorteil zu sein und er wäre es tatsächlich, wenn er unbegrenzt Zeit oder einen unglaublich leistungsstarken Computer zur Verfügung hätte. Er müsste die Primfaktoren der Zahl N bestimmen. Aber da es sich bei N um eine 400-stellige (oder noch mehr stellige) Zahl handelt, ist dies mit der zur Zeit verfügbaren Technologie ein hoffnungsloses Unterfangen.

Kann Alice mogeln, indem sie am nächsten Morgen ein anderes Paar (p', q') Primzahlen schickt? Nein, denn Bob kann das Produkt $p'q'$ leicht berechnen und prüfen, ob es tatsächlich mit der vorher gesendeten Zahl N übereinstimmt. (Man erinnere sich an die *Eindeutigkeit* der Primfaktorzerlegung, Satz 6.3.1.)

Alle Informationen über den Zug von Alice sind in den ersten 4 Ziffern des kleineren Primfaktors p codiert. Wir könnten sagen, der Rest von p und der andere Primfaktor q dienen dafür als „Behälter": Der Behälter verbirgt diese Informationen vor Bob und kann nur mit dem passenden Schlüssel (der Faktorisation von N) geöffnet werden. Der ausschlaggebende Faktor bei diesem Verfahren liegt in der *Komplexität*: Der hohe Schwierigkeitsgrad bei der Bestimmung einer Primfaktorzerlegung einer ganzen Zahl.

Mit der Ausbreitung der elektronischen Kommunikation im Geschäftsleben müssen viele der althergebrachten Dinge in Korrespondenz und Handel durch elektronische Versionen ersetzt werden. Einen elektronischen „Behälter" haben wir oben bereits kennengelernt. Es gibt andere Verfahren (ähnlich oder auch etwas aufwändiger) für elektronische Passwörter, Autorisation, Authentifizierung, Unterschriften, Wasserzeichen, etc.. Diese Verfahren sind außerordentlich wichtig für die Computersicherheit, bei der Kryptographie, bei Geldautomaten und in vielen weiteren Bereichen. Das Vorgehen basiert häufig auf einfacher Zahlentheorie. Im nächsten Abschnitt werden wir eines dieser Verfahren (in sehr vereinfachter Form) behandeln.

Übung 15.3.1 Angeregt durch das One-time-pad-Verfahren schlägt Alice folgendes Vorgehen vor, um den letzten Zug in ihrer Schachpartie zu sichern: Sie verschlüsselt ihren Zug am Abend (vielleicht mit noch etwas hinzugefügtem Text, um ihn einigermaßen lang zu machen), indem sie eine zufällig erzeugte Sequenz aus 0'en und 1'en als Schlüssel verwendet (genau wie beim One-time-pad-Verfahren). Am nächsten Morgen sendet sie Bob den Schlüssel, so dass er ihre Nachricht entschlüsseln kann. Sollte Bob auf diesen Vorschlag eingehen?

Übung 15.3.2 Alice modifiziert ihren Vorschlag wie folgt: Anstelle einer zufälligen 0–1 Sequenz, schlägt sie vor, einen sinnvollen Text als Schlüssel zu verwenden. Für wen würde dies einen Vorteil bedeuten?

15.4 Wie man ein Passwort prüft – ohne es zu kennen

Geldautomaten von Banken arbeiten mancherorts mit Name und Passwort. Dieses System ist solange sicher, wie das Passwort geheim bleibt. Es gibt allerdings einen Schwachpunkt: Der Computer der Bank muss das Passwort gespeichert haben und der Administrator dieses Computers könnte es sich merken und später missbräuchlich verwenden.

Die Komplexitätstheorie liefert ein Verfahren, mit dem die Bank überprüfen kann, ob dem Kunden das Passwort tatsächlich bekannt ist – ohne das Passwort selbst speichern zu müssen! Auf den ersten Blick erscheint dies unmöglich – ebenso wie beim Problem, den letzten Schachzug zu sichern. Und die Lösung (zumindest diejenige, die wir hier behandeln) verwendet dieselbe Art Konstruktion, wie in unserem Beispiel mit dem Telefonschach.

Nehmen wir an, das Passwort ist eine 100-stellige Primzahl p (dies ist für den alltäglichen Gebrauch natürlich viel zu lang, aber die Idee wird damit am besten dargestellt). Wenn sich der Kunde das Passwort wählt, dann sucht er sich außerdem noch eine zweite Primzahl q mit 101 Stellen aus. Dann bildet er das Produkt $N = pq$ der zwei Primzahlen und teilt der Bank die Zahl N mit. Wird nun der Geldautomat verwendet, gibt der Kunde seinen Namen und das Passwort p an. Der Computer der Bank überprüft, ob p ein Teiler von N ist und falls dies der Fall sein sollte, dann akzeptiert er p als gültiges Passwort. Die Division einer 200-stelligen Zahl durch eine 100-stellige ist für einen Computer eine einfache Aufgabe.

Stellen wir uns vor, der Systemadministrator merkt sich die zusammen mit den Daten unseres Kunden gespeicherte Zahl N. Möchte er diese unrechtmäßig verwenden, muss er einen 100-stelligen Teiler von N finden. Dies ist jedoch dasselbe Problem wie eine Primfaktorzerlegung von N zu finden. Wie wir wissen, ist das hoffnungslos schwer. Obwohl alle notwendigen Informationen in der Zahl N enthalten sind, schützt die Komplexität der Berechnung einer Primfaktorzerlegung das Passwort des Kunden!

15.5 Wie man diese Primzahlen findet

In unseren beiden einfachen Beispielen der „modernen Kryptographie" werden wie in fast allen anderen Fällen große Primzahlen benötigt. Wir wissen, dass es beliebig große Primzahlen gibt (Satz 6.4.1). Aber gibt es auch welche mit 200 Stellen, die mit 1163 beginnen (oder irgendwelchen anderen 4 gegebenen Ziffern)? Maple fand (innerhalb weniger Sekunden auf einem Laptop!) die kleinste dieser Primzahlen:

1163000000000000000000000000000000000000000000000000
0000000000000000000000000000000000000000000000000000
0000000000000000000000000000000000000000000000000000
0000000000000000000000000000000000000000000000000371

Die kleinste 200-stellige ganze Zahl, die mit 1163 beginnt, lautet $1163 \cdot 10^{196}$. Dies ist natürlich keine Primzahl, aber die obige Primzahl, die wir bereits gefunden haben, kommt ihr ziemlich nahe. Es muss Myriaden solcher Primzahlen geben! Eine Berechnung, die dem was wir in Abschnitt 6.4 getan haben, sehr ähnlich ist, zeigt, dass die Anzahl der Primzahlen, aus denen Alice wählen kann, ungefähr $1,95 \cdot 10^{193}$ beträgt. Dies ist eine große Anzahl, aber wie finden wir eine dieser Primzahlen? Es wäre nicht günstig die obige Primzahl zu verwenden (die kleinste in Frage kommende): Bob könnte dies vermuten und daher den Zug von Alice herausfinden. Alice könnte auch die fehlenden 196 Stellen zufällig besetzen und dann die erhaltene Zahl testen, ob es sich um eine Primzahl handelt. Falls sie keine Primzahl ist, kann sie die Zahl verwerfen und einen neuen Versuch wagen. Wir haben in Abschnitt 6.4 berechnet, dass eine von 460 Zahlen mit 200 Stellen eine Primzahl ist. Daher erhält sie im Durchschnitt bei 460 Versuchen eine Primzahl. Dies hört sich nach vielen Versuchen an, aber sie verwendet natürlich einen Computer. Hier ist eine Primzahl, die wir für Sie mit dieser Methode erhalten haben (wiederum in wenigen Sekunden):

1163146712876555763279909704559660690828365476006668873814489354662474360419891104680411103886895880574571557248000956963917403338545841859353548862232378231757755986473965270112717709727838946541458 9

Im obigen „Umhüllungsverfahren" spielen also beide in Abschnitt 6.10 erwähnten Eigenschaften eine entscheidende Rolle: Es ist einfach zu überprüfen, ob eine Zahl eine Primzahl ist (und dabei ist es einfach, die Verschlüsselung zu berechnen), aber es ist schwierig, die Primfaktoren einer zusammengesetzten Zahl zu bestimmen (und daher ist es schwierig, das Kryptosystem zu knacken).

15.6 Public Key Kryptographie

Die in der realen Welt verwendeten Kryptosysteme sind komplexer als die im vorigen Abschnitt beschriebenen, aber sie basieren auf ähnlichen Prinzipien. In diesem

Abschnitt beschäftigen wir uns kurz mit der Mathematik hinter einem der gebräuchlichsten Systeme, dem RSA Code (benannt nach seinen Erfindern Rivest, Shamir und Adleman).

Das Verfahren: Alice nimmt zwei 100-stellige Primzahlen p und q und berechnet ihr Produkt $m = pq$. Dann erzeugt sie zwei 200-stellige Zahlen d und e, so dass $(p-1)(q-1)$ ein Teiler von $ed - 1$ ist. (Wir werden noch auf die Frage, wie dies getan werden kann, zurückkommen.)

Sie veröffentlicht die beiden Zahlen m und e auf ihrer Webseite (oder im Telefonbuch), die beiden Primfaktoren p und q sowie die Zahl d bleiben ihre gut gehüteten Geheimnisse. Die Zahl d wird ihr *privater Schlüssel* genannt und die Zahl e ihr *öffentlicher Schlüssel* (die Zahlen p und q könnte sie sogar vergessen, sie werden lediglich für die Erstellung des Systems gebraucht, aber für dessen Benutzung nicht mehr).

Angenommen, Bob möchte Alice eine Nachricht senden. Er schreibt diese Nachricht als Zahl x auf (wie man so etwas tun kann, haben wir bereits kennengelernt). Diese Zahl x muss eine nicht-negative ganze Zahl sein, die kleiner als m ist (sollte die Nachricht länger sein, dann kann sie einfach in kürzere Stücken geteilt werden).

Der nächste Schritt ist der heikelste: Bob berechnet den Rest von x^e modulo m. Da x und e beides riesige ganze Zahlen (mit 200 Stellen) sind, besitzt die Zahl x^e mehr als 10^{200} Stellen. Wir könnten sie nicht einmal aufschreiben, geschweige denn, sie berechnen! Glücklicherweise müssen wir diese Zahl gar nicht berechnen, sondern nur ihren Rest beim Teilen durch m bestimmen. Dies ist immer noch eine große Zahl, aber man kann sie wenigstens in 2 oder 3 Zeilen aufschreiben.

Sei r dieser Rest. Er wird zu Alice geschickt. Nachdem er angekommen ist, kann sie ihren privaten Schlüssel verwenden, um die Nachricht durch dasselbe Verfahren, das auch schon Bob angewandt hat, zu entschlüsseln: Sie berechnet den Rest von r^d modulo m. Und – wie durch schwarze Magie der Zahlentheorie (bis man die Erklärung gesehen hat) – entspricht dieser Rest genau dem Klartext x.

Was ist, wenn Alice nun eine Nachricht zu Bob senden möchte? Bob muss sich dafür ebenso einen privaten und einen öffentlichen Schlüssel erzeugen. Er muss zwei Primzahlen p' und q' wählen, ihr Produkt m' berechnen, zwei natürliche Zahlen d' und e' bestimmen, so dass $(p'-1)(q'-1)$ ein Teiler von $e'd' - 1$ ist und schließlich m' und e' veröffentlichen. Erst dann kann Alice ihm eine sichere Nachricht senden.

Die schwarze Mathe-Magie hinter dem Verfahren:
Der entscheidende Satz, der hierbei verwendet wird, ist der Satz von Fermat (Satz 6.5.1). Wir erinnern uns, dass x der Klartext (als ganze Zahl geschrieben) und r die verschlüsselte Nachricht ist. Dabei ist r der Rest von x^e modulo m. Wir können also schreiben:

$$r \equiv x^e \pmod{m}.$$

Alice bildet zur Entschlüsselung die d-te Potenz und erhält

$$r^d \equiv x^{ed} \pmod{m}.$$

Etwas präziser: Alice berechnet den Rest x' von r^d modulo m und dieser entspricht dem Rest von x^{ed} modulo m. Wir möchten zeigen, dass dieser Rest genau gleich x ist. Da $0 \le x < m$ gilt, reicht es zu beweisen, dass $x^{ed} - x$ durch m teilbar ist. Weil $m = pq$ das Produkt zweier verschiedener Primzahlen ist, genügt der Beweis, dass $x^{ed} - x$ sowohl durch p als auch durch q teilbar ist.

Wir betrachten zum Beispiel die Teilbarkeit durch p. Die wichtigste Eigenschaft von e und d besteht darin, dass $ed - 1$ durch $(p-1)(q-1)$ teilbar ist und somit also auch durch $p - 1$. Das bedeutet, wir können $ed = (p-1)l + 1$ schreiben, wobei l eine natürliche Zahl ist. Wir haben daher

$$x^{ed} - x = x\left(x^{(p-1)l} - 1\right).$$

Hier ist $x^{(p-1)l} - 1$ durch $x^{p-1} - 1$ teilbar (siehe Übungsaufgabe 6.1.6) und daher ist $x\left(x^{(p-1)l} - 1\right)$ durch $x^p - x$ teilbar, was sich wiederum nach Fermats Satz durch p teilen läßt.

Wie man diese ganzen Berechnungen ausführt: Wir haben uns bereits damit beschäftigt, wie man Primzahlen findet und Alice kann die in Abschnitt 6.10 beschriebene Methode verwenden.

Das nächste Problem besteht in der Berechnung der beiden Schlüssel e und d. Einen davon, sagen wir zum Beispiel e, kann Alice zufällig aus dem Bereich $1, \ldots, (p-1)(q-1)-1$ wählen. Sie muss prüfen, ob er teilerfremd zu $(p-1)(q-1)$ ist. Dies kann sehr effizient mit Hilfe des in Abschnitt 6.6 behandelten euklidischen Algorithmus getan werden. Ist die gewählte Zahl nicht teilerfremd zu $(p-1)(q-1)$, dann kann sie diese einfach verwerfen und eine andere versuchen. Dies ist der Methode recht ähnlich, die wir verwendeten, um eine Primzahl zu finden und es ist nicht schwer zu erkennen, dass wir in etwa auch dieselbe Anzahl von Versuchen benötigen werden.

Wenn sie schließlich erfolgreich ist und der euklidische Algorithmus zeigt, dass sie eine Zahl e gefunden hat, die teilerfremd zu $(p-1)(q-1)$ ist, gibt es (wie in Abschitt 6.6) zwei ganze Zahlen u und v, für die gilt:

$$eu - (p-1)(q-1)v = 1.$$

Somit ist $eu - 1$ durch $(p-1)(q-1)$ teilbar. Sei der Rest von u modulo $(p-1)(q-1)$ mit d bezeichnet, dann ist $ed - 1$ ebenfalls durch $(p-1)(q-1)$ teilbar und wir haben somit einen geeigneten privaten Schlüssel d gefunden.

Wie berechnen wir schließlich den Rest von x^e modulo m, wenn allein das Aufschreiben von x^e das Universum füllen würde? Das können wir genau so machen, wie es in Abschnitt 6.10 beschrieben wurde.

Unterschriften, etc.: Es gibt eine Menge anderer nützlicher Dinge, die man mit diesem System machen kann. Wir stellen uns zum Beispiel vor, Alice erhält (wie oben beschrieben) eine Nachricht von Bob. Woher weiß sie, dass diese tatsächlich von Bob stammt? Auch wenn sie mit „Bob" unterschrieben wurde, könnte sie von irgendjemand anders kommen. Bob kann jedoch folgendes tun: Zuerst verschlüsselt er die Nachricht mit seinem privaten Schlüssel. Dann fügt er „Bob" hinzu und verschlüsselt sie noch einmal mit dem öffentlichen Schlüssel von Alice. Wenn Alice die Nachricht erhält, kann sie sie mit ihrem privaten Schlüssel decodieren. Sie wird aber immer noch eine verschlüsselte Nachricht vor sich haben, die mit „Bob" unterschrieben ist. Sie kann die Unterschrift entfernen und Bobs öffentlichen Schlüssel im Telefonbuch nachschlagen. Diesen kann sie dann verwenden, um die Nachricht zu entschlüsseln. Könnte jemand diese Nachricht gefälscht haben? Nein, denn der Fälscher hätte Bobs privaten Schlüssel zum Verschlüsseln der Nachricht verwenden müssen (die Verwendung eines anderen Schlüssels würde bedeuten, dass Alice bei der Entschlüsselung der Nachricht durch Bobs öffentlichen Schlüssel nur Blödsinn erhalten würde und daher sofort wüßte, dass sie gefälscht ist).

Mit ähnlichen Tricks können mit Hilfe des RSA Public-key-Systems auch eine Menge anderer elektronischer Spielereien verwirklicht werden: Authentikation, Wasserzeichen, etc..

Sicherheit: Die Sicherheit des RSA Verfahrens ist eine schwierige Angelegenheit und wurde seit seiner Erfindung im Jahr 1977 durch tausende von Forschern untersucht. Die Tatsache, dass kein Angriff bisher erfolgreich war, ist ein gutes Zeichen. Unglücklicherweise konnte aber bislang kein exakter Beweis für seine Sicherheit erbracht werden (und es scheint, als wenn die derzeitige Mathematik keine Hilfsmittel enthält, um solch einen Beweis zu finden).

Wir können dennoch wenigstens einige Argumente liefern, die für die Sicherheit dieses Verfahrens sprechen. Angenommen, man fängt Bobs Nachricht ab und möchte sie dechiffrieren. Man kennt den Rest r (dies ist die verschlüsselte Nachricht). Ebenso sind e, der öffentliche Schlüssel von Alice, sowie die Zahl m bekannt. Man könnte zwei Angriffsstrategien verfolgen: Einerseits kann man ihren privaten Schlüssel d herausfinden und dann die Nachricht genau wie sie selbst entschlüsseln. Man könnte aber auch versuchen, die Zahl x direkt zu bestimmen, da man den Rest von x^e modulo m kennt.

Unglücklicherweise gibt es keinen Satz, der besagt, dass es unmöglich ist, dies in weniger als astronomisch langer Zeit auszuführen. Man kann jedoch die Sicherheit des Systems durch folgende Tatsache begründen: *Wenn man das RSA System knacken kann, dann kann man denselben Algorithmus dazu verwenden, eine Primfaktorzerlegung von m zu finden* (siehe Übungsaufgabe 15.6.1). Das Problem der Primfaktorzerlegung wurde bereits von vielen Personen behandelt und es wurde bisher noch keine effiziente

Methode gefunden. Dies macht die Sicherheit des RSA Verfahrens recht wahrscheinlich.

Übung 15.6.1 Angenommen, Bob entwickelt einen Algorithmus mit dem er das RSA
Verfahren knacken kann und zwar auf die direktere, oben zuerst beschriebene, Wei-
se: Er kennt die öffentlichen Schlüssel m und e von Alice und kann ihren privaten
Schlüssel d bestimmen. Zeigen Sie,

(a) dass er dies zur Bestimmung der Zahl $(p-1)(q-1)$ verwenden kann,

(b) dass er damit die Primfaktorzerlegung $m = pq$ finden kann.

Die wirkliche Welt: Welchen praktischen Wert kann ein solch kompliziertes System
besitzen? Es scheint, als wären lediglich einige Mathematiker in Lage, es zu nutzen.
In Wirklichkeit haben Sie es wahrscheinlich selbst schon hunderte Male verwendet!
RSA wird bei SSL (Secure Socket Layer) verwendet, was wiederum in https (sicheres
http) zur Anwendung kommt. Jedes Mal, wenn Sie eine „sichere Seite" im Internet
aufsuchen (um e-mails zu lesen oder einzukaufen) erstellt ihr Computer für Sie einen
privaten und einen öffentlichen Schlüssel, um sicherzustellen, dass ihre Kreditkarten-
nummer oder andere persönliche Daten geheim bleiben. Sie haben damit gar nichts zu
tun. Alles was Sie davon bemerken, ist eine etwas langsamere Datenübertragung.

In der Praxis werden 100-stellige Primzahlen nicht als ausreichend sicher angesehen.
Kommerzielle Anwendungen verwenden mehr als die doppelte Länge, militärische
Anwendungen sogar mehr als 4 mal so lange Primzahlen.

Obwohl es überraschend schnell geht, den Klartext x mit einem Exponenten zu potenzieren, der selbst aus hunderten von Stellen besteht, würde es trotzdem noch zu lange
dauern, jede Nachricht auf diese Weise zu ver- und zu entschlüsseln. Was kann man
tun? Ein Ausweg besteht darin, zuerst eine Nachricht mit dem Schlüssel für ein einfa-
cheres Verschlüsselungssystem zu senden (man denke an das One-time-pad-Verfahren;
in der Praxis werden allerdings noch effizientere Systeme verwendet, wie DES, der
'Digital Encryption Standard'). Dieser Schlüssel wird dann für ein paar Minuten verwendet, um die zurückgehenden Nachrichten zu verschlüsseln. Anschließend wird er
gleich wieder verworfen. Dieses Vorgehen basiert auf der Idee, dass die Anzahl der
verschlüsselten Nachrichten bei einer kurzen Sitzung für einen Lauscher nicht ausreichen, um das System zu knacken.

Kapitel 16

Lösungen der Übungsaufgaben

16

16

16 Lösungen der Übungsaufgaben

1 Nun wird gezählt !

1.1 Eine Party

1.1.1. $7 \cdot 6 \cdots 2 \cdot 1 = 5040$.

1.1.2. Karl: $15 \cdot 2^3 = 120$. Diane: $15 \cdot 3 \cdot 2 \cdot 1 = 90$.

1.1.3. Bob: $9 \cdot 7 \cdot 5 \cdot 3 = 945$. Karl: $945 \cdot 2^5 = 30240$. Diane: $945 \cdot 5 \cdot 4 \cdot 3 \cdot 2 \cdot 1 = 113400$.

1.2 Mengen und Ähnliches

1.2.1. (a) alle Häuser in einer Straße; (b) eine Olympiamannschaft; (c) der Abi-Jahrgang '99; (d) alle Bäume in einem Wald; (e) die Menge der rationalen Zahlen; (f) ein Kreis in der Ebene.

1.2.2. (a) Soldaten; (b) Personen; (c) Bücher; (d) Tiere.

1.2.3. (a) alle Karten eines Kartenspiels; (b) alle Pik-Karten eines Kartenspiels; (c) ein Stapel schweizer Spielkarten; (d) nicht-negative ganze Zahlen mit höchstens zwei Stellen; (e) nicht-negative ganze Zahlen mit genau zwei Stellen; (f) die Einwohner von Budapest, Ungarn.

1.2.4. Alice, und die Menge, deren einziges Element die Zahl 1 ist.

1.2.5. Nein.

1.2.6. $\emptyset, \{0\}, \{1\}, \{3\}, \{0,1\}, \{0,3\}, \{1,3\}, \{0,1,3\}$. 8 Teilmengen.

1.2.7. Frauen; Personen bei der Party; Yale-Studenten.

1.2.8. $\{a\}, \{a,c\}, \{a,d\}, \{a,e\}, \{a,c,d\}, \{a,c,e\}, \{a,d,e\}, \{a,c,d,e\}$.

1.2.9. $\mathbb{Z}$ oder $\mathbb{Z}_+$. Der kleinste ist $\{0,1,3,4,5\}$.

1.2.10. (a) $\{a,b,c,d,e\}$. (b) Das Vereinigen von Mengen ist assoziativ. (c) Die Vereinigung einer beliebigen Anzahl von Mengen besteht aus Elementen, die mindestens in einer dieser Mengen vorkommen.

1.2.11. Die Vereinigung einer Menge von Mengen $\{A_1, A_2, \ldots, A_k\}$ ist die kleinste Menge, die jedes A_i als Teilmenge enthält.

1.2.12. $9, 10, 14$.

1.2.13. Die Mächtigkeit ihrer Vereinigung ist mindestens so groß wie das größere von n und m und höchstens so groß wie $n + m$.

1.2.14. (a) $\{1,3\}$; (b) $\emptyset$; (c) $\{2\}$.

1.2.15. Die Mächtigkeit ihres Durchschnitts ist höchstens so groß wie das Minimum von n und m.

1.2.16. Kommutativität ist offensichtlich. Um $(A \cap B) \cap C = A \cap (B \cap C)$ nachzuweisen, reicht es zu zeigen, dass beide Seiten aus Elementen bestehen, die zu allen drei Mengen A, B und C gehören. Der Beweis der anderen Gleichung in (3) erfolgt ebenso. Den Berweis von (4) kann man vollständig analog zum Beweis von (1) durchführen.

1.2.17. Die gemeinsamen Elemente von A und B werden auf beiden Seiten doppelt gezählt. Die Elemente, die entweder in A oder in B, aber nicht in beiden gleichzeitig enthalten sind, werden auf beiden Seiten einfach gezählt.

1.2.18. (a) Die Menge der negativen geraden ganzen Zahlen und positiven ungeraden ganzen Zahlen. (b) B.

1.3 Die Anzahl der Teilmengen

1.3.1. (a) Potenzen von 2. (b) $2^n - 1$. (c) Mengen, die das letzte Element nicht enthalten.

1.3.2. 2^{n-1}.

1.3.3. Teile alle Teilmengen so in Paare ein, dass sich jedes Paar nur in seinem ersten Element unterscheidet. Jedes Paar enthält eine gerade und eine ungerade Teilmenge, also ist ihre Anzahl identisch.

1.3.4. (a) $2 \cdot 10^n - 1$; (b) $2 \cdot (10^n - 10^{n-1})$.

1.4 Die ungefähre Anzahl von Teilmengen

1.4.1. 101.

1.4.2. $1 + \lfloor n \lg 2 \rfloor$.

1.5 Sequenzen

1.5.1. Die Bäume haben 9, bzw. 12 Blätter.

1.5.2. $5 \cdot 4 \cdot 3 = 60$.

1.5.3. 3^{13}.

1.5.4. $6 \cdot 6 = 36$.

1.5.5. 12^{20}.

1.5.6. $(2^{20})^{12}$.

1.6 Permutationen

1.6.1. $n!$.

1.6.2. (a) $7 \cdot 5 \cdot 3 \cdot 1 = 105$. (b) $(2n - 1) \cdot (2n - 3) \cdots 3 \cdot 1$.

1.7 Die Anzahl geordneter Teilmengen

1.7.1. (Wir denken nicht, dass Sie tatsächlich den ganzen Baum zeichnen können. Er hat beinahe 10^{20} Blätter und 11 Knotenniveaus.)

1.7.2. (a) 100!. (b) 90!. (c) $100!/90! = 100 \cdot 99 \cdots 91$.

1.7.3. $\frac{n!}{(n-k)!} = n(n-1) \cdot (n-k+1)$.

1.7.4. In einem Fall ist Wiederholung nicht erlaubt, während sie in dem anderen erlaubt ist.

1.8 Die Anzahl der Teilmengen einer vorgegebenen Größe

1.8.1. Handschläge; Lotterie; Blätter beim Bridge.

1.8.2. Man betrachte das Pascalsche Dreieck in Kapitel 3.

1.8.3. $\binom{n}{0} = \binom{n}{n} = 1$, $\binom{n}{1} = \binom{n}{n-1} = n$.

1.8.4. Der algebraische Beweis von (7) ist unkomliziert. In (8) werden auf der rechten Seite die k-Teilmengen einer n-elementigen Menge gezählt. Dies erfolgt durch separates Abzählen derjenigen k-Teilmengen, die ein gegebenes Element enthalten und solchen, die es nicht enthalten.

1.8.5. Ein algebraischer Beweis ist einfach. Eine kombinatorische Interpretation: n^2 ist die Anzahl aller geordneten Paare (a, b) mit $a, b \in \{1, 2, \ldots, n\}$ und $\binom{n}{2}$ ist darunter die Anzahl aller geordneten Paare (a, b) mit $a < b$ (warum ?). Um die verbleibenden geordneten Paare (a, b) (dies sind diejenigen mit $a \geq b$) zu zählen, addieren wir zu ihrem ersten Eintrag eine 1. Dadurch erhalten wir ein Paar (a', b) mit $1 \leq a', b \leq n + 1$, $a' > b$ und umgekehrt erhält man jedes solche Paar auf diese Weise. Die Anzahl dieser Paare beträgt daher $\binom{n+1}{2}$.

1.8.6. Ein algebraischer Beweis ist wiederum einfach. Eine kombinatorische Interpretation: Wir können eine k-elementige Teilmenge wählen, indem zuerst ein Element ausgewählt wird (man hat n Möglichkeiten) und danach eine $(k - 1)$-elementige Teilmenge aus den restlichen $n - 1$ Elementen ($\binom{n-1}{k-1}$ Möglichkeiten). Wir erhalten dabei jedoch jede k-elementige Teilmenge genau k mal (in Abhägigkeit von der Wahl des ersten Elements), deshalb muss das Ergebnis noch durch k geteilt werden.

1.8.7. Auf beiden Seiten wird die Anzahl der Möglichkeiten gezählt, eine a-elementige Menge in drei Mengen mit $a - b$, $b - c$ und c Elementen zu unterteilen.

2 Kombinatorische Werkzeuge
2.1 Induktion

2.1.1. Entweder n oder $n + 1$ ist gerade, also ist das Produkt $n(n + 1)$ auch gerade. Durch Induktion: Es ist für $n = 1$ wahr. Falls $n > 1$, dann gilt $n(n + 1) = (n - 1)n + 2n$ und $n(n - 1)$ ist nach Induktionsvoraussetzung gerade. $2n$ ist gerade und die Summe zweier gerader Zahlen ist ebenfalls gerade.

2.1.2. Wahr für $n = 1$. Falls $n > 1$, dann gilt

$$1 + 2 + \cdots + n = (1 + 2 + \cdots + (n - 1)) + n = \frac{(n - 1)n}{2} + n = \frac{n(n + 1)}{2}.$$

2.1.3. Die jüngste Person wird n Handschläge zählen. Die siebtälteste Person wird 6 Handschläge zählen. Also zählen sie $1 + 2 + \cdots + n$ Handschläge. Wir wissen bereits, dass es $n(n + 1)/2$ Handschläge gibt.

2.1.4. Man berechne die Fläche des Rechtecks auf zwei verschiedene Arten.

2.1.5. Durch Induktion nach n. Wahr für $n = 2$. Für $n > 2$ haben wir

$$1 \cdot 2 + 2 \cdot 3 + 3 \cdot 4 + \cdots + (n - 1) \cdot n = \frac{(n - 2) \cdot (n - 1) \cdot n}{3} + (n - 1) \cdot n$$
$$= \frac{(n - 1) \cdot n \cdot (n + 1)}{3}.$$

2.1.6. Ist n gerade, dann gilt $1 + n = 2 + (n - 1) = \cdots = \left(\frac{n}{2} - 1\right) + \frac{n}{2} = n + 1$. Die Summe beträgt daher $\frac{n}{2}(n + 1) = \frac{n(n+1)}{2}$. Ist n ungerade, dann müssen wir den mittleren Term separat hinzufügen.

2.1.7. Ist n gerade, dann gilt $1 + (2n - 1) = 3 + (2n - 3) = \cdots = (n - 1) + (n + 1) = 2n$. Daher beträgt die Summe $\frac{n}{2}(2n) = n^2$. Ist n ungerade, dann ist die Lösung analog, nur den mittleren Term müssen wir separat hinzufügen.

2.1.8. Durch Induktion. Wahr für $n = 1$. Falls $n > 1$, dann gilt

$$1^2 + 2^2 + \cdots + (n - 1)^2 = \left(1^2 + 2^2 + \cdots + (n - 1)^2\right) + n^2$$
$$= \frac{(n - 1)n(2n - 1)}{6} + n^2 = \frac{n(n + 1)(2n + 1)}{6}.$$

2.1.9. Durch Induktion. Wahr für $n = 1$. Falls $n > 1$, dann gilt

$$2^0 + 2^1 + 2^2 + \cdots + 2^{n-1} = \left(2^0 + 2^1 + \cdots + 2^{n-2}\right) + 2^{n-1}$$
$$= \left(2^{n-1} - 1\right) + 2^{n-1} = 2^n - 1.$$

2.1.10. (Strings) Wahr für $n = 1$. Falls $n > 1$, dann können wir mit einem String der Länge $n - 1$ beginnen (dieser kann nach Induktionsvoraussetzung auf k^{n-1} verschiedene Arten gewählt werden) und ein Element (für welches man k Wahlmöglichkeiten hat) hinzufügen, um einen String der Länge n zu erhalten. Wir bekommen $k^{n-1} \cdot k = k^n$.

(Permutationen) Wahr für $n = 1$. Um einen Sitzplan für n Personen zu erstellen, können wir zuerst die älteste Person plazieren (dies kann auf n verschiedene Weisen erfolgen) und danach alle anderen (dies kann nach Induktionsvoraussetzung auf $(n - 1)!$ Arten erfolgen). Wir erhalten $n \cdot (n - 1)! = n!$.

2.1.11. Wahr, falls $n = 1$. Sei $n > 1$. Die Anzahl der Handschläge zwischen n Personen ist gleich der Anzahl der Handschläge der ältesten Person (diese beträgt $n - 1$) plus der Anzahl der Handschläge zwischen den restlichen $n - 1$ Personen (welche nach Induktionsvoraussetzung $(n - 1)(n - 2)/2$ beträgt) Wir erhalten $(n - 1) + (n - 1)(n - 2)/2 = n(n - 1)/2$ Handschläge.

2.1.12. Wir haben den Induktionsbeginn $n = 1$ nicht überprüft.

2.1.13. In dem Beweis wird verwendet, dass es mindestens vier Geraden gibt. Wir haben jedoch lediglich die Fälle $n = 1, 2$ als Induktionsbeginn überprüft. Die Behauptung ist für $n = 3$ falsch, ebenso für jeden darauf folgenden Wert von n.

2.2 Vergleichen und Abschätzen von Zahlen

2.2.1. (a) Auf der linken Seite werden alle Teilmengen einer n-elementigen Menge gezählt, auf der rechten Seite werden nur die 3-elementigen Teilmengen gezählt. (b) $2^n/n^2 > \binom{n}{3}/n^2 = (n-1)(n-2)/(6n)$, was beliebig groß wird.

2.2.2. Man beginne die Induktion mit $n = 4$: $4! = 24 > 16 = 2^4$. Gilt die Ungleichung für n, dann gilt $(n+1)! = (n+1)n! > (n+1)2^n > 2 \cdot 2^n = 2^{n+1}$.

2.3 Inklusion-Exklusionsprinzip

2.3.1. $18 + 23 + 21 + 17 - 9 - 7 - 6 - 12 - 9 - 12 + 4 + 3 + 5 + 7 - 3 = 40$.

2.4 Taubenschlagprinzip

2.4.1. Enthält jeder der riesigen Behälter höchstens 20 New Yorker, dann enthalten 500.000 Behälter höchstens $20 \cdot 500.000 = 10.000.000$ New Yorker, was ein Widerspruch ist.

3 Binomialkoeffizienten und das Pascalsche Dreieck

3.1 Der Binomialsatz

3.1.1.

$$
\begin{aligned}
&(x+y)^{n+1} \\
&= (x+y)^n (x+y) \\
&= \left(x^n + \binom{n}{1} x^{n-1} y + \cdots + \binom{n}{n-1} xy^n + \binom{n}{n} y^n \right)(x+y) \\
&= x^n(x+y) + \binom{n}{1} x^{n-1} y(x+y) + \cdots \\
&\quad + \binom{n}{n-1} xy^{n-1}(x+y) + \binom{n}{n} y^n(x+y) \\
&= (x^{n+1} + x^n y) + \binom{n}{1}(x^n y + x^{n-1} y^2) + \cdots \\
&\quad + \binom{n}{n-1}(x^2 y^{n-1} + xy^n) + \binom{n}{n}(xy^n + y^{n+1})
\end{aligned}
$$

$$= x^{n+1} + \left(1 + \binom{n}{1}\right) x^n y + \left(\binom{n}{1} + \binom{n}{2}\right) x^{n-1} y^2 + \cdots$$

$$+ \left(\binom{n}{n-1} + \binom{n}{n}\right) xy^n + y^{n+1}$$

$$= x^{n+1} + \binom{n+1}{1} x^n y + \binom{n+1}{2} x^{n-1} y^2 + \cdots + \binom{n+1}{n} xy^n + y^{n+1}.$$

3.1.2. (a) $(1-1)^n = 0$. (b) By $\binom{n}{k} = \binom{n}{n-k}$.

3.1.3. Die Gleichung besagt, dass *die Anzahl der Teilmengen einer n-elementigen Menge, die eine gerade Anzahl von Elementen enthalten mit der Anzahl der Teilmengen, die eine ungerade Anzahl von Elementen enthalten, übereinstimmt.* Wir können eine Bijektion zwischen den geraden und ungeraden Teilmengen wie folgt festlegen: Enthält eine Teilmenge die 1, dann enferne man diese daraus, anderenfalls, füge man sie zu der Teilmenge hinzu.

3.2 Geschenke verteilen

3.2.1.

$$\binom{n}{n_1} \cdot \binom{n-n_1}{n_2} \cdots \binom{n-n_1-\cdots-n_{k-1}}{n_k}$$

$$= \frac{n!}{n_1!(n-n_1)!} \frac{(n-n_1)!}{n_2!(n-n_1-n_2)!} \cdots \frac{(n-n_1-\cdots-n_{k-1})!}{n_{k-1}!(n-n_1-\cdots-n_k)!}$$

$$= \frac{n!}{n_1! n_2! \cdots n_k!},$$

da $n - n_1 - \cdots - n_{k-1} - n_k = 0$.

3.2.2. (a) $n!$ (Verteilen von Platzierungen anstelle von Geschenken). (b) $n(n-1)\cdots(n-k+1)$ (man verteile die ersten k Platzierungen des Wettbewerbs ebenso wie die „Geschenke" und dann $n-k$ Teilnehmerurkunden). (c) $\binom{n}{n_1}$. (d) Die Sitzordnung beim Schach, so wie es Diane vorgeschlagen hat (Verteilung der Spieler an den Schachbrettern).

3.2.3. (a) $[n=8]\, 8!$. (b) $8! \cdot \binom{8}{4}$. (c) $(8!)^2$.

3.3 Anagramme

3.3.1. $13!/2^3$.

3.3.2. COMBINATORICS.

3.3.3. Die meisten: Jedes Wort mit 13 verschiedenen Buchstaben; die wenigsten: Jedes Wort mit 13 identischen Buchstaben.

3.3.4. (a) 26^6.

(b) Es gibt $\binom{26}{4}$ Möglichkeiten, die vier vorkommenden Buchstaben zu wählen. Für jede Wahl gibt es $\binom{4}{2}$ Möglichkeiten, die zwei doppelt vorkommenden Buchstaben auszusuchen. Bei jeder Wahl bestimmen wir 6 Positionen für diese Buchstaben (2 davon erhalten 2 Positionen). Dies ergibt $\frac{6!}{2!2!}$ Möglichkeiten. Folglich erhalten wir $\binom{26}{4}\binom{4}{2}\frac{6!}{2!2!}$. (Es gibt auch viele andere Berechnungsmöglichkeiten für diese Zahl!)

(c) Die Anzahl der Möglichkeiten, 6 in eine Summe natürlicher Zahlen zu zerlegen:

$$6 = 6 = 5 + 1 = 4 + 2 = 4 + 1 + 1 = 3 + 3 = 3 + 2 + 1 = 3 + 1 + 1 + 1$$

$$= 2 + 2 + 2 = 2 + 2 + 1 + 1 = 2 + 1 + 1 + 1 + 1 = 1 + 1 + 1 + 1 + 1 + 1.$$

Dies macht 11 Möglichkeiten.

(d) Das ist in dieser Form zu schwierig. Was wir meinten, ist folgendes: Wie viele Wörter der Länge n gibt es, bei denen keines ein Anagramm eines anderen ist? Das bedeutet dasselbe, wie n Pennies an 26 Kinder zu verteilen, und die Antwort lautet daher $\binom{n+25}{25}$.

3.4 Geld verteilen

3.4.1. $\binom{n-k-1}{k-1}$.

3.4.2. $\binom{n+k-1}{\ell+k-1}$.

3.4.3. $\binom{kp+k-1}{k-1}$.

3.5 Das Pascalsche Dreieck

3.5.1. Das ist dasselbe wie $\binom{n}{k} = \binom{n}{n-k}$.

3.5.2. $\binom{n}{0} = \binom{n}{n} = 1$ (z.B. nach der allgemeinen Formel für Binomialkoeffizienten).

3.6 Identitäten im Pascalschen Dreieck

3.6.1.

$$1 + \binom{n}{1} + \binom{n}{2} + \cdots + \binom{n}{n-1} + \binom{n}{n}$$
$$= 1 + \left[\binom{n-1}{0} + \binom{n-1}{1}\right] + \left[\binom{n-1}{1} + \binom{n-1}{2}\right] +$$
$$\cdots + \left[\binom{n-1}{n-2} + \binom{n-1}{n-1}\right] + 1$$
$$= 2\left[\binom{n-1}{0} + \binom{n-1}{1} + \cdots + \binom{n-1}{n-2} + \binom{n-1}{n-1}\right]$$
$$= 2 \cdot 2^{n-1} = 2^n.$$

3.6.2. Der Koeffizient von $x^n y^n$ in

$$\left(\binom{n}{0} x^n + \binom{n}{1} x^{n-1} y + \cdots + \binom{n}{n-1} xy^{n-1} + \binom{n}{n} y^n \right)^2$$

ist

$$\binom{n}{0}\binom{n}{n} + \binom{n}{1}\binom{n}{n-1} + \cdots + \binom{n}{n-1}\binom{n}{1} + \binom{n}{n}\binom{n}{0}.$$

3.6.3. Auf der linken Seite werden alle k-elementigen Teilmengen einer $(n+m)$-elementigen Menge gezählt. Dazu werden sie hinsichtlich der Anzahl der in ihnen enthaltenen, aus den ersten n Elementen stammenden, Elemente unterteilt.

3.6.4. Ist das größte Element j (was mindestens $n+1$ ist), dann gibt es $\binom{j-1}{n}$ Möglichkeiten, den Rest zu wählen. Summieren wir über alle $j \geq n+1$, erhalten wir die Gleichung

$$\binom{n}{n} + \binom{n+1}{n} + \cdots + \binom{n+k}{n} = \binom{n+k+1}{n+1}.$$

Wir erhalten (23) unter Verwendung von $\binom{n+i}{n} = \binom{n+i}{i}$.

3.7 Ein Blick aus der Vogelperspektive auf das Pascalsche Dreieck

3.7.1. $n = 3k + 2$.

3.7.2. Dies ist nicht einfach. Wir möchten den ersten Wert von k bestimmen, für den die Differenz der Differenzen nicht-positiv wird:

$$\left(\binom{n}{k+1} - \binom{n}{k} \right) - \left(\binom{n}{k} - \binom{n}{k-1} \right) \leq 0.$$

Wir können die Gleichung durch $\binom{n}{k-1}$ teilen und mit $k(k+1)$ multiplizieren und erhalten

$$(n-k+1)(n-k) - 2(n-k+1)(k+1) + k(k+1) \leq 0.$$

Durch Vereinfachung bekommen wir

$$4k^2 - 4nk + n^2 - n - 2 < 0.$$

Lösen wir dies nach k auf, ergibt sich, dass die linke Seite nicht-positiv zwischen den beiden Wurzeln liegt:

$$\frac{n}{2} - \frac{1}{2}\sqrt{n+2} \leq k \leq \frac{n}{2} + \frac{1}{2}\sqrt{n+2}.$$

Die erste ganze Zahl k, für die dies nicht positiv ist, lautet also

$$k = \left\lceil \frac{n}{2} - \frac{1}{2}\sqrt{n+2} \right\rceil.$$

3.8 Ein Adlerblick: Genaue Details

3.8.1. (a) Wir müssen $e^{-t^2/(m-t+1)} \le e^{-t^2/m} \le e^{-t^2/(m+t)}$ zeigen. Unter Verwendung der Tatsache, dass e^x eine monoton steigende Funktion ist, ist der Beweis unkomliziert.

(b) Man bilde den Quotient der oberen und unteren Schranken. Wir erhalten

$$\frac{e^{-t^2/(m+t)}}{e^{-t^2/(m-t+1)}} = e^{t^2/(m-t+1)-t^2/(m+t)}.$$

Der Exponent ist hier

$$\frac{t^2}{m-t+1} - \frac{t^2}{m+t} = \frac{(2t-1)t^2}{(m-t+1)(m+t)}.$$

Dies ist in unserem Fall $1900/(41*60) \approx 0,772$ und somit ist der Quotient gleich $e^{0,772} \approx 2,1468$.

3.8.2. Wir wenden die untere Schranke in Lemma 2.5.1 auf den Logarithmus an. Als typischen Term erhalten wir

$$\ln\left(\frac{m+t-k}{m-k}\right) \ge \frac{\frac{m+t-k}{m-k}-1}{\frac{m+t-k}{m-k}} = \frac{t}{m+t-k},$$

und somit

$$\ln\left(\frac{m+t}{m}\right) + \ln\left(\frac{m+t-1}{m-1}\right) + \cdots + \ln\left(\frac{m+1}{m-t+1}\right)$$

$$\ge \frac{t}{m+t} + \frac{t}{m+t-1} + \cdots + \frac{t}{m+1}.$$

Wir ersetzen jeden Nenner durch den *größten*, um die Summe zu verringern:

$$\frac{t}{m+t} + \frac{t}{m+t-1} + \cdots + \frac{t}{m+1} \ge \frac{t^2}{m+t}.$$

Die Umkehrung beider Schritte (der Anwendung des Logarithmus und das Nehmen des Kehrwerts) liefert die obere Schranke in (27).

3.8.3. Wir haben nach (27)

$$\binom{2m}{m} \Big/ \binom{2m}{m-t} \ge e^{t^2/(m+t)}.$$

Der Exponent ist hier eine monoton steigende Funktion von t, für $t \geq 0$ (um dies einzusehen, schreibe man es in Form von $t(1 - \frac{m}{m+t})$ oder bilde die Ableitung). Somit folgt mit unserer Voraussetzung $t \geq \sqrt{m \ln C} + \ln C$, dass

$$\frac{t^2}{m+t} \geq \frac{(\sqrt{m \ln C} + \ln C)^2}{m + \sqrt{m \ln C} + \ln C} = \frac{\ln C(m + 2\sqrt{m \ln C} + \ln C)}{m + \sqrt{m \ln C} + \ln C}$$
$$> \ln C,$$

was

$$\binom{2m}{m} \Big/ \binom{2m}{m-t} > C$$

impliziert. Der Beweis der anderen Hälfte erfolgt analog.

4 Fibonacci Zahlen

4.1 Fibonaccis Aufgabe

4.1.1. Da wir die zwei vorigen Elemente verwenden, um das nächste zu berechnen.

4.1.2. F_{n+1}.

4.1.3. Wir bezeichnen die Anzahl der guten Teilmengen mit S_n. Ist $n = 1$, dann gilt $S_1 = 2$ (die leere Menge und die Menge $\{1\}$). Ist $n = 2$, dann sind es $\emptyset$, $\{1\}$, $\{2\}$, also ist $S_2 = 3$. Für n beliebig gilt: Falls n in der Teilmenge vorkommt, kann $n - 1$ nicht darin vorkommen, also gibt es S_{n-2} Teilmengen dieses Typs. Falls n nicht in der Teilmenge vorkommt, gibt es S_{n-1} dieser Teilmengen. Wir haben somit dieselbe rekursive Formel und daher $S_n = F_{n+2}$.

4.2 Eine Menge Identitäten

4.2.1. Durch die Rekursion ist klar, dass auf zwei ungerade Zahlen eine gerade folgt, worauf wieder zwei ungerade Zahlen kommen.

4.2.2. Wir formulieren folgende schrecklich aussehende Aussage: *Ist n durch 5 teilbar, dann gilt dies auch für F_n; hat n den Rest 1 beim Teilen durch 5, dann hat auch F_n den Rest 1; hat n den Rest 2 beim Teilen durch 5, dann hat F_n den Rest 1; hat n den Rest 3 beim Teilen durch 5, dann hat F_n den Rest 2; hat n den Rest 4 beim Teilen durch 5, dann hat F_n den Rest 3.* Dann kann es leicht durch Induktion bewiesen werden.

4.2.3. Durch Induktion. Sie gelten alle für $n = 1$ und $n = 2$. Nehmen wir $n \geq 3$ an.

(a) $F_1 + F_3 + F_5 + \cdots + F_{2n-1} = (F_1 + F_3 + \cdots + F_{2n-3}) + F_{2n-1} = F_{2n-2} + F_{2n-1} = F_{2n}$.

(b) $F_0 - F_1 + F_2 - F_3 + \cdots - F_{2n-1} + F_{2n} = (F_0 - F_1 + F_2 - \cdots + F_{2n-2}) + (-F_{2n-1} + F_{2n}) = (F_{2n-3} - 1) + F_{2n-2} = F_{2n-1} - 1$.

(c) $F_0^2 + F_1^2 + F_2^2 + \cdots + F_n^2 = (F_0^2 + F_1^2 + \cdots + F_{n-1}^2) + F_n^2 = F_{n-1}F_n + F_n^2 = F_n(F_{n-1} + F_n) = F_n \cdot F_{n+1}$.

(d) $F_{n-1}F_{n+1} - F_n^2 = F_{n-1}(F_{n-1} + F_n) - F_n^2 = F_{n-1}^2 + F_n(F_{n-1} - F_n) = F_{n-1}^2 - F_nF_{n-2} = -(-1)^{n-1} = (-1)^n.$

4.2.4. Wir können (32) als $F_{n-1} = F_{n+1} - F_n$ schreiben und dies zur rekursiven Berechnung von F_n für negative n verwenden (rückwärts vorgehend):

$$\ldots, -21, 13, -8, 5, -3, 2, -1, 1, 0.$$

Man bemerkt leicht, dass dies den gewöhnlichen Fibonacci Zahlen entspricht, natürlich abgesehen davon, dass jede zweite ein negatives Vorzeichen besitzt. Als Formel haben wir

$$F_{-n} = (-1)^{n+1}F_n.$$

Dies kann nun leicht durch Induktion nach n bewiesen werden. Es gilt für $n = 0, 1$ und unter der Annahme, dass es auch für n und $n - 1$ gilt, erhalten wir für $n + 1$

$$F_{-(n+1)} = F_{-(n-1)} - F_{-n} = (-1)^nF_{n-1} - (-1)^{n+1}F_n$$
$$= (-1)^n(F_{n-1} + F_n) = (-1)^nF_{n+1} = (-1)^{n+2}F_{n+1},$$

was die Induktion vervollständigt.

4.2.5.

$$F_{n+2} = F_{n+1} + F_n = (F_n + F_{n-1}) + F_n = 2F_n + (F_n - F_{n-2}) = 3F_n - F_{n-2}.$$

Wir erhalten die Rekursion für Fibonacci Zahlen mit ungeradem Index, indem wir n durch $2n - 1$ ersetzen. Wir verwenden dies, um (33) zu zeigen:

$$F_{n+1}^2 + F_n^2 = (F_n + F_{n-1})^2 + F_n^2 = 2F_n^2 + F_{n-1}^2 + 2F_nF_{n-1}$$
$$= 3F_n^2 + 2F_{n-1}^2 - (F_n - F_{n-1})^2 = 3F_n^2 + 2F_{n-1}^2 - F_{n-2}^2$$
$$= 3(F_n^2 + F_{n-1}^2) - (F_{n-1}^2 + F_{n-2}^2) = 3F_{2n-1} - F_{2n-3}$$
$$= F_{2n+1}.$$

4.2.6. Die Gleichung lautet

$$\binom{n}{0} + \binom{n-1}{1} + \binom{n-2}{2} + \cdots + \binom{n-k}{k} = F_{n+1},$$

wobei $k = \lfloor n/2 \rfloor$. Beweis durch Induktion. Wahr für $n = 0$ und $n = 1$. Sei $n \geq 2$. Nehmen wir an, n ist ungerade. Der gerade Fall verläuft genauso, mit Ausnahme des letzten Terms (unten), der ein wenig anders behandelt werden muss.

$$\binom{n}{0} + \binom{n-1}{1} + \binom{n-2}{2} + \cdots + \binom{n-k}{k}$$

$$= 1 + \left(\binom{n-2}{0} + \binom{n-2}{1}\right) + \left(\binom{n-3}{1} + \binom{n-3}{2}\right) + \cdots$$

$$+ \left(\binom{n-k-1}{k-1} + \binom{n-k-1}{k}\right)$$

$$= \left(\binom{n-1}{0} + \binom{n-2}{1} + \binom{n-3}{2} + \cdots + \binom{n-k-1}{k}\right)$$

$$+ \left(\binom{n-2}{0} + \binom{n-3}{1} + \cdots + \binom{n-k-1}{k-1}\right)$$

$$= F_n + F_{n-1} = F_{n+1}.$$

4.2.7. (33) folgt, indem man $a = b = n - 1$ setzt. (34) folgt, indem man $a = n$, $b = n - 1$ setzt.

4.2.8. Sei $n = km$. Wir verwenden Induktion nach m. Für $m = 1$ ist die Behauptung offensichtlich. Ist $m > 1$, dann verwenden wir (36) mit $a = k(m-1)$, $b = k - 1$:

$$F_{ka} = F_{(k-1)a}F_{a-1} + F_{(k-1)a+1}F_a.$$

Nach Induktionsvoraussetzung sind beide Terme durch F_a teilbar.

4.2.9. Die „Diagonale" ist in Wirklichkeit ein sehr langes und schmales Parallelogramm mit dem Flächeninhalt 1. Der Trick hängt von der Tatsache ab, dass $F_{n+1}F_{n-1} - F_n^2 = (-1)^n$ im Vergleich zu F_n^2 sehr klein ist.

4.3 Eine Formel für die Fibonacci Zahlen

4.3.1. Wahr für $n = 0, 1$. Sei $n \geq 2$. Dann gilt nach Induktionsvoraussetzung

$$F_n = F_{n-1} + F_{n-2}$$

$$= \frac{1}{\sqrt{5}}\left(\left(\frac{1+\sqrt{5}}{2}\right)^{n-1} - \left(\frac{1-\sqrt{5}}{2}\right)^{n-1}\right)$$

$$+ \frac{1}{\sqrt{5}}\left(\left(\frac{1+\sqrt{5}}{2}\right)^{n-2} - \left(\frac{1-\sqrt{5}}{2}\right)^{n-2}\right)$$

$$= \frac{1}{\sqrt{5}}\left(\left(\frac{1+\sqrt{5}}{2}\right)^{n-2}\left(\frac{1+\sqrt{5}}{2}+1\right) + \left(\frac{1-\sqrt{5}}{2}\right)^{n-2}\left(\frac{1-\sqrt{5}}{2}+1\right)\right)$$

$$= \frac{1}{\sqrt{5}}\left(\left(\frac{1+\sqrt{5}}{2}\right)^{n} - \left(\frac{1-\sqrt{5}}{2}\right)^{n}\right).$$

4.3.2. Setzen wir voraus, dass L_n von der gegebenen Form ist, dann erhalten wir für $n = 1$ und $n = 2$

$$L_1 = 1 = a + b, \qquad L_2 = 3 = a\frac{1 + \sqrt{5}}{2} + b\frac{1 - \sqrt{5}}{2}.$$

Auflösen nach a und b ergibt

$$a = \frac{1 + \sqrt{5}}{2}, \qquad b = \frac{1 - \sqrt{5}}{2}.$$

Dann gilt

$$L_n = \left(\frac{1 + \sqrt{5}}{2}\right)^n + \left(\frac{1 - \sqrt{5}}{2}\right)^n,$$

was wie beim vorigen Problem durch Induktion nach n folgt.

4.3.3. (a) Jack kauft zum Beispiel jeden Tag entweder ein Eis für 1 Euro oder einen riesigen Eisbecher für 2 Euro. Es gibt 4 verschiedene Geschmacksrichtungen beim Eis, aber nur eine Art von Eisbecher. Auf wie viele verschiedene Arten kann er sein Geld ausgeben, wenn ihm n Euro zur Verfügung stehen?

$$I_n = \frac{1}{2\sqrt{5}}\left((2 + \sqrt{5})^n - (2 - \sqrt{5})^n\right).$$

4.3.4. Die Formel liefert für $n = 1, 2, \ldots, 10$ die korrekten Zahlen; für $n = 11$ allerdings nicht, hier liefert sie 91. Je weiter n ansteigt, um so mehr werden sich die Werte unterscheiden. Wir haben bereits festgestellt, dass

$$F_n \sim \frac{1}{\sqrt{5}}\left(\frac{1 + \sqrt{5}}{2}\right)^n = (0,447\ldots) \cdot (1,618\ldots)^n$$

gilt. In der Formel von Alice spielt das Runden immer weniger eine Rolle, also

$$\lceil e^{n/2-1} \rceil \sim e^{n/2-1} = (0,367\ldots) \cdot (1,648\ldots)^n,$$

and somit ist der Quotient zwischen den Zahlen von Alice und den zugehörigen Fibonacci Zahlen

$$\frac{\lceil e^{n/2-1} \rceil}{F_n} \approx \frac{(0,367\ldots) \cdot (1,648\ldots)^n}{0,447\ldots} = (0,822\ldots) \cdot (1,018\ldots)^n.$$

Da die Basis des Exponenten größer als 1 ist, geht der Wert gegen Unendlich, wenn n anwächst.

5 Kombinatorische Wahrscheinlichkeit

5.1 Ereignisse und Wahrscheinlichkeiten

5.1.1. Die Vereinigung zweier Ereignisse A und B entspricht „A oder B", d.h. mindestens eins von A und B kommt vor.

5.1.2. Ein Ereignis ist die Summe einiger Wahrscheinlichkeiten von Ergebnissen und selbst wenn wir alle Wahrscheinlichkeiten addieren, erhalten wir nicht mehr als 1.

5.1.3. $P(E) = \frac{1}{2}, P(T) = \frac{1}{3}$.

5.1.4. Dieselben Wahrscheinlichkeiten $P(s)$ werden auf beiden Seiten addiert.

5.1.5. Jede Wahrscheinlichkeit $P(s)$ mit $s \in A \cap B$ wird auf beiden Seiten zweimal addiert. Jede Wahrscheinlichkeit $P(s)$ mit $s \in A \cup B$, aber $s \notin A \cap B$ wird auf beiden Seiten einmal addiert.

5.2 Unabhängige Wiederholung eines Experiments

5.2.1. Die Paare $(E, T), (O, T), (L, T)$ sind unabhängig. Das Paar (E, O) ist unvereinbar. Weder das Paar (E, L) noch das Paar (O, L) ist unabhängig.

5.2.2. $P(\emptyset \cap A) = P(\emptyset) = 0 = P(\emptyset)P(A)$. Die Menge S besitzt ebenfalls diese Eigenschaft: $P(S \cap A) = P(A) = P(S)P(A)$.

5.2.3. $P(A) = \frac{|S|^{n-1}}{|S|^n} = \frac{1}{|S|}, P(B) = \frac{|S|^{n-1}}{|S|^n} = \frac{1}{|S|}, P(A \cap B) = \frac{|S|^{n-2}}{|S|^n} = \frac{1}{|S|^2} = P(A)P(B)$.

5.2.4. Die Wahrscheinlichkeit, dass Ihre Mutter am selben Tag wie Sie Geburtstag hat, beträgt $1/365$ (wir gehen hier davon aus, dass Geburtstage gleichmäßig über alle Tage des Jahres verteilt sind und ignorieren Schaltjahre). Es gibt (ungefähr) 7 Billionen Menschen auf der Erde. Das heißt, man könnte erwarten, dass $7 \cdot 10^9/365$ (etwa 20 Millionen) Personen am selben Tag wie ihre eigene Mutter Geburtstag haben. Die Ereignisse, dass der eigene Geburtstag mit dem Geburtstag der Mutter, dem des Vaters oder dem des Ehepartners übereinstimmt, sind unabhängig. Die Wahrscheinlichkeit, dass der Geburtstag einer gegebenen Person mit allen drei Geburtstagen übereinstimmt, beträgt $1/365^3 = 1/48.627.125$. Nehmen wir an, es gibt 2 Billionen verheiratete Personen, dann können wir erwarten, dass $2.000.000.000/48.627.125 \approx 41$ von ihnen am selben Tag Geburtstag haben wie ihre Mutter, Vater und Ehepartner.

6 Ganze Zahlen, Teiler und Primzahlen

6.1 Teilbarkeit ganzer Zahlen

6.1.1. $a = a \cdot 1 = (-a) \cdot (-1)$.

6.1.2. (a) gerade; (b) ungerade; (c) $a = 0$.

6.1.3. (a) Ist $b = am$ und $c = bn$, dann gilt $c = amn$. (b) Ist $b = am$ und $c = an$, dann gilt $b + c = a(m + n)$ und $b - c = a(m - n)$. (c) Ist $b = am$ und $a, b > 0$, dann gilt $m > 0$; daher gilt $m \geq 1$ und somit $b \geq a$. (d) Trivial, falls $a = 0$. Angenommen, $a \neq 0$. Ist $b = am$ und $a = bn$, dann gilt $a = amn$ und somit $mn = 1$. Daher gilt entweder $m = n = 1$ oder $m = n = -1$.

6.1.4. Wir haben $a = cn$ und $b = cm$, daher gilt $r = b - aq = c(m - nq)$.

6.1.5. Wir haben $b = am$, $c = aq + r$ und $c = bt + s$. Daher gilt $s = c - bt = (aq + r) - (am)t = (q - mt)a + r$. Wegen $0 \leq r < a$ ist der Rest der Division $s \div a$ gleich r.

6.1.6. (a) $a^2 - 1 = (a - 1)(a + 1)$. (b) $a^n - 1 = (a - 1)(a^{n-1} + \cdots + a + 1)$.

6.3 Primfaktorzerlegung

6.3.1. Es gibt unter den *positiven* Verbrechern einen kleinsten (so wie in jeder Menge natürlicher Zahlen), aber die Menge der negativen ganzen Zahlen braucht kein kleinstes Element zu enthalten (falls sie unendlich ist).

6.3.2. Ja, die Zahl 2.

6.3.3. (a) p kommt in der Primfaktorzerlegung von ab vor, also muss es in der Primfaktorzerlegung von a oder in der Primfaktorzerlegung von b vorhanden sein. (b) $p \mid a(b/a)$, aber $p \nmid a$, daher muss nach (a) $p \mid (b/a)$ gelten.

6.3.4. Sei $n = p_1 p_2 \cdots p_k$; für jedes der p_i gilt $p_i \geq 2$; daher gilt $n \geq 2^k$.

6.3.5. Gilt $r_i = r_j$, dann ist $ia - ja$ durch p teilbar. Aber es gilt $ia - ja = (i - j)a$ und weder a noch $i - j$ ist durch p teilbar. Deshalb sind die r_i alle verschieden. Keines von ihnen ist gleich 0. Ihre Anzahl beträgt $p - 1$, also muss jeder Wert $1, 2, \ldots, p - 1$ unter den r_i vorkommen.

6.3.6. Der Beweis ist für eine Primzahl p derselbe wie für 2. Ist n eine zusammengesetzte Zahl, jedoch kein Quadrat, dann gibt es eine Primzahl p, die in der Primfaktorzerlegung von n eine ungerade Anzahl von Malen vorkommt. Wir können den Beweis unter Betrachtung dieser Zahl p wiederholen.

6.3.7. Behauptung: Ist $\sqrt[k]{n}$ keine ganze Zahl, dann ist sie irrational. Beweis: Es gibt eine Primzahl, die in der Primfaktorzerlegung von n, sagen wir, t mal vorkommt, wobei $k \nmid t$. (Indirekter Beweis) Gilt $\sqrt[k]{n} = a/b$, dann auch $nb^k = a^k$. Die Anzahl, wie oft p in der Primfaktorzerlegung auf der linken Seite vorkommt, ist nicht durch k teilbar, während die Anzahl des Auftretens von p in der Primfaktorzerlegung auf der rechten Seite durch k teilbar ist. Ein Widerspruch.

6.4 Über die Menge der Primzahlen

6.4.1. Wir subtrahieren, ebenso wie im obigen Fall $k = 200$, die Anzahl der Primzahlen bis 10^{k-1} von der Anzahl der Primzahlen bis 10^k. Nach dem Primzahlsatz beträgt diese Zahl ungefähr

$$\frac{10^k}{k \ln 10} - \frac{10^{k-1}}{(k-1) \ln 10} = \frac{(9k - 10)10^{k-1}}{k(k-1) \ln 10}.$$

Da

$$\frac{9k - 10}{k - 1} = 9 - \frac{1}{k - 1}$$

sehr nahe bei 9 liegt, wenn k groß wird, folgt daraus, dass die Anzahl der Primzahlen mit k Stellen näherungsweise

$$\frac{9 \cdot 10^{k-1}}{k \ln 10}$$

beträgt. Wenn wir dies mit der Gesamtzahl natürlicher Zahlen mit k Stellen vergleichen, von der wir wissen, dass sie $10^k - 10^{k-1} = 9 \cdot 10^{k-1}$ beträgt, erhalten wir

$$\frac{9 \cdot 10^{k-1}}{k \ln 10 \cdot 9 \cdot 10^{k-1}} = \frac{1}{(\ln 10)k} \approx \frac{1}{2,3k}.$$

6.5 Fermats „kleiner" Satz

6.5.1. $4 \nmid \binom{4}{2} = 6. \; 4 \nmid 2^4 - 2 = 14.$

6.5.2. (a) Wir müssen zeigen, dass die p gedrehten Kopien einer Menge alle paarweise verschieden sind. Angenommen, es gibt eine gedrehte Kopie, die a mal vorkommt. Jede andere gedrehte Kopie kommt dann trivialerweise ebenfalls a mal vor. Aber dann gilt $a \mid p$ und wir erhalten $a = 1$ oder $a = p$. Sind alle p gedrehten Kopien gleich, gilt trivialerweise entweder $k = 0$ oder $k = p$, was ausgeschlossen war. Wir erhalten daher $a = 1$. (b) Man betrachte die Menge zweier gegenüberliegender Ecken eines Quadrats. (c) Enthält jedes Schubfach p Teilmengen der Größe k, dann muss die Gesamtzahl der Teilmengen durch p teilbar sein.

6.5.3. Wir stellen uns vor, jede Zahl besteht aus p Stellen. Falls notwendig, wird die Zahl durch vorne angefügte Nullen erweitert. Wir erhalten aus jeder Zahl a durch zyklische Vertauschung p Zahlen. Wenn die Stellen von a alle gleich sind, dann sind auch diese Zahlen alle gleich, sonst sind sie alle verschieden (warum? Die Voraussetzung, dass p eine Primzahl ist, wird hier benötigt!). Wir erhalten also $a^p - a$ Zahlen, die in Klassen der Größe p geteilt sind. Daher gilt $p \mid a^p - a$.

6.5.4. Vorausgesetzt $p \nmid a$. Man betrachte das Produkt $a(2a)(3a) \cdots ((p-1)a) = (p-1)!a^{p-1}$. Sei r_i der Rest von ia beim Teilen durch p. Das obige Produkt hat dann denselben Rest beim Teilen durch p wie das Produkt $r_1 r_2 \cdots r_{p-1}$. Dieses Produkt ist aber nur $(p-1)!$. Daher ist p ein Teiler von $(p-1)!a^{p-1} - (p-1)! = (p-1)!(a^{p-1} - 1)$. Da p eine Primzahl ist, kann es jedoch kein Teiler von $(p-1)!$ sein und ist somit ein Teiler von $a^{p-1} - 1$.

6.6 Der euklidische Algorithmus

6.6.1. $\text{ggT}(a, b) \leq a$, aber a ist ein gemeinsamer Teiler. Somit gilt $\text{ggT}(a, b) = a$.

6.6.2. (a) Sei $d = \text{ggT}(a, b)$. Dann gilt $d \mid a$ und $d \mid b$ und folglich $d \mid b - a$. Daher ist d ein gemeinsamer Teiler von a und $b - a$ und somit gilt $d \leq \text{ggT}(a, b - a)$.

Die umgekehrte Ungleichung wird durch analoge Argumentation gezeigt. (b) Durch wiederholte Anwendung von (a).

6.6.3. (a) $\mathrm{ggT}(a/2, b) \mid (a/2)$ und daher $\mathrm{ggT}(a/2, b) \mid a$. Somit ist $\mathrm{ggT}(a/2, b)$ ein gemeinsamer Teiler von a und b, daher gilt $\mathrm{ggT}(a/2, b) \leq \mathrm{ggT}(a, b)$. Die umgekehrte Ungleichung wird ähnlich gezeigt, indem verwendet wird, dass $\mathrm{ggT}(a, b)$ ungerade ist und daher $\mathrm{ggT}(a, b) \mid (a/2)$ gilt.
(b) $\mathrm{ggT}(a/2, b/2) \mid (a/2)$ und daher $2\mathrm{ggT}(a/2, b/2) \mid a$.
Ebenso haben wir $2\mathrm{ggT}(a/2, b/2) \mid b$ und daher $2\mathrm{ggT}(a/2, b/2) \leq \mathrm{ggT}(a, b)$. Umgekehrt, $\mathrm{ggT}(a, b) \mid a$ und daher $\frac{1}{2}\mathrm{ggT}(a, b) \mid a/2$. Ebenso haben wir $\frac{1}{2}\mathrm{ggT}(a, b) \mid b/2$ und daher $\frac{1}{2}\mathrm{ggT}(a, b) \leq \mathrm{ggT}(a/2, b/2)$.

6.6.4. Man betrachte jede Primzahl, die in einer von ihnen vorkommt, potenziere sie mit dem größerem der beiden Exponenten und multipliziere diese Primzahlpotenzen.

6.6.5. Sind a und b die beiden ganzen Zahlen und wir kennen die Primfaktorzerlegung von a. Dann nehmen wir einen Primfaktor von a und dividieren b wiederholt durch diese Primzahl, um den Exponenten dieser Primzahl in der Primfaktorzerlegung von b zu ermitteln. Dann potenzieren wir die Primzahl mit dem kleineren ihrer beiden Exponenten in den Primfaktorzerlegungen von a und b. Wir wiederholen diesen Vorgang für alle Primfaktoren von a und multiplizieren diese Primzahlpotenzen.

6.6.6. Nach der obigen Beschreibung von ggT und kgV kommt jede Primzahl gleich häufig in der Primfaktorzerlegung beider Seiten vor.

6.6.7. (a) Geradlinig. (b) Sei $z = \mathrm{ggT}(a, b, c)$ und seien $A = a/z$, $B = b/z$, $C = c/z$. Dann sind A, B und C teilerfremd zueinander und bilden ein pythagoreisches Zahlentripel. Entweder A oder B muss ungerade sein, denn wenn beide gerade wären, wäre auch C gerade und die drei Zahlen wären nicht teilerfremd. Nehmen wir an, B ist ungerade, dann muss A gerade sein, denn das Quadrat einer ungeraden Zahl liefert bei der Division durch 4 den Rest 1. Wären A und B beide ungerade, dann hätte $C^2 = A^2 + B^2$ beim Teilen durch 4 den Rest 2, was unmöglich ist. Folglich muss C ungerade sein.
A ist also gerade und wir können es in der Form $A = 2A_0$ darstellen. Wir schreiben die Gleichung in folgender Form

$$A_0^2 = \frac{C+B}{2}\frac{C-B}{2}.$$

Sei p irgendeine Primzahl, die A_0 teilt, dann muss p entweder $(C + B)/2$ oder $(C - B)/2$ teilen. Beide kann p allerdings nicht teilen, da es sonst auch die Summe $\frac{C+B}{2} + \frac{C-B}{2} = C$ und Differenz $\frac{C+B}{2} - \frac{C-B}{2} = B$ teilen würde, was der Annahme widerspricht, dass A, B und C teilerfremd zueinander sind.
Die Primzahl p kann in der Primfaktorzerlegung von A_0 mehrfach vorkommen, sagen wir, k mal. Dann kommt p in der Primfaktorzerlegung von A_0^2 genau $2k$ mal vor. Nach der obigen Argumentation muss p entweder $2k$ mal in der Primfaktorzerlegung

von $(C + B)/2$ oder von $(C - B)/2$ vorkommen. (In der anderen kommt p jedoch überhaupt nicht vor.) Wir erkennen, dass in der Primfaktorzerlegung von $(C + B)/2$ (und ebenso in der Primfaktorzerlegung von $(C - B)/2$) jeder Faktor eine Primzahl mit einer geraden Potenz ist. Das ist dasselbe, als wenn wir sagen, $(C + B)/2$ und $(C-B)/2$ sind beides Quadrate. Sagen wir, es gilt $(C+B)/2 = x^2$ und $(C-B)/2 = y^2$ mit zwei ganzen Zahlen x und y.

Nun können wir A, B und C mit Hilfe von x und y ausdrücken:

$$B = \frac{C + B}{2} - \frac{C - B}{2} = x^2 - y^2, \quad C = \frac{C + B}{2} + \frac{C - B}{2} = x^2 + y^2,$$

$$A = 2A_0 = 2\sqrt{\frac{C + B}{2} \frac{C - B}{2}} = 2xy.$$

Wir erhalten a, b und c durch Multiplikation von A, B und C durch z, was die Lösung vervollständigt.

6.6.8. $\mathrm{ggT}(a, a + 1) = \mathrm{ggT}(a, 1) = \mathrm{ggT}(0, 1) = 1$.

6.6.9. Der Rest von F_{n+1} beim Teilen durch F_n ist F_{n-1}. Daher gilt $\mathrm{ggT}(F_{n+1}, F_n) = \mathrm{ggT}(F_n, F_{n-1}) = \cdots = \mathrm{ggT}(F_3, F_2) = 1$. Dies erfordert $n - 1$ Schritte.

6.6.10. Durch Induktion nach k. Wahr, falls $k = 1$. Angenommen, es gilt $k > 1$. Sei $b = aq + r$, $1 \leq r < a$. Dann benötigt der euklidische Algorithmus $k - 1$ Schritte zur Berechnung von $\mathrm{ggT}(a, r)$. Nach Induktionsvoraussetzung gilt also $a \geq F_k$ und $r \geq F_{k-1}$, aber dann ist $b = aq + r \geq a + r \geq F_k + F_{k-1} = F_{k+1}$.

6.6.11. (a) Es werden 10 Schritte benötigt. (b) Folgt aus $\mathrm{ggT}(a, b) = \mathrm{ggT}(a - b, b)$. (c) $\mathrm{ggT}\left(10^{100} - 1, 10^{100} - 2\right)$ benötigt $10^{100} - 1$ Schritte.

6.6.12. (a) Es werden 8 Schritte benötigt. (b) Mindestens eine der Zahlen bleibt die ganze Zeit ungerade. (c) Folgt aus Übungsaufgaben 6.6.2 und 6.6.3. (d) Das Produkt der zwei Zahlen fällt bei jeder zweiten Iteration um den Faktor zwei.

6.7 Kongruenzen

6.7.1. $m = 54321 - 12345 = 41976$.

6.7.2. Nur (b) ist korrekt.

6.7.3. $a \equiv b \pmod 0$ sollte bedeuten, es gibt eine ganze Zahl k, so dass $a - b = 0 \cdot k$ gilt. Das bedeutet $a - b = 0$, also $a = b$. Gleichheit kann also als spezielle Kongruenz angesehen werden.

6.7.4. (a) Man nehme $a = 2$ und $b = 5$. (b) Ist $ac \equiv bc \pmod{mc}$, dann gilt $mc \mid ac - bc$. Also gibt es eine ganze Zahl k, für die $ac - bc = kmc$ gilt. Da $c \neq 0$, impliziert dies $a - b = km$ und somit $a \equiv b \pmod m$.

6.7.5. Aus $x \equiv y \pmod{p}$ folgt (nach den Multiplikationsregeln), dass $x^v \equiv y^v \pmod{p}$. Es reicht daher zu zeigen, dass gilt:

$$x^u \equiv x^v \pmod{p}. \tag{60}$$

Gilt $x \equiv 0 \pmod{p}$, dann sind beide Seiten von (60) durch p teilbar und die Behauptung folgt. Nehmen wir an, es gilt $x \not\equiv 0 \pmod{p}$ und sagen wir, es gilt $u < v$. Wir wissen $p - 1 \mid v - u$, also können wir $v - u = k(p - 1)$ mit einer natürlichen Zahl k schreiben. Wir wissen nun nach Fermats kleinem Satz, dass $x^{p-1} \equiv 1 \pmod{p}$ gilt und daher erhalten wir nach den Multiplikationsregeln für Kongruenzen $x^{k(p-1)} \equiv 1 \pmod{p}$ und durch erneute Anwendung der Multiplikationsregeln $x^v = x^u \cdot x^{k(p-1)} \equiv x^u \pmod{p}$, was (60) beweist.

6.8 Seltsame Zahlen

6.8.1. Di; Sa; Do; Mi.

6.8.2. nicht-$A = 1 \oplus A$; A-oder-$B = A \oplus B \oplus A \cdot B$; A-und-$B = A \cdot B$.

6.8.3. $2 \cdot 0 \equiv 2 \cdot 3 \pmod{6}$ aber $0 \not\equiv 3 \pmod{6}$. Allgemeiner, falls $m = ab$ $(a, b > 1)$ ein zusammengesetzter Modul ist, dann gilt $a \cdot 0 \equiv a \cdot b \pmod{m}$, aber $0 \not\equiv b \pmod{m}$.

6.8.4. Wir beginnen mit dem euklidischen Algorithmus:

$$\mathrm{ggT}(53, 234527) = \mathrm{ggT}(53, 2) = \mathrm{ggT}(1, 2) = 1.$$

Wir erhielten hier 2 in Form von $2 = 234527 - 4425 \cdot 53$ und danach 1 in Form von

$$1 = 53 - 26 \cdot 2 = 53 - 26(234527 - 4425 \cdot 53) = 115051 \cdot 53 - 26 \cdot 234527.$$

Es folgt $1 \equiv 115051 \cdot 53 \pmod{234527}$ und somit $\overline{1/53} = \overline{115051}$.

6.8.5. $x \equiv 5$, $y \equiv 8 \pmod{11}$.

6.8.6. (a) Wir haben $11 \mid x^2 - 2x = x(x - 2)$, daher gilt entweder $11 \mid x$ oder $11 \mid x - 2$ und somit sind $x \equiv 0 \pmod{11}$ und $x \equiv 2 \pmod{11}$ die beiden Lösungen. (b) Ebenso erhalten wir $x \equiv 2 \pmod{23}$ oder $x \equiv -2 \pmod{23}$ durch $23 \mid x^2 - 4 = (x - 2)(x + 2)$.

6.9 Zahlentheorie und Kombinatorik

6.9.1. Es gibt unter den n gegebenen Zahlen zwei teilerfremde benachbarte ganze Zahlen k und $k + 1$ (Taubenschlagprinzip).

6.9.2. Nach den Regeln bei der Inklusion-Exklusion müssen wir für jedes p_i die Anzahl seiner Vielfachen (zwischen 1 und n) von n abziehen, dann muss für jede zwei Primzahlen p_i und p_j die Anzahl ihrer gemeinsamen Vielfachen addiert werden, anschließend müssen wir für jede drei Primzahlen p_i, p_j und p_k die Anzahl ihrer gemeinsamen Vielfachen subtrahieren, etc.. Genau wie in dem numerischen Beispiel ist n/p_i

die Anzahl der Vielfachen von p_i, $n/(p_i p_j)$ die Anzahl der gemeinsamen Vielfachen von p_i und p_j, $n/(p_i p_j p_k)$ die Anzahl der gemeinsamen Vielfachen von p_i, p_j und p_k, etc.. Wir erhalten somit

$$\phi(n) = n - \frac{n}{p_1} - \cdots - \frac{n}{p_r} + \frac{n}{p_1 p_2} + \frac{n}{p_1 p_3} + \cdots + \frac{n}{p_{r-1} p_r} - \frac{n}{p_1 p_2 p_2} - \cdots .$$

Dies entspricht dem Ausdruck in (43). Wenn wir das Produkt ausschreiben, entsteht jeder Term, indem aus jedem Faktor $\left(1 - \frac{1}{p_i}\right)$ entweder „1" oder „$-\frac{1}{p_i}$" genommen wird. Das ergibt einen Term der Form

$$(-1)^k \frac{1}{p_{i_1} \cdots p_{i_k}} .$$

Dies ist ein typischer Term der obigen Inklusion-Exklusionsformel.

6.9.3. Es ist nicht so schwer zu vermuten, dass die Anwort n lautet. Um dies zu beweisen, betrachten wir die Brüche $\frac{1}{n}, \frac{2}{n}, \ldots, \frac{n}{n}$ und vereinfachen sie so weit wie möglich. Wir erhalten Brüche der Form $\frac{a}{d}$, wobei d ein Teiler von n ist, $1 \le a \le d$ und $\gcd(a, d) = 1$. Es ist auch klar, dass wir jeden dieser Brüche erhalten. Die Anzahl dieser Brüche mit einem gegebenen Nenner ist $\phi(d)$. Dies beweist unsere Vermutung, da die Gesamtzahl der Brüche, mit denen wir begonnen haben, genau n beträgt.

6.9.4. Für $n = 1$ und 2 ist die Antwort 1. Angenommen, es gilt $n > 2$. Wenn k solch eine ganze Zahl ist, dann gilt dies auch für $n - k$. Diese ganzen Zahlen treten also paarweise auf und addieren sich zu n (wir müssen hinzufügen, dass $n/2$ unter diesen Zahlen nicht vorkommt). Es gibt $\phi(n)/2$ solcher Paare, daher lautet die Antwort $n\phi(n)/2$.

6.9.5. Der Beweis ist der Lösung von Übungsaufgabe 6.5.4 ähnlich.
Seien $s_1, \ldots, s_k$ die zu b teilerfremden Zahlen zwischen 1 und b. Es gilt also $k = \phi(b)$. Sei r_i der Rest von $s_i a$ beim Teilen durch p. Wir wissen $\gcd(b, r_i) = 1$, denn gäbe es eine Primzahl p, die sowohl b als auch r_i teilt, dann würde diese auch $s_i a$ teilen. Das ist jedoch unmöglich, da sowohl s_i als auch a teilerfremd zu b sind. Die Reste $r_1, r_2, \ldots, r_k$ sind alle verschieden, da $r_i = r_j$ bedeuten würde, dass $b \mid s_i a - s_j a = (s_i - s_j)a$ gilt; und da $\gcd(a, b) = 1$, würde dies $b \mid s_i - s_j$ implizieren, was natürlich nicht möglich ist. Es folgt daher, dass $r_1, r_2, \ldots, r_k$ genau die Zahlen $s_1, s_2, \ldots, s_k$ in einer unterschiedlichen Reihenfolge sind.
Man betrachte das Produkt $(s_1 a)(s_2 a) \cdots (s_k a)$. Wir können dies einerseits so

$$(s_1 a)(s_2 a) \cdots (s_k a) = (s_1 s_2 \cdots s_k) a^k$$

und andererseits so

$$(s_1 a)(s_2 a) \cdots (s_k a) \equiv r_1 r_2 \cdots r_k = s_1 s_2 \cdots s_k \pmod{b}$$

schreiben.

Wenn wir dies vergleichen, erkennen wir, dass

$$(s_1 s_2 \cdots s_k) a^k \equiv s_1 s_2 \cdots s_k \pmod{b},$$

oder

$$b \mid (s_1 s_2 \cdots s_k)(a^k - 1)$$

gilt. Da $s_1 s_2 \ldots s_k$ teilerfremd zu b ist, impliziert dies $b \mid a^k - 1$. Damit ist die Behauptung bewiesen.

6.10 Wie prüft man, ob eine Zahl eine Primzahl ist?

6.10.1. Durch Induktion nach k. Wahr, falls $k = 1$. Sei $n = 2m + a$, wobei a gleich 0 oder 1 ist. Dann hat m genau $k - 1$ Bits, also kann man 2^m durch Induktion unter Verwendung von höchstens $2(k-1)$ Multiplikationen berechnen. Nun gilt $2^n = (2^m)^2$, falls $a = 0$ und $2^n = (2^m)^2 \cdot 2$, falls $a = 1$.

6.10.2. Falls $3 \mid a$, dann gilt natürlich $3 \mid a^{561} - a$. Falls $3 \nmid a$, dann gilt nach Fermat $3 \mid a^2 - 1$ und daher $3 \mid (a^2)^{280} - 1 = a^{560} - 1$. Analog, falls $11 \nmid a$, dann gilt $11 \mid a^{10} - 1$ und deshalb $11 \mid (a^{10})^{56} - 1 = a^{560} - 1$. Schließlich gilt $17 \mid a^{16} - 1$, falls $17 \nmid a$ und folglich $17 \mid (a^{16})^{35} - 1 = a^{560} - 1$.

7 Graphen

7.1 Gerade und ungerade Grade

7.1.1. Es gibt 2 Graphen mit 2 Knoten, 8 Graphen mit 3 Knoten (aber nur vier davon sind „im Wesentlichen verschieden"),
64 Graphen mit 4 Knoten (aber nur 11 sind „im Wesentlichen verschieden").

7.1.2. (a) Nein, die Anzahl der ungeraden Grade muss gerade sein. (b) Nein, Knoten vom Grad 5 müssen mit allen anderen Knoten verbunden sein, also können wir keinen Knoten vom Grad 0 haben. (c) 12 (aber sie sind „im Wesentlichen alle gleich"). (d) $9 \cdot 7 \cdot 5 \cdot 3 \cdot 1 = 945$ (aber wiederum sind sie „im Wesentlichen alle gleich").

7.1.3. Dieser Graph (den wir einen *vollständigen Graph* nennen werden) hat $\binom{n}{2}$ Kanten, wenn er n Knoten besitzt.

7.1.4. In Graph (a) ist die Anzahl der Kanten 17, die Grade lauten $9, 5, 3, 3, 2, 3, 1, 3, 2,$ 3. In Graph (b) ist die Anzahl der Kanten 31, die Grade lauten $9, 5, 7, 5, 8, 3, 9, 5, 7, 4$.

7.1.5. $\binom{10}{2} = 45$.

7.1.6. $2^{\binom{20}{2}} = 2^{190}$.

7.1.7. *Jeder Graph hat zwei Knoten vom gleichen Grad.* Wären alle Grade verschieden, dann würden sie $0, 1, 2, 3, \ldots n - 1$ lauten (in irgendeiner Reihenfolge), da jeder Grad zwischen 0 und $n - 1$ liegt. Der Knoten mit dem Grad $n - 1$ müßte allerdings mit allen anderen verbunden sein, also auch mit dem Knoten vom Grad 0, was unmöglich ist.

7.2 Wege, Kreise und Zusammenhang

7.2.1. Es gibt 4 Wege, 6 Kreise und 1 vollständigen Graphen.

7.2.2. Der kantenlose Graph mit n Knoten hat 2^n Untergraphen. Das Dreieck hat 18 Untergraphen.

7.2.3. Der Weg der Länge 3 und der Kreis der Länge 5 sind die einzigen Beispiele. (Das Komplement eines längeren Weges oder Kreises besitzt zu viele Kanten.)

7.2.4. Ja, der Beweis bleibt gültig.

7.2.5. (a) Entferne irgendeine Kante aus einem Weg. (b) Man betrachte zwei Knoten u und v. Der ursprügliche Graph enthält einen Weg, der diese beiden verbindet. Geht dieser nicht durch e, bleibt er auch nach der Entfernung von e ein Weg. Geht er durch e, dann sei $e = xy$ und wir nehmen an, der Weg erreicht (beim Durchschreiten von u nach v) x zuerst. Es gibt daher auch nach der Entfernung von e in dem verbliebenen Graphen einen Weg von u nach x, ebenso von x nach y (der restliche Kreis) und daher auch einen von u nach y. Es gibt aber auch einen von y nach v, also existiert ein Weg von u nach v.

7.2.6. (a) Man betrachte einen kürzesten Kantenzug von u nach v. Geht dieser durch irgendwelche Knoten mehr als einmal, kann der zwischen den beiden Passagen liegende Teil des Kantenzugs entfernt werden, um in zu verkürzen. (b) Die beiden Wege ergeben zusammen einen Kantenzug von a nach c.

7.2.7. Sei w ein gemeinsamer Knoten von H_1 und H_2. Möchte man einen Weg zwischen den Knoten u und v in H bestimmen, dann kann man einen Weg von u nach w hernehmen, gefolgt von einem Weg von w nach v, um einen Kantenzug von u nach v zu erhalten.

7.2.8. Beide Graphen sind zusammenhängend.

7.2.9. Die Vereinigung dieser Kante mit einer dieser Zusammenhangskomponenten würde einen zusammenhängenden Graphen ergeben, der auf jeden Fall größer als die Zusammenhangskomponente ist, was der Definition einer Zusammenhangskomponente widerspricht.

7.2.10. Befinden sich u und v in derselben Zusammenhangskomponente, dann enthält diese Komponente und daher auch G einen Weg, der die beiden verbindet. Wenn es umgekehrt einen Weg P in G gibt, der u und v verbindet, dann ist dieser Weg ein zusammenhängender Untergraph; und ein maximaler zusammenhängender Untergraph, der P enthält, ist eine Zusammenhangskomponente, die u und v enthält.

7.2.11. Nehmen wir an, der Graph ist nicht zusammenhängend und H, eine seiner Zusammenhangskomponenten, hat k Knoten. Dann besitzt H höchstens $\binom{k}{2}$ Kanten.

Der restliche Graph hat höchstens $\binom{n-k}{2}$ Kanten. Die Anzahl der Kanten beträgt dann höchstens

$$\binom{k}{2} + \binom{n-k}{2} = \binom{n-1}{2} - (k-1)(n-k-1) \le \binom{n-1}{2}.$$

7.13 Euler-Touren und Hamiltonsche Kreise

7.3.1. Der Graph oben links enthält keine Euler-Tour. Der Graph unten links enthält einen offene Euler-Tour. Die zwei Graphen auf der rechten Seite enthalten geschlossene Euler-Touren.

7.3.2. Jeder Knoten mit ungeradem Grad muss ein Endpunkt eines der beiden Kantenzüge sein. Eine notwendige Bedingung ist daher, dass die Anzahl der Knoten mit ungeradem Grad höchstens gleich vier ist. Wir zeigen, dass diese Bedingung auch hinreichend ist. Wir wissen, dass die Anzahl der Knoten mit ungeradem Grad gerade ist. Ist diese Zahl gleich 0 oder 2, dann gibt es eine einzige Euler-Tour (und wir können jeden einzelnen Knoten als den anderen Kantenzug betrachten).

Angenommen, diese Zahl ist gleich vier. Wir fügen eine neue Kante hinzu, die zwei der Knoten mit ungeradem Grad verbindet. Es sind dann nur noch zwei Knoten mit ungeradem Grad übrig, also enthält der Graph eine Euler-Tour. Entfernt man die Kante wieder, wird dieser in zwei Kantenzüge aufgeteilt, die zusammen jede Kante genau einmal verwenden.

7.3.3. Der erste Graph tut es, der zweite nicht.

8 Bäume

8.1 Wie man Bäume definiert

8.1.1. Ist G ein Baum, dann enthält er (nach Definition) keine Kreise. Fügt man jedoch eine neue Kante hinzu, erhält man einen Kreis (mit dem Weg, welcher die beiden Endpunkte der neuen Kante in dem Baum verbindet). Umgekehrt: Enthält ein Graph keine Kreise, aber durch Hinzufügung irgendeiner Kante entsteht ein Kreis, dann ist er zusammenhängend (zwei Knoten u und v sind entweder durch eine Kante verbunden oder es wird durch das Hinzufügen einer sie verbindenden Kante ein Kreis erzeugt, der einen Weg zwischen u und v in dem alten Graphen enthält) und daher ein Baum.

8.1.2. Sind u und v in derselben Zusammenhangskomponente, dann bildet die neue Kante uv zusammen mit dem u und v verbindenden Weg des alten Graphen einen Kreis. Wird durch die Verbindung von u und v durch eine neue Kante ein Kreis erzeugt, dann ist der Rest dieses Kreises ein Weg zwischen u und v und daher liegen u und v in derselben Komponente.

8.1.3. Nehmen wir an, G ist ein Baum. Da er zusammenhängend ist, gibt es dann mindestens einen Weg zwischen je zwei Knoten. Es kann jedoch keine zwei Wege geben,

344 16. Lösungen der Übungsaufgaben

da wir sonst einen Kreis erhalten würden (man würde, um einen Kreis zu erhalten, den Knoten v bestimmen, an dem die beiden Wege auseinander gehen, dem zweiten Weg folgen, bis er wieder auf den ersten trifft und nun dem ersten zurück bis zu v nachgehen).

Wir nehmen umgekehrt an, dass es zwischen jedem Paar Knoten einen eindeutigen Weg gibt. Der Graph ist dann zusammenhängend (da es einen Weg gibt) und kann keinen Kreis enthalten (da es für zwei auf einem Kreis liegende Knoten mindestens zwei Wege gibt, die sie verbinden).

8.2 Wie man Bäume wachsen lässt

8.2.1. Man beginne den Weg bei einem Knoten vom Grad 1.

8.2.2. Auf jeder Kante befindet sich nur ein Burgherr, denn gäbe es eine mit zwei Burgherren, dann hätten sie von den beiden verschiedenen Endpunkten der Kante starten müssen und würden zwei Wege zur Verfügung haben, um zum König zu gelangen: Entweder mit dem eingeschlagenen Weg fortfahren oder auf den anderen Burgherr warten und mit diesem gemeinsam gehen. Ebenso würde eine Kante ohne Burgherren zu zwei unterschiedlichen Möglichkeiten zum König zu gelangen führen.

8.2.3. Wir beginnen bei irgendeinem Knoten v. Enthält einer seiner Zweige mehr als die Hälfte aller Knoten, gehen wir die Kante, die zu diesem Zweig führt, entlang. Wir wiederholen dies. Wir werden niemals zurückgehen, denn dies würde bedeuten, dass es eine Kante gibt, deren Entfernung zu zwei Zusammenhangskomponenten führt, die beide mehr als die Hälfte aller Knoten enthalten. Wir werden niemals zu einem Knoten zurückkommen, bei dem wir bereits waren, da der Graph ein Baum ist. Wir müssen daher bei einem Knoten ankommen, bei dem jeder Zweig höchstens die Hälfte aller Knoten enthält.

8.3 Wie zählt man Bäume?

8.3.1. Die Anzahl nicht-indizierter Bäume mit $2, 3, 4, 5$ Knoten beträgt $1, 1, 2, 3$. Man erhält daraus insgesamt $1, 3, 16, 125$ indizierte Bäume.

8.3.2. Es gibt n Sterne und $n!/2$ Wege mit n Knoten.

8.4 Wie man Bäume abspeichert

8.4.1. Der erste ist der Vorgängercode eines Weges, der dritte ist der Vorgängercode eines Sterns. Die anderen beiden sind keine Vorgängercodes von Bäumen.

8.4.2. Dies ist die Anzahl möglicher Vorgängercodes.

8.4.3. Man definiere einen Graphen auf $\{1, \dots, n\}$, indem alle Paare von Knoten in derselben Spalte verbunden werden. Wenn wir dies rückwärts ausführen, beginnend mit der letzten Spalte, erhalten wir ein Verfahren, einen Baum zu erstellen, indem immer ein neuer Knoten und eine Kante, die diesen mit einem alten Knoten verbindet, hinzugefügt wird.

8.5 Die Anzahl nicht-indizierter Bäume

8.5.1. (a) codiert einen Weg, (b) codiert einen Stern, (c) codiert gar keinen Baum (es gibt mehr 0'en als 1'en unter den ersten 5 Elementen, was bei einem planaren Code eines Baumes unmöglich ist).

9 Bestimmung des Optimums
9.1 Bestimmung des besten Baumes

9.1.1. Sei H ein optimaler Baum und G der von der pessimistischen Regierung konstruierte Baum. Man betrachte den ersten Schritt, bei dem die Kante $e = uv$ aus H entfernt wird. Wir erhalten durch das Entfernen von e aus H zwei Zusammenhangskomponenten. Da G zusammenhängend ist, enthält er eine Kante f, die diese beiden Komponenten verbindet. Die Kante f kann nicht teurer als e sein, denn sonst hätte sich die pessimistische Regierung entschieden, f anstelle von e zu entfernen. Dann können wir jedoch e durch f in H ersetzen, ohne die Kosten anzuheben. Wir können daher wie in dem obigen Beweis vorgehen.

9.1.2. Man nehme die Knoten $1, 2, 3, 4$ und Kosten $c(12) = c(23) = c(34) = c(41) = 3$, $c(13) = 4$, $c(24) = 1$. Die pessimistische Regierung baut (12341), während die beste Lösung (12431) ist.

9.2 Das Problem des Handlungsreisenden

9.2.1. Nein, da sie sich selbst überschneidet (siehe die nächste Übungsaufgabe).

9.2.2. Nach der Dreiecksungleichung erhält man durch Ersetzung zweier sich überschneidender Kanten durch zwei andere Kanten, die dieselben 4 Knoten verbinden, eine kürzere Tour.

10 Matchings in Graphen
10.1 Ein Tanzproblem

10.1.1. Ist jeder Grad gleich d, dann ist die Anzahl der Kanten gleich $d \cdot |A|$, aber auch gleich $d \cdot |B|$.

10.1.2. (a) Ein Dreieck, (b) ein Stern.

10.1.3. Ein Graph, in dem jeder Knoten den Grad 2 besitzt, ist die Vereinigung disjunkter Kreise. Ist der Graph bipartit, dann haben diese Kreise eine gerade Länge.

10.3 Der wichtigste Satz

10.3.1. Sei $X \subseteq A$ und bezeichne Y die Menge der Nachbarn von X in B. Es gibt genau $d|X|$ Kanten, die von X ausgehen. Kein Knoten in Y ist mit mehr als d dieser Kanten verbunden, daher gilt $|Y| \geq |X|$.

10.3.2. Die Voraussetzung $X = A$ führt zu $|B| \geq |A|$. Ist $|B| = |A|$, dann ist die Aussage bereits bekannt (Satz 10.3.1), daher nehmen wir an, es gilt $|B| > |A|$. Wir fügen $|B| - |A|$ neue Knoten zu A hinzu, um eine Menge A' mit $|A'| = |B|$ zu erhalten. Wir verbinden jeden neuen Knoten mit jedem Knoten in B. Der Graph, den wir erhalten, erfüllt die Bedingungen des Heiratssatzes (Satz 10.3.1): Wir haben $|A'| = |B|$ und falls $X \subseteq A'$, dann gilt entweder $X \subseteq A$ (in diesem Fall besitzt sie nach der Voraussetzung der Übungsaufgabe mindestens $|X|$ Nachbarn in B) oder X enthält einen neuen Knoten. In diesem Fall ist jeder Knoten in B ein Nachbar von X. Der neue Graph enthält also ein perfektes Matching. Entfernen wir alle neu hinzugefügten Knoten wieder, sehen wir, dass die verbleibenden Kanten des perfekten Matchings alle Knoten von A mit verschiedenen Knoten von B verbinden.

10.4 Wie man ein perfektes Matching bestimmt

10.4.1. Auf einem Weg mit 4 Knoten, können wir die mittlere Kante wählen.

10.4.2. Die Kanten in einem Greedy-Matching M müssen jede Kante in G berühren (anderenfalls könnten wir M noch erweitern), insbesondere auch jede Kante des perfekten Matchings. Also besitzt jede Kante des perfekten Matchings höchstens einen Endpunkt, der nicht durch M verbunden ist.

10.4.3. Das größte Matching hat 5 Kanten.

10.4.4. Bricht der Algorithmus ab, ohne ein perfektes Matching zu liefern, dann zeigt die Menge S, dass der Graph nicht „gut" ist.

11 Kombinatorik in der Geometrie
11.1 Schnitte von Diagonalen

11.1.1. $\frac{n(n-3)}{2}$.

11.2 Zählen von Gebieten

11.2.1. Wahr für $n = 1$. Sei $n > 1$. Man entferne irgendeine Gerade. Die verbleibenden Geraden teilen die Ebene nach der Induktionsvoraussetzung in $(n-1)n/2 + 1$ Gebiete. Die letzte Gerade teilt n davon in jeweils zwei. Also erhalten wir

$$\frac{(n-1)n}{2} + 1 + n = \frac{n(n+1)}{2} + 1.$$

11.3 Konvexe Polygone

11.3.1. Man betrachte Bild 16.1.

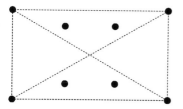

Abbildung 16.1.

12 Die Eulersche Formel

12.1 Ein Planet wird angegriffen

12.1.1. Es gibt n Knoten vom Grad $n-1$ und $\binom{n}{4}$ Knoten vom Grad 4 (siehe Abschnitt 11.1). Die Anzahl der Kanten beträgt $\frac{1}{2}\left(n\cdot(n-1)+\binom{n}{4}\cdot 4\right)$. Nach der Eulerschen Formel ist die Anzahl der Länder gleich

$$\left(2\binom{n}{4}+\binom{n}{2}\right)-\left(n+\binom{n}{4}\right)+2=\binom{n}{4}+\binom{n}{2}-n+2;$$

man muss 1 für das äußere Länd abziehen.

12.1.2. Sei f die Anzahl der Gebiete auf der Insel. Man betrachte den Graphen, der durch die Dämme und die Begrenzung der Insel entsteht. Es gibt $2n$ Knoten vom Grad 3 (entlang des Ufers) und $\binom{n}{2}$ Knoten vom Grad 4 (die Schnittpunkte der Dämme). Die Anzahl der Kanten ist daher

$$\frac{1}{2}\left((2n)\cdot 3+\binom{n}{2}\cdot 4\right)=2\binom{n}{2}+3n.$$

Die Anzahl der Länder beträgt $f+1$ (wir müssen den Ozean dabei auch mitzählen). Nach der Eulerschen Formel erhalten wir $f+1+2n+\binom{n}{2}=2\binom{n}{2}+3n+2$ und daher $f=\binom{n}{2}+n+1$.

12.2 Planare Graphen

12.2.1. Ja, man betrachte Bild 16.2.

12.2.2. Nein. Die Argumentation verläuft ähnlich wie diejenige, mit der wir gezeigt haben, dass K_5 nicht planar ist. Die Häuser, Brunnen und Wege bilden einen bipartiten Graphen mit 6 Knoten und 9 Kanten. Nehmen wir an, wir können dies in einer Ebene ohne Überschneidungen zeichnen. Dann haben wir $9+2-6=5$ Länder. Jedes Land hat mindestens 4 Kanten (da es keine Dreiecke gibt) und daher beträgt die Anzahl der Kanten mindesten $\frac{1}{2}\cdot 5\cdot 4=10$, was ein Widerspruch ist.

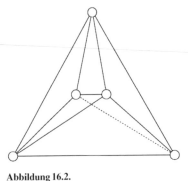

Abbildung 16.2.

13 Färbung von Landkarten und Graphen

13.1 Färbung von Gebieten mit zwei Farben

13.1.1. Durch Induktion. Wahr, falls $n = 1$. Sei $n > 1$. Wir setzen voraus, dass die Beschreibung der Färbung für die ersten $n - 1$ Kreise korrekt ist. Fügen wir den n-ten Kreis hinzu, dann ändern sich die Farbe und die Parität außerhalb dieses Kreises nicht, aber innerhalb ändert sich beides. Die Beschreibung bleibt also korrekt.

13.1.2. (a) Durch Induktion. Für eine Gerade wahr. Fügen wir eine Gerade hinzu, färben wir alle Gebiete auf einer Seite neu.

(b) Eine mögliche Beschreibung: Man bezeichne eine Richtung als „oben". Es sei P ein beliebiger nicht auf einer der Geraden liegender Punkt. Man zeichne von P ausgehend eine Halbgerade nach „oben". Nun zähle man, wie viele Geraden von dieser geschnitten werden und färbe hinsichtlich der Parität dieser Schnittzahl.

13.2 Färbung von Graphen mit zwei Farben

13.2.1. Dieser Graph kann keinen ungeraden Kreis enthalten. Wenn wir nämlich einen beliebigen Kreis C betrachten, enthält jede Kante davon genau einen Schnittpunkt mit der Vereinigung der Kreise. Der Beitrag eines jeden Kreises ist gerade, denn wenn wir C folgen, gehen wir immer abwechselnd in einen Kreis hinein und wieder heraus.

13.3 Färbung von Graphen mit vielen Farben

13.3.1. Angenommen, wir haben eine gute 3-Färbung des ersten Graphen. Wir beginnen von oben mit der Färbung der ersten Ecke. Geben wir ihr beispielsweise Farbe 1, dann müssten die Ecken des zweiten Niveaus die Farben 2 und 3 erhalten. Die beiden untersten Ecken müssten danach beide die Farbe 1 bekommen, was jedoch unmöglich ist, da sie miteinander verbunden sind.

Angenommen, wir haben eine gute 3-Färbung des zweiten Graphen. Wir beginnen in der Mitte und können annehmen, dass diese Ecke die Farbe 1 hat. Ihre Nachbarn haben dann die Farben 2 oder 3. Nun färben wir die mit 1 gefärbten äußersten Ecken so um, dass sie die Farbe ihres jeweiligen inneren „Zwillings" erhalten. Dies würde eine gute Färbung eines 5-Kreises mit 2 Farben ergeben, da „Zwillinge" dieselben Nachbarn haben (mit Ausnahme, dass die inneren Zwillinge auch noch mit der Mitte verbunden sind). Dies ist ein Widerspruch.

13.3.2. Wir können annehmen, dass alle Schnittpunkte unterschiedliche y Koordinaten (welche wir auch einfach als „Höhen" bezeichnen) besitzen. Dies können wir, falls notwendig, durch leichtes Drehen der Ebene erzeugen. Wir können die Schnittpunkte einen nach dem anderen färben, indem wir mit dem höchsten beginnen und dann abwärts gehen. Es gibt jedes mal höchstens zwei Schnittpunkte auf den zwei vorher gefärbten Geraden, die mit dem gerade aktuellen Punkt benachbart sind. Daher können wir eine Farbe für diesen aktuellen Punkt finden, die sich von den anderen unterscheidet.

13.3.3. Wir können annehmen, dass es mindestens 2 Knoten gibt und daher also auch einen Knoten, dessen Grad höchstens d beträgt. Wir entfernen ihn und färben den verbleibenden Graphen rekursiv mit $d + 1$ Farben. Anschließend weiten wir diese Färbung auf den letzten Punkt aus, denn seine d Nachbarn beanspruchen nur d Farben.

13.3.4. Wir entfernen einen Punkt vom Grad d und färben den verbleibenden Graphen rekursiv mit $d + 1$ Farben. Nun können wir diesen wie in der vorigen Lösung wieder erweitern.

14 Endliche Geometrien, Codes, Lateinische Quadrate und andere hübsche Geschöpfe

14.1 Kleine exotische Welten

14.1.1. Die Fano-Ebene selbst.

14.1.2. Sei abc ein Kreis. Zwei der Geraden enthalten a, bzw. b, sind also keine Tangenten. Die dritte Gerade durch a ist die Tangente.

14.1.3. Ist H ein Hyperkreis, dann bestimmen seine 4 Punkte 6 Geraden und 3 dieser 6 Geraden gehen insgesamt durch jeden seiner Punkte. Die siebte Gerade geht also durch keinen der 4 Punkte des Hyperkreises. Umgekehrt: Ist L eine Gerade, dann können die 4 nicht auf L liegenden Punkte keine andere Gerade enthalten (sonst würde es bei diesen beiden Geraden keinen Schnittpunkt geben). Diese 4 Punkte bilden also einen Hyperkreis.

14.1.4. (a) Stimmt jeder der Geraden L mit „Ja", dann hat jede Gerade minedestens einen Punkt, der mit „Ja" abstimmt (da jede Gerade einen Schnittpunkt mit L hat) und auf keiner Geraden können alle mit „Nein" stimmen. (b) Wir können annehmen, dass mindestens 4 Punkte mit „Ja" stimmen. Seien a, b, c und d 4 dieser Punkte. Nehmen wir an, auf keiner Geraden stimmen alle mit „Ja". Jede der 3 durch a gehenden Geraden enthalten höchstens einen weiteren mit „Ja" stimmenden Punkt. Jede muss also genau einen aus b, c und d enthalten. Die 3 verbleibenden Punkte stimmen daher mit „Nein".

Die „Ja"-Stimmen ergeben eine Hyperkreis (Übungsaufgabe 14.1.3), deshalb liegen die „Nein"-Stimmen auf einer Geraden.

14.1.5. (a) Durch zwei ursprüngliche Punkte gibt es eine ursprüngliche Gerade. Durch einen ursprünglichen Punkt a und einen neuen Punkt b geht genau eine Gerade, nämlich die Gerade aus der Menge der parallelen Geraden, zu denen b hinzugefügt wurde und die durch a geht. Zu zwei neuen Punkten gibt es die neue Gerade. (b) ist genauso. (c) ist offensichtlich. (d) folgt, wie wir oben sahen, aus (a) (b) und (c).

14.1.6. Ja, zu jeder Geraden (2 Punkte) gibt es genau eine Gerade, die zu ihr disjunkt ist (die anderen 2 Punkte).

14.1.7. Siehe Bild 16.3 (es gibt auch eine Menge anderer Möglichkeiten, die Punkte abzubilden).

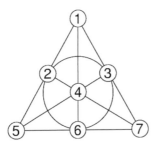

Abbildung 16.3.

14.1.8. Das ist kein Zufall. Wir halten einen beliebigen Punkt A des Würfelraumes fest. Jede Ebene durch A enthält 3 Geraden durch A. Nennen wir die Geraden durch einen gegebenen Punkt „PUNKTE" und die Triple dieser Geraden, die zu einer Ebene gehören, „GERADEN", dann bilden diese PUNKTE und GERADEN eine Fano-Ebene.

14.2 Endliche affine and projektive Ebenen

14.2.1. Wir halten einen beliebigen Punkt a fest. Es gibt $n + 1$ Geraden durch a, die keinen weiteren Punkt gemeinsam haben und nach (a) die ganze Ebene bedecken. Jede dieser Geraden besitzt außer a noch weitere n Punkte. Es gibt also noch $(n+1)n$ Punkte außer a, zusammen also $n(n+1) + 1 = n^2 + n + 1$ Punkte.

14.2.2. Wir können den Ecken des Würfels ebenso Koordinaten zuordnen, als wenn wir uns im Euklidischen Raum befinden würden. Wir müssen die Koordinaten jedoch als Elemente des 2-elementigen Körpers betrachten (Bild 16.4). Es ist dann unkompliziert (jedoch langwierig) zu überprüfen, ob die Ebenen des Würfelraumes genau den durch lineare Gleichungen gegebenen Punktmengen entsprechen. Zum Beispiel liefert die lineare Gleichung $x + y + z = 1$ die Punkte 001, 010, 011, 111 (wobei wir nicht vergessen dürfen, dass wir im 2-elementigen Körper arbeiten), was genau die Ebene ergibt, die aus den hellen Punkten besteht.

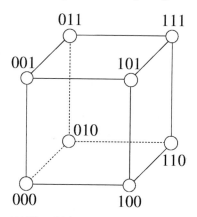

Abbildung 16.4.

14.2.3. Eine projektive Ebene der Ordnung 10 sollte $10^2 + 10 + 1 = 111$ Punkte und 111 Geraden mit 11 Punkten auf jeder Geraden haben. Die Anzahl der Möglichkeiten, eine mögliche Gerade auszuwählen, beträgt $\binom{111}{11}$. Die Anzahl der Möglichkeiten, 111 Geraden auszuwählen, beträgt

$$\binom{\binom{111}{11}}{111} = \binom{473239787751081}{11} > 10^{1448}.$$

Man könnte so viele Möglichkeiten selbst mit dem schnellsten Computer nicht über-prüfen solange das Universum existiert! Lam, Thiel und Swiercz mussten sehr viel raffinierter vorgehen.

14.3 Blockpläne

14.3.1. 441, 44.

14.3.2. Zu jedem Paar Einwohner C und D gibt es λ Vereine, in denen beide Mitglied sind. Addieren wir diese für jedes D, dann erhalten wir $(v - 1)\lambda$ Vereine, die C als Mitglied enthalten. Jeder dieser Vereine wird $k-1$ mal gezählt (einmal für jedes andere Mitglied als C), also beträgt die Anzahl der Vereine, in denen C Mitglied ist, genau $(v - 1)\lambda/k$. Dies ist für jeden Einwohner C der Fall.

14.3.3. (a) $v = 6, r = 3, k = 3$ ergibt $b = 6$ (nach (47)), aber $\lambda = 6/5$ (nach (48)). (b) $b = 8, v = 16, r = 3, k = 6, \lambda = 1$ (es gibt in beiden Fälle auch viele andere Beispiele).

14.3.4. Man nehme $b = v$ Vereine und konstruiere für jeden Einwohner C einen Verein, in dem jeder andere außer C selbst Mitglied ist. Wir haben dann $b = v, k = v - 1, r = v - 1, \lambda = v - 2$.

14.4 Steiner Systeme

14.4.1. Seien A, B, C drei Elemente, die keinen Verein bilden. Es gibt genau einen Verein, der A und B sowie ein eindeutig gegebenes drittes Element enthält. Wir nennen dieses Element D. Ebenso gibt es genau ein eindeutig gegebenes Element E, so dass ACE ein Verein ist und ein eindeutig gegebenes Element F, so dass BCF ein Verein ist. Die Elemente D, E, F müssen paarweise verschieden sein. Falls beispielsweise $D = E$ gelten würde, dann wären A und D in zwei Vereinen gemeinsam Mitglied (in einem mit B und in einem mit C). Das siebte Element sei G. Es gibt genau einen Verein, der C und D enthält. Das dritte Mitglied dieses Vereins muss G sein (wir können zeigen, dass jede andere der 4 Möglichkeiten zu zwei Vereinen führen würde, die zwei Mitglieder gemeinsam haben). Ebenso sind AFG und BEG Vereine und es muss genau einen Verein geben, der D und E enthält und dessen drittes Mitglied F ist. Mal abgesehen von den Namen der Einwohner ist die Struktur der Vereine also eindeutig bestimmt.

14.4.2. Nach (48) haben wir $r = (v - 1)/2$ und daher gilt nach (47) $b = v(v - 1)/6$. Da $v - 1 \geq 6$, haben wir $b \geq v$.

14.4.3. Wir nennen ein in S enthaltenes Tripel ein *S-Triple*. Die Gesamtzahl der Tripel beträgt $b = v(v - 1)/6$, die Anzahl der S-Triple lautet

$$b' = \frac{\frac{v-1}{2}\left(\frac{v-1}{2} - 1\right)}{6} = \frac{(v - 1)(v - 3)}{24}$$

und daher ist die Anzahl der nicht-S-Triple $b - b' = \frac{(v+1)(v-1)}{8}$. Jedes nicht-$S$-Triple hat höchstens einen Punkt in S und folglich mindestens zwei Punkte nicht in S. Die Anzahl der nicht in S liegenden Paare ist jedoch $\binom{(v+1)/2}{2} = \frac{(v+1)(v-1)}{8}$ und da diese Paare nur zu einem der nicht-S-Triple gehören können, folgt daraus, dass jedes dieser nicht-S-Triple genau ein Paar von Elementen außerhalb von S enthalten muss. Dies beweist, dass jedes nicht-S-Triple ein Element aus S enthalten muss.

14.4.4. Siehe Bild 16.5.

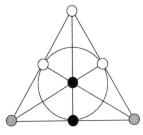
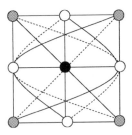

Abbildung 16.5.

14.4.5. Jedes Mädchen hat 8 andere mit denen es laufen kann. Jeden Tag kann es mit zweien in einer Reihe gehen. Es sind also 4 Tage nötig, um mit jedem anderen Mädchen genau einmal zusammen zu gehen.

14.5 Lateinische Quadrate

14.5.1. Es gibt 576 verschiedene Lateinische Quadrate der Ordnung 4. Es gibt viele Möglichkeiten, dies herauszufinden. Eine davon werden wir kurz andeuten. Die erste Zeile kann auf 4! Arten gefüllt werden. Diese sind alle äquivalent zueinander. Äquivalent in dem Sinne, dass die Anzahl der Möglichkeiten, wie dies vervollständigt werden kann, für alle dieselbe ist. Wir können also die erste Zeile als 0 1 2 3 festlegen und dann lediglich die Anzahl der Möglichkeiten, dies zu vervollständigen, zählen. Die erste Spalte kann nun auf 3! Arten gefüllt werden und wiederum sind diese alle äquivalent. Also legen wir auch hier 0 1 2 3 fest.

Ist die 0 in der zweiten Zeile an der zweiten Position, dann ist der Rest der zweiten Zeile und zweiten Spalte jeweils festgelegt. Wir erhalten jedoch zwei Möglichkeiten, die 4 Felder in der unteren rechten Ecke auszufüllen. Ist die 0 in der zweiten Zeile an der dritten oder vierten Position, dann ist der Rest festgelegt. Wir erhalten folglich diese 4 Lateinischen Quadrate:

$$
\begin{array}{cccc}
0 & 1 & 2 & 3 \\
1 & 0 & 3 & 2 \\
2 & 3 & 0 & 1 \\
3 & 2 & 1 & 0
\end{array}
\qquad
\begin{array}{cccc}
0 & 1 & 2 & 3 \\
1 & 0 & 3 & 2 \\
2 & 3 & 1 & 0 \\
3 & 2 & 0 & 1
\end{array}
\qquad
\begin{array}{cccc}
0 & 1 & 2 & 3 \\
1 & 2 & 3 & 0 \\
2 & 3 & 0 & 1 \\
3 & 0 & 1 & 2
\end{array}
\qquad
\begin{array}{cccc}
0 & 1 & 2 & 3 \\
1 & 3 & 0 & 2 \\
2 & 0 & 3 & 1 \\
3 & 2 & 1 & 0
\end{array}
$$

Die Anzahl der Möglichkeiten, die restlichen 9 Felder auszufüllen, beträgt 4 und somit ist die Gesamtzahl gleich $4! \cdot 3! \cdot 4 = 576$.

Diese vier Lateinischen Quadrate mögen unterschiedlich erscheinen, aber wenn wir beim dritten 1 und 2 vertauschen, die Zeilen 2 und 3, sowie die Spalten 2 und 3 vertauschen, erhalten wir das zweite. Analog: Vertauschen wir beim vierten 1 und 3, vertauschen die Zeilen 2 und 4 und die Spalten 2 und 4, erhalten wir das zweite. Die letzten drei sind also in Wirklichkeit nicht verschieden.

Es gibt keine Möglichkeit, durch solche Operationen das zweite Quadrat aus dem ersten zu gewinnen (dies folgt zum Beispiel aus Übungsaufgabe 14.5.7). Es gibt also zwei wirklich verschiedene Lateinische Quadrate der Ordnung 4.

14.5.2. Dies ist recht einfach. Die Tabelle hier unten ist zum Beispiel gut (es gibt auch noch viele andere Möglichkeiten):

$$
\begin{array}{ccccc}
0 & 1 & 2 & \ldots & n-2 & n-1 \\
1 & 2 & 3 & \ldots & n-1 & 0 \\
2 & 3 & 4 & \ldots & 0 & 1 \\
\vdots & & & & & \vdots \\
n-1 & 0 & 1 & \ldots & n-3 & n-2
\end{array}
$$

14.5.3.

1	2	3	1	2	3
2	3	1	3	1	2
3	1	2	2	3	1

14.5.4. Wir addieren 1 zu jeder Zahl. Auf diese Weise steigt jede Zeilen- und Spalten-summe um 4.

14.5.5. Wir benötigen zwei Lateinische Quadrate, bei denen nicht nur in jeder Zeile und Spalte, sondern auch in jeder Diagonalen jede Zahl nur einmal vorkommt. Diese beiden erfüllen die Anforderung:

0	1	2	3	0	1	2	3
2	3	0	1	3	2	1	0
3	2	1	0	1	0	3	2
1	0	3	2	2	3	0	1

Aus diesen zweien erhalten wir folgendes perfektes Magisches Quadrat:

0	5	10	15
11	14	1	4
13	8	7	2
6	3	12	9

14.5.6. Wenn ein solches Lateinisches Quadrat existierte, dann würde eine willkür-liche Permutation der Zahlen $0, 1, 2, 3$ eine anderes Quadrat ergeben, welches ortho-gonal zu den drei Quadraten in (55) und (58) ist. (Beweisen!) Wir können also mit einem Quadrat beginnen, was als erste Zeile 0 1 2 3 enthält. Was könnte nun der erste Eintrag in der zweiten Zeile sein? Null ist unmöglich (da der Eintrag darüber ebenfalls 0 ist), aber 1, 2 oder 3 sind ebenfalls nicht möglich: Wenn wir zum Beispiel 2 hätten, dann wäre es nicht orthogonal zu Quadrat (58), da das Paar $(2, 2)$ zweimal vorkommen würde. Es existiert also kein solches Lateinisches Quadrat. (Man versuche, dieses Er-gebnis zu verallgemeinern: Wir können aus einem Lateinischen Quadrate der Ordnung n höchstens $n - 1$ paarweise orthogonale Quadrate gewinnen.)

14.5.7. Hätten wir ein zu (59) orthogonales Quadrat, dann könnten wir unter Verwen-dung derselben Argumentation wie in der Lösung zu Übungsaufgabe 14.5.6 anneh-men, dass die erste Zeile 0 1 2 3 ist. Dann kommen die Paare $(0, 0)$, $(1, 1)$, $(2, 2)$ und $(3, 3)$ in der ersten Zeile vor, was zur Folge hat, dass die zwei Quadrate in den anderen Zeilen an denselben Positionen nicht dieselben Zahlen haben können.
Der erste Eintrag der zweiten Zeile kann nicht 1 sein und er kann auch nicht 0 sein (da der Eintrag darüber 0 ist). Er ist also 2 oder 3.
Nehmen wir an, er ist 2. Der zweite Eintrag in dieser Zeile kann dann nicht 1 oder 2 sein (es gibt eine 1 darüber und eine 2 davor) und er kann auch nicht 3 sein, also ist er 0. Der vierte Eintrag kann nicht 2, 0 oder 3 sein, daher muss er 1 lauten. Die zweite Zeile ist daher 2 0 3 1 (genau wie die dritte Zeile in (59)). Als nächstes bestimmen wir die letzte Zeile: Jeder Eintrag unterscheidet sich von den zwei darüber in der ersten

und zweiten Zeile liegenden Einträgen und außerdem von der letzten Zeile von (59). Das impliziert, dass diese Zeile der zweiten Zeile von (59) entsprechen muss: 1 3 0 2. Die dritte Zeile muss daher 3 2 1 0 sein. Nun kommt jedoch das Paar $(3,1)$ beim Übereinanderlegen der letzten zwei Zeilen doppelt vor.

Der Fall, bei dem die zweite Zeile mit einer 3 beginnt, kann ebenso behandelt werden.

14.6 Codes

14.6.1. Nehmen wir an, ein Code ist d-fehlerkorrigierend. Wir behaupten, dass wir bei zwei beliebigen Codewörtern mindestens $2d + 1$ Bits verändern müssen, um von einem zum anderen zu gelangen. Wenn wir von einem Codewort u zu einem Codewort v durch Verändern von nur $2d$ Bits gelangen könnten, dann betrachten wir das Codewort w, welches wir aus u durch Verändern von d dieser Bits erhalten. Wir könnten w anstelle von u, aber auch anstelle von v erhalten, der Code ist also nicht d-fehlerkorrigierend.

Wenn wir nun eine Nachricht erhalten, die höchstens $2d$ Fehler enthält, dann ist diese Nachricht kein anderes Codewort und wir können daher bis zu $2d$ Fehler erkennen. Der Beweis der Rückrichtung erfolgt ebenso.

14.6.2. Enthält der String keine 1'en, dann ist er ein Codewort. Enthält er eine 1, dann kann diese verändert werden, um ein Codewort zu erhalten. Enthält er zwei 1'en, dann gibt es durch die entsprechenden Punkte der Fano-Ebene eine Gerade und verändert man die 0 an der Position des zugehörigen dritten Punktes, erhält man ein Codewort. Enthält er drei 1'en und sind diese kollinear, dann ist dies ein Codewort. Enthält er drei 1'en und sind diese nicht kollinear, dann gibt es einen eindeutig bestimmten Punkt, der auf keiner der drei zugehörigen Geraden liegt. Verändert man diesen, erhält man ein Codewort. Enthält er mindestens vier 1'en, dann können wir unter Vertauschung der Rollen von 1'en und 0'en ebenso argumentieren.

15 Ein Hauch von Komplexität und Kryptographie
15.2 Eine Klasse aus Connecticut an König Arthurs Hof

15.2.1. WIR SOLLTEN ERST NAECHSTE WOCHE ANGREIFEN, DANN JEDOCH MIT VOLLER KRAFT. BELA

15.2.2. Sei $a_1 a_2 \ldots a_n$ der Schlüssel und $b_1 b_2 \ldots b_n$ der Klartext. Caligula fängt eine Nachricht ab, dessen Bits $a_2 \oplus b_1, a_3 \oplus b_2, \ldots a_n \oplus b_{n-1}$ sind und eine weitere mit den Bits $a_1 \oplus b_1, a_2 \oplus b_2, \ldots, a_n \oplus b_n$. (Die zweite Nachricht ist um ein Bit länger, was ihm einen Hinweis darauf geben könnte, was passiert ist.) Er kann die binäre Summe der ersten Bits, der zweiten Bits, etc. berechnen. Auf diese Weise erhält er $(a_2 \oplus b_1) \oplus (a_1 \oplus b_1) = a_1 \oplus a_2, (a_3 \oplus b_2) \oplus (a_2 \oplus b_2) = a_2 \oplus a_3$, etc..

Nun vermutet er, dass $a_1 = 0$ ist. Da er $a_1 \oplus a_2$ kennt, kann er a_2 berechnen, anschließend ebenso a_3 und so weiter, bis er den ganzen Schlüssel hat. Es könnte sein, dass seine anfängliche Vermutung falsch war. Das merkt er, wenn er versucht, die Nachricht zu entschlüsseln, und nur Unsinn erhält. Aber dann kann er $a_1 = 1$ ausprobieren und den Schlüssel anpassen. Einer der beiden Versuche wird funktionieren.

15.2.3. Sei $a_1 a_2 \ldots a_n$ der Schlüssel und seien $b_1 b_2 \ldots b_n$ und $c_1 c_2 \ldots c_n$ die zwei Klartexte. Caligula fängt eine Nachricht ab, dessen Bits $a_1 \oplus b_1, a_2 \oplus b_2, \ldots a_n \oplus b_n$ sind und eine weitere Nachricht mit den Bits $a_1 \oplus c_1, a_2 \oplus c_2, \ldots, a_n \oplus c_n$. Wie vorher berechnet er die binäre Summe der ersten Bits, der zweiten Bits, etc. um $(a_1 \oplus b_1) \oplus (a_1 \oplus c_1) = b_1 \oplus c_1, (a_2 \oplus b_2) \oplus (a_2 \oplus c_2) = b_2 \oplus c_2$, etc. zu erhalten.

Der Rest ist nicht ganz so unkompliziert wie in der vorigen Übungsaufgabe, aber wir nehmen an, Caligula kann einen Teil von (sagen wir) Arthurs Nachricht erraten (die Unterschrift, Adresse oder Ähnliches). Er kann dann den entsprechenden Teil in Belas Nachricht entdecken, da er die binäre Bit-für-Bit Summe der beiden Nachrichten kennt. Mit etwas Glück ist dies kein ganzer Satz und enthält einen Teil eines Wortes. Er kann dann den Rest des Wortes vermuten, was ihm wieder ein paar Buchstaben mehr von König Arthurs Nachricht liefert. Mit Glück kann er damit wieder einige Buchstaben mehr von Belas Nachricht ermitteln, etc..

Dies ist nicht ganz unkompliziert, aber normalerweise gibt es genug Informationen, die Nachrichten zu decodieren (wie die Dechiffrierer im 2. Weltkrieg festgestellt haben). Ein wichtiger Punkt: Caligula kann *nachweisen*, dass seine Rekonstruktion richtig ist, da sich in diesem Fall beide Nachrichten als sinnvoll erweisen müssen.

15.3 Wie man den letzten Schachzug sichern kann

15.3.1. Alice kann leicht mogeln: Sie kann am Abend einfach einen beliebigen String x senden und ihren Schachzug über Nacht planen. Dieser wird mit dem String y codiert. Anschließend sendet sie die binäre Summe von x und y als vermeintlichen Schlüssel.

15.3.2. Dies schließt die Mogelei der vorigen Übungsaufgabe sicherlich aus, da der „Schlüssel", den Alice am nächsten Morgen aus der Nachricht erstellt, keinen Sinn ergibt, falls sie ihre Meinung ändern sollte. Nun hat jedoch Bob den Vorteil auf seiner Seite: Er kann alle „zufälligen, aber sinnvollen" Schlüssel ausprobieren, da es davon nicht so viele gibt.

15.6 Public Key Kryptographie

15.6.1. (a) Man nehme zufällige Zahlen (öffentliche Schlüssel) $e_1, e_2, \ldots e_M$ und wende den vorausgesetzten hypothetischen Algorithmus an, um die zugehörigen geheimen Schlüssel $d_1, d_2, \ldots, d_M$ zu berechnen. Die Zahl $k = (p-1)(q-1)$ ist ein gemeinsamer Teiler von $e_1 d_1 - 1, e_2 d_2 - 1, \ldots, e_M d_M - 1$. Also ist sie ein Teiler von $K = \mathrm{ggT}(e_1 d_1 - 1, e_2 d_2 - 1, \ldots, e_M d_M - 1)$, was wir berechnen können. Gilt $K < m$, dann wissen wir, dass $k = K$ wegen $k = (p-1)(q-1) > pq/2 = m/2$. Andernfalls nehmen wir einen anderen öffentlichen Schlüssel e_{M+1} und wiederholen es. Man kann zeigen, dass man nach nicht mehr als ungefähr $\log m$ Wiederholungen, den Wert von k mit hoher Wahrscheinlichkeit gefunden hat.

(b) Wenn wir $m = pq$ und $k = (p - 1)(q - 1)$ kennen, dann ist uns auch $p + q = m - k + 1$ bekannt und p und q können somit als Lösungen der quadratischen Gleichung $x^2 - (m - k + 1)x + m = 0$ bestimmt werden.

Index